"十三五"国家重点出版物出版规划项目
材料科学研究与工程技术系列

材料加工原理及工艺学

无机非金属材料和金属材料分册

Principles and Technologies of Materials Processing

Inorganic Non-metallic and Metallic Materials

● 巴学巍　由 园　主编

哈爾濱工業大學出版社

内容提要

本书阐述了材料加工的基本原理和主要工艺方法,主要内容包括陶瓷、玻璃、晶体材料、粉体等无机非金属材料的加工原理及加工技术;金属材料的热处理、铸造、压力加工焊接和切削加工原理及切削加工过程。

本书内容完整、系统,可作为无机非金属材料和金属材料专业本科生及研究生教材,也可供从事材料加工、开发和应用研究的工程技术人员参考。

图书在版编目(CIP)数据

材料加工原理及工艺学. 无机非金属材料和金属材料分册/巴学巍,由园主编. —哈尔滨:哈尔滨工业大学出版社,2017.4

ISBN 978-7-5603-6259-5

Ⅰ.①材… Ⅱ.①巴… ②由… Ⅲ.①无机非金属材料-加工原理 ②无机非金属材料-生产工艺 ③金属材料-加工原理 ④金属材料-生产工艺 Ⅳ.①TB3

中国版本图书馆 CIP 数据核字(2016)第254697号

材料科学与工程
图书工作室

责任编辑 何波玲
封面设计 卞秉利
出版发行 哈尔滨工业大学出版社
社　　址 哈尔滨市南岗区复华四道街10号 邮编150006
传　　真 0451-86414749
网　　址 http://hitpress.hit.edu.cn
印　　刷 哈尔滨久利印刷有限公司
开　　本 787mm×1092mm 1/16 印张17.5 字数421千字
版　　次 2017年4月第1版 2017年4月第1次印刷
书　　号 ISBN 978-7-5603-6259-5
定　　价 38.00元

前　言

材料科学与工程是综合利用现代科学技术成就、多学科交叉、知识密集的一门科学。材料加工是实现材料应用的主要工艺过程。本书阐述了材料加工的基本原理和主要工艺方法,内容包括陶瓷、玻璃、人工晶体、无机粉体等无机非金属材料的加工原理及加工技术;金属材料的铸造、压力加工、热处理、焊接和切削加工原理及切削加工过程。

本书在编写中注重以下两点:

①内容的完整性。书中比较全面地吸收了无机非金属材料、金属材料和复合材料类等相关图书的精华,同时注意补充最新的科技成果。

②原理阐述注重理论联系实际。在各章节内容中以加工方法为主线注重各种材料加工的内在联系。

本书共10章,第1~4章由齐齐哈尔大学巴学巍编写,第5~10章由齐齐哈尔大学由园编写。全书由巴学巍统稿。

本书得到"齐齐哈尔大学2015年度重点研究生教材建设项目计划"支持,在此编者深表感谢。

由于作者水平所限,书中难免有不足之处,衷心希望广大读者批评指正。

编　者

2017年1月

目　录

绪　论

1. 材料在国民经济中的地位及作用

材料是人类用于制造物品、器件、构件、机器或其他产品的物质，是人类赖以生存和发展的物质基础。20 世纪 70 年代，人们把信息、材料和能源誉为当代文明的三大支柱。80 年代新技术革命。又把新材料、信息技术和生物技术并列为新技术革命的重要标志。这主要是因为材料与国民经济建设、国防建设和人民生活密切相关。

材料是工业发展的基础，是现代社会经济的先导，是人类社会现代文明的重要标志。纵观人类利用材料的历史可以清楚地看到，每种重要材料的发现与利用，都把人类支配自然的能力提高到一个新水平。材料科学的每次重大突破，都会引起生产技术的革命，大大加快社会发展的进程，并给社会生产和人们生活带来巨大变化。因此，材料也是人类历史发展过程的重要标志。

2. 材料的分类及基本情况

材料的分类方法有多种，若按照材料的使用性能分类，可分为结构材料与功能材料两类。结构材料的使用性能主要是力学性能；功能材料的使用性能主要是光、电、磁、热、声等性能。从材料的应用对象来看，它又可分为建筑材料、信息材料、能源材料、航空航天材料等。在通常情况下，以材料所含的化学物质的不同将材料分为四类：金属材料、无机非金属材料、高分子材料及由此三类材料相互组合而成的复合材料。本书主要介绍无机非金属材料和金属材料的材料加工方面的知识。

（1）无机非金属材料。

传统的无机非金属材料又称为硅酸盐材料，它主要包括陶瓷、玻璃、水泥和耐火材料四大类，而这几大类材料就其化学组成和结构来观察均属硅酸盐类。随着科学技术的高速发展，在传统硅酸盐材料技术的基础上，一大批具有各种功能（机、电、声、光、热、磁、铁电、压电和超导等）和特性的材料相继出现，突破了传统意义上的四大类材料。一些新领域如人工晶体材料、非晶态材料、先进陶瓷材料（包括功能和结构）、无机涂层材料、碳材料、超硬材料和无机复合材料的相继涌现，逐步发展成为现今在材料科学研究前沿领域中处于最活跃、最具活力的新型无机非金属材料科学与工程，从而赋予无机非金属材料与工程以新的、更广泛的科学含义和内容。

无机非金属材料已经被广泛地应用于航空航天、新能源产业、信息功能产业、交通运输、生物与医疗、环境保护、国防工业等诸多领域。

无机非金属材料的加工是保证其合理正确使用的一个必要处理过程，尽管材料的净尺寸成型技术已经有所发展,例如3D打印技术等,但是,许多材料仍然离不开加工。陶瓷、晶体、玻璃等块体材料需要加工处理成应用所需要的尺寸和形状;粉体材料则涉及分散、表面改性、分级、造粒等处理才可以发挥其良好的性能。与之相适应的加工理论、加工工艺和加工设备等已经发展成为重要的技术支撑。

(2)金属材料。

人类文明的发展和社会的进步与金属材料密切相关,继石器时代之后相继出现了青铜器时代、铁器时代和钢时代,均以金属材料的应用为其时代的显著标志。种类繁多的金属材料已成为人类社会发展的重要物质基础。

进入21世纪以来,我国金属加工行业的迅猛发展在很大程度上得力于各项重大工程建设的展开。例如,从西气东输长输管线高效焊接工艺到三峡工程中机组关键部件的加工技术,从2008年北京奥运会“鸟巢”钢结构焊接工程到2010年上海世博会“阳光谷”的复杂异形箱形钢结构体系的制造,从长兴岛等世界级造船基地的建设到海洋工程装备制造,以及国产大飞机项目的启动、全国范围的高速铁路建设等。

金属材料通常分为黑色金属、有色金属和特种金属材料。

①黑色金属又称钢铁材料,包括含碳小于0.02%(质量分数)的工业纯铁,含碳2%~4%(质量分数)的铸铁,含碳小于2%(质量分数)的碳钢,以及各种用途的结构钢、不锈钢、耐热钢、高温合金、精密合金等。广义的黑色金属还包括铬、锰及其合金。

②有色金属是指除铁、铬、锰以外的所有金属及其合金,通常分为轻金属、重金属、贵金属、半金属、稀有金属和稀土金属等,有色合金的强度和硬度一般比纯金属高,并且电阻大、电阻温度系数小。

③特种金属材料包括不同用途的结构金属材料和功能金属材料。其中有通过快速冷凝工艺获得的非晶态金属材料,以及准晶、微晶、纳米晶金属材料等;还有隐身、抗氢、超导、形状记忆、耐磨、减振阻尼等特殊功能合金以及金属基复合材料等。

在现代制造业中,高铁、汽车、轮船、机床和仪器仪表等大多数是由金属零件加工装配而成。将金属材料加工成零件是机械制造的基本过程,需要经过冶炼、铸造、塑性变形、切削加工、焊接等工艺过程。

对于大多数零件来说,其形状复杂或精度和表面质量要求较高,单一的生产方法往往难以满足其要求,通常要先进行铸造或塑性变形等方法将原材料制成毛坯,再进行各种切削加工才能制成零件的成品。

金属对各种加工工艺方法所表现出来的适应性称为工艺性能,主要有以下四个方面:

①可铸性:反映金属材料熔化浇铸成为铸件的难易程度,表现为熔化状态时的流动性、吸气性、氧化性、熔点,铸件显微组织的均匀性、致密性,以及冷缩率等。

②可锻性:反映金属材料在压力加工过程中成型的难易程度,例如将材料加热到一定温度时其塑性的高低(表现为塑性变形抗力的大小),允许热压力加工的温度范围大小,热胀冷缩特性以及与显微组织、机械性能有关的临界变形的界限、热变形时金属的流动性、导热

性能等。

③可焊性：反映金属材料在局部快速加热，使结合部位迅速熔化或半熔化(需加压)，从而使结合部位牢固地结合在一起而成为整体的难易程度，表现为熔化时的吸气性、氧化性、导热性、热胀冷缩特性、塑性以及与接缝部位和附近用材显微组织的相关性、对机械性能的影响等。

④切削加工性能：反映用切削工具(例如车削、铣削、刨削、磨削等)对金属材料进行切削加工的难易程度。

第一篇　无机非金属材料加工原理及工艺学

第1章　陶瓷加工工艺原理

1.1　陶瓷的定义与分类

1.1.1　陶瓷的概念

陶瓷是人们日常生活和工作中经常使用的一类无机非金属材料。狭义的陶瓷是指原料经过混合、成型、烧结等工艺而得到的制品。一般包括日用陶瓷制品和建筑陶瓷、电瓷等。广义上的陶瓷则除了传统陶瓷之外,还包括玻璃、水泥、搪瓷、耐火材料、粉体材料等。

随着科学技术的发展进步,陶瓷材料经历了从简单到复杂、从粗糙到精细、从无釉到施釉、从低温到高温的过程。随着生产力的发展和技术水平的提高,各个历史阶段赋予陶瓷的涵义和范围也随之发生变化。现代先进陶瓷材料种类繁多,功能各异,但是其基本生产工艺与传统陶瓷相同。先进陶瓷也称为特种陶瓷、精细陶瓷、新型陶瓷。由于生产方法和使用要求的不同,先进陶瓷采用的原料已不再使用或很少使用黏土等传统陶瓷原料,而已扩大到化工原料和合成矿物,甚至是非硅酸盐、非氧化物原料,组成范围也延伸到无机非金属材料的范围中,并且出现了许多新的工艺。

1.1.2　陶瓷的分类

陶瓷的分类方法有许多种,由于各个国家和地区的陶瓷工业的发展历史不同,目前还没有完全一致的分类。陶瓷的分类方法主要有根据吸水率、陶瓷的物理化学性能、陶瓷的化学成分以及用途等分类。

按陶瓷概念和用途分类,可将陶瓷制品分为两大类:普通陶瓷和特种陶瓷。普通陶瓷可分为日用陶瓷(包括艺术陈列陶瓷)、建筑卫生陶瓷、化工陶瓷、化学瓷、电瓷及其他工业用陶瓷。特种陶瓷是用于各种现代工业和尖端科学技术所需的陶瓷制品。特种陶瓷又分为结构陶瓷和功能陶瓷两大类。结构陶瓷主要是用于耐磨损、高强度、耐热冲击、高硬度、高刚性、低热膨胀性和隔热等陶瓷材料,又称为工程陶瓷;功能陶瓷包括光学功能、电学功能、磁功能、生物功能等陶瓷材料。

我国日用陶瓷分类标准(GB 5001—85)见表1.1。日用陶瓷按其胎体特征分为陶器与瓷器。

表1.1 日用陶瓷分类

性能及特征	陶器	瓷器
吸水率/%	一般大于3	一般不大于3
透光性	不透光	透光
胎体特征	未玻化或玻化程度差,断面粗糙	玻化程度高、结构致密,断面细腻,呈石状或贝壳状
敲击声	沉浊	清脆

陶器按其特征分为粗陶器、普通陶器和细陶器,见表1.2。

表1.2 日用陶器分类

名称	粗陶器	普通陶器	细陶器
特征	吸水率一般大于15%,不施釉,制作粗糙	吸水率一般不大于12%,断面颗粒较粗,气孔较大,表面施釉,制作不够精细	吸水率一般不大于15%,断面颗粒细,气孔较小,结构均匀,施釉或不施釉,制作精细

瓷器按其特征分为炻瓷器、普通瓷器和细瓷器,见表1.3。

表1.3 日用瓷器分类

名称	炻瓷器	普通瓷器	细瓷器
特征	吸水率一般不大于3%,透光性差,通常胎体较厚,呈色,断面呈石状,制作较精细	吸水率一般不大于1%,有一定透光性,断面呈石状或贝壳状,制作较精细	吸水率一般不大于0.5%,透光性好,断面细腻,呈贝壳状,制作精细

特种陶瓷分类方法见表1.4。

表1.4 特种陶瓷分类方法

类别		实例	用途
结构陶瓷	氧化物陶瓷	Al_2O_3	真空器件、电路基板、磨料磨具、刀具
		MgO	坩埚、热电偶保护管、炉衬材料
		BeO	散热器件、高温绝缘材料、防辐射材料
		ZrO_2	高温绝缘材料、耐火材料
	非氧化物陶瓷	SiC	耐磨材料、高温机械部件
		TiC	切削刀具
		B_4C	耐磨材料
		Si_3N_4	发动机部件、切削刀具
		AlN	高温机械部件
		BN	耐火材料、耐磨材料
		TiN	耐熔耐磨材料
		Sialon	高温机械部件
		ZrB_2、TiB_2	陶瓷基体中的添加剂或第二相
		$MoSi_2$	高温发热体
	陶瓷基复合材料	C/SiC	热交换机、发动机喷嘴等高温结构部件

续表1.4

类别		实例	用途
功能陶瓷	电介质陶瓷	Al_2O_3, Si_3N_4, $MgO \cdot SiO_2$	绝缘材料
		TiO_2, $CaTiO_3$	电容器
	铁电陶瓷	$BaTiO_3$, $PbTiO_3$	压电材料
		PLZT, $PbTiO_3$	热释电材料
	敏感陶瓷	ZnO, TiO_2	湿度计
		V_2O_5	温度继电器
		SnO_2	气体报警器
	导电陶瓷	β-Al_2O_3	电池隔膜材料
		$LaCrO_3$	发热体、高温电极材料
		ZrO_2	氧气传感器
	超导陶瓷	YBaCuO	超导线圈、磁悬浮材料
	磁性陶瓷	$NiFe_2O_4$	磁光存储器、表面波器件
	生物陶瓷	$Ca_{10}(PO_4)_6(OH)_2$	人工骨骼、牙齿
	光学陶瓷	Al_2O_3	高压钠灯灯管、红外光学材料
		$Y_3Al_5O_{12}$, Y_2O_3, Sc_2O_3	固体激光物质

1.2　可加工陶瓷

可加工陶瓷材料通常是指,在常温状态下可由普通切削刀具(如高速钢、硬质合金及普通砂轮等)加工出具有一定尺寸要求、形状精度及表面质量的陶瓷材料。可加工陶瓷材料的共同特点在于通过控制和调整陶瓷的显微结构及晶界应力,在陶瓷基体中引入层状、片状或孔形结构等特殊的显微结构,在陶瓷内部产生弱结合面,实现陶瓷材料的可加工性。

1.2.1　可加工陶瓷材料分类

按材料成分不同,可加工陶瓷可分为可加工玻璃陶瓷、氧化物可加工陶瓷和非氧化物可加工陶瓷。

(1)可加工玻璃陶瓷。

玻璃陶瓷材料是研制最早也是目前应用较广的可加工陶瓷材料。玻璃陶瓷是通过玻璃晶化而制得的微晶体和玻璃相均匀分布的多晶材料。可加工玻璃陶瓷的成分组成通常为 R_2O-MgO-Al_2O_3-SiO_2-F 体系,其中 R 表示碱金属,常见的云母相结构有氟金云母、锂云母和四硅酸氟金云母,其中以氟金云母最为常见。云母玻璃陶瓷的主要制备方法有烧结法、熔融法和溶胶-凝胶法。熔融法是常用制备方法之一,其主要制作工艺过程为:配料→研磨→混料→煅烧→浇注→晶化热处理,其中化学成分配比对玻化过程和晶化过程有明显影响,是云母玻璃陶瓷材料可加工性的主要影响因素。可加工玻璃陶瓷材料的弯曲强度一般在100 MPa左右,断裂韧性为1 MPa·$m^{1/2}$,硬度在4 GPa左右,通过工艺改进和相变增韧,弯曲强度达500 MPa,断裂韧性达3.2 MPa·$m^{1/2}$。玻璃陶瓷材料以其独有的电性能和良好的生物活性广泛应用于航空航天、电子以及生物医学领域。但由于玻璃陶瓷内部存在玻璃相,在高温状态下(尤其温度高于800 ℃)出现玻璃相软化或晶粒粗大现象,使得可加工玻璃陶瓷不适合作为高温工程材料。

(2)氧化物可加工陶瓷。

在氧化物陶瓷材料(如 Al_2O_3,ZrO_2,$3Al_2O_3 \cdot 2SiO_2$)中添加稀土磷酸盐(如 $LaPO_4$,$CePO_4$),形成稀土氧化物可加工陶瓷材料。稀土磷酸盐本身具有良好的可加工性,且与氧化物陶瓷具有良好的化学相容性,并可形成氧化物与磷酸盐晶粒之间的弱界面,弱界面处微裂纹的形成与连接是稀土氧化物复合陶瓷材料具有可加工性的主要因素。氧化物之间的结合较弱,材料的加工与去除是通过两相间弱连接界面处裂纹的形成而完成的。这种材料具有良好的高温稳定性,可达到1 000 ℃以上的高温。采用烧结法制备材料的一般工艺过程是:配料→混料→注浆→烧结。通过组分设计和结构剪裁,可获得细粒度的复相陶瓷材料。另外,作为生物陶瓷的 β-$Ca_3(PO_4)_2$本身不具备可加工性,通过添加稀土磷酸盐 $DyPO_4$,用普通刀具便可实现材料的钻削和切削加工,材料具有可加工性。

(3)非氧化物可加工陶瓷。

目前,研制开发了多种非氧化物可加工陶瓷材料。其中原位增韧 SiC-Al_2O_3-Y_2O_3体系被认为是最有吸引力的SiC基陶瓷体系之一。通过原位法制备的含钇铝石榴石(YAG)的复相YAG/SiC陶瓷,其剪裁的显微结构包含长晶粒、弱界面和因热膨胀失配引起的高内应力。其中,钇铝石榴石分子式为 $Y_3Al_5O_{12}$,属立方晶系,是目前所知的抗蠕变性能最好的氧化物材料。SiC/C体系的层状复合陶瓷,由于界面层对裂纹的钝化与偏转,其断裂韧性与基体材料相比,发生了很大变化。如SiC/C复合陶瓷材料断裂韧性从基体的3.6 MPa·$m^{1/2}$提高到15 MPa·$m^{1/2}$,抗弯强度亦有所提高。

1.2.2 可加工陶瓷应用领域及市场前景

可加工陶瓷材料可以用车、铣、钻等传统金属加工方法进行精密加工,同时具有无机非金属材料的物理和化学性能,如耐高温、耐酸碱、绝缘等。此外,还具备良好的机械强度和抗冲击性,优良的热震性,卓越的介电性能等。由于可加工陶瓷具有很多优良的综合性能,能满足高精度技术要求,无须模具设计及制作,大大缩短研制周期,可以加速工程进展,节省研制费用,因此深受广大科研、教学和设计部门的欢迎。它特别适合精密仪器、医疗设备、电真空器件、电子束曝光机、纺织机械、传感器、质谱仪和能谱仪等仪器。对于一些薄壁的线圈骨架,精密仪器的绝缘支架,形状复杂等精度要求高的器件,可加工玻璃陶瓷更为适用,它可加工成任意形状。它比氮化硼强度高,放气率低,比聚四氟乙烯耐温度,不变形,不变质,经久耐用,比氧化铝瓷加工性更好,生产周期短,合格率高,设计人员可任意制作所需尺寸的产品。可加工陶瓷抗热冲击性能非常好,从800 ℃急冷至0 ℃不破碎,200 ℃急冷到0 ℃强度不变化。可加工陶瓷的优良性能使其在航空航天、电子基片、耐高温绝缘骨架、离子镀膜、真空镀膜、离子显微镜、离子加速器、激光器和医疗设备等领域得到了广泛应用。

1.3　陶瓷加工技术

1.3.1　陶瓷的加工特征

大部分的陶瓷是晶体材料或者是粉末经压缩成形烧结而成的,而不能通过类似金属铸造或塑性加工的方法来成形。但是,高温加工在本质上不易获得高精度的制品,因此,要制造出高精度、高表面质量的功能陶瓷元件,必须进行超精密加工。

如何高效地将毛坯制造成所期望的精度和质量的产品是加工的目标,因此,就期望有高效高精度的加工技术。通常,加工精度高的加工方法往往使材料的去除速度慢,生产率低。因此,高精度产品加工的生产成本也急剧上升。但加工精度提高后,产品的功能和附加值也相应提高。在实际生产中,应在不断提高加工精度的同时降低生产成本。

陶瓷材料因其结构的敏感性,经过表面加工后特性会降低。因此,在陶瓷加工中,不仅要保证高加工精度和生产率,更重要的是不损坏加工面的性能。特别是单晶材料,不能破坏其表面的结晶构造。金属加工利用的是材料的塑性变形及破坏现象,而对陶瓷来说几乎没有变形就达到了破坏应力,即脆性破坏。由于金属与陶瓷在材料机械性能方面的不同,所以在加工陶瓷时不能完全采用金属的加工技术。

若在陶瓷表面用金刚石压头划个刻痕,陶瓷材料会因拉伸应力而发生脆性破坏,在材料表面残留无数微裂纹。但若在磨削及抛光时将加工单位减小,那么就转变为因位移而产生的塑性变形破坏方式来进行加工。若将加工单位进一步减小至分子或原子级单位,这时材料的化学性能将支配加工,就可能进行无损伤及塑性变形加工。与金属材料相比,陶瓷的超精密加工具有以下特征。

(1)弹性系数高。

陶瓷材料为脆性材料,刚性好,在弹性变形范围内产生断裂破坏。因此,与相同尺寸和形状的金属材料相比,陶瓷材料弹性变形小,适合于超精密加工。另外,陶瓷精密零件在使用时,零件变形小,易于保持精度。

在加工过程中,加工力作用在工件与刀具之间,使得机床、工件、夹具等产生挠曲变形,而导致刀具刀尖的轨迹与期望值不一致。虽然陶瓷弹性系数高,但大多数的功能陶瓷电子产品为小体积的薄形件,刚性较差,易造成加工精度的降低。例如,硅基片、水晶、铌酸锂及蓝宝石片等的直径比厚度大得多。像这种低刚度工件,不仅要考虑加工力引起的材料变形,还必须考虑安装变形的问题。抛光后,工件的平面度很大程度上取决于使用真空吸盘或粘贴方法是否良好。

(2)硬度高。

硬度高、耐磨性好是陶瓷材料的特性之一。加工后的陶瓷零件抗磨损性好,适合于作为精密滑动部件。因为陶瓷材料硬度高,所以去除量很小,导致加工效率低,但易于得到表面粗糙度小、加工变质层也较浅的加工件。陶瓷比一般的金属硬,导热性差,加工点附近的温度容易上升,刀具的磨损较大。因此,加工陶瓷的刀具材质受到限制。

随着刀具的磨损,不仅引起刀具几何形状的变化,而且由于刀具磨损使加工阻力和加工热增加,进而产生了各种加工误差。过大的加工阻力在陶瓷材料表面产生裂纹及缺陷,降低加工精度和表面质量。

(3)加工变质层小。

绝大多数陶瓷只有在较高温度下才能产生塑性变形。其断裂方式为脆性断裂,加工中不会产生毛刺。在陶瓷零件使用中出现刻痕时,在刻痕两侧也不会发生材料凸起,易于保持形状精度。

陶瓷的拉伸强度比剪切强度低,机械加工时,拉伸破坏会在加工表面残留微裂纹。即使有时肉眼观察不到微裂纹,只要将表层腐蚀后,表层下的裂纹就会暴露出来。脆性材料的强度很大程度上取决于表面凹凸及裂纹等表面缺陷。给材料施加应力则裂纹尖端发生应力集中,破坏强度大幅度降低。如果将加工时材料的去除单位减小,那么即使像陶瓷这样的脆性材料,也会产生与金属相同的塑性变形,在加工表面残留下极薄的塑性变形层。加工变质层就是由这样的微裂纹及塑性变形层所构成,并有残余应力作用在其中。加工变质层将使陶瓷材料某些性能降低。

加工变质层的深度与材料的去除单位有关。高效大切削量加工的变质层较深。研磨时的加工效率及表面粗糙度取决于磨粒的大小。磨粒粒径越小,表面粗糙度也小,同时加工变质层较浅。若磨粒磨损,则表面粗糙度和加工变质层深度均减小。当加工方法、加工条件以及材料机械性质不同,加工变质层的深度也有变化。硬度高的材料加工效率低,表面粗糙度小,加工变质层浅。

陶瓷材料的粗糙面有残余应力作用,若将薄形工件的粗糙面抛光,则其压缩残余应力被释放,工件变为凹形,这种现象称为土曼效应。这种现象对于所有陶瓷材料都同样会发生。加工变质层内残余应力的大小,取决于加工方法以及加工条件。因此,当工件厚度减薄时,其影响增大。

如上所述,如果要减小表面粗糙度及加工变质层深度,那么加工效率必然要降低。因此,为提高综合加工效率,有必要考虑如下加工步骤:先在粗加工中确保形状精度,接着除去粗加工时产生的加工变质层,并进一步提高尺寸及形状精度。将这个加工步骤进行优化处理,就能高效地生产出高精度高表面质量的产品。如果将材料去除单位控制到极小,就可以得到无加工变质层的加工面。虽然普通研磨方法的加工精度与效率都很高,但表面质量差。相反,化学或电化学的加工法能获得无加工变质层的平滑表面,但加工精度及加工效率低。因此,为消除机械研磨产生的加工变质层的影响,大多采用化学、电化学加工法,并在最后工序抛光时,在加工液中添加化学药品,可在保证加工形状精度的同时,得到化学加工的无损伤加工面。这种方法广泛应用于功能陶瓷和单晶材料的超精密加工中。

(4)晶相稳定。

陶瓷材料在高温下不会发生金属组织学的相变,这就使得陶瓷材料零件不会发生时效变化,尺寸及形状能长期保持稳定。

(5)耐蚀性好。

金属有氧化的问题,而对于陶瓷来说氧化问题较小,表面耐腐蚀性好,在加工和使用过程中不会生锈。

(6)适合超精密平面加工。

金属都是多晶体,没有实用的单晶材料。但陶瓷的各种单晶材料正在实用化。抛光多晶材料时易产生由结晶方位引起的各向异性,而单晶材料却易于均匀地平面抛光,得到无残留加工变质层的平滑表面。因此,附加了化学作用的抛光可以获得单晶材料无损伤平滑的表面。

如上所述,对于作为小挠度状态使用的一般精密零件,从加工和使用的角度来看,陶瓷优于金属。因此,在精密加工技术发展的同时,今后陶瓷材料精密零件的应用会越来越广泛。

1.3.2　超精密加工技术概述

国防战略发展的需要和超精密产品高利润市场的吸引,促使超精密加工技术产生并迅速发展。例如,现代武器的精密陀螺、激光核聚变反射镜、大型天体望远镜、反射镜和多面棱镜、大规模集成电路硅片、计算机磁盘及复印机磁鼓等都需要进行超精密加工。超精密加工技术的发展也促进了机械、电子、半导体、光学、传感器和测量技术以及材料科学的发展。

美国在开发超精密加工技术方面起着先导作用。在20世纪60年代初,由于电子技术、计算机技术、航空航天技术和激光等尖端技术发展的需要,美国于1962年研制出金刚石刀具超精密切削机床,可进行激光核聚变反射镜及天体望远镜等光学零件和计算机磁盘等精密零件的加工,为超精密加工打下了技术基础。随后,欧洲和日本超精密加工技术发展较快,并日趋成熟。

1.超精密加工的概念

超精密加工技术是一门综合性加工技术。它集成了机械、光学、电子、计算机、测量及材料等先进技术成就,使得超精密加工的精度从20世纪60年代初的微米级提高到目前的0.01 μm级,在短短几十年内使产品的加工精度提高了1~2个数量级,极大地改善了产品的性能和可靠性。

目前,超精密加工技术已成为国家科学技术发展水平的重要标志。随着各种新型功能陶瓷材料的不断研制成功,以及用这些材料作为关键元件的各类装置的高性能化,要求功能陶瓷元件的加工精度达到纳米级甚至更高,这些都有力地促进了超精密加工技术的进步。近年来,纳米技术的出现促使超精密加工向其极限加工精度——原子级加工进行挑战。

超精密加工有两种含义:一是指向传统加工方法不易突破的精度界限挑战的高精度加工;二是指向实现微细尺寸界限挑战的,以微电子集成电路生产为代表的微细加工。

通常,将达到或超过某一时期最高精度的加工称为超精密加工。如图1.1所示,在20世纪80年代,加工精度在0.01 μm级的加工称为超精密加工。根据理论分析,加工切除层的最小极限尺寸为原子直径,如果一层一层地切除原子,被加工表面的尺寸的波动范围为0.1~0.2 nm。一般将加工精度优于0.1 μm,粗糙度低于0.025 μm或更高精度的加工称为超精密加工。超精密加工已进入纳米级精度阶段,因此出现了纳米加工技术。

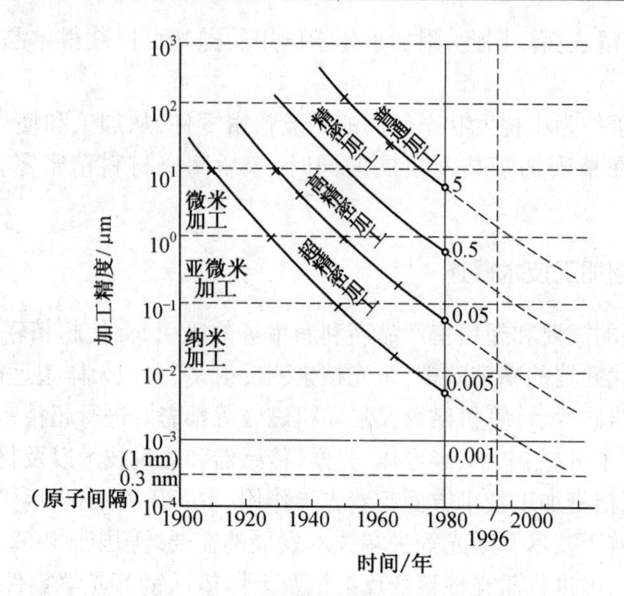

图1.1 加工精度的历史进展

2. 超精密加工的意义

精密和超精密加工技术、制造自动化是先进制造技术的两大领域。精密加工和超精密加工要靠自动化技术才能达到预期目标,而制造自动化有赖于精密加工才能得以准确实现。精密工程、微细工程和纳米技术是现代制造技术的前沿,也是未来技术的基础。

在国防工业中,激光陀螺的平面反射镜所要求的平面度为0.03~0.06 μm,表面粗糙度为0.2 nm,反射率为99.8%。蓝宝石红外探测器窗口的透镜、红外探测器用的锑化铟以及红外成像技术中碲镉汞晶体要求低表面粗糙度、无损伤、无加工变质层,其最终加工采用超精密研磨。又如,哈勃空间望远镜中的直径2.4 m、质量为900 kg的大型反光镜,形状精度要求达到0.01 μm,最终加工采用了数值加工(CNC)超精密研磨加工技术。当前集成电路已达到特大规模集成电路阶段,要求减小电路微细图案的最小线条宽度,使有限的微小面积上能容纳更多的电子元件。因此,提高超精密加工水平成了提高集成度的技术关键。高质量的硅基片目前采用机械化学抛光加工。砷化镓(GaAs)半导体大规模集成电路的快速性比相应的硅芯片高10倍左右,工作可靠,抗辐射能力强,其制造也需要一整套超精密磨削、研磨、抛光工艺。

在信息产业和民用产品中,计算机芯片、磁盘和磁头、录像机的磁鼓、复印机的感光鼓、光盘和激光头、激光打印机和扫描仪的多面体棱镜等都要靠超精密加工才能达到产品性能要求。可见,超精密加工技术在国防工业、信息产业和民用产品的制造中占有非常重要的地位且有着广阔的市场需求,同时也是加强经济和国防竞争能力的强有力的手段。超精密加工技术在高技术迅猛发展的今天向着各个领域迅速渗透,有着非常美好的发展前景。

但是,目前我国在航空航天及微电子工业中所需的超精密加工设备都有赖于进口,磁盘、激光打印机的多面棱镜及信息产业用的大部分高性能功能陶瓷元器件几乎都依赖进口,这些都表明我国必须大力发展超精密加工技术。

3. 超精密加工的方法

根据加工方法的机理和特点,最基本的超精密加工方法可以分为去除加工、结合加工和变形加工三大类(见表1.5)。按加工方式来分,超精密加工又可以分为切削加工、磨料加工(分固结磨料和游离磨料)、特种加工和复合加工四类(见表1.6)。超精密加工还可分为传统加工、非传统加工和复合加工。传统加工是指刀具切削加工、固结磨料和游离磨料加工;非传统加工是指利用电能、磁能、声能、光能、化学能、核能等对材料进行加工和处理;复合加工是指多种加工方法的复合。当前,在制造业中,占主要地位的仍是传统加工方法,以切削、磨削和研磨为代表(见表1.7)。非传统加工与复合加工是超精密加工的重要发展方向。

表1.5 精密加工方法分类(1)

分类	加工机理	加工方法
去除加工 (分离加工)	化学分解(气体、液体、固体) 电解(液体) 蒸发(真空、气体) 扩散(固体) 熔化(液体) 溅射(真空)	刻蚀(曝光)、化学抛光、软质粒子机械化学抛光 电解加工、电解抛光 电子束加工、激光加工、热射线加工 扩散去除加工 熔化去除加工 离子束溅射去除加工、等离子体加工
结合加工 (附着加工)	化学附着 化学结合 电化学附着 电化学结合 热附着 扩散结合 熔化结合 物理附着 注入	化学镀、气相镀 氧化、氮化 电镀、电铸 阳极氧化 蒸镀(真空蒸镀)、晶体生长、分子束外延 烧结、掺杂、渗碳 浸镀、熔化键 溅射沉积、离子沉积(离子镀) 离子溅射注入加工
变形加工 (流动加工)	热表面流动 黏滞性流动 摩擦流动	热流动加工(高频电流、热射线、电子束、激光) 液体、气体流动加工(压铸、挤压、喷射、浇注) 微粒子流动加工

表1.6 超精密加工方法分类(2)

分类	加工方法	可加工材料	应　用
切削加工	等离子体切割 微细切削 微细钻削	各种材料 有色金属及其合金 低碳钢,铜、铝	熔断铝、钨等高熔点材料,硬质合金 球、磁盘、反射镜、多面棱体 油泵喷嘴、化纤喷丝头、印刷线路板

续表 1.6

分类	加工方法	可加工材料	应　用
磨料加工	微细磨削	黑色金属、硬脆材料	集成电路基片的外圆、平面磨削
	研磨	金属、半导体、玻璃	平面、孔、外圆加工，硅片基片
	抛光	金属、半导体、玻璃	平面、孔、外圆加工，硅片基片
	弹性发射加工	金属、非金属	硅片基片
	喷射加工	金属、玻璃、水晶	刻槽、切断、图案成形、破碎
特种加工	电火花成形加工	导电金属、非金属	孔、沟槽、狭缝、方孔、型腔
	电火花线切割加工	导电金属	切断、切槽
	电解加工	金属、非金属	模具型腔、打孔、切槽、成形
	超声波加工	硬脆金属、非金属	刻模、落料、切片、打孔、刻槽
	微波加工	绝缘材料、半导体	在玻璃、红宝石、陶瓷等上打孔
	电子束加工	各种材料	打孔、切割、光刻
	离子束去除加工	各种材料	成形表面、刃磨、割蚀
	激光去除加工	各种材料	打孔、切断、划线
	光刻加工	金属、非金属、半导体	刻线、图案成形
复合加工	电解磨削	各种材料	刃磨、成形、平面、内圆
	电解抛光	金属、半导体	平面、外圆孔、型面、细金属丝、槽
	化学抛光	金属、半导体	平面

表 1.7　超精密切削、磨削、研磨的实例

	工具	加工装置	材料	用途、零件等
镜面切削	金刚石刀具刀口锐利化 利用立方氮化硼(CBN)砜刀具切削钢 金刚石刀具的结晶方位选择 金刚石刀具刃口评价改进型 SEM	采用空气轴承、流体轴承及空气导轨等高精度化、高刚性化 冷却、空调、防振 采用高速运算装置控制 高刚性化的新方案：四面体结构、球壳结构	Al、Cu、塑料等软质材料 无电解 Ni 膜 Ge、Si KDP $LiNbO_3$ 玻璃	磁盘基板 各种模具 各种反射镜 红外用光学元件 激光棱聚变用光学元件 X 射线天体望远镜用元件
镜面磨削	树脂结合剂金刚石砂轮添加 MoS_2、WS_2、C 等 铸铁基金刚石砂轮采用电解腐蚀修整		铁氧体 精细陶瓷 超硬合金 Ge、Si 玻璃	磁头 红外用光学元件 非球面玻璃透镜 各种模具

续表1.7

	工具	加工装置	材料	用途、零件等
镜面研磨	沥青抛光盘、石蜡抛光盘、合成树脂抛光盘 微细磨料、软质磨料、易微细化的磨料 软质工具的采用：氟化树脂发泡体抛光盘、液体工具——弹性发射加工(EEM)及浮动抛光	基于理论分析的平面研磨机 大口径光学元件用研磨机 液中研磨机、EEM装置、浮法抛光装置、进行式机械化学抛光(P-MAC)抛光装置 研磨机的高精度化 数控加工(NC)化、计算机辅助制造(CAM)化	水晶 $LiTaO_3$ $LiNbO_3$ GGG Si,GaAs 精细陶瓷 CVD SiC膜 玻璃	压电滤波器基片 SAW元件基片 半导体基板 各种模具 SOR用X射线光学元件 激光核聚变用各种光学元件 投影透镜

在最近的多性能复杂形态的元件加工中，往往是几种加工法的复合作用。近年来，随着新加工工艺方法和新的加工手段不断出现以及超精密加工技术的不断成熟，超精密加工已成为现代尖端产业的重要生产技术。

4. 超精密加工的难点

实现超精密加工的关键是超微量去除技术，其难度比常规的大尺寸去除加工技术大得多，原因在于：

①由于工具和工件表面微观的弹性变形和塑性变形是随机的，精度难控制。

②工艺系统的刚度和热变形对加工精度有很大影响。

③去除层越薄，被加工表面所受的剪切应力越大，材料就越不易被去除。

当去除厚度在1 μm以下时，材料被去除的区域内产生的剪应力急剧增大。这是因为，如果晶粒的尺寸为数微米，就须在晶粒内进行加工，这时就要把晶粒当作不连续体进行切削，在晶粒内部大约1 μm的间隙内就有一个位错缺陷(图1.2)，其分布间隔见表1.8。

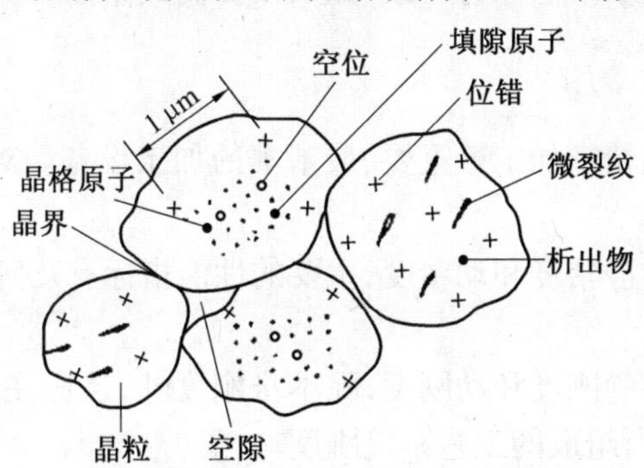

图1.2 材料微观缺陷分布模型

表 1.8　缺陷分布间距　cm

晶格原子	点阵缺陷	位错缺陷	晶界空穴及裂纹	缺口
~ 10^{-7}	10^{-7} ~ 10^{-5}	10^{-5} ~ 10^{-3}	10^{-3} ~ 10^{-1}	10^{-1}

在去除加工时，如果加工应力仅仅限制在上述各种缺陷空间范围内，则只能获得与其作用区域相对应的破坏形式；并且加工应力作用范围越小，工件材料越不易去除（见表 1.9）。

表 1.9　临界加工能量密度　J/cm^3

加工单位/mm	10^{-7}	10^{-6}	10^{-4}	10^{-2}
材料微观缺陷 / 加工原理	晶格原子	点缺陷	位错缺陷 微裂纹	晶界、空隙裂纹
化学分解、电解	10^4 ~ 10^3			
脆性破坏		10^4 ~ 10^2		
塑性变形（微量切削、抛光）			10^3 ~ 1	
熔化去除	10^4 ~ 10^3			
蒸发去除	10^5 ~ 10^4			
离子溅射去除、电子刻蚀去除	10^5 ~ 10^4			

5. 超精密加工的实现条件

超精密加工是一门多学科的综合性高新技术，超精密加工已从单纯的技术方法发展成精密加工系统工程。它以人、技术、组织为基础，涉及如下因素：

①超精密加工的工艺方法和机理。

②超精密加工用的工件材料。

③超精密加工工装装备。

④超精密加工工具。

⑤精密测量及误差补偿技术。

⑥超精密加工工作环境、条件。

这些因素必须在一定水平上保持一致，如果仅提高其中某一方面的精度水平是不可能实现超精密加工的。

（1）超精密加工机床。

超精密加工机床是超精密加工最重要、最基本的加工设备。对超精密加工机床应有如下要求：

①高精度。包括高的静精度和动精度，主要的性能指标有几何精度、定位精度和重复定位精度、分辨率等。

②高刚度。包括高的静刚度和动刚度，除本身刚度外，还应注意接触刚度，同时应考虑由工件、机床、刀具、夹具所组成的工艺系统刚度。

③高稳定性。在规定的工作环境下和使用过程中应能长时间保持精度，应有良好的耐磨性、抗振性等。

④高自动化。为了保证加工质量,减少人为因素影响,采用数控系统实现自动化。

(2)超精密加工工具。

①超精密切削刀具。超精密切削加工属微量切削,切深可达到0.075 μm,相当于从材料晶格上逐个地去除原子,只有切削力超过晶体内部的原子结合力才能产生切削作用。目前只有天然金刚石刀具能承受如此大的切削力且具有较高的耐用性。

采用微量切削可以获得光滑而加工变质层较少的表面。吃刀量主要取决于刀尖刃口圆弧半径 r 的大小。金刚石刀尖刃口半径 r 从理论上可达到 3 nm,但目前 r 值还无法直接测量。

在超精密切削加工中也可以采用高性能陶瓷刀具、TiN、金刚石涂层的硬质合金刀具以及立方氮化硼(CBN)刀片,但由于其加工表面质量不如天然金刚石好,仅用于表面质量不十分严格的场合。

在碳纤维增强碳化硅(C_f/SiC)陶瓷基复合材料车削加工中,分别以高速钢、硬质合金和人造金刚石为切削刀具,进行喷管待连接表面的加工实验。对比发现,高速钢车刀的耐磨性最差,刀尖和刀刃的磨损速度很快,加工后工件的外圆锥度、椭圆度较大,不能保证工件的精度要求。硬质合金刀具可以完成该复合材料的外圆及端面、锥面的加工,但是车加工锥面的形状精度、表面粗糙度仍较差。人造金刚石车刀具有高强度和更好的耐磨性,硬度大、使用寿命长,可以采用低转速、中走刀量、大吃刀深度加工陶瓷材料,所加工的复合材料喷管连接部位的形状精度、尺寸精度和表面粗糙度的质量明显优于高速钢和硬质合金刀具,如图1.3所示。

②超精密磨削砂轮。在超精密磨削中,要求砂轮锐利、耐磨、磨粒大小及结合分布均匀,当前主要采用的是金刚石微粉砂轮。金刚石砂轮通常采用粒度为 W20 ~ W0.5 的金刚石微粉,黏结剂采用树脂、铜、铸铁纤维等。由于微粉砂轮易堵塞,为保证磨削质量和磨削效率,使用中应进行在线修整。一般金刚石砂轮的修整分为整形和修锐两个阶段,常用的修整方法有电解法、电火花法和软弹性修整法等。

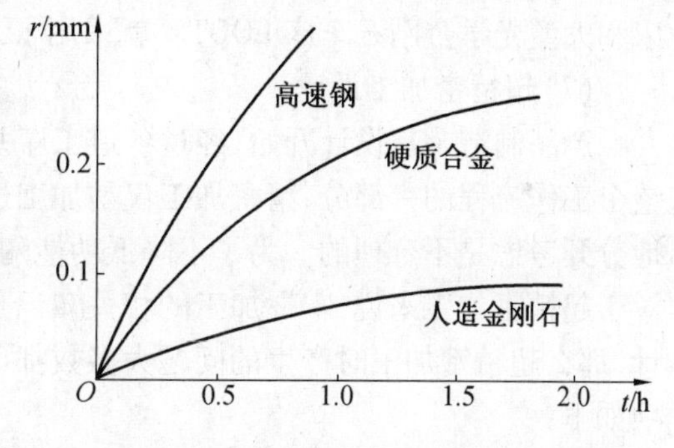

图1.3　不同刀具切削时间与刀尖磨损之间的关系

③超精密研磨研具。研具对超精密研磨质量和精度有直接影响。研具材料可用铸铁、锡、工程塑料和玻璃等。在超精密研磨中,研磨盘的平面度会“复印”到工件表面。采用铸铁、玻璃等刚性研磨盘能获得较高的生产率与平面度,适合于零件抛光前的加工。在光学零件和功能材料基片加工中,一般采用弹性(如沥青)抛光盘,但是要考虑抛光盘材质的温度敏感性。如采用沥青抛光盘,当温度变化1 ℃时,其黏度也变化1倍。因而在抛光压力下易变形,在加工中不易保持很高的形状精度。因此,必须在获得镜面的加工过程中采取维持抛光盘精度的措施。采用锡、聚四氟乙烯(特氟龙)作为抛光盘并且在研磨前后或者在抛光过程中进行在线修整,可获得高精度表面。在高平面度光学平晶加工中,采用零膨胀系数的玻璃作为抛光盘,能获得 $\lambda/300$ 的极高平面度。

超精密研磨用的磨料可用超硬磨料,如CBN微粉、金刚石微粉,也有用能与工件材料发生界面固相反应的软质磨料,如 SiO_2,CeO_2,ZrO_2等。

(3)超精密加工材料。

超精密加工所用的工件材料质量、工件的表面结构完整性、残余应力等将影响功能陶瓷元器件的性能,如反射镜的反射率会降低,磁盘存储密度降低。因此,对超精密加工所用材料的化学成分、物理力学性能、加工性均有严格要求,要求质地均匀、性能稳定、无微观缺陷。

(4)超精密加工测量。

测量是超精密加工一个极为重要的方面。没有高精度测量手段,就不能对超精密加工精度进行评价。通常要求测量精度高于加工精度一个数量级。因此,超精密加工要有相应的测量技术的支持。

(5)超精密加工环境。

超精密加工的工作环境是获得超精密加工质量的必备条件,加工环境条件的极微小变化都可能使超精密加工精度达不到要求。因此,超精密加工必须在超稳定的加工环境条件下(主要指恒温、恒湿、防振、超净)进行。

(6)误差预防和误差补偿。

误差预防和误差补偿是提高加工精度的重要措施。误差预防可通过提高机床制造精度、保证加工环境的条件等措施来减小误差的影响。误差补偿可利用误差补偿装置对误差值进行动静态补偿,以消除误差本身的影响。使用在线检测和误差补偿可以突破超精密加工系统的固有加工精度。

例如,美国劳伦斯利弗莫尔国家实验室的目前世界上精度最高的 3 号超精密金刚石车床和大型光学金刚石车床 LODTM 就采用了误差补偿系统。

(7)超精密加工设计。

产品制造是从设计开始,经过各道工序并形成产品的过程。因此,产品的加工过程只是整个工作流程的一部分,精密加工仅是加工过程的一部分,然而把精密加工与工作流程单独地分开考虑是不合理的。为了不降低功能陶瓷材料的特性并低成本制造出高精度的产品,对于超精密加工来说,掌握加工的相关知识是很重要的。若在这些知识基础上进行生产设计,那么超精密加工时产生的问题大多数都可以解决。对于超精密加工,设计时应考虑的事项如下:

①选择适合超精密加工的材料。弹性系数高、热膨胀系数小、加工引起特性变化小的材料适合超精密加工。相反,不均质的、气孔多且强度低的烧结材料及热膨胀系数大、吸水性强及氧化性强的材料不适合超精密加工。非晶质材料没有各向异性的问题,任何形状都能均质地加工。各向异性的单晶材料适合平面抛光,而不适合其他形状抛光。

②设计成适合超精密加工的形状。单纯形状的工件比复杂形状的零件更容易实现超精密加工精度,平面、圆筒或球面较易于实现高精度。另外,为了易于在加工过程中进行高精度安装及测量,首先必须预备好基准面,并把工序数设计到最少,没有工序变更的加工对实现超精密加工精度是很重要的。在设计阶段,考虑采用主动回避热变形引起的精度降低的工艺方案是非常有效的。

6. 超精密加工技术新发展

随着科学技术的发展,光学、机械、电子学科交叉的各种系统被制造出来。为了保证系统中关键元件的高质量和高性能,要求有相应的并能保证元件的几何学形状和极高尺寸精度的加工技术。并且只有元件材料的组成、结构和质量要求达到规定的标准,才能实现超精密加工技术的大幅度飞跃。加工的高精度、高质量、低成本以及高的再现性显得越来越重要。

目前,磨粒加工的去除单位已在纳米甚至是亚纳米数量级,在这种加工尺度内,超精密加工过程中加工氛围的化学作用显得尤其突出。

(1)超精密切割。

陶瓷材料的外形和尺寸通常需要经过切割、研磨等工序获得实际应用所需要的形状。陶瓷的切割是利用适当的工艺和加工设备将其从整体分解成若干块体的处理过程。切割工艺包括高压水射流切割、电火花线切割、激光切割、等离子体切割等。

①高压水射流切割。高压水射流切割技术是用高压高速的水射流对工件表面进行材料切割的技术,如图1.4所示。为了获得高压水射流,喷嘴的孔径为0.1~0.4 mm。为了得到充足的能量,压力要求达到400 MPa,喷射速度要求达到900 m/s,液体是通过1个压力泵来达到所需压力的。喷头部分由1个喷管和1个珠宝喷嘴组成,容器由优质钢制成;喷嘴则由红宝石、蓝宝石或金刚石制成。金刚石喷嘴用的时间最长但是成本也最高。过滤系统用来分离切屑。水射流切割技术中重要的是聚酯类液体,这种性质的液体可以使水射流保持连续性。水射流切割技术中的重要参数有补偿距离、喷嘴孔径、水压和进给速度。喷嘴孔径的大小直接影响切割的精度。工件越薄,要求的精度越高,孔径应越小。切割较厚的工件时,要求有高密度、高压力的水射流。

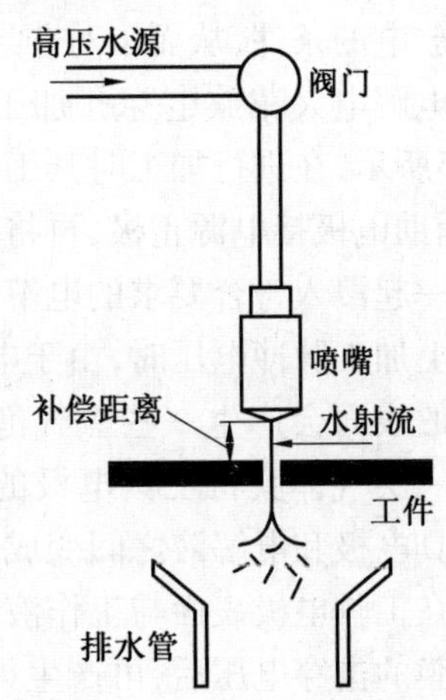

图1.4 水射流切割原理示意图

当利用水射流切割金属零件时,为了使切割有效进行,必须往磨料水射流中添加磨料磨粒,这个过程称为磨料水射流切割。磨料水射流切割是磨料粒子与高速水流互相混合而成的液固两相高能束流。由于磨料水射流切割是一种冷态的单点动能能源,对材料具有极强的冲蚀作用,并在冲蚀过程中不改变材料的力学、物理和化学性能,因此适于切割热敏、压敏、脆性、塑性和复合性等各种性质的材料。常用的磨料有氧化铝、碳化硅和石榴石;磨粒尺寸通常为60~120目。

高压磨料水射流冲击下可引起材料的结构破坏,这主要由下列几种作用引起:气蚀破坏作用、高压磨料水射流的冲击作用、高压磨料水的动压力作用、高压磨料水射流脉冲负荷引起的疲劳破坏作用和水楔作用。在磨料水射流切割陶瓷材料时,射流的初始脉冲造成弹性拉力波,在材料中的冲蚀撞击反射和干扰破坏了材料的分子结构。磨料水射流对其材料的穿透和渗入,促进了裂纹的扩展,加速了材料的破碎。材料在磨料射流的冲击下,局部易产生流变和裂带,并在其剪力的作用下使材料容易产生破碎。陶瓷材料的磨料水射流切割是在拉伸应力或应力波作用下的脆性破坏。

②电火花线切割。电火花加工(Electrical Discharge Machining)又称为电蚀加工或放电加工,是利用工具电极和工件电极间脉冲放电时产生的电蚀现象对材料(毛坯)进行加工,理论上能加工任何高硬度、高致密的物质。火花放电时,在放电区域能量高度集中,瞬时温

度高达10 000 ℃左右，足以使陶瓷材料局部融化而被蚀除。电火花加工能够对电阻率小于100 Ω · m的陶瓷材料进行低成本加工，加工陶瓷材料时，材料去除率较低，而且去除过程主要以碎块剥落形式为主。电火花加工可以进行成形、穿孔和切割加工各种形状复杂的零件。加工时工具与工件不接触，作用力极小，因而可加工小孔、窄缝等微细结构以及各种复杂型面的型孔和型腔，亦可在极薄的板料或工件上加工。脉冲放电持续的时间很短，冷却作用好，加工表面的热影响极小。直接利用电能进行加工，便于实现加工自动化。

对于导电性陶瓷，可以进行电火花线切割加工和电火花成型加工。当陶瓷材料的电阻率小于100 Ω · cm时，可对其进行有效的电火花加工。非导电性陶瓷不具有导电性，不能直接把它作为电极对的一方进行电火花加工。对此，一般采用电解液法和高电压法来创造产生火花放电的条件，从而可对非导电陶瓷进行加工。

以电解电火花放电穿孔加工为例，其原理如图1.5所示，在进行加工时其工具电极接电源负极，辅助电极接电源正极，再将工具电极和辅助电极一起浸入符合要求的电解液中。当两极之间加上加工脉冲电压时，由于电解作用，在工具电极的表面会产生一些氢气泡，一段时间后会产生一层气体膜将工具电极的表面包围，从而使工具电极和电解液之间变成绝缘。脉冲电压作用在工具电极表面与工作液间的电位梯度升到气膜的击穿电压后，可产生火花放电现象。在放电瞬间产生的高温和冲击波等作用于绝缘工程陶瓷的表面，能够使它局部熔化甚至汽化并抛出，以实现蚀除工件的目的。

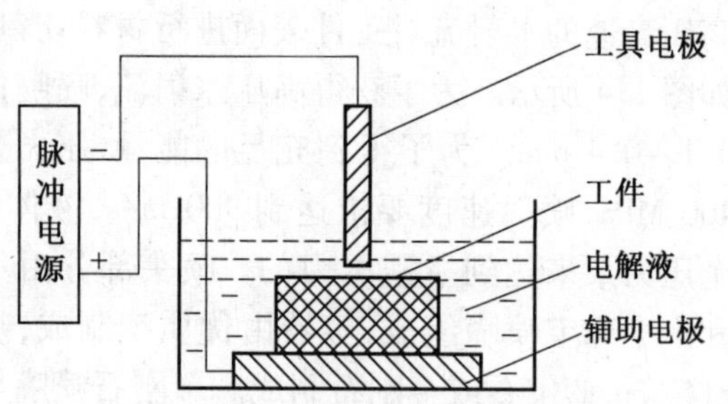

图1.5　电解电火花放电穿孔加工原理图

绝缘工程陶瓷辅助电极电火花加工原理如图1.6所示，将工具电极、金属辅助电极和工件浸入油性工作液中，薄板状辅助电极要紧紧压在工件上。脉冲电源两极分别接在工具电极和辅助电极上，产生火花放电时的热量会将工作液分解形成游离碳；当辅助电极被加工穿透后，游离碳会沉积在工件表面形成导电层，火花放电产生的热和冲击将工件材料蚀除。随着工具电极的垂直向下进给，火花放电继续进行，陶瓷表面逐渐被蚀除，并又被导电颗粒覆盖，加工继续进行。

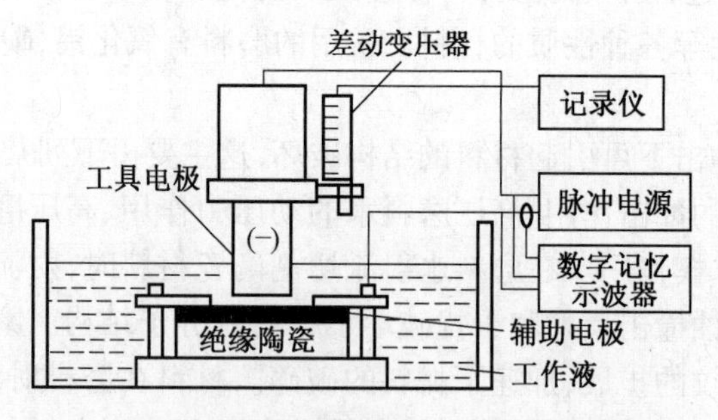

图1.6　绝缘工程陶瓷辅助电极电火花加工原理

③激光切割。激光是一种通过入射光子的激发使处于亚稳态的较高能级的原子、离子或分子跃迁到低能级时完成受激辐射所发出的光。由于激光具有高亮度、高方向性、高单色性和高相干性四大特性，因此就给激光加工带来一些其他加工方法所不具备的特性。激光

具有可控性强、能量稳定集中、光束方向性好、光束细等特点，加工精度高，是新型陶瓷划切处理的理想工具。激光切割有诸多优点，例如划切速度快、切口光滑平整、无“刀具”磨损；切割热影响区域小、切割变形小；加工精度高、重复性好、加工质量稳定；可加工任意图形、无需模具、经济省时、切割过程容易实现自动化控制等。

根据激光束与材料相互作用的机理，大体可将激光加工分为激光热加工（高温分解作用，“热加工”）和光化学反应加工（光解作用，“冷加工”）两类。

a. 激光热加工。激光加工工程陶瓷材料，是利用一束能量密度极高的激光束照射到被加工工件（陶瓷）表面上，光能被加工表面吸收，并部分转化为热能，使局部温度迅速升高产生熔化以至汽化并形成凹坑。随着能量的继续吸收，凹坑中的蒸气迅速膨胀，把熔融物高速喷射出来，同时产生一个方向性很强的冲击波，这样材料就在高温、熔融、汽化和冲击波作用下被蚀除。各种激光系统的波长和光子能量见表1.10。

表1.10 各种激光系统的波长和光子能量

激光器类型	波长/nm	光子能量/eV
ArF	193	6.4
KrF	248	5.0
Nd:YAG(3W)	355	3.56
氩离子	514	2.4
Nd:YAG	1 064	1.2

当激光束入射到陶瓷表面时，发生的物理现象有反射、吸收、散射和传导（图1.7），入射激光与陶瓷材料交互作用时发生的物理现象图1.8所示。由于陶瓷材料的热传导率通常低于大多数的金属材料，因此陶瓷对能量的吸收较快，与能量吸收相关的因素主要包括陶瓷材料的性能（如反射系数）、激光能量、激光的输出波长和入射角度。

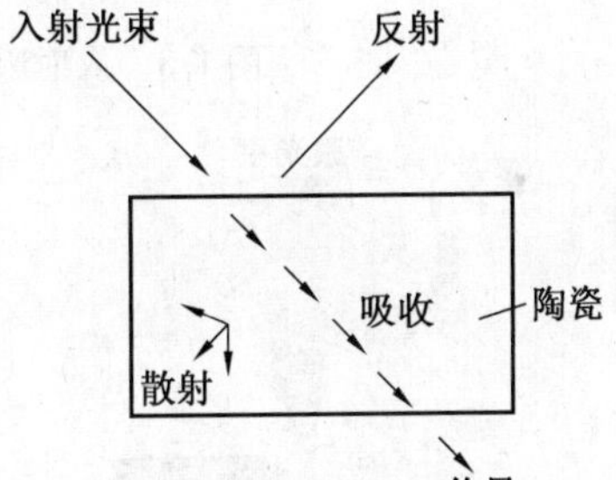

图1.7 入射激光与陶瓷材料的交互作用

激光加工分类如图1.9所示。激光加工可以分为一维加工、二维加工和三维加工。一维加工时保持陶瓷工件和激光束静止，主要用于激光打孔（图1.9(a)）；二维加工时激光束或陶瓷在一个方向运动，可用于激光切割（图1.9(b)）；三维加工时激光束和工件在多个方向运动，可用于激光车削、铣削或复杂几何形状的加工（图1.9(c)）。图1.10所示为激光加工陶瓷微槽的实物照片。

b. 激光冷加工。材料受到激光辐射时，材料表面吸收高峰值功率的脉冲后，导致材料内部电子键的断裂，生成的分子碎片扩散形成等离子体，这些等离子体将材料中多余的能量带走，对加工区域附近的材料几乎没有损害。典型化学键的结合能见表1.11。

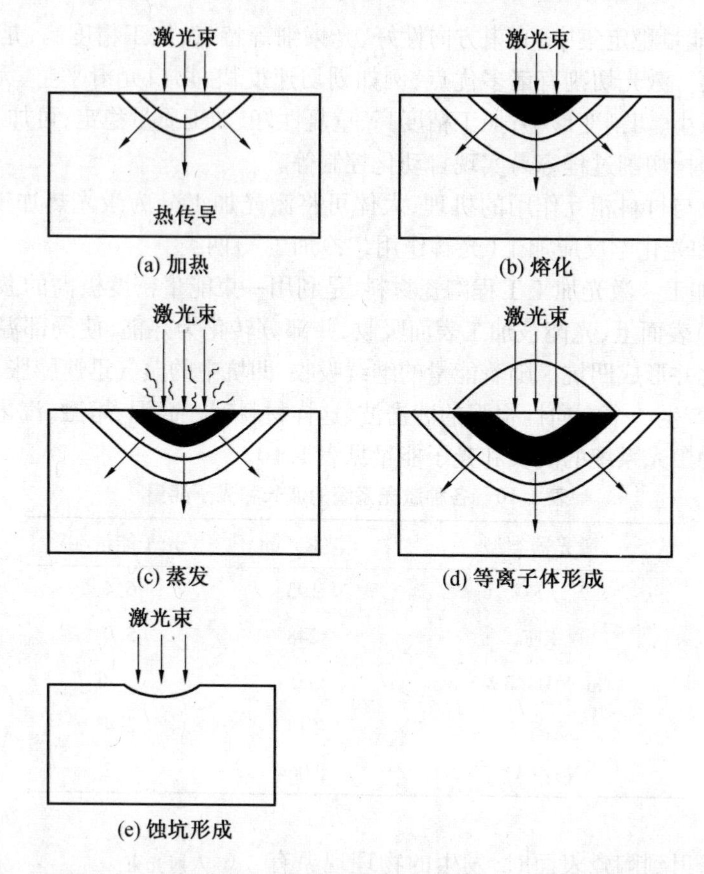

图 1.8　入射激光与陶瓷材料交互作用时发生的物理现象

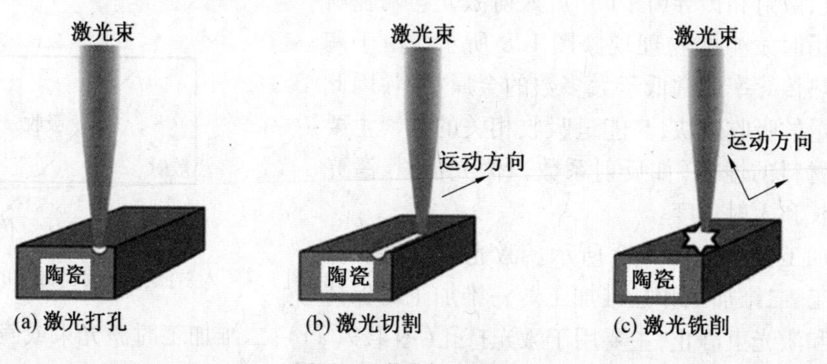

图 1.9　激光加工分类

c. 飞秒激光加工。随着激光技术的发展，运用超短脉冲激光加工陶瓷、高分子等非金属材料逐渐受到人们的关注。超短脉冲激光微孔加工技术被认为是突破许多领域核心部件制造技术瓶颈的理想方法。超短脉冲激光主要包括纳秒激光、皮秒激光和飞秒激光。由于脉冲持续时间短、能量高，超短脉冲激光的加工精度和加工效率都很高，材料产生的热影响区域小。例如，在进行气膜冷却孔加工时，与高速电火花打孔相比，超短脉冲激光打孔不需要工作电极，且气膜冷却孔的尺寸可以任意调节。因此，超短脉冲激光技术在陶瓷材料微孔加工方面具有非常明显的优势。研究表明，相对于纳秒激光和皮秒激光，飞秒激光的脉冲宽度更短、峰值功率更高，利用透镜聚焦可以将光斑的直径缩小到微米级，从而获得在空间上和时间上都高度集中的激光束。因此,材料在加工过程中产生的热影响区和变形更小,能获得更高的加工精度和加工质量。图1.11为激光加工陶瓷微孔的入口和出口的扫描电子显微镜照片,该照片显示出良好的加工精度和加工质量。

(a) 单个街区

(b) 整片

图1.10　激光加工陶瓷微槽的实物照片

表1.11　典型化学键的结合能

价键类型	结合能/eV
Si—O	3.63
Si—C	2.85
C—C	3.6

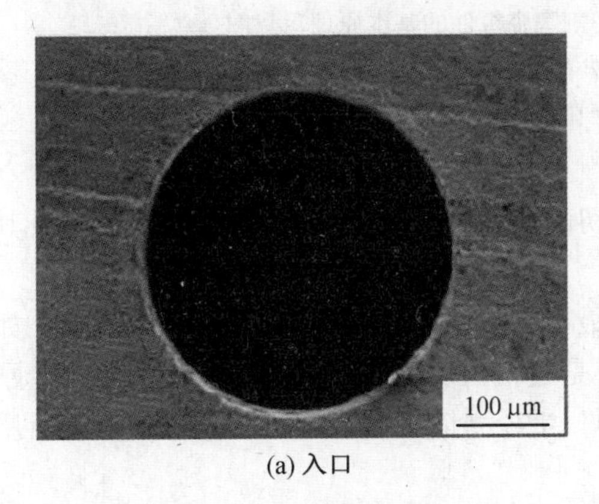

(a) 入口

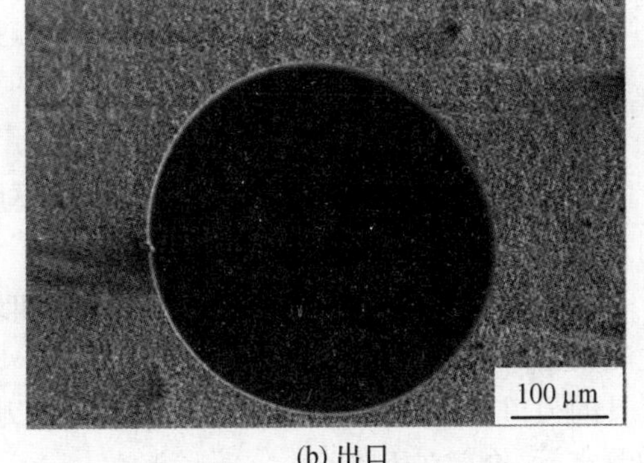

(b) 出口

图1.11　进给速度为4.8 μm/s微孔入口和出口的扫描电子显微镜照片

采用飞秒激光加工TiC陶瓷微孔,加工过程中输出激光束的主要技术参数为:脉冲宽度230 fs,波长1 030 nm,工作频率100 kHz,平均功率10 W。激光束经直径为100 mm的非球面透镜聚焦,焦点处光斑直径为30 μm。激光打孔技术主要有冲击打孔、旋切打孔和螺旋打孔等。实验采用螺旋打孔和每层单次扫描的加工方式。加工初始,激光束焦点位于样品表面,以螺旋线轨迹扫描,设定每层扫描圈数为50,扫描时加工头转速为40 r/s,因此每层加工时间为1.25 s。加工完一层,激光束焦点下移开始加工下一层。打孔过程中,在飞秒激光作用下强电场光致电离或电子碰撞电离产生大量自由电子,从而使材料表面薄层转变为具有金属特性的吸收等离子体,激光能量被大量吸收,材料产生熔融现象。熔融材料在材料快速热汽化的反冲压力下飞溅出微孔。加工时产生的碎屑由压缩空气清除。加工碎屑中出现了 TiO_2 和 Ti_2O_3,说明加工过程中发生了氧化。

④等离子体切割。等离子弧具有高温、高速、能量集中等特点(弧柱中心温度可达 20 000 ℃),能熔化所有材料,因此可用于陶瓷材料的高效加工。采用非转移型微束等离子弧加工,可以切割陶瓷等非金属薄材。为了切割较大厚度的陶瓷材料,采用附加阳极引导等离子弧的空间分布,提高弧柱可控性。因为等离子弧处于阴极与附加阳极之间,因而被切割工件不需要导电,实现大尺寸陶瓷的加工。图 1.12 是附加阳极等离子弧切割陶瓷板件的基本原理示意图,首先在阴极与附加阳极之间形成持续、稳定的转移型等离子弧,然后利用高温、高速的等离子射流使陶瓷板件切口处的材料熔化、蒸发,最终吹离基体,随着等离子弧柱与工件的相对移动形成割缝。

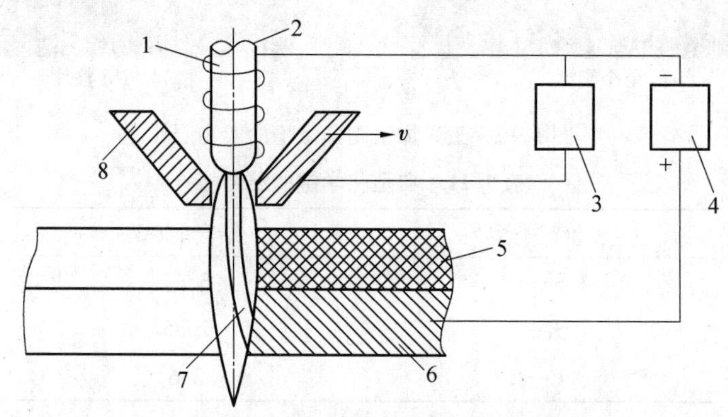

图 1.12　附加阳极等离子弧切割陶瓷板件的基本原理示意图

1—阴极;2—工作气体;3—高频火花发生器;4—电源;5—陶瓷件;

6—附加阳极板;7—等离子弧;8—喷嘴;v—切割速度

(2)超精密切削。

超精密切削的实现依赖于锐利的金刚石切削工具和高精度、高刚性的切削装置及其他周边技术的支持。

金刚石刀具刃口半径关系到切削变形和最小切削厚度,因而影响加工表面质量。如何使超精密刃磨的刃口钝圆半径达到尽可能小,是超精密切削技术的关键问题。但当金刚石刀具的刃口半径小于 10 nm 时,用目前刀具刃口半径测量使用的 SEM 对刀尖锐利度及质量的测定、评价存在困难。

图 1.13 是改进型 SEM 测出的刀刃,经确定,金刚石刀具刃口半径为 20 ~ 50 nm。日本大阪大学和美国 LLL 实验室合作研究超精密切削的最小极限,成功地实现了 1 nm 级切削厚度的稳定切削,使超精密切削达到新的水平。

超精密切削容易得到小的表面粗糙度和小的加工变质层深度。加工变质层深度的测定可采用各种测定法。对 1 mm 以下厚度的基板状工件切削时,产生的加工变质层会引起工件变形。

金刚石超精密切削可用于加工感光鼓、磁盘、多面镜,以及平面、球面或非球面的激光反射镜等中小型超精密零件。超精密切削可以用于铜、铝及其合金、非电解镀镍层、KDP 单晶材料、Ge 单晶、玻璃等硬脆材料的高精度镜面零件的切削。黑色金属的超精密切削还在实验室研究阶段。图 1.14 为精密镜面切削铝合金的加工变质层深度与残留应力的关系。

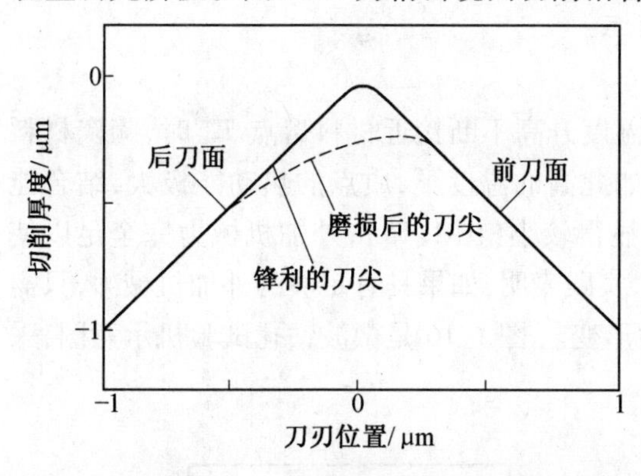

图 1.13　改进型 SEM 进行金刚石刀具刀尖测定的实例

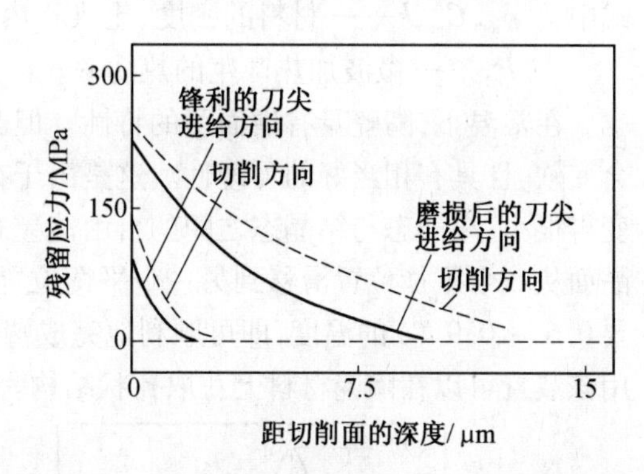

图 1.14　精密镜面切削铝合金的加工变质层深度与残留应力的关系

采用超精密切削可加工计算机用铝合金磁盘、复印机和激光打印机的铝合金硒鼓以及红外光、可见光、紫外线、X 射线用反射镜、平面镜及各种球面镜、轴对称及非轴对称面镜。可见，超精密切削加工技术具有无限的应用与发展潜力。

在研究陶瓷等难加工材料加工技术的过程中，开发出了微波辅助加工方法。这种加工技术是通过微波辅助加热的方法，使陶瓷材料的局部温度上升，从而使材料发生软化，此时再使用耐高温的刀具进行切削，即可得到类似普通金属切削过程的结果。

微波是一种电磁波，其频率为 0.3 ~ 300 GHz，波长为 1 m ~ 1 mm，介于电磁波谱的红外和无线电波之间，波长为 1 ~ 25 cm 的微波专用于雷达，(915±15) MHz 及(2 450±50) MHz 两个频段专用于加热、干燥、医疗等用途，其余大部分波段用于电信传输。

在频率高于 1 GHz 的工业微波加热应用中，偶极子转向极化引起的损耗是最重要的一种形式。因为在许多极性材料中，建立和消除该种极化现象的时间与高频振荡的周期相当。在对陶瓷材料的微波加热中，极化损耗是最重要的热生成方式。材料的介电常数是电磁波频率的函数。当低频接近直流时，偶极子有充分的时间跟随外加交变电场的变化。因此，当介电常数取最大值，即束缚电荷达到其最大值时，此时所有的外加能量都储存在材料中。当频率提高后，在电场发生变化时，偶极子不能完全恢复到它们的初始位置。这样，偶极子的极化落后于外加电场。当频率进一步提高时，取向极化无法跟随外加电场的变化，总极化大为减弱。这种有效极化的下降代表了介电常数的减小和损耗因子的增大。此时，能量将以热的形式耗散在材料中。微波加热陶瓷时，将微波电磁能转变成为热能，其能量是通过空间或媒介以电磁波形式传递的。单位体积内的功率耗散为

$$P_{\mathrm{d}} = \omega \varepsilon_0 \varepsilon'' E_{\mathrm{rms}}^2 \tag{1.1}$$

式中　ω—— 电磁场的角频率；

ε_0—— 真空介电常数；

ε''—— 材料的相对介电常数；

E_{rms}—— 电磁场中电场强度的均方根。

微波对陶瓷材料进行加热时，可用普通热传导方程来描述材料中的传热过程，即

$$\rho_m C_m \frac{\partial T(x,y,z,T)}{\partial t} = \nabla(k \nabla T) + P_d \tag{1.2}$$

式中 ρ_m, C_m, k—— 材料的密度、比热和热导率；

P_d—— 微波加热产生的热功率。

在常温下，陶瓷具有硬而脆的特性。但当温度升高不断接近材料熔点 T_M 时，陶瓷材料会变软，且具有相当好的可塑性。这是由于在如此高的温度下，质点的热动能极大，结合能变得很小，离散态与结晶态之间的自由能差也显得较小（图 1.15），外加机械力完全足以使晶面从一个平衡位置滑移到另一个平衡位置。实践表明，如果具有足够的外加机械力，只需要0.6 ~ 0.9 T_M 的温度，即可顺利地完成塑性形变。图 1.16 是微波钻孔试验机示意图，采用该装置可以在陶瓷材料上获取孔状结构。

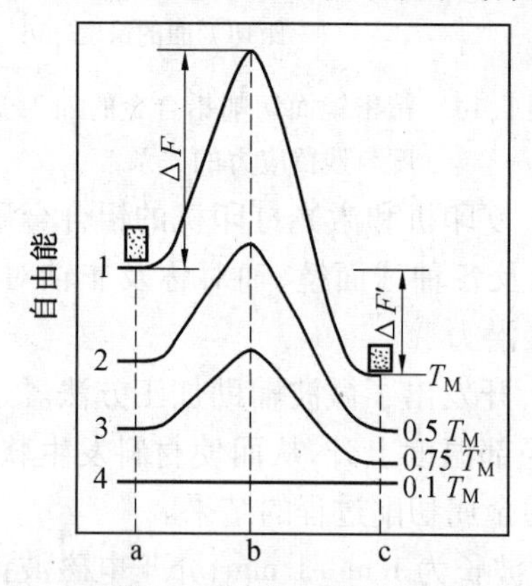

图 1.15 陶瓷烧结过程中不同物态、温度的自由能示意图

a—坯体态；*b*—传质态（离散态）；*c*—陶瓷态

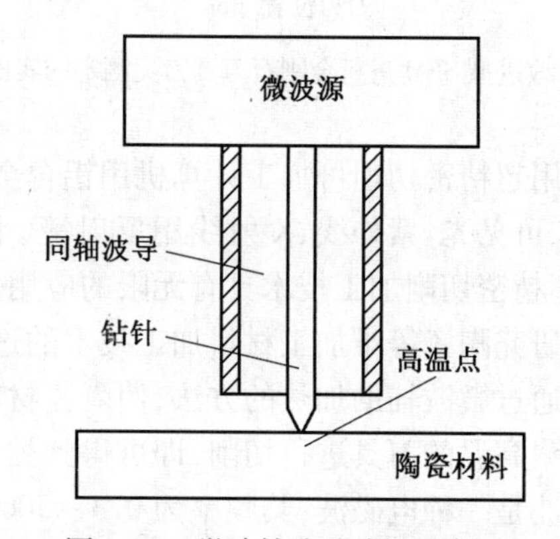

图 1.16 微波钻孔试验机示意图

（3）超精密磨削。

超精密磨削是在切削、研磨之后发展起来的。硬脆材料磨削可获得高精度的镜面，具有很大的发展潜力。但由于磨削是面状刀具与工件的作用，因此，与单刃刀具相比，其产生的磨削阻力要大数倍乃至 100 倍。为了获得高的磨削精度，必须要有高刚度的砂轮和磨床。

对硬脆材料的磨削，要生成微小切削必须采用微细磨粒的砂轮，而要产生自锐性必须使磨粒脱落的可能性增大。树脂结合剂砂轮因结合剂较软使砂轮自锐性显著提高，比金属结合剂砂轮磨削质量好。但是，磨削阻力会引起砂轮面的变形和精度恶化问题。为解决砂轮的高刚性化，采用玻璃质固化的微细金刚石砂轮具有气孔且易排屑的特点，适用于高质量、高精度的磨削。日本以精细陶瓷为加工对象开发出铸铁纤维基砂轮的应用引人注目。以铸铁纤维及碳基试剂法获得的高纯度铁粉末作为结合剂与金刚石磨粒共同烧结形成金属基砂轮。铸铁基砂轮比青铜基烧结的金属砂轮的刚度要高，磨粒保持力强。砂轮采用电解法在加工中实时修整，可以获得很好的结果。这种修整法是砂轮表面金刚石磨粒间的铸铁结合剂部分溶解产生不导体化膜，这种磨削法称为 ELID（Electrolytic In-Process Dressing）磨削。ELID 磨削可以使 1 μm 以下磨粒的砂轮能够修整，适用于各种精细陶瓷、玻璃以及 Si 片、GaAs 片等单晶材料的镜面磨削，并且可以获得数纳米的表面粗糙度。

Mn-Zn 铁氧体磁头的超精密无损伤加工，必须有塑性的切削条件。如使用含有 MoS_2、

WS_2及石墨等减磨材料的耐热性树脂结合剂砂轮，可获得好的结果。

超精密加工机床，要求机床的整体结构、回转轴承的滑动部件以及工作台的进给机构等部件具有更高的精度和刚性。英国在国家纳米科技计划中，对脆性材料的高精度、高质量的超精密磨削寄予厚望。机床、砂轮、控制系统、测量系统等完全采用新的设计。为把加工中产生的刀、热及机床变形限制到最小，英国国立物理学实验室（NPL）开发了一种四面体结构立轴超精密磨床，如图1.17所示。它由6个柱连接4个支承球构成一个四面体，加工精度可达1 nm以内。在美国，提出了可隔离加工部位与测量部位振动和热的多层球壳的机床方案。

在磨床方案提出的过程中对磨削的方式也进行了研究。例如，用小型砂轮的回转来刨成加工大直径玻璃光学元件的非球面的加工系统。如使用杯型砂轮，通过设定工件与砂轮的回转轴间的角度可进行直径为1 000 mm的球面加工。

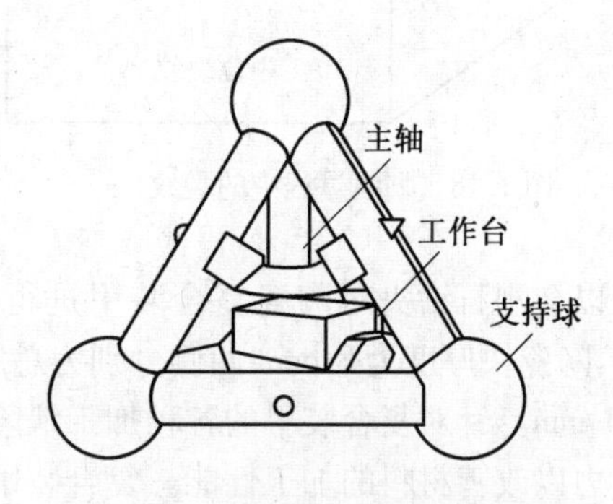

图1.17　四面体结构立轴超精密磨床

陶瓷材料因具有优异的力学性能而广泛应用于各行各业，但脆性阻碍了其性能的发挥。目前，磨削加工依然是陶瓷材料最主要的加工方法。在磨削过程中，砂轮与材料表面的接触及挤压作用造成的损伤主要体现在表面/亚表面裂纹和残余应力等。由于在加工过程中不可避免会产生微裂纹，拉应力的存在促使微裂纹发生扩展，从而汇合形成宏观裂纹，导致材料强度降低，并进一步引起失效断裂。如加一定的外加载荷或约束应力，将明显改变裂纹扩展机理并有效改善材料的加工损伤。预压应力的存在能有效抑制中位（径向）裂纹的扩展，降低材料的加工损伤。

陶瓷材料的抗拉强度远远低于其抗压强度，且其断裂的根源大多数是由于材料的化学键（共价键或离子键）发生了拉伸或剪切失效。由前述分析可知，预压应力的存在会对材料内部主应力及最大剪应力的分布产生一定影响，而应力的分布又影响材料内部裂纹的扩展趋势。在划痕过程中，最容易产生的一类裂纹是中位/径向裂纹，如图1.18所示。这类裂纹从压头作用点下方开始扩展，并残存于材料表面，它的存在一定程度上降低了材料的强度及使用可靠性；还有另外一种裂纹就是侧向裂纹，它同样起始于压头作用点下方，但它向试件表面扩展并最终导致材料以碎屑的形式去除。

当施加适当的预压应力后，材料内部的第一主应力在一定程度上由拉应力转变为压应力，且最大剪应力随预压应力的增加而减小。图1.19为预压应力施加方向与划痕方向一致时的裂纹扩展示意图。当无预压应力作用时，假定中位裂纹的扩展趋势用虚线来描述。随划针向前不断移动，微裂纹汇合形成宏观裂纹，用实线来描述。可以看出，在预压应力作用下，裂纹的扩展方向发生了改变，且扩展深度变浅，从而能够有效控制材料的损伤。

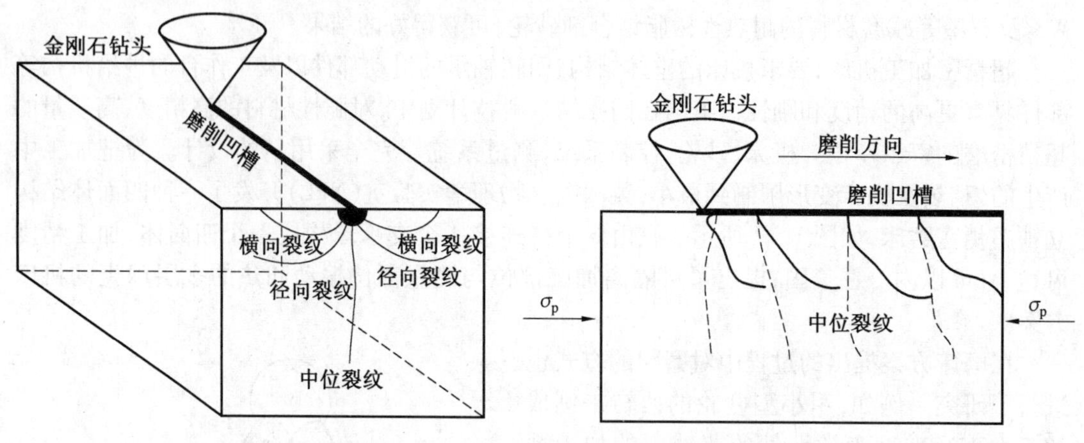

图 1.18　划痕过程中的裂纹

图 1.19　预压应力施加方向与划痕方向一致时裂纹扩展示意图

以金刚石钻头对陶瓷复合装甲进行磨削钻孔加工，该装甲复合材料具有下述结构：Al_2O_3陶瓷块厚度为 8 mm，两侧分别为总厚度 1.5 mm 的玻璃钢和铝合金，复合板的总厚度为 11 mm。针对复合装甲的各种加工缺陷及材料的性能特点，考虑给钻削区周围材料施加预压力以改善材料的加工性能。复合装甲的上、下方分别安装垫板，一方面大大增强了复合装甲各层间的连接强度，阻止了层间分层和铝合金面板的隆起现象；另一方面还极大地抑制了玻璃纤维的抽丝、拉毛以及孔口的铝合金毛刺等现象。上垫板还减缓了开始钻削时钻头对陶瓷材料的冲击，减少了入口处裂纹的出现。而陶瓷材料的拉伸强度相对较低（通常比抗压强度低 1 个数量级），容易导致材料的拉伸破坏，加工时若使其所受拉应力减小，或者变为压应力，就能改善材料的脆性，避免孔口周围材料发生大面积崩豁。采用及不采用预压应力方法的陶瓷出口效果质量对比如图 1.20 所示。图 1.20（a）所示的孔可以看到大面积的崩豁现象，而图 1.20（b）所示的孔的出口质量则很好。

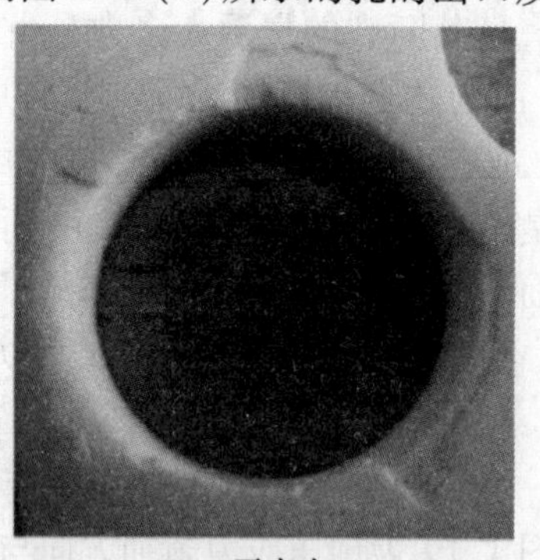

(a) 无应力

(b) 施加应力

图 1.20　有无预压应力时加工的陶瓷出口质量对比

（4）超精密研磨。

超精密研磨可以实现镜面、高精度加工，它作为超精密加工的最短距离的加工法早就引起人们的重视。然而，进行高质量、高精度加工，要求有熟练的技巧。超精密研磨的加工效率低、磨料管理难等问题在产品生产中都应改进。但是超精密研磨是在追求切削和磨削的效率，而切削和磨削事实上却达不到超精密研磨的加工精度和质量。

为进行超精密抛光,要求使用微细的磨料,组织均匀细致的抛光盘,能分散磨料的抛光液,抛光盘和加工夹具要求在蒸馏水和超纯水中洗净尘埃,还要有无尘化的环境。

最初的高质量研磨是采用市售的镜面研磨用磨料,如0.3 μm的α-氧化铝、0.06 μm的γ-氧化铝、氧化铬、氧化铈、氧化锆、0.04 μm的氧化钛、三氧化二铁等,将磨料在蒸馏水中分散作为研磨剂,用沥青或石蜡抛光盘进行晶体的镜面抛光。使用三氧化二铁及石蜡抛光盘可获得高质量的钽酸锂抛光表面。抛光前,如先采用几小时的惯性球磨运转进行磨料的细化,对提高加工质量有极大效果。但使用三氧化二铁磨料会产生划痕,而用0.04 μm的氧化钛可得到极好的结果。

抛光中产生的加工变质层是由于磨粒的机械作用及抛光盘的摩擦作用引起的。如采用机械作用小的液中研磨法、化学机械抛光、弹性发射加工(EEM)、浮动抛光(Float Polishing)等抛光法可实现无损伤加工。特别是EEM及浮动抛光,微细磨料在工件表面浅浅划过时的作用仅仅是原子或分子级的有序加工。如从加工面上形成原子或分子切屑,就得导入量子力学理论进行分析和基础研究。另一方面,必须考虑氛围环境因素。

精度高的修正环型平面研磨法是以加工量与抛光盘的磨损量及两者的相对速度、压力、时间的比例关系作为基础的,通过对圆环状抛光盘及圆形工件之间的研磨运动的分析及考虑压力分布分析的软质抛光盘的弹性变形,采用修正环可实时修整抛光盘的平面度。可在研磨和抛光工序中采用同一型号的设备。修正环型抛光机的抛光盘直径可从小型的180 mm到大型的3 000 mm。利用180 mm直径的沥青抛光盘加工出的水晶表面粗糙度为0.1 ~0.2 nm,材料去除率为0.17 nm/s。

能量、宇航领域要求大型光学元件、非球面的光学元件、特殊形状的光学元件的单件加工,这与以往的小型产品的批量生产技术相比难度更大。利用计算机辅助设计(CAD)、计算机辅助加工(CAM)系统,可通过计算机将CAD的设计值与工件的测定值之间的误差算出来,研磨条件可以控制。

图1.21是采用比工件口径小得多的菱形抛光盘来对加工面进行往复运动加圆周运动的摇动扫描抛光,并用计算机对抛光面形状的CAD设计值与实测值之差进行测定,通过控制抛光盘在扫描路径上的滞留时间来进行平面、球面及非球面的抛光。CAM系统加工的前道加工工序,采用研磨或磨削。当然,为了使零件在最短的时间内完成加工,要把前道工序作为重点。在这种加工中,各种技术的综合使用才能正确测量非球面形状精度。

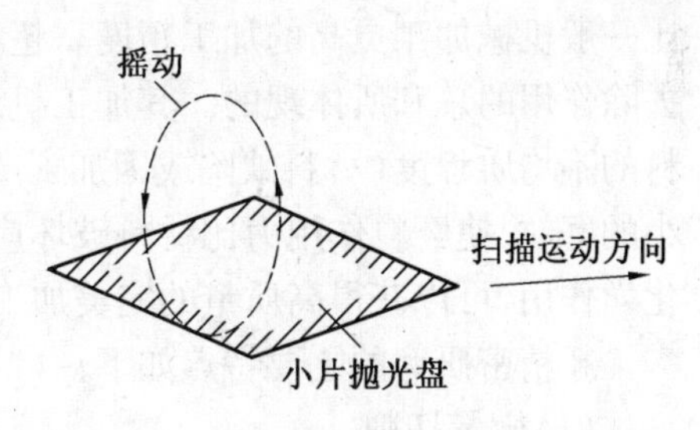

图1.21　计算机控制的小片抛光盘

计算机控制抛光是采用EEM的高质量抛光法,它促使超精密研磨技术向更高精度发展。

1.3.3　超精密研磨技术基础

研磨加工是历史最久、应用广泛而又在不断发展的加工方法。古代研磨用于擦光宝石、铜镜等,近代作为抛光的前道工序用于加工最精密的零件,如透镜和棱镜等光学零件。最近的发展趋势是加工对象从加工金属、玻璃等转化为用于X射线光学元件(反射镜、透镜、分光镜等)、电子工业的各种功能陶瓷元器件材料的加工。

在现代微电子、信息、光学等领域,为实现功能陶瓷材料的应有功能,超精密研磨通常作为功能陶瓷元器件材料的最终加工方法。例如半导体集成电路的硅、锗、砷化镓基片,铁氧体磁头,宝石红外窗口,压电水晶振子基片,声表面渡器件的铌酸锂基片,激光反射镜,光学玻璃棱镜及大型天体望远镜透镜等均需要用超精密研磨加工来实现。超精密研磨加工涉及的材料有硅、砷化镓等半导体材料,蓝宝石、铌酸锂($LiNbO_3$)等光电子材料,压电材料,磁性材料,光学材料等。

1. 超精密研磨及其特点

超精密研磨是指,用注入磨料的研具来去除微量的工件材料,以达到高级几何精度(优于0.1 μm)和优良表面粗糙度($Ra \leqslant 0.01$ μm)的方法。超精密研磨加工是在研磨加工完成的基础上进行的,属于游离磨粒切削加工。

超精密研磨技术主要有两类,一类是为追求降低表面粗糙度或提高尺寸精度为目标的;另一类是为实现功能材料元件的功能为目标的。这就要求解决与高精度相匹配的表面粗糙度和极小的变质层问题。对于单晶材料的加工,同时还要求平面度、厚度和晶相定向精度。对于电子材料的加工,除了要求高形状精度外,还必须达到物理或结晶学的无损伤理想镜面。

超精密研磨技术之所以能在现代功能陶瓷材料超精密加工中得到如此广泛的应用,是因为它具有其他加工技术无可比拟的长处:

①采用"进化"加工原理,可获得很高的精度和接近几何学形状的超光滑完美表面。

②适合于大批量生产。

③加工方法简单,设备投资少。

④加工单位可以控制,可实现原子级无损伤加工。

通过选用低的加工压力、微细磨粒以及弹性或黏弹性抛光盘,就可实现微量加工,获得比一般机械加工更高的加工精度。超精密研磨加工是以每个加工点局部的材料微观变形或去除作用的总和所体现的。其加工机理随着其加工单位(加工应力作用的范围)和工件材料的不均质程度(材料缺陷或因加工产生的缺陷)不同而不同(图1.22)。如果采用比缺陷小的磨粒,使磨粒作用力比材料破坏应力还小,并借助于磨粒(或研磨液)对被加工表面的化学作用,可以获得高质量的完美加工表面。

超精密研磨的主要特点如下:

(1)微量切削。

普通切削加工,由于机械进给机构刚度和振动特性的影响,要达到1 μm以下切除层厚度是相当困难的,从而限制了加工精度的进一步提高。目前半导体基片、铁氧体、蓝宝石、压电水晶和光学晶体等的超精密表面加工均是采用切除层极小的超精密研磨加工方法完成的。超精密研磨加工,如将磨粒形状简化为圆锥体(图1.23),其单颗磨粒的切削深度可表示为

$$a_e = \sqrt{\frac{2F}{\pi \sigma_s \tan^2 \alpha}}\ (\mathrm{mm}) \tag{1.3}$$

式中 F—— 单个磨粒承受的压力,N;

α—— 简化圆锥磨粒的半顶角,(°);

σ_s——工件材料的屈服点,MPa。

如 $\alpha=60°$,$\sigma_s=2\,000$ MPa,$F=10^{-3}$ N,则 $\alpha_s=0.3$ μm。每颗磨粒载荷为 $F=10^{-3}$ N时,相当于每平方厘米分布有600 ~ 6 000颗磨粒,载荷相当于0.6 ~ 6 N。如果将研磨压力控制在这一范围内,就可得到小于0.3 μm的切削深度,这对超精密研磨来说并不难实现。

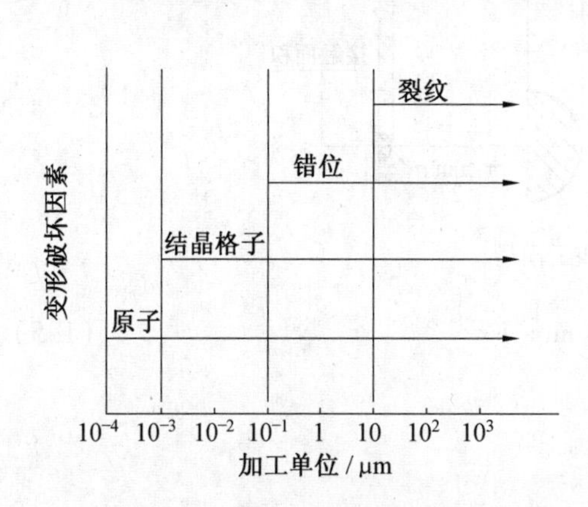

图1.22　不同加工单位的变形破坏

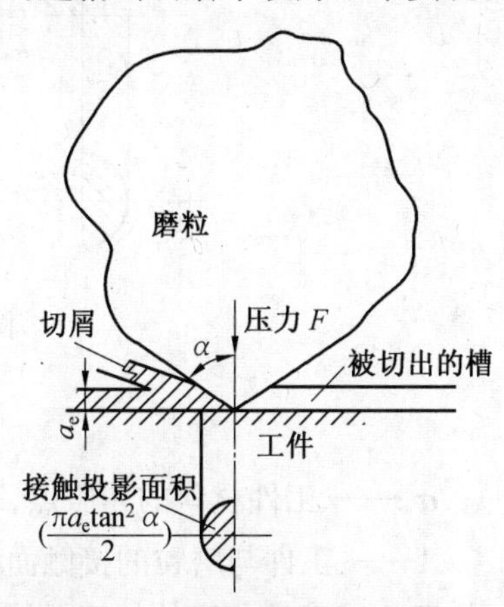

图1.23　单颗磨粒的接触模型

(2) 按进化原理成形。

当研具与工件接触时,在非强制性研磨压力作用下,能自动地选择局部凸处进行加工,故仅切除两者凸出处的材料,从而使研具与工件相互修整并逐步提高精度。超精密研磨的加工精度与构成相对运动的机床运动精度几乎是无关的,主要是由工件与研具间的接触性质和压力特性,以及相对运动轨迹的形态等因素决定的。在合适条件下,加工精度就能超过机床本身的精度,所以称这种加工为进化加工。

为了获得理想的加工表面,要求:

① 研具与工件能相互修整。

② 各点相对运动轨迹接近一致,且轨迹重复概率小。

③ 采用弹性或黏弹性研具,并能根据接触状态自动调整磨粒的切削深度,以保证表面加工质量。

(3) 多刃多向切削。

在研磨加工中,由于每颗磨粒形状不完全一致以及分布的随机性,磨粒在工件上做滑动和滚动时,可实现多方向切削,并且全体磨粒的切削机会和切刃破碎率均等,可实现自动修锐。

研磨加工中,磨粒切刃的机械作用可用图1.24中的加工模型来表示。通过切削的相对运动产生沟槽 $G_1,G_2,\cdots,G_i$,其体积总和为切削量。磨粒与工件的接触压力约等于工件材料的屈服点 σ_s,σ_s 的计算式为

$$\sigma_s=10.584\text{HV}(\text{MPa}) \tag{1.4}$$

其中,HV为工件材料的维氏显微硬度。

磨粒切刃的形状可以近似用圆锥体表示,若其高度分布按等高、正态或均匀分布时,可近似推算在某种工艺条件下的切削加工量为

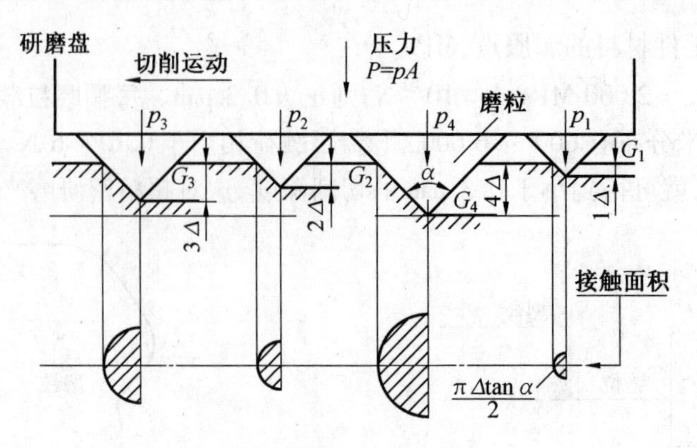

图 1.24　研磨加工模型

$$V=\frac{2APL}{\pi\sigma_s\tan\alpha}(\mathrm{mm}^3) \tag{1.5}$$

式中　σ_s——工件材料的屈服点,MPa;

A——工件与磨粒的接触面积,mm^2;

P——工件与磨粒的接触压力,MPa;

L——工件与磨粒的相对移动距离,mm;

α——磨粒圆锥半顶角,(°)。

加工表面粗糙度与最大吃刀量 a_{emax} 成正比,a_{emax} 可表示为

$$a_{\mathrm{emax}}=\left(\frac{\eta d_g^3 p}{G\sigma_s\tan^2\alpha}\right)^{\frac{1}{3}} \tag{1.6}$$

式中　η——磨粒体积率,等于直径为 d_g 磨粒的实际体积与直径为 d_g 的球体积之比;

d_g——磨粒的平均直径,mm;

G——磨粒率;

n——磨粒数。

可见,通过提高工件与磨粒的接触面积、接触压力及相对移动距离,减小磨粒圆锥半顶角,可提高加工效率;通过减少磨粒粒径、工件与磨粒的接触压力和磨粒体积率,以及增大工件的屈服点、磨粒圆锥半顶角和磨粒率,可降低表面粗糙度。

(4) 化学作用。

目前,磨粒加工的去除单位已在纳米甚至是亚纳米数量级,在这种加工尺度内,超精密研磨过程中时常伴随着化学反应现象,加工氛围的化学作用变得不可忽视。在加工中如能有效地利用工件与磨粒、工件与加工液及工件与研具之间的各种化学现象,既可提高加工效率,又可获得无损伤加工表面。

2. 研磨

陶瓷材料研磨加工质量的好坏直接影响到抛光加工的质量与抛光工序的整体效率,甚至影响到元器件的性能。因此,在讨论抛光加工之前,有必要先掌握研磨的有关知识。

研磨是在刚性研具(如铸铁、锡、铝等软质金属或硬木、塑料等)上注入磨料,在一定压力下,通过研具与工件的相对滑动,借助磨粒的微切削去除被加工表面的微量材料,以提高工件的尺寸、形状精度和降低表面粗糙度的精密加工方法。

(1)陶瓷的研磨机理。

大多数陶瓷是硬脆材料。对于硬脆材料进行研磨,磨料具有滚轧作用或微切削作用。磨料作用机理的模型如图1.25所示。磨粒作用在有凸凹和裂纹的表面上,随着研磨加工的进行,一部分磨粒由于研磨压力的作用,使之压入研磨盘中,用露出的尖端刻划工件表面进行微切削加工。另一部分磨粒则在工件与研磨盘之间发生滚动,产生滚轧效果,使工件表面产生微裂纹,裂纹扩展后使工件表面产生脆性蹦碎形成切屑,达到表面去除的目的。

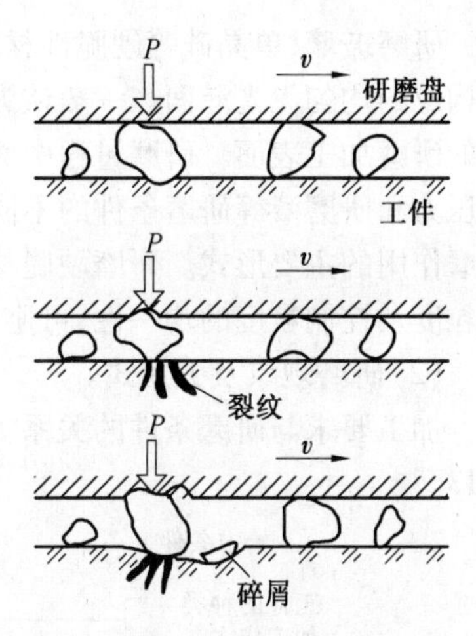

图1.25　磨料作用机理的模型

由于硬脆材料的抗拉强度比抗压强度小,对磨粒加压时,就在硬脆材料加工表面的拉伸应力最大部位产生微裂纹。当纵横交错的裂纹扩展并互相交叉时,受裂纹包围的部分就会破裂并崩离出小碎块来。这就是硬脆材料研磨时切屑生成和表面形成的基本过程。

如果把包含裂纹区域的最小半径定义为裂纹的长度,则可认为表面及内部的裂纹长度是大体相等的。

在硅、钠玻璃和锗等材料上做的试验结果已证实了荷重越大,在水平方向扩展的裂纹长度越长(图1.26)。图1.27所示是由压入所引起的变形破坏区的模型。图中 α 为压痕半径,R_s为表面上裂纹长度,c 为弹性变形范围的边界。根据这一模型,就可以解释研磨过程中不仅有带裂纹的研磨痕,而且还掺杂一些由塑性变形而引起的研磨痕。研磨中常见的研磨痕见表1.12。

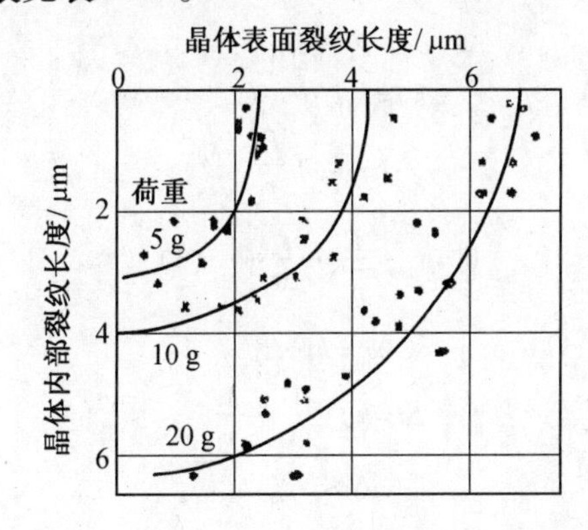

图1.26　在单晶硅内传播的裂纹的扩展范围

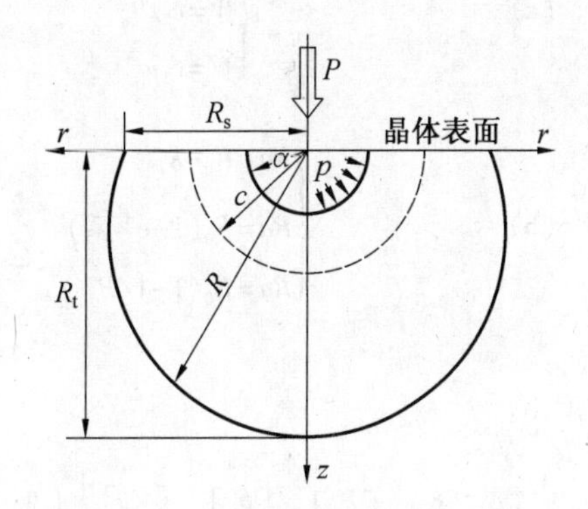

图1.27　压入变形破坏区的模型

表1.12　研磨中常见的研磨痕

压痕	有裂纹
	无裂纹
划痕	周围破碎
	两侧有裂纹
	无破碎

研磨玻璃、单晶硅等硬脆性材料,要求研磨加工后的理想表面形态是由无数微小破碎痕迹构成的均匀无光泽面。一般认为,在以磨粒滚动为主的研磨工作状态下,可产生均匀无光泽的研磨加工表面。研磨过程中磨粒的滚轧和微切削作用随着工件和研具的材质、磨粒、研磨压力和研磨液等研磨条件的不同而不同,在用铸铁研磨盘研磨硅片时,带有裂纹的压痕是研磨作用的主要形式。研磨硬脆材料时,重要的是控制裂纹的大小和均一程度。选择磨料的粒度及控制粒度的均一性,可避免产生特别大的加工缺陷,有利于最后工序的镜面抛光。

(2)研磨现象及关系式。

加工要求与研磨条件的关系如图 1.28 所示,揭示这些研磨现象所依据的关系式见表 1.13。

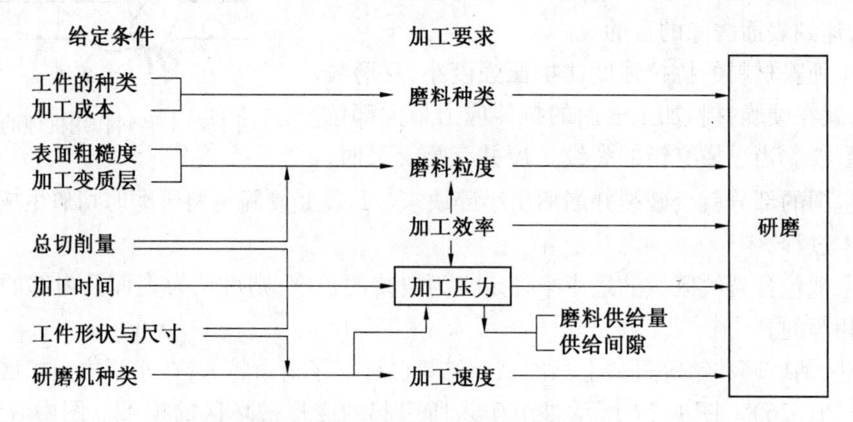

图 1.28 加工要求与研磨条件的关系

表 1.13 研磨现象关系式

(a) $\begin{cases} W=c_1P^{a_1} \\ W=c_2t^{a_1} \\ W=c_3w_g \end{cases}$	$P=n\overline{p_i}\cdots\cdots(1)$ $p_i=k_2\eta_i$ $Ra=k_3l_c\cdots\cdots(2)$ $l_c=k_4\cdot\frac{P_i}{r_i}$
(b) $\begin{cases} Ra=R_0-k_1t \\ Ra=R_0(1-e^{-\frac{k}{w_g{}^{a_3}}}) \\ Ra=R_0(1-1/P^{a_4}) \end{cases}$	$W=w_g\cdot\frac{P}{\overline{p_i}}\cdot\frac{t}{\Delta t}\cdots\cdots(3)$ $w_g=k_5\cdot l_c^3$ $\Delta t=k_6\cdot\frac{1}{N}\cdot\frac{1}{v}$ $N\leqslant N_{\max}$
(c) $\begin{bmatrix} P \\ v \\ w_g \end{bmatrix}\rightarrow\begin{bmatrix} p_i \\ n \\ \eta_i \end{bmatrix}\rightarrow\begin{bmatrix} w_g \\ l_c \\ \Delta t \end{bmatrix}\rightarrow\begin{bmatrix} W \\ Ra \end{bmatrix}$	$\eta_i=\eta_0e^{-k_1t}$ $N_{\max}=\frac{s}{k_8\overline{\eta_i^2}}$ $H=\frac{W}{s}\cdot t\cdot P\cdot w_g$

表 1.13 中(a)是研磨加工量 W 和加工压力 P、加工时间 t 以及每次供给磨料的数量 w_g 之间的关系;(b)是加工表面粗糙度 Ra 的表达式;(c)表示从 P、研磨速率 v 和 w_g 来推算得

到 W 和 Ra 的过程。这里 p_i 为单颗磨粒的作用力，n 为作用的磨粒数，η_i 为作用磨粒的短径，l 为裂纹的长度，Δt 为磨粒作用的时间间隔。(1)、(2)、(3)式中，用 p_i 表示 P、Ra 和 W，c、k_i、a_i 是常数。另外，N 为单位时间作用的磨粒数，H 是加工的评价函数。

由图 1.28 和表 1.13 可知，根据加工要求以及研磨过程中 p_i 和 η_i 之间的关系可以推导出所有概括性的公式。很明显，如果磨料的粒度相同，要获得高的加工效率，就要提高 P 并增大 n，或者增大 v 或 w_g（w_g 存在一个极限值）以及减少 Δt 等。另外，加工表面粗糙度是由所用的磨料的粒度大小自动决定的。

3. 抛光

抛光是指用高速旋转的低弹性材料（棉布、毛毡、人造革等）抛光盘，或用低速旋转的软质弹性或黏弹性材料（塑料、沥青、石蜡、锡等）抛光盘，加抛光剂，在具有一定研磨性质的材料表面获得光滑表面的加工方法。抛光一般不能提高工件形状精度和尺寸精度。近代发展的加工方法，如浮动抛光、水合抛光等可以降低表面粗糙度、改善表面质量，还可以同时提高形状精度和尺寸精度。

抛光与研磨在磨料和研具材料的选择上不同。抛光通常使用的是 1 μm 以下的微细磨粒，抛光盘用沥青、石蜡、合成树脂和人造革、锡等软质金属或非金属材料制成。对硬脆材料的研磨，当磨粒小到一定的粒度，并且采用软质材料研磨盘时，由于磨料与研磨盘的性质（磨料的夹持方式）的不同而引起研磨与抛光的差异，工件材料的去除机理及表面形成机理就发生变化。除机械切削作用外，加工氛围的化学反应起了重要作用。研磨是用比较硬的金属盘作为研具，材料的破坏以微小破碎为主。抛光是用弹性研具进行的，它加给磨料的作用力不能使工件产生裂纹。抛光加工的磨粒作用模型如图 1.29 所示。由抛光盘弹性地夹持住微细磨粒来加工工件，使磨粒对工件的作用力很小，即使抛光脆性材料也不会产生裂纹。

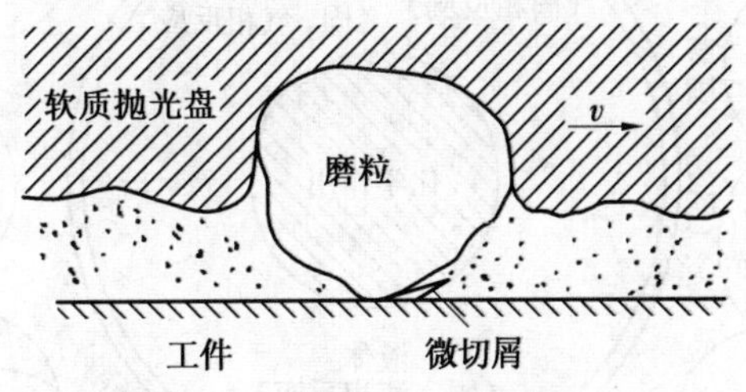

图 1.29　抛光加工的磨粒作用模型

(1)抛光机理。

由于抛光过程的复杂性和不可视性，往往是通过特定的实验，并获得实验结果来说明抛光的机理。到目前为止还难以形成一个完整的学说。对于脆性材料的抛光机理，归纳起来主要有如下解释：

抛光是以磨粒的微小塑性切削生成切屑为主体而进行的。在材料切除过程中会由于局部高温、高压而使工件与磨粒、加工液及抛光盘之间存在着直接的化学作用，并在工件表面产生反应生成物。由于这些作用的重叠，以及抛光液、磨粒及抛光盘的力学作用，使工件表面的生成物不断被除去而使表面平滑化。

采用工件、磨粒、抛光盘和加工液等的不同组合，可实现不同的抛光效果。工件与抛光液、磨料及抛光盘间的化学反应有助于抛光加工。

(2)微小机械去除与化学作用。

抛光加工面的表面粗糙度是机械的、化学的切屑形成后的液迹,而存在于加工变质层中的弹塑性变形及微小裂纹可认为是用于生成切屑的机械能的一部分产生的。因此,为保证加工质量,在超精密抛光中,应采用使表面粗糙度低和变质层小的切屑生成条件。

设想材料去除的最小单位是一层原子,那么最基本的材料去除是将表面的一层原子与内部的原子切开。事实上,完全除去材料一层原子的加工是不可能的。机械加工必然残留有加工变质层,并且随着工件材料性质及加工条件的不同,加工变质层的深度也不同。由于加工中还伴随着化学反应等复杂现象,因此,抛光加工中,材料去除层的厚度为从一层原子到数层原子乃至数十层原子几种状态的复合。

目前,抛光加工中材料的去除单位已在纳米甚至是亚纳米级,在这种加工尺度内,加工氛围的化学作用就成为超精密抛光加工不可忽视的一部分。图1.30所示是物理作用与化学作用复合的加工方法。

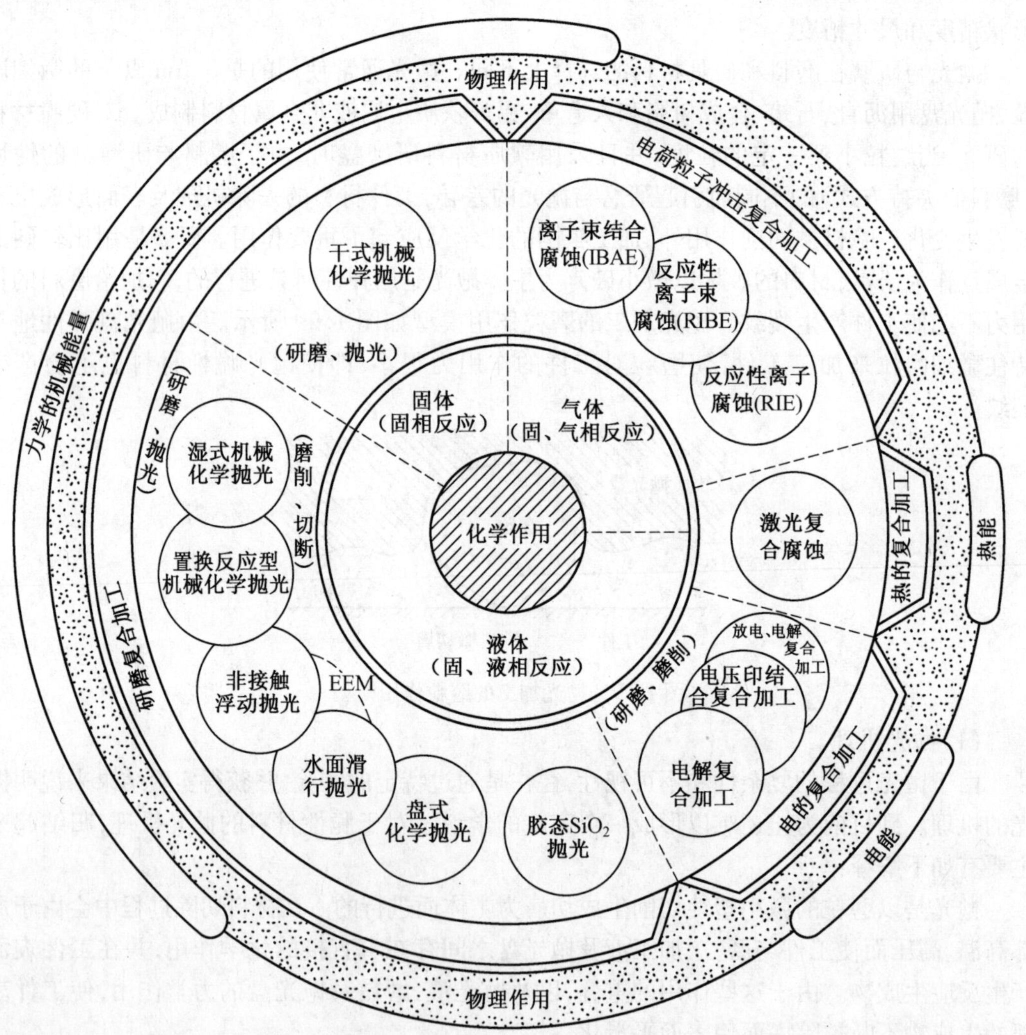

图1.30　物理作用与化学作用复合的加工方法

例如,玻璃的光学抛光中,氧化物磨粒的机械作用产生软质变质层,使得材料的去除率高。硅片的机械化学抛光,加工液在硅片表面生成水合膜,可以减少加工变质层的产生。因此,在加工过程中的化学反应对材料的去除及减少加工变质层是有利的。

蓝宝石的干式机械化学抛光时采用石英玻璃抛光盘,及干燥状态下的直径为0.01 μm SiO_2磨粒。磨粒与蓝宝石之间发生界面固相反应,生成富铝红柱石,然后再将其从蓝宝石表面剥离,实现抛光加工。

由于抛光技术具有很广阔的应用领域,近年来人们对抛光技术的开发和应用做了许多工作,并创造出许多新的抛光法。

4. 表面的形成过程

图1.31是无缺陷抛光表面的形成过程示意图。从抛光表面的形成过程可见,初始阶段(图1.31(b))主要是除去前工序留下的微小凸出部分,此阶段的实际抛光面积是极微小的,单位面积上承受的抛光压力较大,因此,这阶段抛光表面的形成速率就大。随着抛光过程的进行,试件被抛光的表面积越来越大,单位面积上承受的压力逐渐减小(图1.31(c)),抛光表面积的形成速率也逐渐减小,这一阶段主要是整个表面抛光。第三阶段,是抛光过程中花费时间最长的阶段。大部分抛光表面已在第二阶段形成,这一阶段的主要任务是抛除试件表面上的个别大缺陷(图1.31(d)、(e)、(f)),至少要比第一、第二阶段多花一倍的时间来除去这些大缺陷。抛光过程中试件抛光表面的单位压力和抛光表面的形成速率可用图1.32所示的指数关系描述。

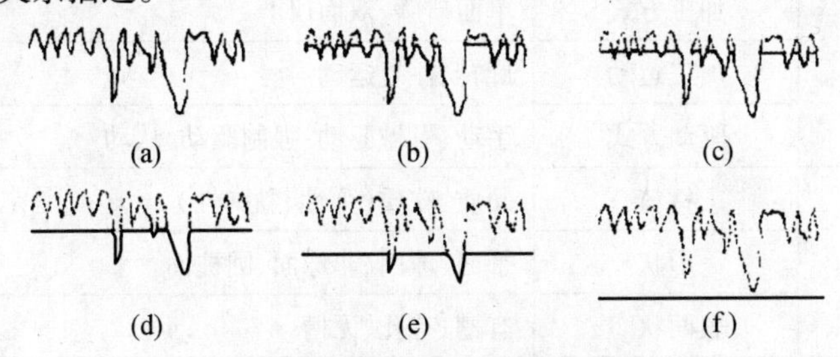

图1.31　无缺陷抛光表面的形成过程示意图

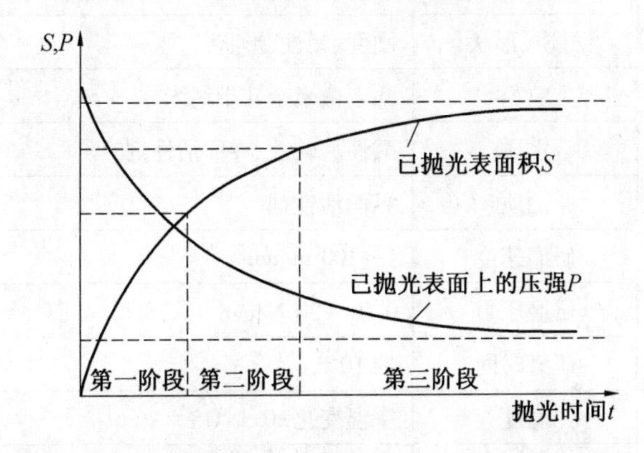

图1.32　抛光表面的压强和抛光表面的形成速率关系

为了缩短抛光时间,必须避免产生划痕、麻坑等大缺陷。在加工过程中如采取表1.14中的各种措施,可有效地消除这些大缺陷。

表 1.14 表面缺陷产生的原因及预防措施

缺陷产生的原因	预防措施
磨料混入大颗粒或异物	密封保存,用前重新分选
工件崩碎(边、角)	除去凸起,修边
研盘、机械不完善	粗、精磨分开,清洗机器管道
工件残留大颗粒	加工前清洗净
环境不洁净	彻底清扫,用净化室
抛光液不适	更换,用纯水配制
抛光盘嵌入大颗粒	重新修整
前工序磨料过大	换用细磨料,再加一道工序

5. 主要工艺因素

(1)工艺参数。

加工工艺参数对实现超精密研磨至关重要。超精密研磨的主要工艺因素见表 1.15。

表 1.15 超精密研磨的主要工艺因素

项目		内容
研磨法	加工方式	单面研磨、双面研磨
	加工运动	旋转、往复运动
	驱动方式	手动、机械驱动、强制驱动、从动
研具	材料	硬质、软质(弹性、黏弹性)
	形状	平面、球面、非球面、圆柱面
	表面状态	有槽、有孔、无槽
磨粒	种类	金属氧化物、金属碳化物、氮化物、硼化物
	材质、形状	硬度、韧性、形状
	粒径	几十微米至几十纳米
加工液	水质	酸性~碱性、界面活性剂
	油质	界面活性剂
加工参数	研磨速度	1~100 m/min
	研磨压力	0.01~30 N/cm^2
	研磨时间	约 10 h
环境	温度	室温变化±0.1 ℃
	尘埃	利用洁净室、净化工作台

作为最终加工工序的研磨与作为超精密抛光的前工序的研磨要求是不同的,其加工条件也不同。如果研磨作为最终加工,则需选择与抛光同样的加工条件。

研磨方式有单面研磨和双面研磨两种,双面研磨能高效率地研磨工件的平行平面和圆柱面、圆球面等。但平行平面硬脆材料工件的厚度不能低于几十微米,否则,易发生碎片。单面研磨薄片工件时,易产生粘贴变形。

超精密研磨用的研磨机,应具有较复杂的研磨运动轨迹,以便均匀地加工工件,并能进行研具精度的修整。研具工作面的形状精度会反映到工件表面上,所以必须减少研具工作面的磨损和弹性变形。研具材料对保证加工质量和精度非常重要。

磨粒和研具对工件表面的机械作用程度,直接影响到表面粗糙度和加工变质层深度。为了获得高的表面质量,需要选用微细的磨粒以及弹性研具材料,使磨粒对工件表面的作用力均匀分布。另外,研磨速度和压力等与研磨加工效率有关,速度和压力过大会造成表面质量下降,甚至会引起脆性材料薄片工件破碎。

研磨和抛光时的发热会导致工件和研具产生热变形。同时,在局部的磨粒作用点上也会产生相当高的温度,这会产生研磨加工变质层。研磨液具有供给磨粒、排屑、冷却和润滑效果。若能适宜地供给研磨液,可以保证研具有良好的耐磨性和工件的形状精度。功能陶瓷材料的研磨液一般用纯净水加磨料配制而成。但是,如果工件在超精密研磨中不允许存在加工液膜,这就必须采用干式研磨法。

研磨速度、研磨压力和研磨液浓度是研磨加工的主要工艺参数。在研磨机、研具和磨料选定的条件下,这些工艺参数的确定是保证加工质量和加工效率的关键。研磨效率也称为材料去除率,以单位时间内材料去除层厚度或被去除的质量来表示。

研磨速度是指工件与研具的相对速度。研磨速度增大使研磨效率提高,但当速度过高时,由于离心力作用,使研磨剂甩出工作区,研磨运动平稳性降低,研具磨损加快,从而影响研磨加工精度。一般粗研多用较低速、较高压力,精研多用低速、较低压力。

将研具单位面积上的研磨痕数量与留存的磨料粒子数量之比称为磨料作用率。磨料作用率与研磨压力之间的关系如图1.33所示。由图可见,随着研磨压力的增加,磨料作用率增加。亦即,单颗磨粒作用在工件表面上的力增加,使得在工件表面上产生的裂纹长度增加,进而引起工件的表面去除率增加。在一定范围内,增加研磨压力可提高研磨效率。但当压力增大到一定值时,由于磨粒破碎及研磨接触面积增加,实际接触点的接触压力不成正比增加,研磨效率提高并不明显。

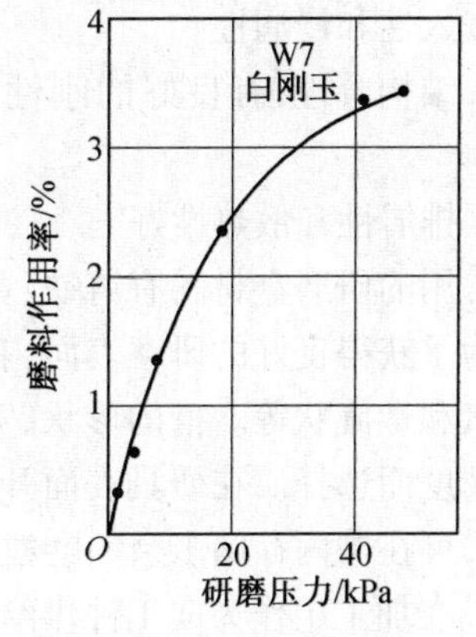

图1.33 磨料作用率与研磨压力之间的关系

研磨压力的计算公式如下:

$$P_0 = \frac{P}{NA}(\mathrm{MPa}) \tag{1.7}$$

式中 P—— 工件研磨表面所承受的总压力,N;

N—— 每次研磨的工件总数;

A—— 单个工件实际接触面积,mm^2。

对于同样的磨粒,研磨压力减少对降低表面粗糙度有利。在功能陶瓷材料最终抛光阶段,如采用仅靠工件自重进行悬浮抛光,可获得极好的表面质量。

(2)运动轨迹。

研磨运动轨迹应能保证工件加工表面和研具表面上各点均有相同或相近的被切削条件和切削条件。对研磨运动轨迹的基本要求如下:

①工件相对研磨盘做平面平行运动,能使工件上各点具有相同或相近的研磨行程。

②工件上任一点,尽量不出现运动轨迹的周期性重复。

③研磨运动平稳,避免曲率过大的运动转角。

④保证工件走遍整个研磨盘表面,使研磨盘得到均匀磨损,进而保证工件表面的平面度。

⑤及时变换工件的运动方向,有利于降低表面粗糙度并保证表面均匀一致。

超精密研磨常用的运动轨迹有次摆线、外摆线和内摆线轨迹等。

抛光盘本身的表面形状在某种程度上也左右着试件的平面精度。虽然复杂运动轨迹的重复性较小,但运动轨迹的重复仍是不可避免的。抛光盘表面形状就会“复印”到工件表面上。为消除抛光运动轨迹重复对试件平面精度的影响,要求所采用的抛光机具有较少的重复次数。另外,还应保证抛光盘具有较高的平面精度。为此,抛光机上应专门备有抛光盘的高精度平面修整装置。

(3)研磨盘与抛光盘。

①研磨盘。研磨盘用于涂敷或嵌入磨料的载体,使磨粒发挥切削作用,同时又是研磨表面的成形工具。研磨盘本身在研磨过程中与工件是相互修整的,研磨盘本身的几何精度按一定程度“转写”到工件上,故要求研磨盘的加工面有高的几何精度。对研磨盘的主要要求有:

a. 材料硬度一般比工件材料低,组织均匀致密,无杂质、异物、裂纹和缺陷,并有一定的磨料嵌入性和浸润性。

b. 结构合理,有良好的刚性、精度保持性和耐磨性。其工作表面应具有较高的几何精度。

c. 排屑性和散热性好。

常用的研磨盘材料有铸铁、黄铜、玻璃等。

为了获得良好的研磨表面,有时需在研磨盘面上开槽。槽的形状有放射状、网格状、同心圆状和螺旋状等。槽的形状、宽度、深度和间距等要根据工件材料质量、形状及研磨面的加工精度而选择。在研具表面开槽有如下的效果:

a. 可在槽内存储多余的磨粒,防止磨料堆积而损伤工件表面。

b. 在加工中作为向工件供给磨粒的通道。

c. 作为及时排屑的通道,防止研磨表面被划伤。

将金刚石或立方氮化硼磨料与铸铁粉末混合后,烧结成小薄块,或用电铸法将磨粒固着在金属薄片上,再用环氧树脂将这些小薄块粘贴在研磨盘上可制成固着磨料研磨盘。固着磨料研磨盘适用于精密研磨陶瓷、硅片、水晶等脆性材料,研磨盘表面精度保持性好,研磨效率高。

②抛光盘。实现高精度平面抛光,关键取决于抛光盘平面精度及其精度保持性。所以,采用高平面精度的抛光盘是获得工件高平面精度的加工基础。因此,抛光小面积的高精度平面工件时要使用弹性变形小,并始终能保持平面度的抛光盘。

采用特种玻璃或者在平面金属盘上涂一层弹性材料或软金属材料作为抛光盘，都可以得到好的表面加工质量。

为获得无损伤的平滑表面，在工件材料较软时，例如加工光学玻璃时，有时使用半软质抛光盘（如锡盘、铅盘）和软质抛光盘（如沥青盘、石蜡盘）。使用软质抛光盘的优点是抛光表面加工变质层和表面粗糙度都很小；缺点是不易保持平面度，因而影响工件的平面度。

用软质抛光盘时，为确保抛光加工的高精度，可采取以下措施：

a. 尽可能用耐磨损变形的抛光盘。

b. 废弃已磨损变形的抛光盘。

c. 修正磨损变形。可采用人工修整抛光盘的形状，也可利用标准平板与抛光盘对研修整。

图 1.34 是使用有弹性的无纺布抛光盘时，试件抛光量与平面度之间的关系曲线。平面度误差随抛光量的增大而增大，最终平面度达到常值，且最终平面度误差随抛光压力的增加而增大。平面度随着抛光盘变形量的增大而成比例地增加。图 1.35 是抛光盘变形量与最终平面度的关系。

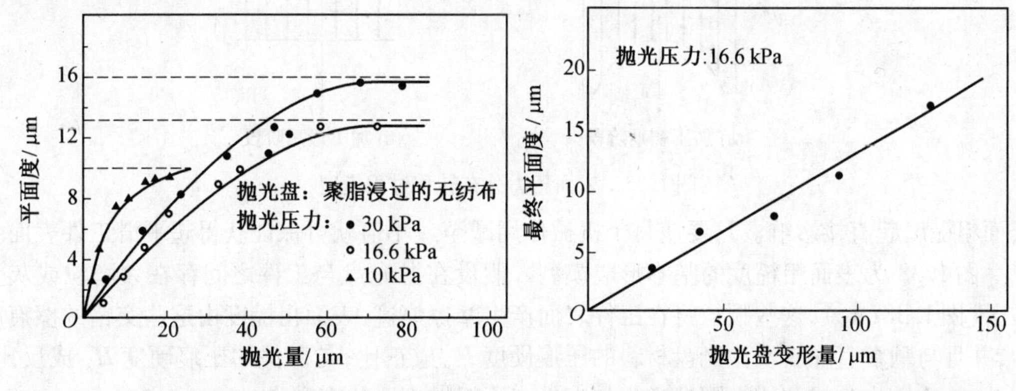

图 1.34　试件抛光量与平面度之间的关系曲线　　图 1.35　抛光盘变形量与最终平面度的关系

抛光盘的弹性变形会使试件产生“塌边”现象。就沥青抛光盘而言，由于沥青的黏度与加工温度有极敏感的依存性（图 1.36），当抛光盘表面温度变化 1 ~ 3 ℃，沥青的黏度就变化 2 倍。所以只要抛光温度稍有变化，沥青抛光盘就会产生较大的变形，进而恶化工件的平面度。

“塌边”现象是由于抛光盘的弹性变形所引起的工件表面压力分布不均匀的结果。如图 1.37 所示，在抛光初期（图 1.37（a）），工件的边缘受到抛光盘的变形阻力较工件中部大，因此初期阶段工件边缘较中部的去除量大。到抛光的后期（图 1.37（b）），工件已“塌边”，其边缘处的抛光盘变形量较抛光初期阶段减少，工件表面上各点所受的抛光盘变形阻力逐渐趋于一致。最终，工件表面各点的抛光量趋于相等。因此，如果使用弹性抛光盘，试件的“塌边”现象是不可避免的，使用具有较大刚性的抛光盘可避免“塌边”现象。

使用沥青抛光盘可获得高表面质量的光学元件。沥青是一种黏弹性类材料，具有延弹性，并且在某个瞬时力作用下，它又表现出一种不响应的类刚性性能。抛光时，在工件表面与沥青盘表面紧密贴合处，利用沥青的类刚性性能，可以去冲击工件表面的微小尖峰。同时，抛光时磨料微粉又吸附在沥青盘表面。因此，磨料微粉配合抛光盘的机械作用对工件的

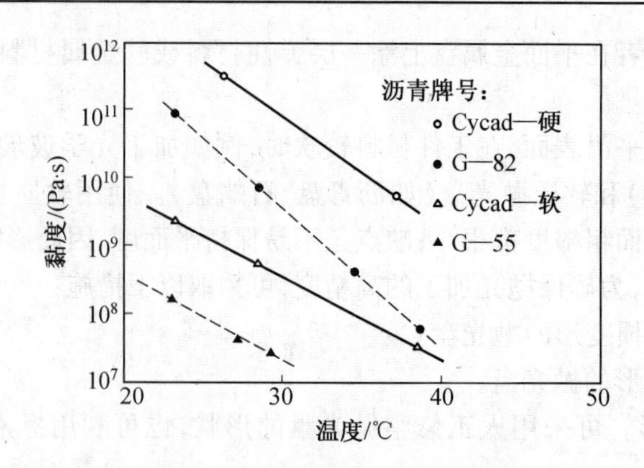

图 1.36 各种沥青黏度的温度依存性

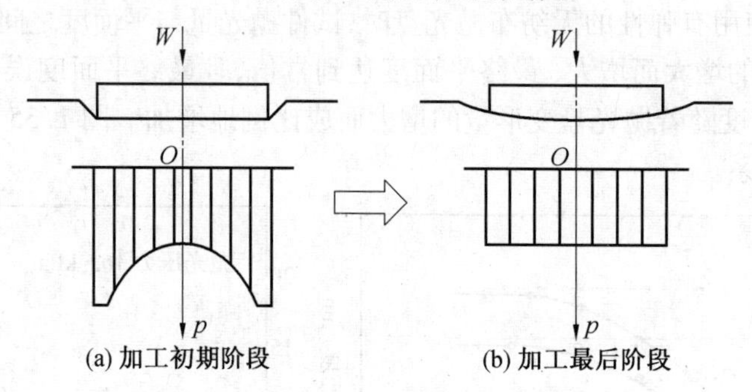

(a) 加工初期阶段 (b) 加工最后阶段

图 1.37 表面压力分布转移过程模型

表面粗糙度起直接影响。只要使每个机械作用减至最小值就可保证获得超平滑工件表面。

图 1.38 为表面粗糙度的基本形成模型。假设在抛光盘与工件之间存在大磨粒或灰尘粒子(图 1.38(a)),这些颗粒将在工件表面产生摩擦痕迹,表面粗糙度由这些交错的擦痕产生,并且与颗粒直径 d 及抛光盘材料的压痕硬度 H_p 成正比,与工件的压痕硬度 H_w 成反比。因此,软质抛光盘对防止大颗粒产生的工件表面粗糙度恶化有利。

另一方面,考虑抛光盘表面的微小不规则性及表面存在的微细磨料(图 1.38(b))。抛光盘表面的这种微小不规则也将在工件表面形成表面粗糙度。在适当的载荷 W 作用下,抛光盘与工件表面紧密接触时,抛光盘表面的小尖峰与凹谷之间将产生压力差 Δp。在正常抛光条件下,材料的去除率与抛光速度 v、压力 p 和时间 t 成正比。抛光盘施加给工件表面各点不均匀的压力使得工件表面各点的材料去除率不等,进而产生表面粗糙度,且与抛光盘表面不均匀高度 h_p 成正比,与抛光盘弹性变形量 ξ 成反比。因此,抛光盘本身必须表面平滑且弹性适中。

(4)研磨剂与抛光剂。

磨料按硬度可分为硬磨料和软磨料两类。研磨用磨粒应具有下列性能:

①磨粒形状、尺寸均匀一致。

②磨粒能适当地破碎,使切刃锋利。

③磨粒熔点要比工件熔点高。

④磨粒在研磨液中容易分散。

对抛光粉,还要考虑与工件材料作用的化学活性。

陶瓷研磨加工液主要起冷却润滑、在研磨盘表面均布磨粒和排屑作用。对研磨液有以

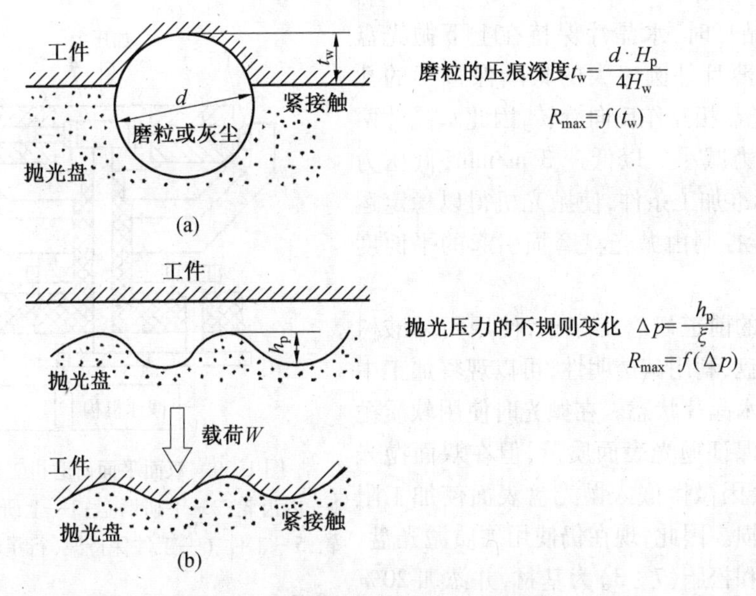

图1.38 表面粗糙度的基本形成模型

下要求:

①能有效地散热,防止研磨盘和工件热变形。

②黏性低,以提高磨料的流动性。

③不会污染工件。

④化学物理性能稳定,不会分解变质。

⑤能较好地分散磨粒。

玻璃、水晶、半导体等硬脆材料常用纯水来配制研磨液。添加剂在研磨过程中能起防止磨料沉淀和凝聚以及对工件的化学作用,以提高研磨效率和质量。

6. 超精密平面抛光

为了获得电子元件的高性能,制造大规模集成电路的硅片、水晶振子基片、铌酸锂基片、钽酸锂基片等晶体基片,不仅要求有极高的平面度和无损伤超平滑表面,还要求两端面严格平行且无晶向误差。目前,这些元件基片的最终加工均采用超精密平面抛光,平面抛光成为各种元件基片最常用也是最重要的加工方式。了解超精密平面的抛光工艺规律,也就掌握了基本的抛光规律。下面介绍一种采用修正环型抛光机的超精密平面抛光技术及平行度、晶向误差修正技术。

(1)超精密平面研磨抛光机。

精密平面可以采用单面研磨或双面研磨方式加工。图1.39所示是双面平面研磨机工作原理图。研磨的工件放在工件保持架内,上下均有研磨盘。下研磨盘由电机通过减速机构带动旋转。为在工件上得到均匀不重复的研磨轨迹,工件保持架制成行星轮式,外面和内齿轮啮合,里面和小齿轮啮合。工作时工件自转和公转,做行星运动。上研磨盘加载并有一定的浮动,以避免两研磨盘不平行造成工件两个研磨面的不平行。

双面研磨技术可用于功能陶瓷材料平行薄片加工。使用双面研磨法能避免由夹具的黏结误差及薄片两面的应力差引起的变形问题。

用小型双面抛光机及具有外径400 mm、内径20 mm的环状面抛光盘,抛光厚度为

30 μm的水晶片时，水晶片保持在上下抛光盘之间比其略薄且外圆略大的聚酯保持架的孔中，上下抛光盘相互作反向旋转，因此水晶片两面的加工阻力减小。以低速 3 m/min，低压力 3 kPa作为标准加工条件，使抛光机得以稳定运转，并尽可能控制由抛光盘磨损引起的平面度恶化。

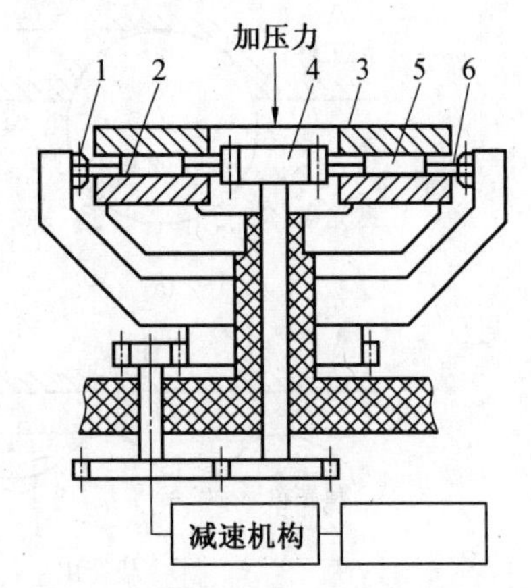

图 1.39 双面平面研磨机工作原理图

1—内齿轮；2—下研磨盘；3—上研磨盘；4—小齿轮；5—工件；6—工件保持架（行星轮）

在抛光的前道研磨工序中，使用丙烯酸树脂作为研磨盘，利用其透明性，可以观察加工中研磨盘间的水晶片状态。在抛光时使用软质抛光盘有利于保证抛光表面质量，但在双面抛光时，水晶片会因微微嵌入抛光盘表面使加工阻力激增而破损。因此，现在仍使用硬质抛光盘。如果以虫胶和松脂（7：3）为基材，并添加 20%（质量分数）聚四氟乙烯粉末制成的抛光盘，不仅可防止水晶片破损，而且加工效率提高。另外，若使用充分分散在加工液中的 ZrO_2 或 SiO_2 微粉，同时以低速、低压力进行双面抛光，可得到与用软质抛光盘加工同样的优良镜面。

当抛光盘磨损引起平面度恶化时，应在标准平板上对研修整抛光盘的平面度。为此，可采用直径 100 mm，平面度为 3 μm，经 320# 砂粒研磨的玻璃板作为标准平板。为保证加工的平行度，将薄片工件按片厚大小顺序，分布在保持架的载物孔中进行加工。相对 7 mm 直径的水晶片得到的平行度在 4″以内。

使用双面抛光法虽然能避免由夹具的黏结误差及薄片工件两面的应力差引起的变形问题，但工件的厚度只有几十微米时，工件与抛光盘面紧密接触会使加工阻力增大，极易引起硬脆工件的破损。因此，对厚度为几十微米的硬脆材料薄片工件，现在仍采用单面抛光加工。

在传统的透镜抛光机上用软质抛光盘进行高精度平面抛光时，由于抛光盘面的变形和磨损，通常需凭工人的经验，频繁地将抛光盘工作面在标准平板上进行手工对研来修正抛光盘面的变形，以实现高精度的平面加工。

为了尽可能排除透镜抛光机对工人熟练程度的要求，开发了修正环型平面抛光加工法。其特点是：将切片后的薄片工件粘贴在平行平面夹具上，使薄片工件与夹具成为一体，作为名义大口径厚工件加工，并通过修正环的连续旋转来实时修正抛光盘的平面度。这种加工方法，可通过理论公式推导出高精度的平面加工条件，并可通过在黏结有薄片工件的加工夹具上，附加一个与加工夹具同直径的斜切圆柱体砝码，作为偏心载荷来修正平行度，且易于操作，修正结果的再现性也高。采用偏心载荷修正法，直径为 60 mm 的玻璃光学平晶的平面度能加工到 $\lambda/100$ 以下，可用于水晶片、铌酸锂基片、硅片等平面工件的加工。

可通过改变修正环与抛光盘中心距的大小来修整抛光盘的平面度。如图 1.40 所示，当抛光盘呈凸形时，通过调节修正环保持架的角度，使修正环向中心移动，反之向外移动，移动量一般为数毫米。

（2）抛光运动与抛光盘磨损变形。

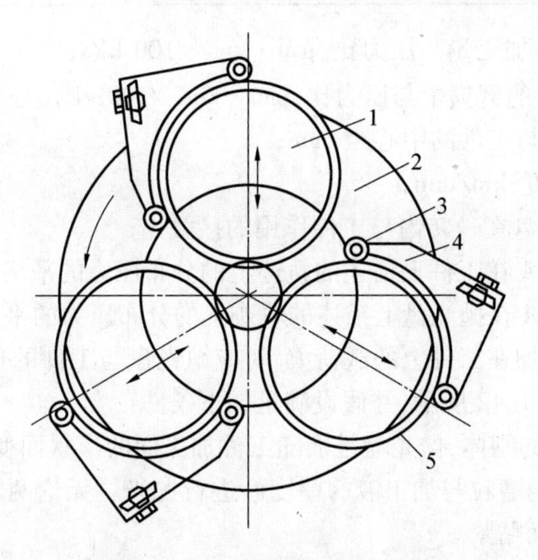

图1.40　修正环型抛光机原理示意图

1—载物孔;2—环状工作面抛光盘;3—滚动轴承;4—修正环保持架(可调);5—修正环

在以沥青为软质抛光盘和以玻璃为工件的抛光中,图1.41所示的圆形工件和圆环状工作面的抛光盘在任意点$A(r_w,\theta_w)$、(r_p,θ_p)的加工量、抛光盘的磨损量分别为h_w,h_p,抛光时间t为m,并假设在外半径为r_w、内半径为r_p的环板上产生的轨迹密度是均匀的,且工件与抛光盘的转速相同,$n_w=n_p=n$,满足$v=2\pi\cdot n\cdot C\cdot 10^{-6}$恒速条件,则

$$h_w=\sum_1^m(\Delta h_w)_m=\sum_1^m\eta_w v(p_w)_m\Delta t \tag{1.8}$$

$$h_p=\sum_1^m(\Delta h_p)_m=\sum_1^m\eta_p v(p_p)_m(\frac{\alpha}{\pi})\Delta t \tag{1.9}$$

$$\alpha=\cos\left(\frac{r_p^2-R_w^2+C^2}{2Cr_p}\right)=\cos\frac{r_w^2-R_w^2+C^2+2Cr_w\cos\theta_w}{2C\sqrt{r_w^2+C^2+2Cr_w\cos\theta_w}} \tag{1.10}$$

式中　Δh_w——微小单位加工时间Δt内工件的加工量,μm;

Δh_p——微小单位加工时间Δt内抛光盘的磨损量,μm;

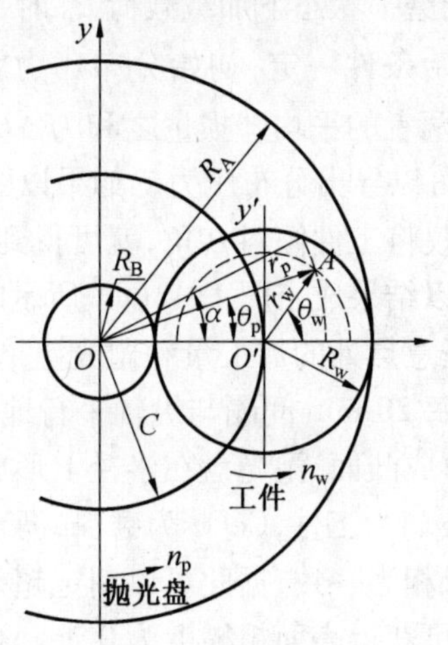

图1.41　平面抛光的运动关系

η_w—— 工件的加工量与压力比，μm · km^{-1}/100 kPa；

η_p—— 抛光盘的磨损量与压力比，μm · km^{-1}/100 kPa；

C—— 抛光盘与工件的中心距，mm；

v—— 相对速度，km/min；

α/π—— 抛光盘在一转内与工件作用的接触比；

$(p_w)_m$—— 点 A 在工件上描述的轨迹上的分布压力的平均值，kPa；

$(p_p)_m$—— 点 A 在抛光盘上描述的轨迹上的分布压力的平均值，kPa。

分布压 $(p)_m$ 是施加在工件上的载荷 P_0 对应抛光盘与工件的形状而分布的压力，$(p)_m$ 与 P_0 之间的关系如图 1.42 所示，并假设满足如下条件：

① 工件是不变形的刚体，抛光盘是能随工件加工面的形状而变形的弹性体。这样就可以忽略介于两者之间的磨粒与加工液的厚度而进行抛光。无论两者的形状怎样变化，都能确保工件与抛光盘全面贴紧。

② 分布的压力 $(p)_m$ 取决于抛光盘的弹性变形量。

③ 抛光盘的磨损也包含了塑性变形。

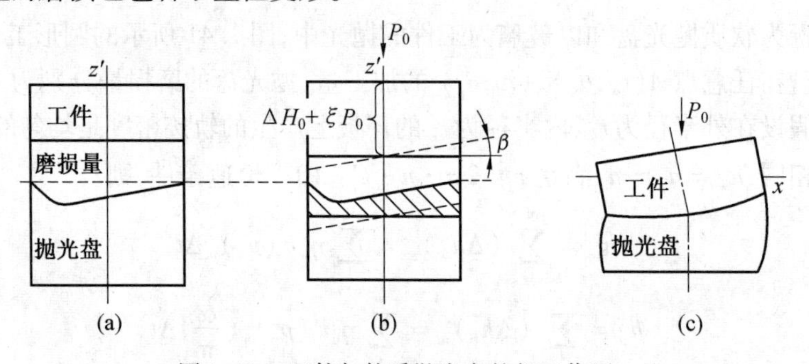

图 1.42　工件与软质抛光盘的相互作用

理想的平面抛光盘与工件，在 Δt 内的磨损及压力分布的变化情况如图 1.42 所示。图 1.42(a) 表示开始时压力和恒定的相对速度在起作用，其磨损状态由式(1.8)、(1.9) 得出。在抛光盘的半径上，由于实际的作用时间不固定，所以抛光盘不能维持平面。图 1.42(b) 是在图 1.42(a) 的磨损状态下加载载荷 P_0 时，使抛光盘发生弹性变形的情况。当两者(工件与抛光盘) 的初始条件一定，初始分布压力就以平均分布压力($p_0 = P_0/\pi R_w^2 \times 10^{-2}$) 全面分布。在 Δt 后，两者的平均磨损量之和为 ΔH_0。根据前面的假设，从两者的重叠部分(用斜线表示的部分) 可以导出分布压力。如果以图 1.42(b) 中的 z' 轴为对称轴，使左右半圆上的压力总和均衡，仅将工件倾斜 β 角，就可得到正确的分布压力 $(p)_m$。因此，Δt 前后的分布压力是不同的，所以结果成了图 1.42(c) 所示的接触状态。

工件与抛光盘两者的任意点处的加工量和抛光盘磨损量，相对于两者的中心各自画圆弧与横轴相交，从交点出发每 20 min 间隔与纵轴平行地上升或下降。圆形工件与环状抛光盘的组合，在加工时，工件形成凸面，抛光盘在半径上形成凹面，如图 1.43 所示。

图 1.44 所示为 BK7 玻璃为工件，CeO_2 为磨料，沥青为抛光盘进行抛光时的实验结果，此实验结果与理论计算结果相当一致，据此可以制定超精密抛光的条件。利用 SiO_2 微粉和沥青抛光盘抛光水晶基片，可获得表面粗糙度为 0.1 ~ 0.2 nm 的加工表面。

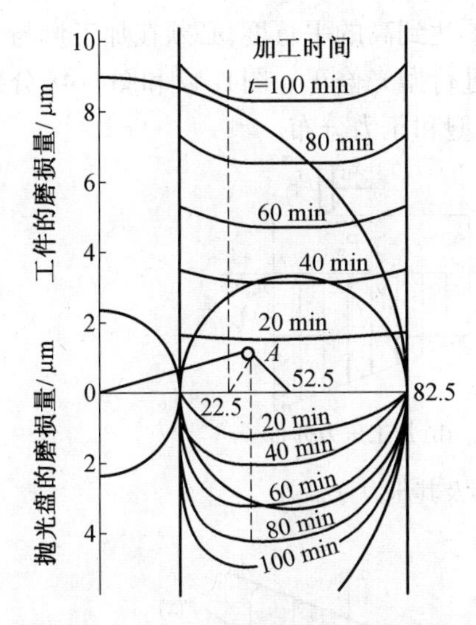

图1.43　工件与抛光盘的磨损量关系

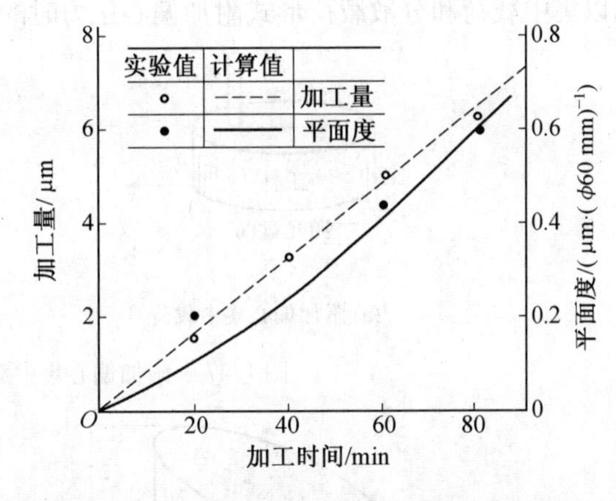

图1.44　加工量与平面度变化的计算值与实验值比较

图1.45和图1.46是计算所得到的抛光盘磨损量与压力比η_p或抛光盘的弹性变形常数ξ与工件平面度的关系。为了加工出高精度平面，采用η_p小的抛光盘效果好。但是，实际上不能忽视抛光盘的磨损，因此必须有能够长期维持平面度的修正装置。

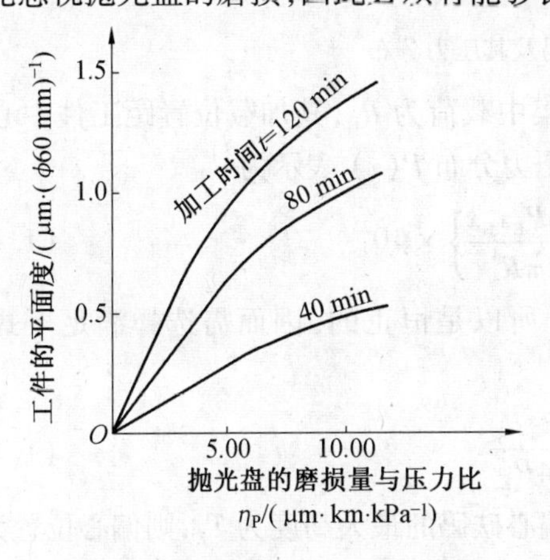

图1.45　抛光盘磨损量与压力比与工件平面度的关系

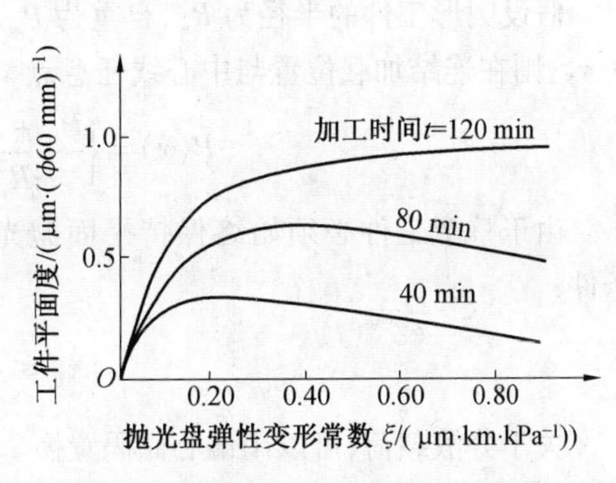

图1.46　抛光盘弹性变形常数和工件平面度关系

另外，使用ξ小的抛光盘也能有效地控制平面度的恶化，但ξ太小时，压力偏差较大，反而易引起平面度的恶化。而当ξ较大时，只要加工量少，由于压力偏差较小，初始的平面度不会产生多大的恶化。

对于弹性变形大的抛光盘，在一定条件下也可保持平面度，如图1.46所示。硅片的镜面抛光适宜用软质发泡聚氨基甲酸乙酯的人造革抛光盘，采用涂有沥青(厚度5 ~ 10 mm)的弹性橡胶海绵抛光盘，可以保持良好的形状精度。

(3) 高平行度平面的获得。

平行度的修正抛光是使被加工面与基准平面的角度误差达到最小值。单面抛光法通常是采用给工件附加偏心压力的平行度修正方法，为了达到高的平行度，必须在加工量与工件和抛光盘的相对速度、压力及时间成正比的范围内进行抛光修正。图1.47和图1.48分别表示以集中载荷和分散载荷形式附加偏心压力时的模型和压力分布。

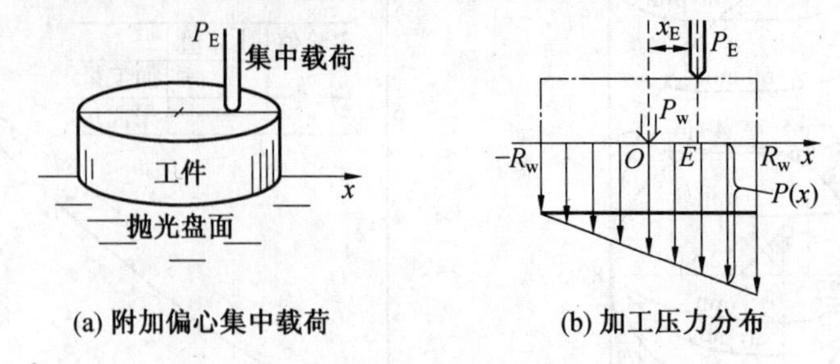

(a) 附加偏心集中载荷　　(b) 加工压力分布

图1.47　附加偏心集中载荷及其压力分布

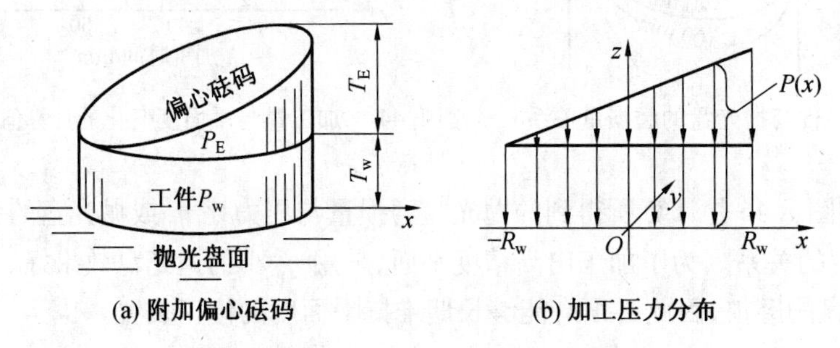

(a) 附加偏心砝码　　(b) 加工压力分布

图1.48　附加偏心砝码及其压力分布

假设圆形工件的半径为 R_w，自重为 P_w，偏心集中载荷为 P_E，其加载位置距工件中心点为 x_E，则在连结加载位置与中心线任意点 x 处的压力分布 $P(x)$ 表示为

$$P(x) = \left\{\frac{P_w + P_E}{\pi R_w^2} + \frac{4P_E x_E x}{\pi R_w^4}\right\} \times 10^2 \tag{1.11}$$

由于整个工件必须始终保持平面抛光状态，所以是恒正的，因而需选择满足下式的条件：

$$x_E \leqslant \frac{R_w}{4} + \frac{R_w P_w}{4P_E} \tag{1.12}$$

关于分散载荷，可以用偏心砝码置换。假设偏心砝码的最大高度为 T_E，则偏心位置为

$$(x_E, y_E, z_E) = (\frac{R_w}{4}, 0, \frac{5T_E}{16}) \tag{1.13}$$

因此，若将工件和偏心砝码的重量分别设定为 P_w，P_E，则分布压力 $P(x)$ 变为

$$P(x) = \left\{P_w T_w + \frac{P_E T_E}{2}(1 + \frac{x}{R_w})\right\} \times 10^{-4} \tag{1.14}$$

使用偏心砝码修正平面度的结果如图1.49所示。工件为直径100 mm的玻璃，抛光时使用三种砝码，A(0.30 kg)、B(0.56kg)、C(1.05 kg)，每180°改变一次位置，抛去最高部分并测量平行度的变化。

(4)晶向误差的修正。

晶向误差的修正与通常的平行度修正是有区别的。平行度的修正是以具体的几何平面作为参照面消除不平行量的抛光加工。而晶向误差的修正加工则是以晶格面作为参照面进

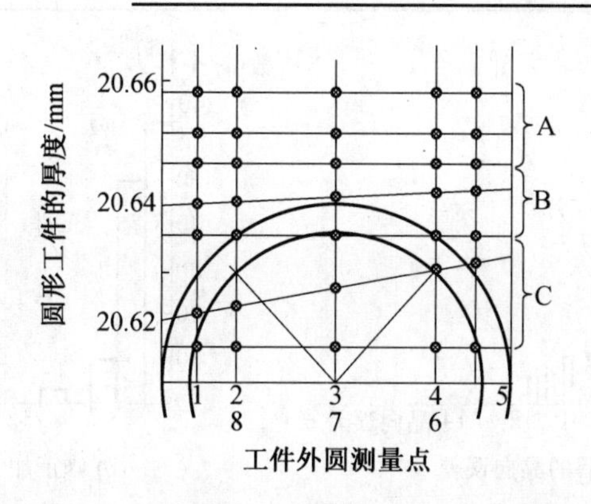

图1.49　使用偏心砝码修正平面度的结果

行抛光的。通常采用X射线法进行高精度的晶向测量。如果使用图1.50所示的抛光修正晶向误差夹具,可以进行满足上述测量精度的抛光修正加工。

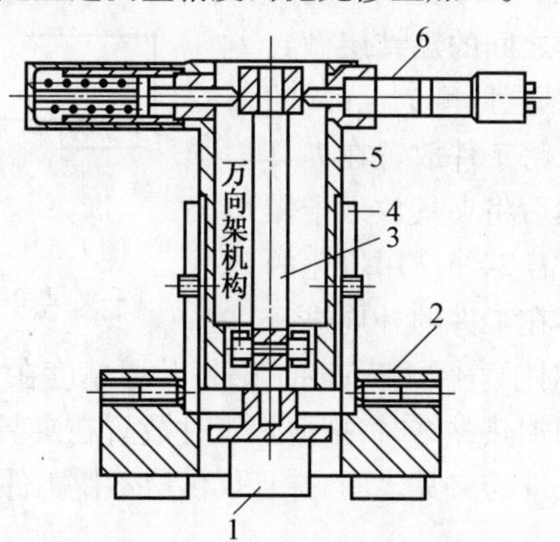

图1.50　抛光修正晶向误差的夹具

1—晶体;2—基座;3—中心轴;4—导管;5—滑管;6—测头

当修正更高精度的晶向误差时,可使用秒级精度的单色X射线晶向测量仪。然后用偏压加载法抛光消除晶向误差。对200块15 mm×30 mm×1 mm,经双面研磨后的水晶Y片进行晶向误差修正时,按每20″一挡对误差进行分类,将同一挡误差的水晶片按欲修正的角度方向排列,黏结在加工夹具上,进行偏心加载抛光。图1.51所示为修正加工后的结果,修正前存在有14′左右的晶向误差,修正加工后晶向误差在1′以内为98%,20″以内为68%。

(5)薄片抛光的黏结。

薄片工件的两面经研磨后都有加工变质层,若两面存在不同的应力,则必然会引起薄片的翘曲(这是由土曼效应引起的变形),工件越薄,翘曲越显著。单面加工法的工艺是:首先,把工件两面加工成与最后加工面相同的高品质镜面,使两面应力平衡。然后,把加工成高平面度的加工面黏结在夹具上,再进行加工,直至规定的片厚。这样,从把研磨后的薄片工件加工到高精度的薄片,需要进行三次单面加工。工件在夹具上的黏结方式如图1.52所示。对于固定薄片工件的夹具,必须具备对应于薄片工件所要求的平面度、平行度以及厚度精度,夹具通常使用不锈钢、黄铜或陶瓷材料。甚至有时采用光学平晶作为高精度夹具。在加工中测定薄片工件的平行度及片厚时,要从夹具和工件的总厚度求得,如果工件与夹具之间存在黏结剂及尘埃,那就很难保证高精度加工。为了避免这种现象,进行了各种黏结法的

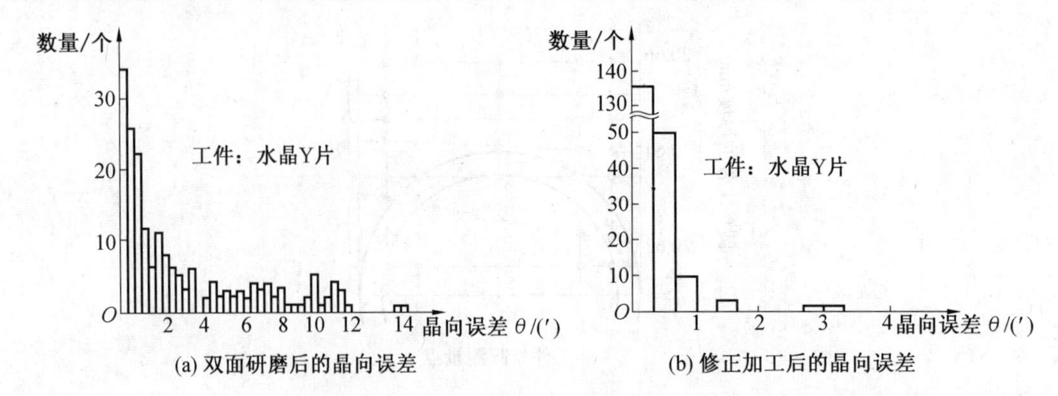

(a) 双面研磨后的晶向误差　(b) 修正加工后的晶向误差

图 1.51　晶片晶向误差的修正结果

改进。

黏结层的存在，会对工件平行度和厚度产生影响。为了将工件与夹具之间的黏结层做到最薄且厚度均匀，可采用黏结层厚度为 1 nm 的光学黏结法。在去离子水中将工件放置在夹具的规定位置上，紧密结合，然后将夹具放入干燥皿中，直至水形成分子膜约需 24 h。用熔化的沥青及石蜡等油性物质隔离在工件的外周进行防水处理，然后进行加工。对于直径 14 mm 的工件，片厚精度在 0.1 μm 以下。

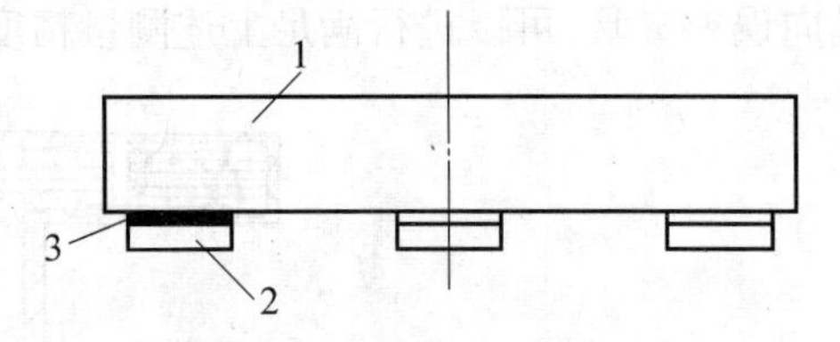

图 1.52　工件在夹具上的黏结

1—夹具；2—薄片工件；3—黏结层

用黄蜡作为工件黏结剂加热黏结时，把薄片工件放置在夹具上的规定位置，先加热，然后将熔化的黏结剂渗入到工件与夹具之间，并且仅供给不使工件浮起的必要量，然后在工件上加压。

用乙二醇邻苯二酸盐黏结剂加热黏结时，将溶于丙酮中的黏结剂滴到夹具上，再将夹具装在旋转器上旋转，形成几百 nm 厚度的黏结剂，然后放置工件，干燥后即可。如果工件为水晶、铌酸锂等透明材料，将铝呈半透明状态蒸镀在玻璃平晶夹具的工作面上，透过上述的黏结剂可在工件与夹具之间观察到干涉条纹，当干涉条纹成单色状态时，即可固化黏结剂。这种方法可确保黏结层的平行度。无论使用上述哪种黏结法，都需避免大颗粒尘埃的混入。因此，最好是在无尘化环境中进行黏结作业。

(6)平面抛光工艺规律小结。

采用修正环型抛光机的平面加工法，可通过理论公式推导出高精度平面的加工条件。并可通过偏心砝码来修正晶体平行度和晶向误差，且可操作性好，修正结果的再现性也高。用于水晶片、铌酸锂基片、硅片等平面晶体工件的抛光加工时，在理想加工条件下可获得表面粗糙度 0.1 ~0.2 nm、平行度和晶向误差小于 20″的超平滑高精度抛光表面。平面抛光工艺规律总结如下：

①研磨运动轨迹应能达到研磨痕迹均匀分布并且不重叠。

②硬质研磨盘在精研修形后，可以获得平面度很高的研磨表面，但要求很严格的工艺条件。硬质研磨盘要求材质极均匀，并有微孔容纳微粉磨料。

③使用金刚石微粉等超硬磨料可以获得很高的研磨抛光效率，但会有较大的加工变质层。在最终抛光硅片、光学玻璃和水晶片时，使用 SiO_2、CeO_2 微粉和软质抛光盘容易得到表

面变质层和表面粗糙度值极小的优质表面,但不易获得很高的平面度。

④研磨平行度要求很高的零件时,可采用上研磨盘浮动以消除上下研磨盘不平行误差;小薄片工件实行定期180°方位对换研磨,以消除因薄片工件厚度不等引起的平行度误差;对各向异性的晶片抛光时,可通过加偏心载荷来修正不平行度和晶向误差。

⑤为提高抛光的效率和表面质量,可以在抛光液中加入一定量的化学活性物质。

⑥高质量抛光时必须避免粗磨粒和大颗粒尘埃混入,防止表面划伤。

1.3.4 不同形状陶瓷制品的加工工艺

1. 陶瓷球

陶瓷材料的精密球不仅广泛使用于滚动轴承中,而且是圆度仪、陀螺和精密测量中的重要元件,并常作为精密测量的基准,在精密设备和精密加工中也具有十分重要的地位。高精密球的精度指标有尺寸精度、圆度、粗糙度,其中最为困难的是保证圆度精度(10^{-1} ~ 10^{-2} μm)。目前能保证达到这一精度级别的球体加工方法一般是采用研磨加工。为达到高精度及较好的表面质量,陶瓷球的加工需经过粗研、细研、精研和抛光等多道工序。

球坯在研磨过程中,一方面随研磨盘做公转运动,一方面又连续自转,球表面与盘的接触表面产生相对滑动和滚动。由于接触表面各点的压力不同,球坯、研磨盘和研磨液三者之间存在相互作用:

①利用磨粒刮削球面以去除余量。

②利用磨粒的滚动作用加工球面。

③利用磨粒切削刃挤压球坯进行加工等作用。这就使球坯受到挤压、摩擦等作用,去除球坯表面的加工余量,从而达到减小球径,提高圆度和降低表面粗糙度的目的。

陶瓷球的研磨方式主要有四轴球面研磨、同轴两盘研磨、同轴三盘研磨、磁悬浮研磨等。影响研磨质量的因素包括研磨方式、磨料的粒度与硬度、研磨压力、研磨盘转速、研磨液浓度、研磨机的精度等。

2. 陶瓷孔

陶瓷孔的加工可以采用金刚石钻头钻孔加工、激光打孔、电火花打孔、超声磨削打孔、水射流等技术。

3. 陶瓷槽

陶瓷槽的加工可以根据槽的深宽比选择合适的加工方法。对于宽度2 mm以上的窄深槽,通常是采用切口铣刀预先铣槽,经热处理后再用厚度较薄的树脂或陶瓷结合剂砂轮磨削加工。但对于宽度较小的窄深槽,没有合适的铣刀进行铣削加工,磨削加工也难以达到要求,可以使用金刚石超薄砂轮进行加工。

4. 陶瓷环

采用磨削加工,磨削工序安排为:平磨→内磨→外磨。加工工艺设计为粗磨加工和精磨加工两步完成。将工件装夹好后,首先磨出一个基准面,然后以此面为基准磨削另一面,磨至双面均留有0.05 ~0.1 mm的余量。完成一批零件的粗磨加工后,再对所有的零件进行校正精磨,精磨时可以两面互为基准。为了提高工件表面质量,可适当增加精磨次数。

1.3.5 添加剂在陶瓷加工过程中的作用机理

陶瓷材料在制备过程中,经常使用添加剂来调整化学成分、改变晶相组成、调节烧成制度以及改善陶瓷材料的物理化学性能。在陶瓷加工的实践中,适当使用添加剂制备的陶瓷可以提高陶瓷的可加工性,减少结构破坏,提高材料的加工质量。

1. $CePO_4$/Ce-ZrO_2陶瓷

稀土磷酸盐/氧化物复合陶瓷是一类新型可加工陶瓷,主要具有以下特点:

①良好的化学相容性。

②高熔点。

③形态相容性。

④氧气氛下的稳定性。

⑤在水、CO_2甚至腐蚀环境下的稳定性。

⑥界面结合很弱,便于加工时裂纹沿弱界面的形成和连接,因此可以用传统对金属的加工方法和刀具进行加工。以 Ce-ZrO_2为基体,通过复合不同加入量的第二相 $CePO_4$颗粒,对该陶瓷进行压痕、磨削和切削加工。

$CePO_4$按质量分数为0.15%、25%、50%配料。$CePO_4$陶瓷断裂表面形貌呈现明显层片状,外力作用下,易沿层间裂开,形成层片状或台阶形断裂形式,这种层片状结构赋予了$CePO_4$本身良好的可加工性。加入 $CePO_4$后,Ce-ZrO_2陶瓷材料裂纹扩展方式发生变化,由连续的长且直的裂纹(图1.53(a))转变为不连续扩展的裂纹(图1.53(b))。这种压痕裂纹的不连续扩展与$CePO_4$/Ce-ZrO_2之间界面的弱结合特性有密切关系。在应力存在的情况下,往往优先沿弱界面产生微裂纹,形成微裂纹增韧的能量耗散机制,$CePO_4$加入量较少时,微裂纹之间距离较远,不易连通。当应力进一步增大时,$CePO_4$发生层片状开裂,形成类似层状陶瓷中"层片桥接"的能量耗散机制,两种能量耗散机制共同耗散了主裂纹扩展的能量,起到阻止其向深层进一步扩展的作用,并留下很浅的裂纹层。由于 $CePO_4$颗粒在基体中的均匀分布,使得由上述两种能量耗散机制产生的微裂纹处于 ZrO_2颗粒之间形成的较强连接界面的网络之中,因此裂纹扩展呈不连续的形式。

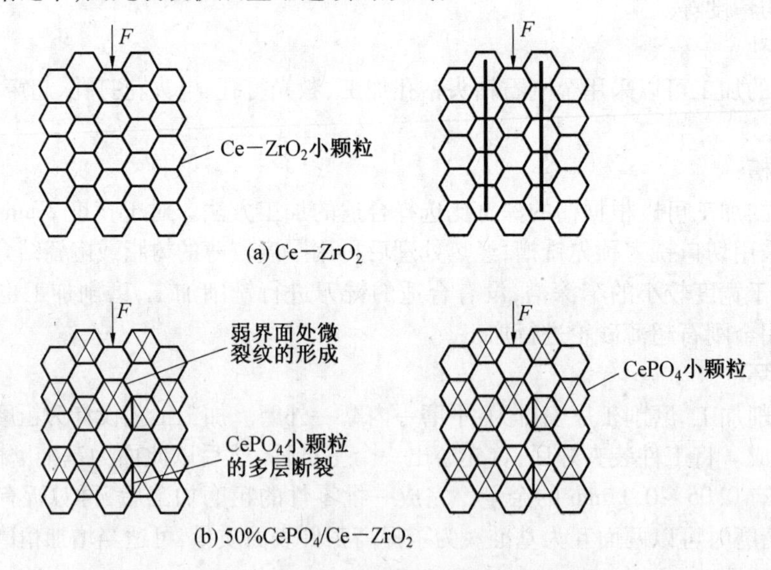

图1.53 不同阶段两种裂纹扩展机制示意图

2. TiN 改性 Si_3N_4 陶瓷

采用陶瓷制备工艺，将 TiN 和 Si_3N_4 粉体在球磨机中均匀混合，干燥后的粉体混合物采用热压烧结制备陶瓷，然后对该陶瓷进行电火花线切割加工。当 TiN 的质量分数大于等于 30% 时，Si_3N_4 陶瓷皆能实现电火花切割加工，并且随着 TiN 加入量的增加，切割速率增大；TiN 的含量相同，粒度越小，Si_3N_4 陶瓷的线切割速率越大，粒度为 2 μm 时，TiN 的质量分数为 20% 就能实现电火花切割加工。

实现电火花切割加工的前提条件是样品具有较好的导电性，Si_3N_4 是绝缘的(电阻率为 $10^{11}\sim10^{12}\ \Omega\cdot m$)，TiN 具有良好的导电性(电阻率为 $3.34\times10^{-7}\ \Omega\cdot m$)，随 TiN 加入量的增加，复合陶瓷的电阻率逐渐减小，TiN 质量分数小于 30% 时，由于电阻率较大，不能实现电火花加工。但在 Si_3N_4 质量分数大于 30% 时，随 TiN 含量增加，电阻率减小，同时复合陶瓷的强度降低，这些都有利于电火花切割加工。

3. Si_3N_4-TiC 复相陶瓷

Si_3N_4 粉和 TiC 粉体为原料，以无水乙醇作为介质，将称量好的粉体配成溶液进行超声分散后，分别装入聚氨酯研磨罐中，按球料比为 5∶1，把称量好的氮化硅球(6 mm)加入研磨罐中，球磨 24 h 后取出，将浆料旋转蒸发干燥后放入烘箱中烘干，然后将粉料研磨过 100 目筛。过筛后的粉体放进石墨模具进行热压烧结，制备 Si_3N_4-TiC 复相陶瓷，进行电火花线切割加工。Si_3N_4-TiC 经高温烧结后，变成了 Si_3N_4-$TiC_{0.5}N_{0.5}$-SiC 复相陶瓷。当 TiC 体积分数从 30% 增加到 40% 时，材料的电阻率变小，导电能力增强。导电第二相含量的增加，有助于导电通路的形成，降低电阻率。Si_3N_4-TiC 复相导电陶瓷具有比 Si_3N_4-TiN 更低的电阻率和材料去除率，加工后的表面粗糙度较低。

第2章 玻璃加工技术

2.1 玻璃加工预处理工艺及设备

某些加工玻璃在进行加工之前，要对玻璃原片进行研磨、抛光、切割、磨边、钻孔、洗涤干燥等处理，如钢化玻璃、夹层玻璃等。还有一些加工玻璃，经洗涤、干燥进行加工，然后根据使用的要求进行研磨抛光、切割、磨边、钻孔、洗涤等处理而成为最终产品，如玻璃镜。

2.1.1 研磨和抛光

研磨的目的是将制品粗糙不平或成型时余留部分的玻璃磨去，使制品具有需要的形状和尺寸或平整的表面。开始用粗磨料研磨，效率高，然后逐级使用细磨料，直至玻璃表面的毛面状态变得较细致，再用抛光材料进行抛光，使毛面玻璃表面变得光滑、透明，并具有光泽。研磨、抛光是两个不同的工序，这两个工序合起来，称为磨光。经研磨、抛光后的玻璃制品称为磨光玻璃。

1. 研磨与抛光机理

(1)玻璃的研磨机理。

玻璃的研磨过程，首先是磨盘与玻璃做相对运动，自由磨粒在磨盘负载下对玻璃表面进行划痕与剥离的机械作用，同时在玻璃上产生微裂纹。磨粒所用的水既起冷却的作用，同时又与玻璃的新生表面产生水解作用，生成硅胶，有利于剥离，具有一定的化学作用。如此重复进行，玻璃表面就形成了一层凹陷的毛面，并带有一定深度的裂纹层，如图2.1所示。凹陷层的平均深度 h，决定于磨料的性质与磨粒直径，其关系为

$$h=K_1D \tag{2.1}$$

式中 K_1——不同磨粒的研磨系数；

D——磨粒的平均直径。

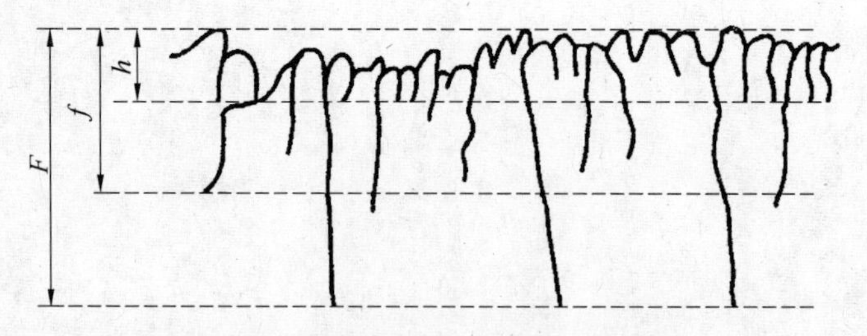

图2.1 研磨玻璃断面(凹陷层及裂纹层)

h—凹陷层平均深度；f—裂纹层平均深度；F—裂纹层最大深度

这时产生的裂纹层的平均深度 f 与凹陷层的平均深度 h 的关系为

$$f = 2.3h \tag{2.2}$$

裂纹层最大深度为

$$F = (3.7 \sim 4.0)h \tag{2.3}$$

玻璃是脆性材料,不同的化学组成具有不同的物理、力学、化学性能,对研磨表面生成的凹陷层深度和裂纹层深度都有很大影响。

将原始毛坯玻璃研磨成精确的形状或表面平整的制品,一般研磨的磨除量为0.2～1 mm,或者更多些。所以要用较粗的磨料,以提高效率。但由于粗颗粒使玻璃表面留下的凹陷层深度和裂纹层深度很大,不利于抛光。必须使研磨表面的凹陷层和裂纹层的深度尽可能减小,所以要逐级降低磨料粒度,以使玻璃毛面尽量细些。一般最后一级研磨的玻璃毛面的凹陷层平均深度 h 为3～4 μm,裂纹层最大深度 F 为10～15 μm。

(2)玻璃的抛光机理。

人们曾经认为玻璃的抛光与研磨都是磨料对玻璃的机械作用,只是抛光的磨粒更细。英国学者雷莱用显微镜观察到抛光一开始,研磨表面凹陷顶部就出现了抛光得极好的不大的区域,随着抛光进行而继续扩大。所以他认为不应该将抛光看作只是从表面剥落玻璃碎屑,而是在抛光物质的作用下,发生分子过程。另一位英国学者培比认为玻璃由于干摩擦产生的热而熔化成一黏滞液在表面流动,并在表面张力的作用下,使玻璃表面光滑。此流动层称为“培比层”,厚度为0.025～0.1 μm。

玻璃抛光时,除将研磨后表面的凹陷层(3～4 μm)全部抛除外,还需要将凹陷层下面的裂纹层(10～15 μm)也抛光除去。这个厚度虽比研磨时磨除的厚度小得多(仅为研磨时磨去厚度的1/40～1/20),但是抛光过程所需时间却比研磨过程要多(为研磨时间的2倍或更多),即抛光效率比研磨效率低得多。

2. 研磨与抛光材料

由于玻璃研磨时,机械作用是主要的,所以磨料的硬度必须大于玻璃的硬度。光学玻璃和日用玻璃研磨加工余量大,所以一般用刚玉或天然金刚砂研磨效率高。平板玻璃的研磨加工余量小,但面积大、用量多,一般采用价廉的石英砂。

常用的抛光材料有红粉(氧化铁)、氧化铈、氧化铬、氧化锆、氧化钍等,日用玻璃加工也有采用长石粉的。

3. 影响玻璃抛光过程的主要工艺因素

研磨后的玻璃表面有凹陷层,下面还有裂纹层,因此玻璃表面是散射光而不透明的。必须把凹陷层及裂纹层都抛去才能获得光亮的玻璃。因而,总计要抛去玻璃层厚度为10～15 μm。对于光学玻璃等要求高的玻璃,必须把个别最大的裂纹也抛去,则总抛去厚度还要多。在一般生产条件下,玻璃的抛光速度仅为8～15 μm/h,因此所需要抛光时间比研磨时间长得多。减小玻璃研磨的凹陷深度就是缩短抛光时间,常常在研磨的最后阶段用细一些的磨料或软质的研磨盘等措施来获得研磨表面浅的凹陷层。另外采用合适的工艺条件,也能提高抛光效率而缩短加工时间,影响抛光的工艺因素如下。

(1)抛光材料的性质、浓度和给料量。

水在抛光过程中比在研磨过程中所起的化学-物理化学作用更为明显,因此抛光悬浮液浓度对抛光效率的影响是很敏感的,若使用红粉,一般以密度1.10～1.14 g/cm³为宜。刚开始抛光时,采用较高的浓度,以便抛光盘吸收较多的红粉,玻璃表面温度也可提高,抛光效率高。但抛光的后一阶段则逐步降低,否则玻璃表面温度过高易破裂,同时红粉也易于在抛光盘表面形成硬膜,使玻璃表面擦伤。抛光悬浮液的给料量与抛光效率的关系如图 2.2 所示,用量多,效率(磨除量)增高,但过量时,效率反而降低,各种不同的条件下都有最适宜的用量。

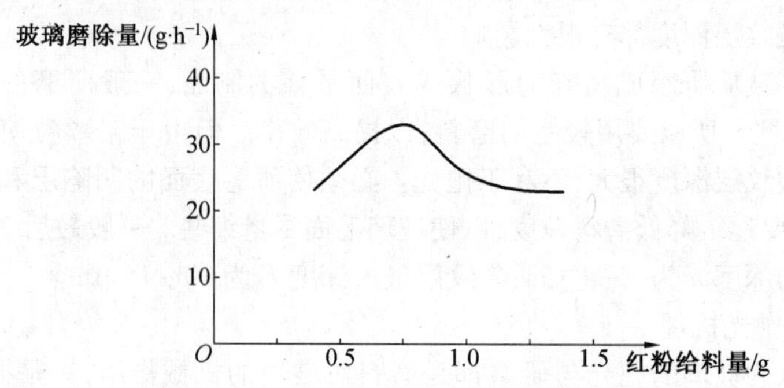

图 2.2　红粉给料量与抛光效率的关系

(2)抛光盘的转速和压力。

抛光盘的转速和压力与抛光效率之间存在正比关系。转速和压力增大,抛光材料和玻璃作用的机会增多、加剧,玻璃表面温度增高,反应加速;反之就低。抛光盘的转速和压力增大的同时必须相应增加抛光材料悬浮液给料量,否则,玻璃温度过高易破,也容易擦伤。

(3)周围空间温度和玻璃温度。

玻璃表面温度与抛光效率间的关系如图 2.3 所示。抛光效率随表面温度的升高而增加。而周围空间温度对玻璃表面温度有影响,特别在温度低的时候,没有保暖措施,玻璃表面温度不高,抛光效率也就不高。如图 2.4 所示,周围环境温度从 5 ℃提高到 20 ℃,抛光效率几乎增加一倍,超过 30 ℃,增加速度就变缓慢。因此为了提高抛光效率,抛光操作环境温度宜维持在 25 ℃左右。

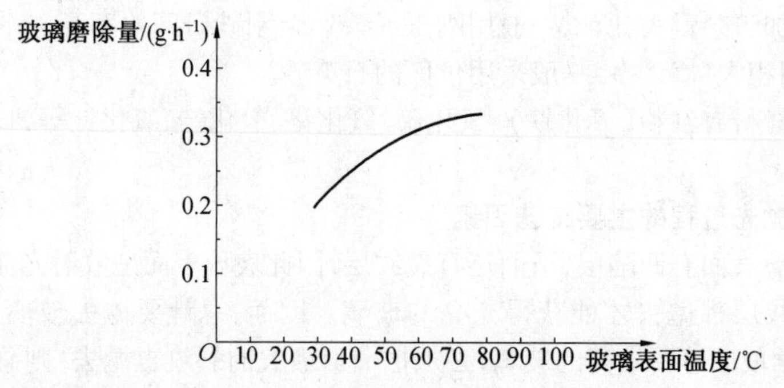

图 2.3　玻璃表面温度对抛光效率的影响

(4)抛光悬浮液的性质。

红粉悬浮液氢离子浓度与抛光效率的关系如图 2.5 所示。在 pH = 3 ~ 9 范围内是最合适的,过大或过小均不好。加入各种盐类如硫酸锌、硫酸铁等,可起加速作用。

(5)抛光盘的材质。

一般抛光盘都用毛毡制作,也有用呢绒、马兰草根等。粗毛毡或半粗毛毡的抛光效率高,细毛毡和呢绒的抛光效率低。

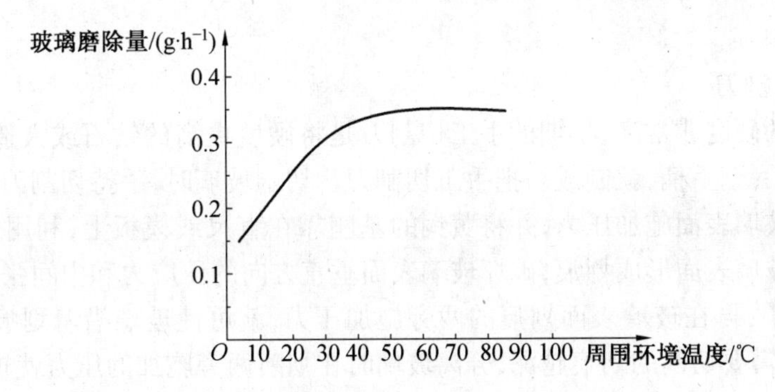

图2.4　周围环境温度对抛光效率的影响

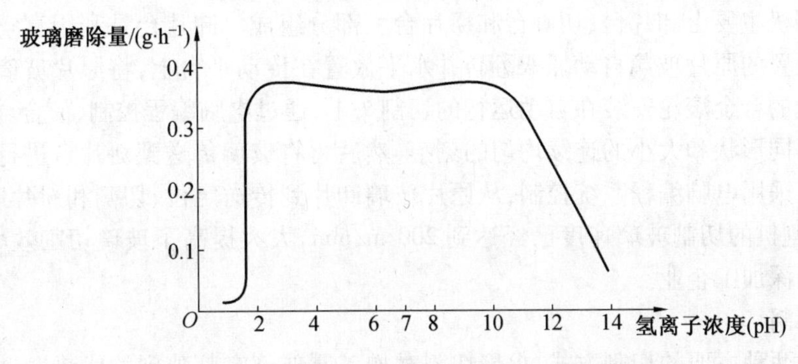

图2.5　红粉中氢离子浓度对抛光效率的影响

2.1.2　切割

切割是利用玻璃的脆性和残余应力，在切割点加一刻痕造成应力集中，使之易于折断。对不太厚的板、管，均可用金刚石、合金刀或其他坚韧工具在表面刻痕，再加折断。为了增强切割处应力集中，也可在刻痕后再用火焰加热，更便于切割。如玻璃杯成型后有多余的料帽，可用合金刀沿圆周刻痕，再用扁平火焰沿圆周加热，即可割去。

对厚玻璃可用电热丝在切割的部位加热，用水或冷空气使受热处急冷产生很大的局部应力，形成裂口，进行切割。同理，对刚拉出的热玻璃，只需用硬质合金刀在管壁处划一刻痕，即可折为两段。

利用局部产生应力集中形成裂口进行切割时，必须考虑玻璃中本身残余应力大小，如果玻璃本身应力过大，刻痕时会破坏应力平衡，以致发生破裂。

切割建筑用玻璃的方法主要有高压水切割和机械切割等方式。

1. 高压水切割

高压水切割的方式主要用于大理石、瓷砖、玻璃、钢板、塑料、布料、聚氨酯、木材等。

玻璃高压水切割机主要是将混合有金刚砂磨料的水加压至200～400 MPa的超高压力，通过直径0.8～1 mm的耐磨合金喷嘴，水与磨料的混合液以高速冲击玻璃表面，使玻璃表面产生极小面积的脆性破损，连续作用即可穿透玻璃，形成切割。通过电脑数控水切割机，可以切割各种厚度、任何形状的玻璃。由于高压水切割的运行成本较高，喷嘴、导流套、高压密封件都是要经常更换的耗材，价格较贵，而且切割速度低，生产效率也非常低。随着玻璃机械切割方式的逐渐改进，目前，一般建筑用玻璃已经很少使用高压水切割机来切割玻璃。

2. 机械切割

(1)手工切割刀。

由于玻璃的硬度非常高,早期的手工切割刀是将硬度更高的钻石或人造金刚石镶嵌在黄铜上,再安装一个手柄,就制成一把手工切割刀。切割玻璃时,手持切割刀,将金刚石通过一定的角度在玻璃表面施加压力,并将黄铜的基座靠在直尺或模板上,利用金刚石的锋利,高硬度棱角在玻璃表面形成划痕,破坏玻璃表面垂直方向的压应力和中间张应力的平衡,造成玻璃应力集中,再在玻璃表面划痕的两旁施加压力,就可使玻璃沿着划痕的位置完全分离。玻璃越厚,需要切割的划痕越深,分离玻璃时在划痕两旁施加的压力就越大。

(2)自动切割机。

自动切割机主要由卸片台、切割台和掰片台三部分组成。卸片台是利用真空吸盘和翻转架将竖直放置的原片玻璃自动抓取翻转并水平放置在传动平台上,将原片玻璃传送到切割台。高硬度的合金滚轮安装在自动运行的切割头上,通过电脑编程控制,使合金滚轮在玻璃表面形成不同形状和大小的连续均匀的刻痕,然后再将玻璃传送到掰片台进行分离。自动玻璃切割机采用电脑编程系统控制,从原片玻璃卸片到传送定位、切割和掰片一次完成。目前,自动切割机的切割玻璃速度已经达到200 m/min,大大提高了玻璃切割效率,适用于大规模的玻璃深加工企业。

3. 火焰切割

除了上述两种主要的切割方式,火焰切割对加工厚玻璃有其独到的优势。火焰切割的方法有以下几种方式。

(1)熔断。

熔断切割是利用煤气或其他热源,将玻璃上确定的部位边进行局部熔融边切断的方法。

此法已广泛应用于酒杯的制造工艺及安瓿瓶加工等方面。熔断切割要求火焰通过增氧成为锋利的火焰,为了使玻璃更好地熔融,必须用高发热量的燃气。

(2)急冷切割。

急冷切割是将圆筒状的玻璃一边旋转一边在沿圆周的狭小范围内急速加热,用经冷却过的冷却液体接触加热部位,借助热应力将玻璃切断。急冷切割用的火焰是氢气或城市煤气加氧气的狭缝喷灯,冷却体用容易引起裂纹形成的物体,如磨石、金属圆板等。如果能确保必需的加热时间,就能高速切割。

(3)爆口。

爆口是人们很熟悉的一种玻璃加工方法。用金刚石或超硬合金在玻璃上造成伤痕,再向受伤部位加热,则裂纹扩展而使之切断。也有在加热时造成伤痕,随玻璃冷却,热应力使裂纹扩展而切断的。爆口能得到与熔断法一样的镜面状割断面。

(4)激光加工。

用激光、等离子体喷射、电子束等高热源将金属材料熔断、熔接的方法也可以切割玻璃。

2.1.3 玻璃磨边

经过切割后的玻璃断面凹凸不平、非常锋利,刃口上有许多微裂纹,不但容易割伤人体,在以后的使用过程中,在承受机械应力和热应力时,很容易从边部微裂口处破裂。因此,玻璃在切割后,往往需要对玻璃的断面进行打磨处理,以修正玻璃断面凹凸不平所产生的尺寸误差,消除锋利的刃口和微裂纹,增加玻璃的安全性和使用强度。由于玻璃的硬度非常高,一般使用含有人造金刚砂的磨轮和砂带,通过高速运动对玻璃边部进行磨削加工。

按磨边设备分类,主要有手持打磨机、砂带机和自动磨边机。

按磨边的效果和质量分类,主要有精磨、粗磨和手工打磨。

2.1.4 玻璃钻孔

将玻璃钻孔时,有时在孔的周围生成类似于贝壳状的缺陷。为防止产生这样的缺陷,一般是将孔打到板厚的一半时,翻过来再从反面把孔打通。还有在玻璃背面加贴另外一片玻璃一起开洞的方法。

玻璃钻孔的主要方法有以下几种:

(1)超硬钻钻孔法。

超硬钻钻孔法是机械钻孔中最常用的方法,适于对3~15 mm厚玻璃的穿孔,可用超硬质的三角钻、二刃钻、麻花钻。

一般认为钻头前端角以90°为好,切削速度以15~30 m/min为宜,切削液用水、轻油、松节油等。

(2)研磨钻孔法。

用研磨加工小孔径的穿孔法,是用Φ1 mm以下的纫丝做钻头,也能用Φ1 mm以上的管形针。为了得到比较大的孔径,使用盘状刀具的铜或黄铜制的圆筒状工具,将它固定在钻床上。为了玻璃与工具的冷却,要充分注入研磨液,从切口处加入。

(3)超声波钻孔法。

由超声发生器产生的高频电振荡施加于超声换能器上,将高频电振荡转换成超声振动,通过变幅杆放大振幅,并驱动以一定静压力压在玻璃表面上的工具产生相应频率自动。工具端部通过磨料不断地捶击玻璃,使加工区的玻璃粉碎成很细的微粒,被循环的磨悬浮液带走,工具便逐渐进入到玻璃中,加工出与工具相应的形状。

超声打孔的孔径范围是0.1~90 mm,加工深度可达100 mm以上,孔的尺寸精度可达0.02~0.05 mm。孔的形状不限于圆形,如果工作台不旋转,就有可能钻成各种各样的形状,也可同时钻几个孔。

(4)高压水射流钻孔。

高压水射流钻孔的主要原理是用水通过高压泵、增压器、水力分配器,达到750~1 000 MPa压力,经喷嘴射出超声速的水流,速度可达500~1500 m/s(空气中声速为330 m/s),从而对玻璃进行钻孔。钻孔时,还可在喷嘴中加入微粒(150 μm左右)磨料,如石榴石、石英砂等。

高压水射流钻孔,也被称为水刀钻孔。一般厚3.8 mm的玻璃,用1 000 MPa压力射流切割时,切割速度为46 mm/s。

(5)激光钻孔。

用激光对玻璃切割预钻孔,常用CO_2激光器与Nd:YAG(掺钕的钇铝石榴石)激光器,两者均能发射波长为1.6 μm的红外线,这个中红外区的射线,容易被玻璃吸收,适合于对玻璃的热加工,激光器发射出的射线通过聚集,形成直径很小的激光束照射在玻璃表面,使玻璃表面的微小区域产生很大的温度梯度,出现局部热应力超过玻璃的容许热应力而引发产生裂纹,达到切割和钻孔的目的。

目前,使用激光器能切割 2 ~ 12 mm 厚的玻璃,切割速度可达 60 ~ 120 m/min,特别适于液晶显示器(LCD)基片、生物和医药用玻璃、汽车玻璃、建筑玻璃、家具玻璃以及 30 μm 的超薄玻璃的切割。

2.1.5　玻璃清洗

暴露于大气中的玻璃表面普遍受到污染,表面上任何一种无用的物质与能量都是污染物,而任何处理都会造成污染。表面污染就其物理状态来看可以是气体,也可以是液体或固体,它们以膜或散粒形式存在。此外,就其化学特征来看,它可以处于离子态或共价态,可以是无机物或有机物。污染的来源有多种,而最初的污染常常是表面本身形成过程中的一部分。

吸附现象、化学反应、浸析和干燥过程、机械处理以及扩散和离析过程都使各种成分表面污染物增加。然而大多数科学技术研究和应用都要求清洁的表面,例如,在给一个表面镀膜之前,表面必须是清洁的,否则膜与表面将不能很好地黏附,甚至一点也不黏附。

常用的玻璃清洗方法有很多,归纳起来主要有用溶剂清洗、加热和辐射清洗、超声清洗、放电清洗等,其中用溶剂清洗和加热清洗最为常见。

用溶剂清洗是一种普遍的方法,使用含清洗剂的水、稀酸或碱以及无水溶剂如乙醇、丙酮等,也可以使用乳状液或溶剂蒸气。所采用的溶剂类型取决于污染物的本质。用溶剂清洗可分为擦洗、浸洗(包括酸液清洗、碱液清洗等)、蒸气脱脂、喷射清洗等方法。

(1)擦洗玻璃。

清洗玻璃最简单的方法就是用脱脂棉摩擦表面,该脱脂棉浸入一种沉淀的白垩、酒精或氨的混合物。有迹象表明,白垩的痕迹可以留在这些表面上,所以处理之后必须仔细地用纯净水或乙醇清洗这些部件。这种方法最适宜做预清洗,即清洗程序的第一步。用蘸满溶剂的镜头纸擦拭透镜或镜面衬底是一种常规的清洗方法。当镜头纸的纤维擦过表面时,它利用溶剂萃取并对附着微粒施以高的液体剪切力。最终的清洁度与溶剂和镜头纸中存在的污染物有关,每张镜头纸用过一次就丢掉,以避免再次污染。用这种清洗方法可以达到很高水平的表面清洁度。

(2)浸洗玻璃。

浸洗玻璃是另一种简单而常用的清洗方法,用于浸泡清洗的基本设备是一个由玻璃、塑料或不锈钢制成的开口容器,装满清洗液,将玻璃部件用镊子夹住或用特殊夹具钳住,然后放入清洗液中,搅动或不搅动它都可以,浸泡短时间后,从容器中取出,然后用未受污染的纯棉布将湿部件擦干,接着用暗场照明设备检验。若清洁度不符合要求,则可在同样液体或其他清洗液中再次浸泡,重复上述过程。

(3)酸洗玻璃。

所谓酸洗,是使用各种强度的酸(从弱酸到强酸)及其混合物(如铬酸和硫酸的混合物)来清洗玻璃。为了产生清洁的玻璃表面,除氢氟酸外,其他所有的酸必须加热至 60 ~ 85 ℃ 使用,因为二氧化硅不容易被酸溶解(氢氟酸除外),而老化的玻璃表层总是有细碎的硅,较高的温度有助于二氧化硅的溶解。实践证明,一种含 5%(质量分数)HF、33%(质量分数)HNO_3、2%(质量分数)Teepol 阳离子去垢剂和 60%(质量分数)H_2O 的冷却稀释混合物,是清洗玻璃和二氧化硅的极好的通用液体。

需要注意的是酸洗并不适用于一切玻璃，特别是氧化钡或氧化铅含量较高的玻璃（如某些光学玻璃）是不适用的，这些物质甚至能被弱酸滤取，形成一种疏松的二氧化硅表面。

（4）碱洗玻璃。

碱洗玻璃是用苛性钠溶液（NaOH 溶液）清洗玻璃，NaOH 溶液具有去垢和清除油脂能力。油脂和类脂材料可被碱皂化成脂肪酸盐，这些水溶液的反应生成物可以很容易被漂洗出清洁的表面，一般希望把清洗过程限制在污染层，但底衬材料自身的轻度腐蚀是允许的，它保证清洗过程的圆满。必须注意，不希望有较强的腐蚀和浸析效应，这些效应会破坏表面质量，所以应当避免。耐化学腐蚀的无机和有机玻璃可在玻璃产品样本中找到，简单的和复合的浸渍清洗过程主要用于清洁小部件。

（5）用蒸气脱脂清洗玻璃。

蒸气脱脂主要适用于清除表面油脂和类脂膜，在玻璃的清洁中，它经常作为各种清洗工序的最后一步。蒸气脱脂设备基本上是由底部具有加热元件和顶部周围绕有水冷蛇形管的开口容器组成的。清洗液可以是异丙基乙醇或一种氯化和氟化的碳水化合物，溶剂蒸发，形成一种热的高密度蒸气，而冷却蛇形管阻止蒸气损失，所以这种蒸气可保留在设备中。将准备清洗的冷玻璃片，用特殊的工具夹住，浸入浓蒸气中 15 s 至几分钟。纯净的清洁液蒸气对多脂物有较高溶解性，它在冷玻璃上凝结形成带有污染物的溶液并滴落，然后为更纯的凝结溶剂所代替。这种过程一直进行到玻璃过热不再凝结为止。玻璃的热容量越大，蒸气不断凝结清洗浸泡表面所需的时间就越长。

用这种方法清洗的玻璃带静电，这种电荷必须在离子化的清洁空气中处理来消除，以阻止吸引大气中尘埃粒子。因为有静电力作用，尘埃粒子的黏附很强。

蒸气脱脂是得到高质量清洁表面的极好方法。清洗效率可用测定摩擦系数的方法来检验。另外，还有暗场检验、接触角和薄膜附着力测量等方法。

（6）用喷射清洗玻璃。

喷射清洗处理运用运动流体施加于小粒子上的剪切力来破坏粒子与表面间的黏附力。粒子悬浮于湍流流体中，被流体从表面带走。通常用于浸渍清洗的液体也可用于喷射清洗。在恒定的喷射速度下，清洗液越浓，则传递给黏附的污染粒子的动能越大。增加压力和相应的液流速度则使清洗效率提高，所用的压力约为 350 kPa，为了获得最佳结果，用一种细的扇形喷口，而且喷口与表面之间的距离不应超过喷口直径的 100 倍。有机液的高压喷射造成表面冷却问题，随后不希望有水蒸气凝结留下表面污点。周围用氮气或利用无污物的水喷射代替有机液，可避免上述情况的发生。高压液体喷射对清除小到 5 μm 的粒子是非常有效的方法。在某些情况下，高压空气或气体喷射也很有效。

用溶剂清洗玻璃是有一定的程序的。因为在用溶剂清洗玻璃时，每种方法都有其适用范围，在许多情况下，特别当溶剂本身就是污染物时，它就不适用了。清洁液通常是彼此不相容的，所以在使用另一种清洁液前，必须先从表面上完全清除这一种清洁液。

在清洗过程中，清洗液的顺序必须是化学上相容的和可溶混的，而在各阶段都没有沉淀。由酸性溶液改为碱性溶液，期间需要用纯水冲洗。由含水溶液换成有机液，总是需要用一种溶混的助溶剂（如酒精或特殊的除水液体）进行中间处理。加工过程中的化学腐蚀剂以及腐蚀性清洁剂只允许在表面停留很短时间。清洁程序的最后一步必须极小心地完成。

用湿法处理时,最后所用的冲洗液必须尽可能地纯,一般它应该是极易挥发的。最佳清洁程序的选择需要经验。最后,最重要的是,已清洁的表面不要留在无保护处,在镀膜进一步处理之前,严格要求妥当存放和搬动。

(7)超声清洗玻璃。

超声清洗是一种清除较强黏附污染的方法。这种比较新的工艺产生强的物理清洗作用,因而是振松与去除表面强黏合污染物的非常有效的技术,既可采用无机酸性、碱性和中性清洗液,也可采用有机液。清洗是在盛有清洗液的不锈钢容器中进行的,容器底部或侧壁装有换能器,这些换能器将输入的电振荡转换成机械振动输出。玻璃主要在20~40 kHz频率下进行清洁,这些声波的作用是在玻璃表面与清洁液界面处引起空化作用,由小的内向爆裂气泡所产生的瞬间压力可达约100 MPa。显而易见,空化作用是这样一个系统中的主要机理,虽然有时也用清洗剂加速乳化或使被释放出来的粒子分散。除了其他一些因素,输入功率的增加将在表面产生一种较高成穴密度,这反过来又提高了清洁效率,超声清洗也是一个迅速的过程,约在几秒到几分钟之间。超声清洗用来清除已经过光学加工的玻璃表面的沥青和抛光剂残渣。由于它还经常用于产生残留物很少的表面的清洗工序,所以清洗设备通常放在清洁室内而不放在加工场所。

(8)用加热清洗玻璃。

将衬底放置于真空中会促使挥发杂质的蒸发。这种方法的效果与衬底在真空中保留时间的长短、温度、污染物的类型及衬底材料有关。在室温、高真空条件下,局部压力对解吸的影响是可以忽略的,解吸是由加热产生的。加热玻璃表面促使吸附的水分子和各种碳氢化合物分子的解吸作用有不同程度的增加,这与温度有关。外加温度在100~850 ℃,需要加热的时间在10~60 min。在超高真空下,为了得到原子级清洁表面,加热温度必须高于450 ℃才行。对于较高温度衬底上淀积膜(制备特殊性质的膜)的情形,加热清洗特别有效。但是由于加热的结果,也就会发生某些碳氢化合物聚合成较大的团粒,并同时分解成炭渣。然而高温火焰处理(如氢气-空气火焰)效果很好,虽然这个过程中表面温度仅约100 ℃,火焰中存在着各种离子、杂质及高热能分子。一般认为,火焰的清洁作用与一种辉光放电作用相类似,在辉光放电中,离子化的高能粒子撞击待清洁表面,粒子轰击和表面上离子的复合将释放热量,也有助于解吸污物分子。

(9)用辐照清洗玻璃。

利用紫外辐射分解碳氢化合物,在空气中照射15 h就产生清洁的玻璃表面。如果把适当预清洗的表面放在一个产生臭氧的几毫米的紫外线源中,1 min内就可形成清洁表面。显然这表明臭氧的存在增加了清洗效率。人们已知其清洁机理是,在紫外线影响下,污物分子受激并离解,而臭氧的生成和存在产生高活性的原子态氧。现在认为,受激的污物分子和由污物离解产生的自由基与原子态氧作用,形成较简单易挥发分子,如H_2O、CO_2和N_2,而且反应速率随温度的升高而增大。

(10)用剥去喷漆涂层清洗玻璃。

利用可剥去黏附层或喷涂层以清除表面尘埃粒子的方法,利用它清洗小片(如激光镜衬底)更为可取,甚至非常小的、已嵌入黏附涂层的尘粒,也能用这种方法从表面中清除。已发现在市场上现有的各种剥离涂层中,醋酸戊酯中的硝化纤维最适合于剥离尘埃,而不留下任何残渣。有时少量的有机残渣在剥离后仍留在表面上,这可能与所用涂层的类型有关。

如果发生这种情况，剥离操作可重复进行，或利用一种有机溶剂再去清洁表面，尽可能在蒸气脱脂中进行。

其基本清洗工序十分简单，厚的漆涂层适用于用刷洗或浸渍预清洁表面，然后使这些部件完全干燥，为避免再污染，在一层流箱中进行连续操作，这时漆膜被剥去。若线环嵌入涂层，剥离就比较容易。人们曾试图在真空中在薄膜淀积之间剥离膜，但只是取得部分成功，因为难以测定真空系统内表面的残渣。

(11)放电清洗玻璃。

这种清洗方法在实际中应用最广泛，它是在镀膜设备中膜淀积前立即减小压力完成的。利用持续的辉光放电来清洁的实验设备有多种，通常放电发生在位于衬底附近的两个可忽略的溅射铝电极之间。一般用氧和氩形成必需的气体环境，标准的放电电压为500～5 000 V，衬底置于等离子体中，而不是辉光放电电路的一部分，这种方法只处理预清洁衬底。投入辉光放电等离子区的玻璃表面，受到电子，更主要的是阳离子、受激原子和分子的轰击。所以，辉光放电的清洁作用很复杂，与各种电参数和几何参数以及放电条件有紧密的关系。

一些过程决定着在膜淀积之前辉光放电处理衬底的有利作用，粒子轰击及表面电子与离子的复合把能量传递给衬底并引起发热，可使温度上升到300 ℃，加热以及用电子、低能离子和中性原子轰击，都有利于吸附水和一些有机污物的解吸。受击氧原子的碰撞引起与有机污物的化学反应，形成低分子量、易挥发的化合物。进而，通过附加氧和玻璃中易迁移成分(如碱金属原子)的溅射，引起表面化学性质的变化。

在辉光放电清洗中，最重要的参数是外加电压的类型(交流或直流)、放电电压大小、电流密度、气体种类和气压、处理的持续时间、待清洗材料的类型、电极的形状和排列以及待清洗部件的位置等。在直流电中，这种电极作为阴极，设备的壁代表阳极并接地，绝缘衬底放在阳极附近。按照这种安排，放电电流大部分轰击在真空室壁上，仅一小部分轰击衬底。因此，真空室壁的气体解吸得到改善，从而减少了抽气所用时间，但从壁上溅射的很少量物质的淀积，可能污染所清洁的衬底。为了得到一种可控的气体环境，设备首先被抽成高真空，然后充氧气达到一定的浓度(需经仔细试验获得)。在阳极区域，有等量的低能离子和电子数目，它们的速度服从麦克斯韦分布。在辉光放电等离子区绝缘衬底的侵入，使用低能电子进行仔细清洁成为可能。

2.2　玻璃的热弯与钢化

平板玻璃成型后，可以利用玻璃的性质，生产出符合要求的产品。利用玻璃无固定熔点的特性，可以把玻璃弯曲成所需要的形状；利用骤冷使表面与内部之间产生温度梯度，并在适宜操作的条件下，使表面到内部之间的应力达到预期的不均匀分布而制得钢化玻璃。热弯玻璃可以改变玻璃的使用用途，而钢化玻璃可以大大提高玻璃的抗弯强度、抗冲击强度及热稳定性，使玻璃的强度得到增强。

2.2.1　热弯

1. 概述

平板玻璃是平面状的，而使用它的场所是多种多样的，这就需要改变玻璃的形状。玻璃态物质由固体转变为液体的变化是在一定的温度区域（软化温度范围）内进行的，它没有固定的熔点。也就是说，玻璃的软化是随着温度的升高，从固态慢慢软化，最后变液态。利用这个性质，我们可以把玻璃加热到一定温度而制成我们所需要的形状。

热弯玻璃在汽车玻璃领域也有很好的应用，各种车辆普遍采用热弯夹层玻璃用作前挡风玻璃，合理的夹层玻璃结构可以使驾驶员在车祸中得到最大的保护。

热弯玻璃是在热弯炉内让平板玻璃二次升温至接近软化温度时，在自身重力作用下变形或采用机械结构压弯变形，按预先制作好的模具形状成型而制成的。成型后的弯玻璃慢慢冷却，减少残余应力的存在，避免热炸裂。

平板玻璃的弯曲工艺比较简单：把切割好尺寸大小的玻璃，放置在根据弯曲弧度设计的模具上，放入加热炉中，加热到软化温度，使玻璃软化，然后退火，即可制成热弯玻璃。

2. 热弯的分类

热弯按形状可分为单弯热弯玻璃、折弯热弯玻璃、多曲面弯热弯玻璃等，如图 2.6 ~ 2.8 所示。

3. 热弯玻璃的温度控制

热弯玻璃的成型温度大约在玻璃的软化转变点之间，在 580 ℃左右。成型的温度与时间成反比，温度越高时间越短，温度越低时间越长。对于特殊的曲面玻璃，要经过局部加热或利用外力的作用才能成型。

温控由低温控制、中温控制、高温成型、退火、冷却成型这几个部分完成。控制温度应严格按照所生产的产品进行控制升温、恒温以及降温，一般温度控制曲线如下（应按实际生产量做修改，仅供参考）：0 ℃升到 300 ℃约用 30 min；300 ℃升到 500 ℃约用 25 min；520 ℃升到 580 ℃约用 20 min；保温时间为 10 ~ 20 min；由 580 ℃降到 520 ℃约用 40 min；520 ℃降到 300 ℃约用 30 min；300 ℃降到常温约用 50 min。严格控制好炉温才不会导致炸炉，或由于温度过高产生麻点或者弧度变形等缺陷，严重者形成废品。对于特殊产品还需另外补温才能够成型。

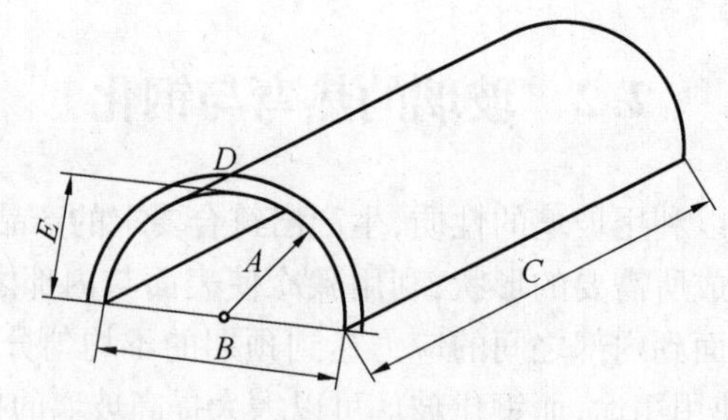

图 2.6　单弯

A—曲率半径；*B*—弦；*C*—高度；*D*—弧长；*E*—拱高

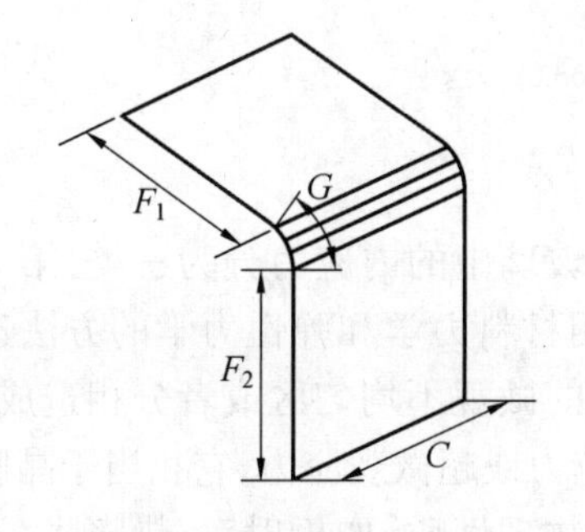

图 2.7　折弯

F_1、F_2—直边尺寸；G—高度；C—角度

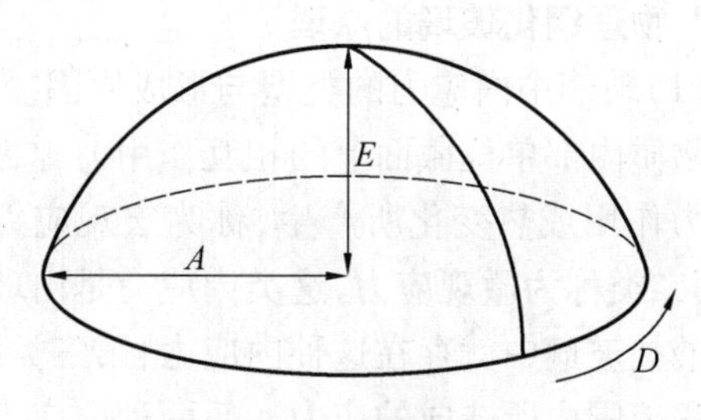

图 2.8　多曲面弯

A—半径；D—弧长；E—拱高

4. 特殊热弯玻璃的退火问题

制作特殊热弯玻璃，如半圆、整圆、直角弯、Z 弯、S 弯等，都会遇到炸炉或产品成型后多日会自动炸裂的问题。这主要是由于应力没有消除完全，退火不够完善而产生的自爆现象。许多产品如果在炉内成型后就炸裂，则主要原因是温度降得太快，另外是玻璃本身存在一些问题。

要解决炸裂的问题，首先是炉温在玻璃成型后不能降得太快。同时也应考虑使用优质的浮法玻璃制作，这样可以减少玻璃自爆现象。如有必要可以对产品进行二次退火，以便彻底地消除玻璃的应力，确保产品的质量。

2.2.2　物理钢化玻璃

1. 物理钢化的意义

玻璃是脆性材料，具有抗拉性能差、抗压性能好的特点。玻璃的理论强度很高，但在实际生产中，玻璃成型过程中是靠与金属辊道接触摩擦带动前进的，玻璃似软非软的情况下与金属辊上的小杂质摩擦使表面产生大量微裂纹和裂纹，这些微裂纹和裂纹在玻璃受到拉伸时，导致裂纹端产生应力集中，性能下降，玻璃的强度在 40 ~ 60 MPa 以下，而无损伤的玻璃表面理论应力可达到 10 000 MPa 以上，两者相差 100 ~ 200 倍。所以，当玻璃使用在建筑物上，一旦遇到暴震、暴风，冲击玻璃受力变形，被拉伸的部分应力超过玻璃自身的抗张应力值时，立即破碎，破碎的形式为长形刀状，冲击点附近呈尖角状态容易伤及人身。因此，长期以来，科学家致力于研究减少裂纹的方法和探索玻璃增强的技术，目的是恢复玻璃的原有强度。

物理钢化法之所以能使玻璃具有安全性能，是因为玻璃经过物理钢化之后，即玻璃在加热炉内加热到软化点附近，然后在冷却设备中用空气等冷却介质迅速冷却，在其表面形成压应力，内部形成张应力，提高了玻璃表面的抗拉伸性能。玻璃的强度提高了 3 ~ 5 倍。钢化玻璃经过热处理之后内部的内能急剧提高，表面压应力由内部的张应力平衡，当冲击能量超过内能时，玻璃在表面开始破裂并延伸至内部，在内能的作用下，玻璃被撕裂成小碎块，碎块的大小和数量与内能的高低有关，破裂后的小碎块对人的伤害很小。玻璃钢化后在急热或急冷情况下发生冷热变形，表面的压应力抵消了玻璃变形产生的拉伸应力，使得玻璃的耐热性能得到提高，耐热冲击可达到 280 ~ 320 ℃。所以，物理钢化玻璃是一种安全增强玻璃，具有良好安全性和可靠性。

2. 物理钢化玻璃的原理

(1)玻璃中内应力的类型与形成原因。

物质内部单位截面上的相互作用力称为内应力。玻璃中的内应力分为三类:第一类是由外力作用或热变化所产生,称为宏观应力,它可以用材料力学和弹性力学的方法进行研究;第二类称为微观应力,这类内应力是由玻璃中存在的微观不均匀区或者分相造成,例如硼硅酸盐玻璃中就存在这种内应力;第三类称为单元应力或超微观应力,它相当于晶胞大小的体积范围内所造成的应力。后两种内应力在玻璃的物理性质,如折射率、热膨胀系数、密度等方面有反映。这些由结构特性所引起的内应力,对玻璃的力学强度而言,并不很大。本节主要讨论玻璃由热变化引起的宏观应力即玻璃的热应力。玻璃的热应力又可分为暂时应力和永久应力(或称残余应力)。

①暂时应力。当玻璃处于弹性变形范围内进行加热和冷却时,由于玻璃不是传热的良导体,在它的内层产生一定的温度差,从而产生一定的热应力。这种应力随着温度梯度的存在而存在,随着温度梯度的消失而消失,故称为暂时应力。

如图 2.9 所示,一块无应力的玻璃从常温加热到 T_g 温度以下时,玻璃内外层就产生温差,外层的温度高于内层,外层受热膨胀就大于内部,这样,外层是在内层的阻碍(压缩作用)下膨胀,而内层是在外层膨胀(拉伸作用)下膨胀(图 2.9(b)、(c))。所以在加热时,玻璃的表面产生压应力,内层受到张应力。而且规定张应力为正,压应力为负。

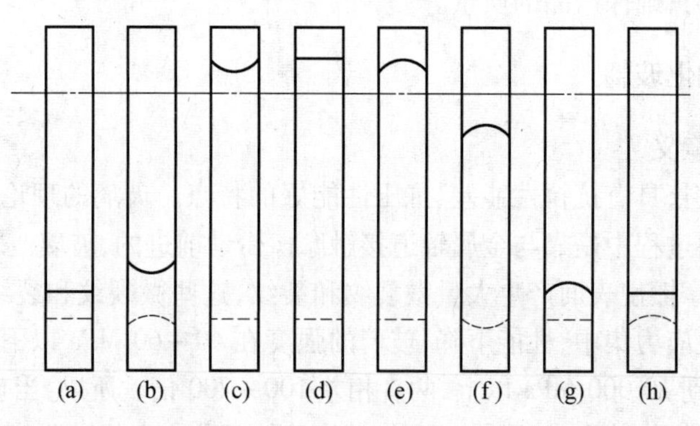

图 2.9　玻璃加热、退火、冷却过程温度及应力分布曲线

如果外层加热到一定温度后,把整块玻璃继续进行均热时,玻璃外层已不再膨胀,内层却继续膨胀,这样外层受到张应力,而内层受到压应力。它们的大小和加热过程中所产生的应力大小相等,方向相反,所以当内外温度均衡后,玻璃中的应力也就消失(图 2.9(d))。

同理,一块无应力的热玻璃在冷却过程开始时所生成的应力分布和加热过程的刚好相反,即外层为张应力,内层为压应力(图 2.9(e)、(f)、(g)、(h))。所以,温度均衡后玻璃中的暂时应力随之消失。但当暂时应力超过玻璃极限强度时,玻璃同样会产生破裂,尤其是在冷却过程中,应使降温速率小于加热过程的升温速率。

②永久应力。当玻璃的温度均衡后,在玻璃中仍然存在的应力称为永久应力。当玻璃从高温($>T_g$)下冷却时,玻璃内外层产生了温差。由于在转变温度区域($\eta < 10^{11}$ Pa·s)内,分子的热运动能量较大,玻璃内部结构基团间可以产生位移变形等,使以往由温差而产生的内应力消失,把这个过程称为应力松弛。这时玻璃内外层虽然存在着温差,却不产生应

力。但是,在 T_g 温度下以一定冷却速率冷却时,玻璃从黏滞塑性体逐渐地转化为弹性体,由温差产生的内应力 P 仅部分被 x 松弛。当温度冷却到应变点以下,玻璃内所产生的内应力相应为 $P-x$;当进一步冷却使玻璃内外温差消除时,此时应力的变化值为 P,也就是说,温度均衡后,留在玻璃中内应力的大小为 $(P-x)-P=-x$。这种内应力称为永久应力或残余应力。

玻璃内永久应力产生的直接原因是退火温度区域内应力松弛的结果。应力松弛的程度取决于在这个区域内的冷却速率、温度梯度、黏度及制品厚度。

除了热应力所造成的永久应力外,在玻璃中因化学不均匀也能产生永久应力,如在玻璃制造过程中由于熔制均化不够,使玻璃中产生条纹和结石等缺陷,这些缺陷的化学组成不同于玻璃体,它们的膨胀系数也不相同,如硅砖内或材料结石的膨胀系数为 60×10^{-7}℃$^{-1}$,而一般玻璃的膨胀系数为 90×10^{-7}℃$^{-1}$左右。因此,它们之间产生的应力就无法消除,这些地方往往容易引起制品的炸裂。

除上述几种情况外,不同膨胀系数玻璃之间或玻璃与金属间的封接、套料时都会产生永久应力。如果制品制造不妥往往造成散热不均匀、应力集中,这种应力都很难消除,也是造成制品炸裂的原因之一。

(2)玻璃物理钢化的原理。

当玻璃输送到电加热炉或气体加热炉内进行加热时,玻璃加热膨胀示意图如图2.10所示。随着温度升高,玻璃结构发生变化,黏度下降,网络内部连接键伸长,由图2.10的D状态转变成C状态。当加热温度接近软化点附近,玻璃由固化态转变成液化态时,玻璃的黏度急剧下降,很多键断开(图2.10的B状态或A状态),此时玻璃极易变形。之后如果玻璃没有发生变形,被缓慢冷却下来,断了的键可以重新连接起来,玻璃的黏度逐渐提高,网络重新有序地排列。玻璃接近室温时,伸长的键随着温度降低恢复到原来键长。上述过程仅可以消除玻璃的内应力,无法提高玻璃的强度。

玻璃钢化是在玻璃表面有意造成外表面压应力,内部形成张应力(图2.11)。钢化玻璃工艺过程是将玻璃加热到软化点附近(其黏度值高于 $10^{6.65}$ Pa·s),然后用冷却介质快速将玻璃表面热量带走,使得玻璃表面快速由液化态转变成固化态。在此过程中,玻璃有一部分被断开的键来不及重新连接,就已经变成固化态,这部分玻璃冷却后的体积大于加热前的体积;玻璃的内部是通过与外层玻璃的分子运动热传导进行冷却的,越往内部玻璃的冷却速率越慢。所以玻璃冷却时由于内部冷却较慢,断开的键可以重新连接,伸长的键可以恢复原来键长,当玻璃被全部冷却后,玻璃内部的体积与原来相同。这样玻璃表面体积大于内部体积,玻璃表面对内部就有一个向外拉伸的趋势,单位面积上外部对内部就产生一个张应力(图2.11);相反,玻璃内部对表面就有一个向内部压缩的趋势,单位面积上内部对表面就形成一个压应力,这就是玻璃钢化原理。如前所述,永久应力的产生是由应力松弛和温度变形被冻结下来的结果。玻璃加热温度越高,应力松弛的

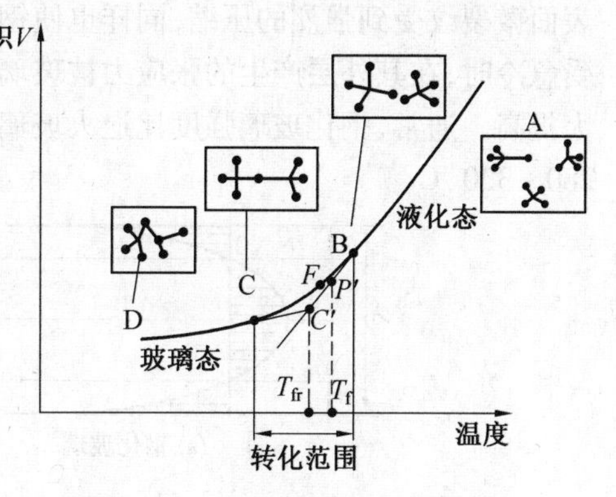

图2.10　玻璃加热膨胀示意图

速度也越快，钢化后产生的应力也越大；而且玻璃各部分的冷却速率不同，使玻璃表面的结构具有较小的密度，而内层具有较大的密度。这种结构因素引起各部分的膨胀系数不同，也引起内应力的产生。图2.12为玻璃板内密度分布示意图。

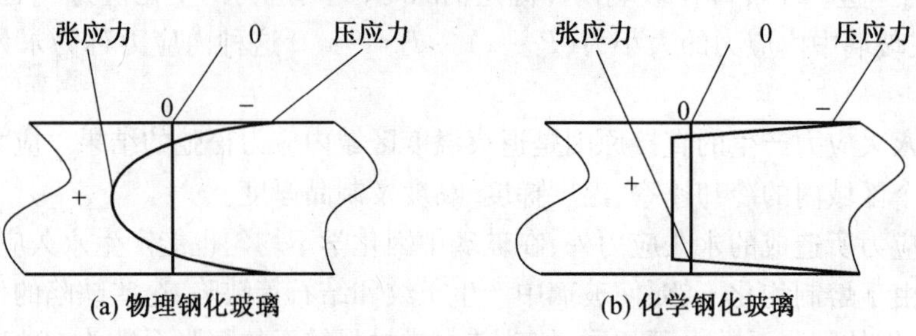

图2.11　钢化玻璃应力分布示意图

通过这样的热处理，玻璃内部具有均匀分布的内应力，提高了玻璃的强度和热稳定性。当退火玻璃板受载荷弯曲时，玻璃的上表层受到张应力，下表层受到压应力，如图2.13(b)所示。

玻璃的抗张强度较低，超过抗张强度玻璃就破碎，所以退火玻璃的强度不高。如果负载加到钢化玻璃上，其应力分布如图2.13(c)所示，钢化玻璃表面(上层)的压应力比退火玻璃大，而所受的张应力比退火玻璃小。同时在钢化玻璃中最大的张应力不像退火玻璃存在于表面上而移到板中心。由于玻璃耐压强度要比抗张强度几乎大10倍，所以钢化玻璃在相同的负载下并不破裂。此外，在钢化过程中玻璃表面微裂纹受到强烈的压缩，同样也使钢化玻璃的机械强度提高。同理，当钢化玻璃骤然经受急冷时，在其外层产生的张应力被玻璃外层原存在方向的压应力所抵挡，使其热稳定性大大提高。通常，钢化玻璃强度比退火玻璃高4~6倍，达350 MPa左右，而热稳定性可提高到280~320 ℃。

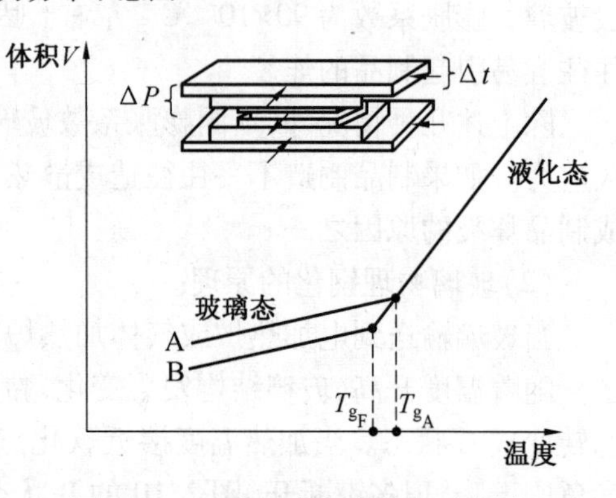

图2.12　玻璃板内密度分布示意图

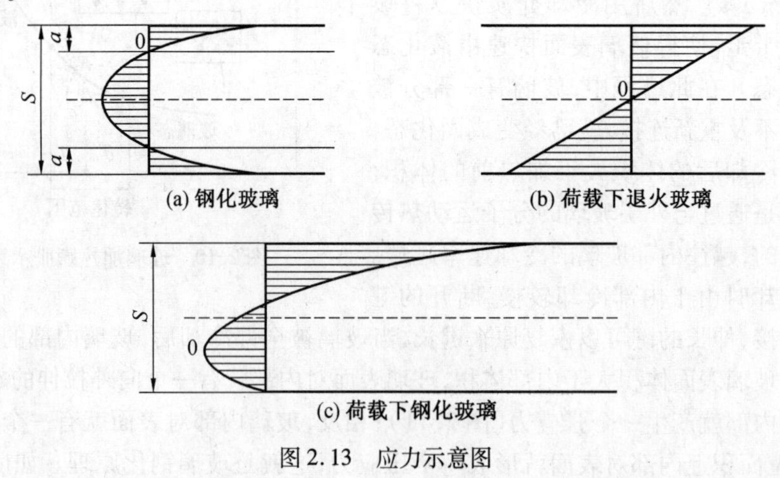

图2.13　应力示意图

3. 玻璃物理钢化的生产工艺

钢化玻璃的质量能否符合标准,除了玻璃原料的原因以外,工艺参数的设定是否合理是决定性因素。

所有的参数都是围绕着"均匀加热、迅速冷却"而设计的,但它们不是孤立的,是一个有机的整体,必须综合考虑,才能得到一个完美的工艺。

为了能尽快地掌握和理解,把工艺参数以及为了保证工艺的实现而必须达到的机械、电气方面的设计,分为三个方面来进行叙述。

(1)加热。

加热均匀是钢化玻璃一个至关重要的因素,和加热有关的参数是上部温度、下部温度、加热功率、加热时间、温度调整、平衡装置、强制对流(热循环风)装置。

①上、下部温度的设定。由于玻璃厚度的不同,加热温度的设定也不相同。其原则是玻璃越薄,温度越高,玻璃越厚,温度越低,见表2.1。

表2.1 不同厚度玻璃的加热温度

厚度/mm	上部温度/℃	下部温度/℃
3.2~4	720~730	715~725
5~6	710~720	705~715
8~10	705~710	700~705
12	690~695	685~690
15~19	660~665	655~660

加热温度确定后,加热时间的确定就非常关键,确定的原则见表2.2。

表2.2 不同厚度玻璃每毫米厚度的加热时间

玻璃厚度/m	每毫米厚度加热时间/s
3.2~4	35~40
5~6	40~45
8~10	45~50
12	50~55
15~19	55~65

由于各个厂家用的玻璃原料不同、软化点不同、颜色不同,其厚度的误差也各不相同,设定的温度和功率又各不相同,加热时间会有所变化,需要在实践中总结。但有一条经验可以供参考:当玻璃出炉后,在急冷时间段里破碎,说明加热时间不够;如果玻璃表面出现波筋和麻点,说明加热时间过长。在实际生产的过程中,要根据具体情况做出相应的调整。

②加热功率的运用。加热功率指的是钢化炉加热的能力,一般设为100%,这是在设计的时候就已经确定了的,由于上、下部加热方法不同,上部主要是靠辐射,而下部则是靠传导和辐射来进行加热,当玻璃进炉后的初始阶段,玻璃的下表面由于先受热而卷曲,随着上部温度逐渐辐射到玻璃的上表面,玻璃也就会逐渐展平。如果在这几十秒内,玻璃卷曲得太厉害,出炉后玻璃的下表面的中间会有一条白色的痕迹或者光畸变。为了解决这个问题,除了

要把下部温度设定得比上部低以外,还要把下部的功率降低,让陶瓷辊的表面温度降低,使玻璃在这个阶段卷曲得少一点。

③热平衡装置。它是一个利用压缩空气,在炉内形成对流的装置,并可以根据需要手动调节压力,起到加快辐射、均衡温度的作用。

(2)冷却。

与冷却相关的参数有急冷风压、急冷时间、冷却风压、冷却时间、滞后吹风时间、风机等待频率、风机提前时间、出炉速度以及其他。与冷却有关的机械方面的保证有上下风栅吹风距离、风管导流板的高低、进风口的流量调节螺栓。

①急冷风压。急冷风压是指玻璃钢化时需要的风压,其原则是玻璃越薄风压越大,玻璃越厚风压越小。钢化炉的风压大小是通过电脑设置,改变进风口的开启度,其数值是百分比。有风机变频器的单位是通过电脑改变风机的频率达到需要的风压,其数值也是百分比。各种厚度的玻璃急冷时所需要的理论风压见表2.3。

表2.3 各种厚度的玻璃急冷时所需要的理论风压

玻璃厚度/mm	3	4	5	6	8	10	12	15	19
理论风压/Pa	16 000	8 000	4 000	2 000	1 000	500	300	200	200

由于各国和各地的海拔高度和空气密度不同,环境温度不同以及风路的走向不同,实际需要的风压须调整,以满足颗粒度的要求。

②急冷时间。急冷时间是指玻璃钢化时所需要的时间,各种厚度的玻璃急冷时间见表2.4。

表2.4 各种厚度的玻璃急冷时间

玻璃厚度/mm	3	4	5	6	8	10	12	15	19
时间/s	3 ~ 8	10 ~ 30	40 ~ 50	50 ~ 60	80 ~ 100	100 ~ 120	150 ~ 180	250 ~ 300	300 ~ 350

③冷却风压和冷却时间。冷却风压和冷却时间是指玻璃急冷后,冷却时需要的风压和时间,它的作用是使玻璃冷却到需要的温度。其设定的原则是薄玻璃冷却风压要小于急冷风压,厚玻璃冷却风压要大于急冷风压。不同厚度的玻璃理论风压、冷却时间见表2.5和表2.6。

表2.5 不同厚度的玻璃理论风压

玻璃厚度/mm	3	4	5	6	8	10	12	15	19
理论风压/Pa	1 000	1 000	1 000	1 000	1 500	1 500	2 000	2 000	2 000

由于只是为了让玻璃冷却,冷却风压和冷却时间的设置要求并不严格,但要注意如果玻璃的自爆比较多的话,就应该把急冷风压降低。如果风压已经较低但自爆还是比较多,除了原料中的硫化镍含量过高外,还要检查急冷时间是否过短。目前的钢化炉一般都有专门的冷却段,冷却时间和冷却风压可以不用设定。

表2.6　不同厚度的玻璃冷却时间

玻璃厚度/mm	3	4	5	6	8	10	12	15	19
时间/s	20	30	50	60	80	120	180	250	300

④滞后吹风时间。它是为了做弯玻璃而单独设定的一个参数,玻璃出炉后不能马上吹风,必须等到玻璃成型后才能吹风,它与玻璃的形状和颗粒有很大的关系,滞后时间长,玻璃软态时在风栅里的往复时间长,弧度会好,但玻璃的破损会多,颗粒会差,这就需要将这两个参数有机地结合,找到最佳点。

⑤风机等待频率和风机提前时间。这两个参数是为有风机变频器的单位单独设置的,玻璃在炉内加热的时候并不需要风机做高速运转,可以将频率设低,等到玻璃出炉前再把速度提到需要的程度,其设置的原则是:玻璃薄等待频率要高一些,玻璃厚等待频率应该低一些,一般等待频率比工作频率低10~15 Hz较好。风机提前时间也就是从等待频率提升到工作频率所需要的时间。如果等待频率设定得低,那么风机提前时间就要长一些,如果等待频率设得高,风机提前时间可以短一些,设置得当可以节约电耗。

⑥上下风栅距离。上下风栅距离和玻璃的颗粒度以及平整度有极大的关系,在风压不变的情况下,风栅距离越近,颗粒越好,一般平玻璃有弯曲的情况基本上是靠调节风栅的距离来解决的,见表2.7。

表2.7　不同厚度的玻璃风栅距离　mm

玻璃厚度/mm	3	4	5	6	8	10	12	15	19
风栅距离	12	15	20	25	30	40	50	60	70

2.2.3　化学钢化

1.玻璃化学钢化的机理

利用玻璃表面离子的迁移和扩散特性,使玻璃的表面层区域(一般在数百微米以内的厚度)的成分发生变化,这一变化导致玻璃表面的微裂纹消失或者在玻璃表面形成压应力层,从而使玻璃的强度得到提高,这一技术称为玻璃的化学钢化。通过化学钢化获得的具有高强度的玻璃产品即为化学钢化玻璃(或化学强化玻璃)。

2.化学钢化玻璃的性能

玻璃的物理钢化应力分布呈抛物线形状,而化学钢化由于表层应力层薄,应力分布如图2.14。化学钢化玻璃的性能如下:

①表面压应力层厚度一般为10~200 μm,压应力为300~500 MPa,比物理钢化压应力(100 MPa)高3~5倍。

②抗弯强度为200~350 MPa,3 mm厚化学钢化玻璃的抗冲击强度为3.5~4.0 m(227 g钢球),约为物理钢化的3倍。

③热稳定性为150 ℃,使用温度可达200 ℃。

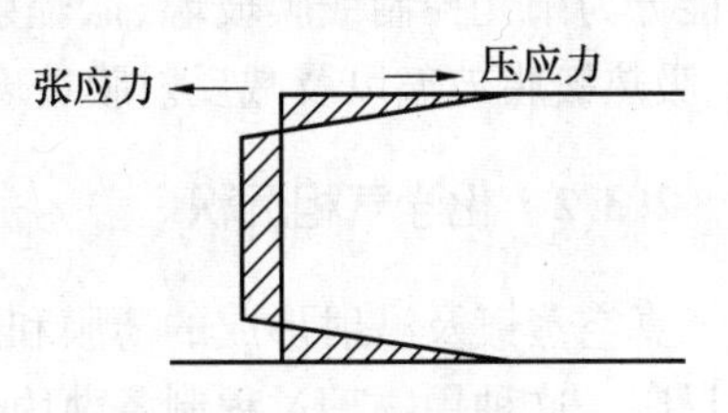

图2.14　化学钢化玻璃应力分布

④因处理温度比物理钢化法低,所以玻璃不会产生波形、弯曲等缺陷,平整度和处理前一样。

⑤化学钢化在必要情况下,可以再切割(但切割后强度会降低)。

⑥由于中心层张应力低,化学钢化玻璃破裂时,不会变成细粒状,其破裂后的形态和物理钢化的热增强玻璃相似。

2.3 玻璃的镀膜

2.3.1 镀膜玻璃概述

常见透明玻璃的透光率,根据玻璃厚度及成分不同,在80% ~85%之间,太阳辐射能的反射率约为13%,透过率约为7%。在实际生活中,人们感到透过窗户射入室内及交通运输设备内的阳光太刺眼,辐射入室内的热量太多,造成空调设备的能量消耗大;但在寒冷地区,建筑物内的热能通过窗户散失的又太多,采暖热能的40% ~60%从窗户散失。如何减弱透射入室内及交通运输设备内的阳光强度,使射入的光线柔和而又舒适;如何降低太阳辐射能的透射率以降低能耗;如何减少室内热能从窗户散失,以降低采暖能耗等,都成为玻璃在使用过程中遇到的问题。为解决这些问题,人们采用在玻璃表面上镀上一层薄膜的方法,赋予玻璃新的性能,如提高太阳能及辐射能的反射率,提高远红外辐射能的反射率等。后来人们通过各种薄膜生产方法,以获得各种各样性能的薄膜。

薄膜材料是相对于本体材料而言的,是人们采用特殊的方法,在本体材料的表面沉积或制备的一层性质与本体材料完全不同的物质。

薄膜技术作为材料制备的有效手段,可以将各种不同的材料灵活地复合在一起,构成具有优异特性的复合材料体系,发挥每种材料各自的优势,避免单一材料的局限性。

(1)镀膜玻璃定义。

镀膜玻璃是在玻璃表面涂覆一层或多层金属、金属化合物或其他物质,或者把金属离子迁移到玻璃表面层的产品。玻璃镀膜改变了玻璃对光线、电磁波等的反射率、折射率、吸收率及其他表面性质,赋予了玻璃表面特殊性能。

(2)镀膜玻璃分类。

玻璃镀膜生产技术日臻成熟,产品品种和功能不断增加,应用范围日益扩大。对于镀膜玻璃,按生产工艺环境、生产方法的不同,划分为在线镀膜和离线镀膜;按生产方法的不同,可以分为化学镀膜、凝胶浸镀、化学气相沉积(CVD)和物理蒸气沉积(PVD)等;按镀膜玻璃功能分为阳光控制镀膜玻璃、低辐射玻璃(Low-E)、导电膜玻璃、自洁净玻璃、电磁屏蔽玻璃、吸热镀膜玻璃以及减反射膜玻璃等。

2.3.2 化学气相沉积

真空蒸镀及溅射形成的薄膜和原始材料成分基本上是相近的,即在基片表面上没有化学反应。这种用物理过程制备薄膜的方法称为物理气相沉积(PVD)。与此相反,当形成的薄膜除了从原材料获得组成元素外,还在基片表面发生化学反应,获得与原成分不同的薄膜材料,这种存在化学反应的气相沉积称为化学气相沉积(CVD)。这种化学制膜方法完全不同于物理气相沉积法,物理气相沉积是利用蒸镀材料或溅射材料来制备薄膜的。由于CVD法是一种化学反应方法,所以可制备多种薄膜且有广泛应用,如可在半导体、大规模集成电路中用于生长硅、砷化镓材料、金属薄膜、表面绝缘层和硬化层。由于该方法是利用各种气体反应来组成薄膜,所以可任意控制薄膜组成,能够实现过去没有的全新结构和组成,且可以在低于薄膜组成物质的熔点温度下制备薄膜。

用PVD制备的且得到应用的薄膜有单质金属、合金、氧化物和氮化物等,用CVD制备的薄膜主要有氧化物、氮化物等化合物和半导体等。

1. CVD反应原理

(1)热分解反应。

典型的热分解反应是制备外延生长多晶硅薄膜,如利用硅烷SiH_4在较低温度下分解,可以在基片上形成硅薄膜,还可以在硅单质膜中掺入其他3价或5价元素,也可以在气体中加入气体氢化物,控制气体混合化,即可以控制掺杂浓度,相应的反应如下:

$$SiH_4 \xrightarrow{\triangle} Si+2H_2$$

$$PH_3 \xrightarrow{\triangle} P+\frac{3}{2}H_2$$

$$B_2H_6 \xrightarrow{\triangle} 2B+3H_2$$

(2)氢还原反应。

氢还原反应制备外延层是一种重要的工艺方法,使用氢还原反应可以从相应的卤化物中制备出硅、锗、钨等半导体和金属薄膜,如制备硅膜,反应式如下:

$$SiCl_4+2H_2 \xrightarrow{\triangle} Si+4HCl$$

各种还原反应有可能是可逆的,取决于反应系统的自由能、控制反应温度、氢与反应气的浓度比、压力等参数,对于正反应进行是有利的。如利用$FeC1_2$还原反应制备α-Fe的反应中,就需要控制上述参数,反应式如下:

$$FeCl_2+H_2 \xrightarrow{\triangle} Fe+2HCl$$

(3)由金属产生的还原反应。

这种反应是还原卤化物,用其他金属置换卤素的反应。在半导体器件制造中还未得到应用,但已用于硅的制作上。

(4)由基片产生的还原反应。

这种反应发生在基片表面上,反应气体被基片表面还原生成薄膜。典型的反应是钨的氟化物与硅基片表面的反应。WF_6在硅表面上与硅发生如下反应,钨被硅置换,沉积在硅上,反应式如下:

$$WF_6+\frac{3}{2}Si \longrightarrow \frac{3}{2}SiF_4$$

(5)化学输送反应。

在这种反应中,在高温区被置换的物质构成卤化物或者与卤素反应生成低价卤化物。它们被输送到低温区域,在低温区域由非平衡反应在基片上形成薄膜。这种反应通常在封闭管内循环进行。利用此反应制备硅薄膜的过程为

在高温区:

$$Si(s)+I_2(g)\longrightarrow SiI_2(g)$$

在低温区：

$$SiI_2\longrightarrow \frac{1}{2}Si(s)+\frac{1}{2}SiI_4(g)$$

总反应为：

$$2SiI_2\longrightarrow Si+SiI_4$$

这种反应不仅用于硅膜制取上，而且用于制备Ⅲ-Ⅴ族化合物半导体，此时把卤化氢作为引起输送反应的气体使用。

(6)氧化反应制备氧化物薄膜。

氧化反应主要用于使基片产生出氧化膜，作为氧化物薄膜有 SiO_2、Al_2O_3、TiO_2、Ta_2O_5 等。使用的原料主要有卤化物、氯酸盐、氧化物或有机化合物等，这些化合物能与各种氧化剂进行反应。为了生成氧化物薄膜，可以用硅烷或四氯化硅和氧气反应，即

$$SiH_4+O_2\xrightarrow{\triangle}SiO_2+2H_2$$

$$SiCl_4+O_2\xrightarrow{\triangle}SiO_2+2Cl_2$$

(7)加水分解反应。

为了形成氧化物，还可以采用加水反应，即

$$SiCl_4+2H_2O\xrightarrow{\triangle}SiO_2+4HCl$$

$$2AlCl_3+3H_2O\xrightarrow{\triangle}Al_2O_3+6HCl$$

(8)与 N_2、NH_3反应。

与 N_2、NH_3反应可以制得氮化物薄膜，相应的化学反应式为

$$TiCl_4+2H_2+N_2\xrightarrow{\triangle}TiN+4HCl$$

$$SiH_2Cl_2+\frac{4}{3}NH_3\xrightarrow{\triangle}\frac{1}{3}SiH_4+2HCl+2H_2$$

$$SiH_4+\frac{4}{3}NH_3\xrightarrow{\triangle}\frac{1}{3}Si_3N_4+4H_2$$

(9)物理激励反应。

利用外界物理条件使反应气体活化，促进化学气相沉积过程，或降低气相反应的温度，这种方法称为物理激励，主要方式有三种。

①等离子体激发反应。将反应气体等离子化，从而使反应气体活化，降低反应温度。例如，制备 Si_3N_4薄膜时，采用等离子体活化可使反应体系温度由 800 ℃降低至 300 ℃左右，相应的方法称为等离子体强化气相沉积。该方法还用于制备氧化物膜、有机物薄膜及非晶硅薄膜等。

②光激励反应。运用等离子激励，由于高能粒子对基片的轰击，吸收荷电粒子的存在影响器件的质量，为此考虑运用光能活化反应气体。光的辐射可以选择反应气体吸收波段，或者利用其他感光性物质激励反应气体。例如，对 SiH_4-O_2反应体系，使用水银蒸气为感光物质，用紫外线辐射，其反应温度可降至 100 ℃左右，制备 SiO_2薄膜；用于 SiH_4-NH_3体系，同样用水银蒸气作为感光材料，经紫外线辐照，反应温度可降至 200 ℃，制备 Si_3N_4薄膜。

③激光激励反应。同光照射激励一样，激光也可以使气体活化，从而制备各类薄膜。

2. 在线 CVD 法

(1)成膜原理。

在线 CVD 法是目前世界上比较先进的生产镀膜玻璃方法。一般在浮法玻璃生产线锡槽长度方向上选择符合生产工艺要求的温度区,插入一个镀膜反应器,由某些物质制成的气体,按一定的配比与载气预先混合,将混合气体送入镀膜反应器壁之下,此气体在该温度下于接近玻璃表面处产生化学反应,反应物沉积在玻璃表面而形成固体薄膜;镀膜反应器用耐高温材料制成,并用冷却水进行冷却,保证其在该温度下长期使用;反应副产物从排气系统排出并处理。沉积反应的活化是通过热的玻璃基片实现的,沉积反应在微正压状态下进行。

反应器沉积装置断面示意图如图 2.15 所示。由图 2.15 可以看出,反应蒸气在分立的恒温可控管中,用载气体(一般为氮气)送到由多个同样狭长的喷嘴形成的沉积装置,在喷口的第一个小室膨胀,然后加速运动到 0.5 mm 宽的狭缝处。反应蒸气以层流离开喷口,而且仅通过扩散混合。玻璃表面与狭缝喷口之间的最佳距离与气体总流速有关,当流速为每米长喷口 1 m^3/h 时,最佳距离为 3 mm。

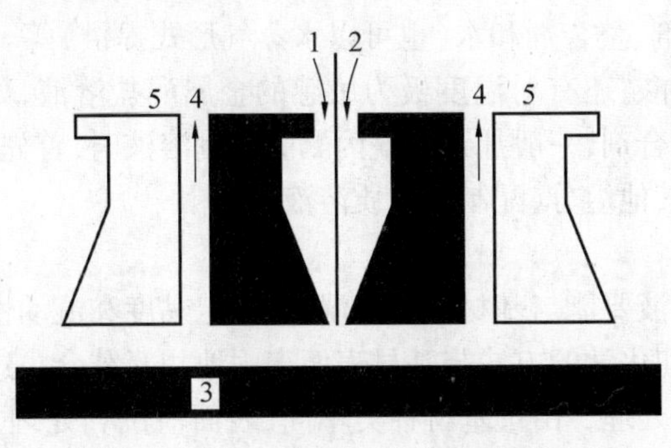

图 2.15　反应器沉积装置断面示意图

1—反应气进口;2—载气进口;3—玻璃表面;4—残余气体排除;5—相同的喷口

(2)影响化学气相沉积法生产镀膜玻璃质量的因素。

①气体混合配比。无论生产不定形硅膜还是复合膜,气体配比准确尤为重要。气体配比不仅影响膜层的牢固度,而且影响膜层的功能。

②混合气体浓度。气体物质浓度与物质原子向基片表面迁移并结合进入玻璃表层的数量有关。气体物质浓度小,气体物质原子迁移至基片表面的概率就小,在其他条件相同时,膜层就薄;反之,膜层就厚。混合气体浓度要配制合理。

③安装镀膜反应器处的玻璃温度。温度低,膜层薄;温度过高,沉积速率过慢,膜层稀疏,甚至出现针孔或气泡,温度合适时膜层质量最好。其原因是高温时沉积速率对温度不敏感,而在温度适当时,沉积速率大增;低温时,沉积速率又下降。

④玻璃的拉引速度。玻璃拉引速度波动,会造成膜层厚度的波动,使膜层薄厚不均。为此,玻璃的拉引速度要控制平稳。

⑤反应副产物及未反应物要及时排出,但排出速度要合理。排出速度过大,气体物质在玻璃基片表面不能形成稳定的层流,造成膜层厚度不均,甚至不能成膜;当排出速度过小或没有及时排除,反应副产物及未反应物将分解生成颗粒状物质沉积在膜面上,造成瑕疵。

2.3.3　溶胶-凝胶法

溶胶-凝胶法也称为凝胶浸镀法，一般来说，溶胶-凝胶镀膜技术主要包括下列几个工艺步骤：

①金属醇盐溶液配制。

②基材表面清洗。

③基材上形成液态膜。

④液态膜的凝胶化。

⑤干凝胶转化为氧化物薄膜。

下面分别简要地加以讨论。

(1)溶液配制。

制备氧化物薄膜最常用的母体化合物是具有通式为 $Me(OR)_x$ 的醇盐(式中，Me 常表示价态为 x 的金属，O 代表氧，R 指烷基)。一般来说，溶液中醇盐适宜浓度为 10% ~50%(质量)，余量为溶剂、催化剂、螯合剂和水(也可以水蒸气形式提供)等。溶剂常用的是乙醇，催化剂常用的是盐酸和醋酸，还有对温度极为敏感的金属醇盐溶液，如 $Ti(i\text{-}OC_3H_7)_4$。为了控制水解速率而添加螯合剂，一般加入乙酰丙酮。配制溶液时，首先将一定量金属醇盐溶于有机溶剂中，然后加入其他组分，配制成匀质溶液。

(2)基材清洗。

金属醇盐的匀质溶液要能与基材表面润湿，有一定黏度和流动性，能均匀地固化在基材表面，并以物理的方式和化学的方式与基材表面牢固地相互结合。这就是说，镀膜以前必须对基材表面进行清洗和处理。由于基材种类不同，表面清洗和处理方法也不一样。对于玻璃基材来说，由于膜层的黏附性能依赖于 $Me(OR)_x$ 溶液同位于玻璃表面的 Si—OH 基团间的界面反应，所以玻璃表面的清洗尤为重要。

(3)镀膜方法。

为了将金属醇盐溶液镀在基材表面形成镀层，一般有以下三种方法：

①离心旋转法(图 2.16)。将金属醇盐溶液滴在固定于高速旋转(转速为 3 000 r/min)的匀胶机上的基材表面。对圆形基材来说，用这种方法镀膜非常方便。

②浸渍提拉法。常使用的有以下三种不同浸渍方式：

a. 一般是先把基材浸于溶液中，然后再以精确的均匀速度把基材从溶液中提拉出来；

b. 先将基材固定在一定位置，提升溶液槽，将基材浸入溶液中，然后再将溶液槽以恒速下降到原来位置；

c. 先把基材放置在静止的空槽中的固定位置，然后向槽中注入溶液，使基材浸没在溶液中，再将溶液从溶液槽中等速排出来。为了能够均匀地输送液体，这种方法必须配备性能十分稳定的液压系统。

③喷镀法。该法直接将金属醇盐溶液喷射在处于室温或适当预热过的基材上。

溶胶-凝胶镀膜方法主要有上述三种方法，使基材表面形成液态膜，这里主要以浸渍提拉法为例。在浸渍提拉法中，基片材料浸入浓缩、黏稠的溶胶中，然后提拉出来，在表面形成薄膜。在提拉过程中，由于凝胶化而产生凝胶膜。将其在中温(如 500 ℃)热处理后形成相应的无机薄膜。为了使薄膜同基板间有良好的结合，每次膜的厚度一般限制在 0.1 ~

0.3 μm以内。增加膜厚度可以通过多次浸入提拉方法实现。但在每次重复之前必须将上一次的凝胶膜进行干燥、热处理,否则会产生膜剥离。

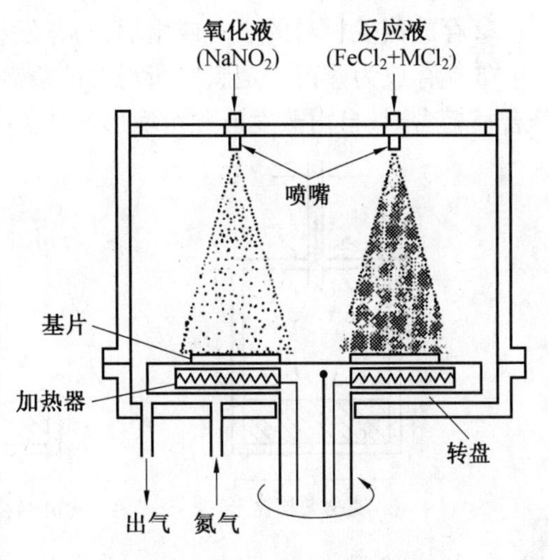

图2.16　旋转法镀膜示意图

2.3.4　真空蒸镀法

薄膜的成膜技术可分为两类:一类是以真空蒸镀为基础的物理镀膜方法;另一类是基于成膜物质在基材表面上发生化学反应的化学镀膜法。

真空蒸镀就是将需要制成薄膜的物质放于真空中进行蒸发或升华,使之在基片表面上析出。所以真空蒸镀设备比较简单,如图2.17所示,即除了真空系统以外,它由真空室蒸发源、基片支撑架、挡板以及监控系统组成。许多物质都可以用蒸镀方法制成薄膜。

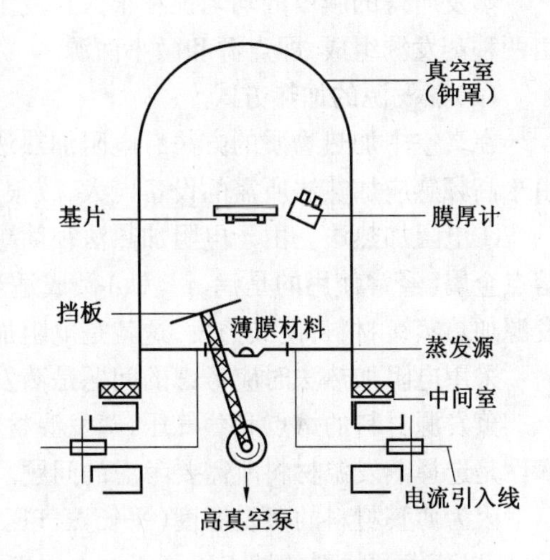

图2.17　真空蒸镀设备示意图

1. 蒸发过程

在密闭的容器内存在着物质A的凝聚相(固体或液体)及气相时,气相的压力(蒸气压)P是温度的函数。凝聚相和气相之间处于动态平衡状态,即从凝聚相表面不断向气相蒸发分子,也有相当数量的气相分子返回到凝聚相表面。

从蒸发源蒸发出来的分子在向基片沉积的过程中,还不断与真空中残留的气体分子相碰撞使蒸发分子失去定向运动的动能,而不能沉积于基片。若真空中残留气体分子越多,即真空度越低,则实际沉积于基片上的分子数越少。若蒸发源与基片间距离为X,真空中残留的气体分子平均自由程为L,则从蒸发源蒸发出的N_s个分子到达基片的分子数为

$$N = N_s \cdot \exp\left(-\frac{X}{L}\right) \tag{2.2}$$

可见,从蒸发源蒸发出来的分子是否能全部达到基片,尚与真空中存在的残留气体有关,一般为了保证有80%~90%的蒸发分子到达基片,则希望残留气体分子和蒸发气体分子的混合气体的平均自由程是蒸发源至基片距离的5~10倍。

2. 蒸发源

(1)蒸发源的形状。

实际上可使用的蒸发源应具备以下三个条件:

①为了能获得足够的蒸镀速度,要求蒸发源能加热到材料的平衡蒸气压在$1.33\times10^{-2}\sim1.33$ Pa的温度。

②存放蒸发材料的小舟或坩埚,与蒸发材料不发生任何化学反应。

③能存放为蒸镀一定膜厚所需要的蒸镀材料。蒸发源的形状如图 2.18 所示,大致有克努曾横槽盒形、自由蒸发形和坩埚形三种。

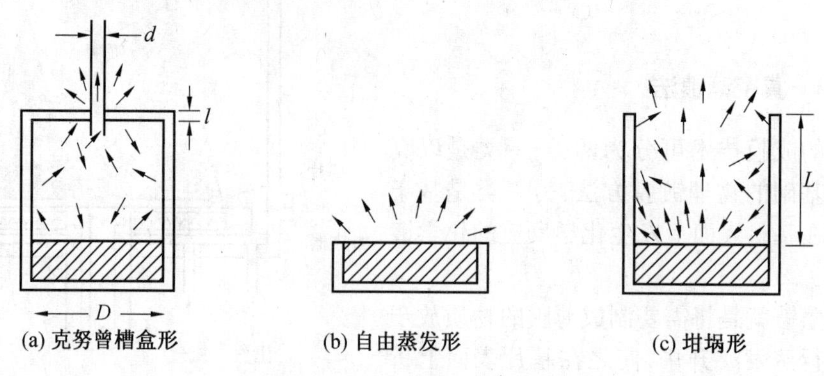

图 2.18 蒸发源的形状

蒸发所得的膜厚的均匀性在很大程度上取决于蒸发源的形状,概括地说,所有蒸发源是由两种蒸发源组成,即点源和微小面源。

(2)蒸发源的加热方式。

在真空中加热物质的方法有电阻加热法、电子轰击法等,此外还有高频感应加热法,但由于高频感应加热法所需的设备庞大,故很少采用。

①电阻加热法。由于电阻加热法很简单,所以是很普及的方法。把薄片状或线状的高熔点金属(经常使用的是钨、铝、钛)做成适当形状的蒸发源,装上蒸镀材料,让电流通过蒸发源加热蒸镀材料,使其蒸发,这就是电阻加热法。

采用电阻加热法时应考虑的问题是蒸发源的材料及其形状。

蒸发源材料的熔点和蒸气压,蒸发源材料与薄膜材料的反应以及与薄膜材料之间的湿润性是选择蒸发源材料所需要考虑的问题。

因为薄膜材料的蒸发温度(平衡蒸气压为 1.33 Pa 时的温度)多数在 1 000 ~2 000 K 之间,所以蒸发源材料的熔点须高于这一温度。而且,在选择蒸发源材料时还必须考虑蒸发源材料大约有多少随蒸发而成为杂质进入薄膜的问题。

另外选择蒸发源材料的一个条件是,蒸发源材料不与薄膜材料发生反应和扩散而形成化合物和合金。

②电子轰击法。在电阻加热法中,薄膜材料与蒸发源材料是直接接触的,因此该方法存在如下问题,因蒸发源材料的温度高于薄膜材料而成为杂质混入薄膜材料,薄膜材料与蒸发源材料发生反应以及薄膜材料的蒸发受蒸发源材料熔点的限制等。运用电子轰击法,即将电子集中轰击蒸发材料的一部分而进行加热的方法,可避免这些问题的发生。

阳极材料轰击法是电子轰击加热法中装置比较简便的一种,如图 2.19 所示。当薄膜材料是导电的棒状和线状材料,如硅时,可以采用如图 2.19(a)所示的装置。从钨丝上飞出的热电子向着薄膜材料的方向,被高压加速后轰击薄膜材料。加速电压是数千伏。热电子的电流大约是几毫安,也就是说电功率达到 10 W 左右就能加热普通的导电材料。

当薄膜材料是块状或者粉末状时,电子轰击加热装置可采用如图 2.19(b)所示的形式。由于这种加热装置要加热薄膜材料的基座,所以要用冷却水冷却薄膜材料的基座,这种装置

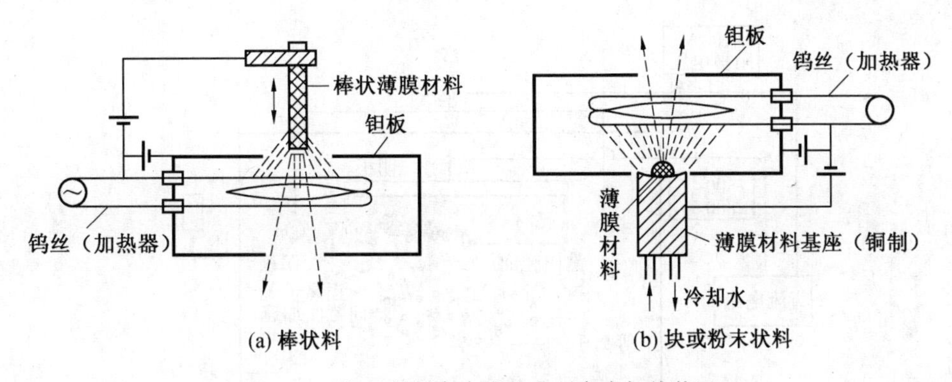

图2.19　阴极材料轰击法的电子轰击加热装置

比较简单，所需要的电功率也小，很容易实现，但由于蒸发速率不高，故适用于研究单位使用。

3. 化合物的蒸镀方法

薄膜物质是单质时，只要使单质蒸发就能容易地制作与这种物质具有相同成分的薄膜。但当要制作的薄膜物质是由两种以上元素组成的化合物时，仅仅使材料蒸发未必一定能制成与原物质具有同样成分的薄膜，在这种情况下，可以通过控制组成来制作化合物薄膜，如一氧化硅（SiO）、三氧化二硼（B_2O_3）是在蒸发过程中相对成分难以改变的物质，这些物质从蒸发源蒸发时，大部分是保持原物质分子状态蒸发的。此外，氟化镁（MgF_2）蒸发时，是以MgF_2、$(MgF_2)_2$、$(MgF_2)_3$分子或分子团的形式从蒸发源蒸发出来的，这也就能形成成分基本不变的薄膜。蒸发ZnS、CdS、PdS、CdSe、CdTe等硫化物、硒化物和碲化物时，这些物质的一部分或全部发生分解而飞出，但由于蒸发物质在基片表面又重新结合，所以大体上形成原来的组成。经常使用的SiO、ZnS、CdS等物质的薄膜，以普通的电阻加热法制作是方便的，然而由于种类有限，一般并不采用电阻加热法。并且，所谓这些物质能保持它们的组成毕竟是相比较而言的。精密的成分分析以及对结构灵敏的物性等方面的测量结果表明，薄膜的组成同原来的薄膜材料并不完全相同。

用蒸镀法制作化合物薄膜的方法除了电阻加热法外，还有两种方法，一种是分子束外延法；另一种是反应蒸镀法。反应蒸镀法就是在充满活泼气体的气氛中蒸发固体材料，使两者在基片上进行反应而形成化合物薄膜。

2.3.5　阴极磁控溅射法

1. 溅射原理

磁控溅射原理如图2.20所示。磁控溅射是在真空室中进行的，将真空室的气体抽空，阴极接通负电压（-500～-800 V），阳极接通正电压（0～100 V），并向真空室充入工作气体（一般用氩气）。当真空室的负压达到溅射工作压力10^{-4}～10^{-5} Pa时，在阴极前面产生辉光放电，氩气发生电离，产生氩离子和电子，形成等离子区；阴极通电后产生的电场与永久磁铁产生的磁场正交，氩离子在正交电磁场的作用下飞向阴极，在很短距离的阴极电位下降区获得很大能量，在到达阴极前轰击靶材。根据动能传递作用将能量传递给靶材的中性原子（或分子），使这些原子（或分子）脱离附近的其他原子（或分子）而从靶面上弹射出来。在溅射的粒子中，带有高能量的中性靶原子（或分子）在玻璃表面上沉积而形成膜层。而其中

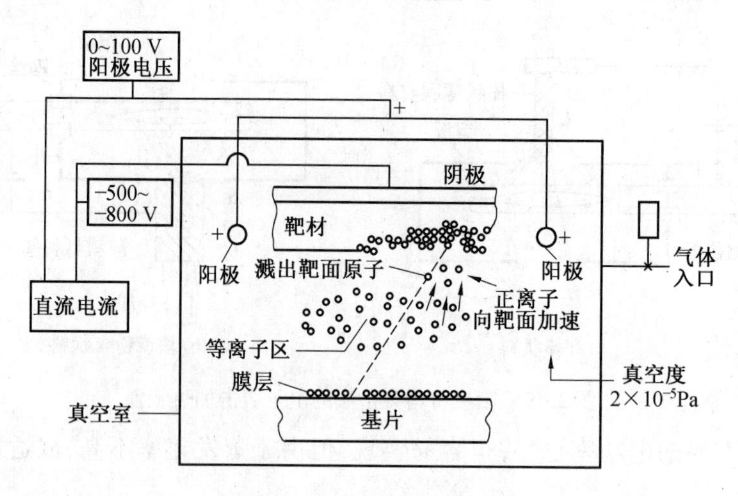

图 2.20 磁控溅射原理图

的二次电子进入等离子区参与电离碰撞,不断地补充大量的正离子,二次电子在其能量将耗尽时,被阳极吸引而导出真空室。

2. 磁控溅射工艺

磁控溅射是使在气态等离子体(或辉光放电,如图 2.21 所示)中形成的离子加速向靶冲击的动力传递过程,等离子体由导入真空系统的氩气、氧气、氮气或其他气体电离构成。离子能量主要来自加在靶表面直流电压的负极,这些能量再分配给靶材表面的原子,使一些获得了足够能量的原子从靶体表面逸出。能量传递的效率与离子和靶材原子的相对质量有关,原子逸出靶材表面所需要的能量取决于靶材蒸发的潜在热量。在由氧或氮做工作气体的反应溅射中,由于需要能量破坏化学键,溅射效率要相对低得多。溅射量,即离子所产生的溅射原子数,它可以通过若干不同金属对应离子能量来予以描述。通过溅射来轰击材料并不是十分高效的工艺,大多数的能量转变成热量而被靶材吸收,因此需要水冷以防止靶材金属弯曲或熔化。

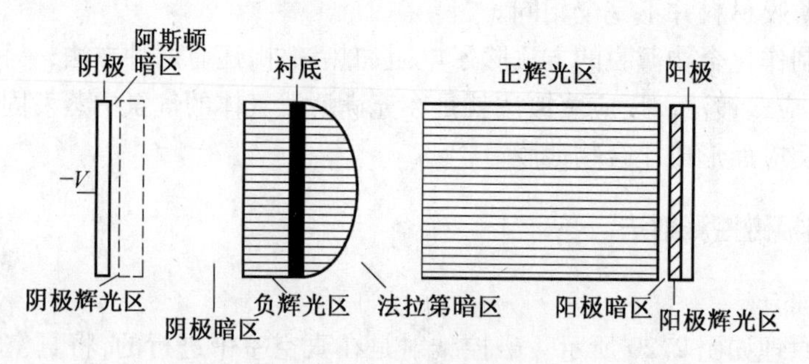

图 2.21 辉光放电示意图

尽管如此,在很大面积的玻璃上沉积薄而均匀的叠层,溅射工艺依然是非常理想的。既然溅射速率依赖于有效离子量,因此人们希望等离子体尽可能浓密。为了得到密度最大的等离子体,人们借助于互感电磁场。磁体摆放的位置要使磁场的方向平行于靶平面,磁场由位于靶后面的磁体(永久磁铁)产生(图 2.22)。

由加到阴极上的电压所形成的电场与磁场正交。等离子体中的电子在电场作用下加速飞离阴极,这样在经过磁场时,将受到一个垂直于电场和磁场力的作用。电子在该力的作用

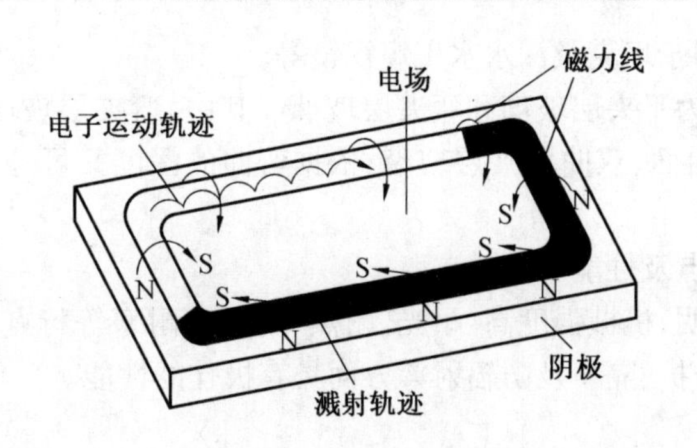

图2.22　磁控溅射靶材表面的磁场及电子运动的轨迹

下在磁场中做圆周运动,每飞行一圈,电子都要从磁场中获得能量。同时,电子也可能与气氛原子甚至溅射出的原子发生碰撞。这时,这些原子将被电离。每发生一次碰撞就会产生更多的离子,从而获得更高的溅射速率。这个溅射效率上的关键技术的提高使得镀膜玻璃生产效率得到很大提高。因此,磁控溅射镀膜中优化磁场配置以获得最大离子量是非常重要的。

2.4　夹层玻璃

2.4.1　夹层玻璃的分类及性能

夹层玻璃是由两片或两片以上玻璃,用透明的黏结材料牢固黏合成的复合玻璃制品。夹层玻璃具有很高的抗冲击和抗贯穿性能,在受到冲击破碎时,一般情况下,外来撞击物不会穿透,玻璃碎片也不会飞离胶合层,而且还能保持一定的可见度,从而起到安全防护作用,因此,又称为夹层安全玻璃。

1. 夹层玻璃的分类

夹层玻璃的种类很多,按生产方法的不同分为干法夹层玻璃和湿法夹层玻璃。干法夹层玻璃是将有机材料胶合层嵌夹在两片或两片以上玻璃之间,经加热、加压而制成的复合玻璃制品。干法也称为胶片热压法。湿法夹层玻璃是将配制好、经过预聚合的黏结剂灌注到已合好模的两片或多片玻璃中间,排去气体,经热聚合、光聚合或热光聚合,浆液固化并与玻璃黏结成一体而制成的。构成夹层玻璃的原片可以是浮法玻璃、夹丝玻璃、夹网玻璃、钢化玻璃、半钢化玻璃、表面改性玻璃等。玻璃可以是透明的、半透明的或不透明的。一般情况下,干法夹层玻璃的性能明显比湿法夹层玻璃优异,而干法夹层玻璃中,目前使用最多、最有代表性的产品就是用聚乙烯醇缩丁醛(PVB)胶片为中间层的夹层玻璃。

按产品的用途分为汽车、航空、保安防范、防火以及窥视夹层玻璃等。建筑夹层玻璃主要用于建筑及装饰,采用干法生产工艺时,根据不同的使用要求和产品功能,中间层可采用不同功能的PVB胶片,通过调整玻璃和/或中间层的颜色,还可以制作出一系列色彩丰富的建筑夹层玻璃产品;汽车用夹层玻璃主要用作汽车风挡玻璃,包括电热夹层玻璃及夹天线夹层玻璃等;航空夹层玻璃主要用于飞机风挡玻璃及舷窗玻璃,其中舷窗玻璃有全无机夹层玻璃、有机无机复合夹层玻璃等。保安防范夹层玻璃包括防弹、防盗、防爆炸玻璃、电磁屏蔽(电子保密)玻璃等。窥视夹层玻璃由多层玻璃及PVB胶片制成,具有很高的抗贯穿性及很大的耐静压力,主要用于坦克及深水水工窥视镜等。

按产品的外形分为平夹层玻璃和弯夹层玻璃。其中,弯夹层玻璃根据一个还是多个方向是曲面的,分为单曲面、双曲面夹层玻璃;依据弯曲的深度又可分为深弯、浅弯夹层玻璃两种。

2. 夹层玻璃的特点及性能

夹层玻璃具有透明、机械强度高、耐光、耐热、耐湿和耐寒等特点。与普通玻璃相比,夹层玻璃在安全、保安防护、隔声及防辐射等方面具有极佳的性能。

(1)安全特性。

夹层玻璃的安全特性是指免除危险或受意外、自然灾害时减少伤害或损失的特性,可以用抗冲击性能、抗穿透性能、抗风压等性能表示。

夹层玻璃具有良好的破碎安全性。其典型特征是,一旦玻璃遭受破坏,其碎片仍与中间层粘在一起,很少有玻璃碎片脱落,这样就可以避免因玻璃掉落造成人身伤害或财产损失。以 PVB 胶片为例,PVB 胶片弹性好,抗断裂强度高,起着吸收冲击能的作用。当夹层玻璃因受到外力冲击而破坏时,玻璃产生破碎,但玻璃碎片被 PVB 胶片黏结在一起,不会对人体形成伤害,并且 PVB 胶片可以通过其弹性变形/塑性变形将冲击的动能吸收。因此,PVB 胶片可以起到很好的安全作用。但 PVB 胶片也应有一定的与玻璃相脱离的可能性。如果黏合性太强,在夹层玻璃遭到撞击时,PVB 胶片就不能及时形成弹性变形,或变形非常小,吸收的撞击能较小,这时如果撞击的能量很大,玻璃就容易被撞击物体穿透。通过对黏合力进行适当控制,允许 PVB 胶片逐渐剥离,那么 PVB 胶片在变形不断增大的同时吸收冲击动能。这样在冲击点周围玻璃就发生环状的辐射性破坏。另外,通过增大夹层玻璃厚度,在遇到反复猛烈冲击的情况下,其防穿透能力也将明显增加。

夹层玻璃的抗穿透性优于钢化玻璃及退火玻璃,可以防止人体或物体穿透玻璃。苏联某研究所对不同玻璃抗穿透性的实验数据见表 2.8。表 2.9 对比了摆锤试验撞击下各种玻璃的破碎性能。

表 2.8 不同玻璃的抗穿透性能

实验测定项目	退火玻璃	钢化玻璃	夹层玻璃
玻璃厚度/mm	7	6	7
2 260 g 的钢球,从 4 m 高处自由落下	透过	透过	不透过
40 ℃时,227 g 的钢球从 12 m 高处自由落下	透过	透过	不透过
-20 ℃时,227 g 的钢球从 10 m 高处自由落下	透过	透过	不透过
10 kg 的人头模型,从 1.5 m 高处自由落下	透过	透过	不透过

从表 2.9 可见,夹层玻璃具有结构完整性。在正常负载情况下,夹层玻璃性能基本上与单片玻璃性能相同。然而,一旦玻璃破碎,夹层玻璃则明显地保持其完整性,很少有玻璃碎片掉落。由于这种在破裂时或破裂后碎片仍保留在原位的性能,夹层玻璃已成为飓风区和地震区人们乐于采用的建筑材料。

表2.9 各种玻璃摆锤试验结果

玻璃类型	破碎状态
夹层玻璃	安全破碎:在摆锤撞击下可能破碎,但整块玻璃仍保持一体性,碎块和锋利的小碎片仍与中间层粘在一起
退火玻璃	一撞就碎:典型的破碎状态(包括较厚的玻璃)是产生许多长条形的锋利锐口碎片
钢化玻璃	需要较大的撞击力才破碎;一旦破碎,整块玻璃爆裂成无数小颗粒,框架中仅存少许碎玻璃
夹丝玻璃	破碎情况类似普通退火玻璃;锯齿形碎片包围着洞口,而且在穿透四周留有较多的玻璃碎片,金属线断裂长短不齐
贴膜的退火玻璃	覆于玻璃表面的PET薄膜可以增加一些保护作用;玻璃易碎,表面薄膜与碎玻璃分开,使碎片向内侧飞散

(2)保安防范特性。

夹层玻璃的保安防范性是指在受人为故意行动侵害时免除危险或减少伤害和损失的特性,包括防盗、防弹、防暴、防爆炸、电磁屏蔽(电子保密)等性能。

夹层玻璃具有优异的抗冲击性和抗穿透性,因此在一定的时间内可以承受铁锤、撬棒、砖块等的攻击,而且通过增大PVB胶片的厚度,在遇到反复猛烈冲击的情况下,其防穿透能力将明显增加。标准"二夹一"玻璃与单片玻璃相比,其抗暴力入侵能力有很大改进;此外,仅从一面不能将夹层玻璃切割开来,这就使作为无声切割工具的玻璃切割刀失去效用。通过调整夹层的层数和厚度可以产生防弹效果,能有效抵御枪弹的袭击,同时可以避免子弹射击引起碎片而造成对人体的伤害。

夹层电磁屏蔽玻璃是在夹层玻璃的两片玻璃之间夹金属丝网或在玻璃的内表面镀上导电膜,以防止外界的电磁辐射干扰,同时防止内部的电磁信号泄漏出去,从而防止电子窃听造成的信息失窃和损失,并且不对屏蔽体外部造成干扰。

(3)防火特性。

具有防火特性的夹层复合防火玻璃是一种特殊的夹层玻璃,即两片或两片以上的玻璃之间采用的透明黏结材料是膨胀阻燃胶黏剂或防火胶片。当夹层复合防火玻璃暴露在火焰中时,能成为火焰的屏障,能经受一个半小时左右的负载,能有效地限制玻璃表面的热传递,并且在受热后变成不透明,可以使居民在着火时看不见火焰或感觉不到温度升高及热浪,避免了撤离现场时的惊慌。同时,还具有一定的抗热冲击强度,而且在800 ℃左右仍有保护作用。

(4)防紫外线特性。

太阳光中的紫外线,是造成纤维制品、涂料、家具及日用品等褪色的主要原因。由于紫外线辐射高能量,辐射波长低于380 nm,它对材料破坏和褪色所起的作用比其他因素大,如350 nm紫外线破坏能力是500 nm可见光的50倍。而PVB胶片可以滤掉99%的紫外线。如6 mm厚的普通平板玻璃对于波长380 nm的紫外线防御能力为20%,而同样厚度的夹层玻璃防紫外线的能力达90%以上,且防御能力是持久的。

夹层玻璃在防紫外线辐射的同时,对室内植物生长没有危害,因为植物的感光细胞吸收周围波长为450 nm、660 nm和730 nm的可见光,这些光不受阻挡。事实上,使用夹层玻璃后,植物叶子和花朵会保持鲜艳,并能抵御紫外线的危害。现在许多暖房和植物园都在使用夹层玻璃。

(5)隔热性能。

近年来,为了创造更舒适的空间和保护环境,夹层玻璃除了要具有其基本的安全性能以外,对隔热性能的要求也越来越高。例如,用于汽车风挡玻璃的夹层玻璃,要提高车内舒适性,就必须提高车内空调的效率。风挡玻璃传递了大量的热量,因此就要求玻璃具有隔热性。同时,从环境方面来说,如果能够抑制车内温度上升以及提高空调效率,就能减轻引擎负荷,因而降低燃料消耗,也使汽车可以使用较小、较轻的空调设备。

建筑方面也有类似的需求。在建筑设计时必须考虑采光需求,但过多的透光会引起不必要的热量获得,依靠空调降低热量就会造成浪费。因此,对许多建筑物来说,要求窗用玻璃能反射、吸收或再辐射太阳能。太阳能辐射到玻璃上,部分被反射、部分被透过和吸收,吸收的能量使玻璃变热,通过再辐射和热对流,这些热量再被带走。耐光的彩色 PVB 胶片可以控制热量获得,被吸收能量中的大部分可经再辐射和对流被带走。为了提高控制阳光和热能的性能,也可将夹层玻璃制成夹层中空玻璃。

近年来,各大胶片制造商在普通 PVB 胶片的基础上进行改良,推出了许多节能型的 PVB 胶片。如使用日本某公司生产的隔热中间膜(S-LECSCF)制造的夹层玻璃,可以有效地阻隔红外线,同时保持高的可见光透过率。人体皮肤最易吸收 1 450~1 900 nm 红外线的热量,这种隔热膜对此波段的阻隔性能最强。

(6)隔声性能。

隔声就是用建筑围护结构把声音限制在某一范围内,或者在声波传播的途径上用屏蔽物把它遮挡住一部分。隔声一般分为两大类:其一是隔绝空气声,就是用屏蔽物(如门、窗、墙等)隔绝在空气中传播的声音;其二是隔绝楼板撞击声。可以采用两种基本控制噪声的物理方法:一是通过反射的方法隔离噪声,声音的能量并没有转换成另外的能量形式,而只是传播方向改变;二是通过吸收的方法使声音的能量衰减,声音的能量被吸收并转换为热能。夹层玻璃主要是采用吸收的原理来隔绝空气声。

普通浮法玻璃的隔声性能比较差,玻璃厚度每增加一倍,可以多吸收 5 dB 的声音,但是由于质量的限制,不可能无限制地增加玻璃的厚度。因此,普通浮法玻璃平均隔声量为 25~35 dB。而由于夹层玻璃在两片玻璃之间夹有黏弹性的 PVB 胶片,它赋予夹层玻璃很好的柔性,消除了两片玻璃之间的声波耦合,提高了玻璃的隔声性能。夹层中空玻璃也具有很好的噪声隔离效果。单片浮法玻璃与标准 PVB 夹层玻璃的声音传播损失对比如图 2.23 所示。

2.4.2 夹层玻璃的制备

夹层玻璃的制备方法包括干法和湿法。干法即胶片热压法,适合于大批量生产,具有强度高,光畸变小,质量稳定的特点,所能制造的夹层玻璃的最大尺寸取决于高压釜的直径。我国具有较大生产规模的厂家有深圳的中国南方玻璃集团公司、中国秦皇岛耀华玻璃集团公司、洛阳玻璃集团公司、上海耀华皮尔金顿玻璃有限公司等。湿法即灌浆法,适合多品种小批量生产,其尺寸不受胶片和高压釜的尺寸限制,但工艺过程不易控制。

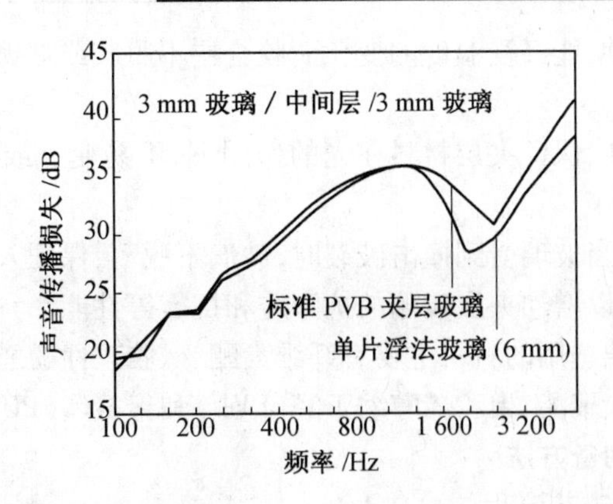

图 2.23　单片浮法玻璃与标准 PVB 夹层玻璃的声音传播损失对比

1. 夹层玻璃的原材料

夹层玻璃的基体材料除了无机玻璃以外,新型的透明有机材料如有机玻璃、聚碳酸酯板也得到广泛应用。这些有机材料具有透光度高、质量轻、抗冲击强度高等优点。随着基体材料的变化,有机材料胶合层或称中间层黏结材料,由硅橡胶、聚甲基丙烯酸甲酯发展到聚乙烯醇缩丁醛胶片以及聚氨酯胶片等。

(1)玻璃。

夹层玻璃的玻璃原片应采用具有高光学性能和力学性能的平板玻璃。平板玻璃应退火良好、厚度均匀、无波纹、透光度不小于 85%。

浮法玻璃具有优良的光学性能,在厚度公差、波纹度、平整度和外观质量上均优于普通平板玻璃,因此目前夹层玻璃的生产应选用符合国家标准 GB 11614—2009 的浮法玻璃。机车车辆前风挡及船舶驾驶室窗用夹层玻璃的玻璃原片,要用浮法玻璃优等品。

对玻璃原片有特殊要求的用户,可与生产厂协商解决。

玻璃原片的存放条件直接影响夹层玻璃合片时的质量。因此,应控制存放的温度和湿度,避免在堆垛时黏结。长时间储存时,必须用洁净的聚乙烯膜覆盖玻璃,以避免黏结,防止产生静电,保证与 PVB 胶片的黏结质量。玻璃堆垛厚度推荐为 100 ~ 150 mm。

(2)有机透明材料。

夹层玻璃选用的有机透明材料主要是有机玻璃(聚甲基丙烯酸甲酯,简称 PMMA)和聚碳酸酯(简称 PC 板)。

PC 板强而韧,在冲击力作用下不易破碎,但表面硬度低,耐划伤性能差,一般需要在其表面镀硬质保护膜。有机玻璃的耐老化性能好,尤其是 YB-3 有机玻璃,国产的定向 YB-3 号有机玻璃可经受 10 年的曝晒实验。但比起无机玻璃来,有机材料的寿命还差很远。有机玻璃抗冲击性能远不如聚碳酸酯板,为提高其抗冲击强度,将有机玻璃板进行定向拉伸,抗冲击强度可增加 2 ~ 3 倍。有机透明材料具有轻质高强、易成型的特点,应用在飞机风挡上具有一定优势。

(3)有机材料胶合层。

有机材料胶合层应具备如下特征:

①无色、有较高的透明度。

②吸湿性低,以防止水分子侵入胶合层,产生气泡或脱胶。

③有良好的热稳定性，能经受温度的变化而胶合层不脱胶或玻璃不被拉坏，保证夹层玻璃的安全性。

④有良好的光稳定性，保证夹层材料在光的作用下，不易变色或发脆，保证夹层玻璃的光学性能和力学性能。

⑤有良好的黏结力，当玻璃受到撞击破裂时，玻璃不脱落，保证人身安全。

⑥具有良好的弹性，以增加夹层玻璃的抗穿透和抗震等性能。

目前能作为夹层玻璃选用的材料主要有纤维素酯、橡胶改性酚醛、聚醋酸乙烯酯及其共聚物，丙烯酸酯类聚合物、聚酯、聚乙烯醇缩丁醛（PVB）和聚氨酯（PU）等。

2. 干法夹层玻璃的制备方法

（1）干法夹层玻璃的工艺流程

①玻璃的准备。夹层玻璃的玻璃基体可以是浮法玻璃、钢化玻璃、彩色玻璃、吸热玻璃、热反射玻璃、平板玻璃、磨光玻璃等。首先按照夹层玻璃国家标准的规定选择玻璃，要求没有波筋、沙砾、结石或波筋极少，切裁出玻璃毛坯。然后，根据图纸的尺寸形状及磨边时磨蚀量，确定尺寸。每一对玻璃要求密切重合，尺寸差应不超过 1.5 mm/边。

②玻璃的洗涤。为了消除玻璃表面的灰尘、污垢、油腻和脏物，应仔细洗涤玻璃。玻璃洗涤分为机器洗涤和人工洗涤。采用玻璃清洗机洗涤玻璃可以节省劳动力、减轻劳动强度、提高洗涤质量，使生产过程连续化，适于大批量生产。人工洗涤特别适用于小批量生产的玻璃。

在特殊脏物等被清洗掉之后，为了防止洗涤剂溶液残留在玻璃表面，最后必须用清水冲洗干净。最后冲洗用水的质量对于夹层玻璃的黏结强度有很大影响，特别是清洗水的盐度影响玻璃和 PVB 黏结的最终质量，硬度高的水会降低玻璃与 PVB 之间的黏结强度。因此，如果水源硬度高，最好采用软化水设备，可将硬水转化为软化水或去离子水。玻璃洗涤、干燥完成后，需要仔细检查洗涤的合格度和玻璃的缺陷。

生产弯夹层玻璃时，玻璃的洗涤必须在热弯之前完成。当玻璃完成热弯后，需要根据所使用的隔离粉的多少，决定是否需要清除隔离粉，但不一定需要进一步清洗。一般情况下，使用少量的隔离粉对夹层玻璃的质量不构成太大的影响；如果热弯后，附着在玻璃表面的隔离粉过多，则需要清除隔离粉。使用刷扫或用抹布手抹，清粉不彻底，还会弄脏玻璃表面，因此建议使用真空吸尘系统清除隔离粉。

③PVB 胶片的准备。必须根据玻璃的规格、留边的尺寸和胶片经处理后的收缩量合理地切裁胶片，以补偿热压过程中胶片尺寸的收缩。在使用低温储存的胶片时，收缩的情况取决于胶片本身的收缩率以及胶片铺放时产生的应力大小。

如果成卷胶片的表面撒有碱粉，则需将切裁好的胶片放在 10 ~ 25 ℃的水中漂去表面的碱粉，PVB 胶片也有机器和人工两种洗涤方式。人工洗涤时，需要用毛刷在 25 ~ 45 ℃清洁流动的温水中均匀刷洗胶片的两面，刷洗干净后的胶片用木条夹住，竖直悬挂，然后用清洁干燥的绸布擦干，胶片表面不允许留有水滴，然后将胶片送入干燥室进行干燥。机器洗涤干燥是连续进行的。经过洗涤干燥的胶片按样板进行切割，切割的胶片要求比夹层玻璃成品规格大些，根据胶片类型和生产经验确定需要的富余量，一般要求四周均有 5 mm 的富余量。

④玻璃和胶片的合片。环境条件是夹层玻璃合片时的关键，对合片室的要求有：出口和

入口均为双道门;使用空调器,用过滤的空气使室内始终处于正压状态;在入口处的地上,放置地毯或擦鞋垫,以避免将泥土带入室内;操作人员在进入合片室之前要更换清洁便鞋,穿戴清洁工作服帽和手套。合片前应调整合片室的温度和湿度,要求温度控制在 13 ~18 ℃,相对湿度控制在胶片所需的湿度范围内,控制精度在2%。

合片时上下两片玻璃需要对齐,叠差每边不超过 1.5 mm,胶片在玻璃边部四周留出 5 mm。合片时,需将玻璃表面稍微加热,使得玻璃和 PVB 之间具有一定的黏着力。这种轻微的黏结强度可确保夹层玻璃中的胶片位置,从而保证合片后的玻璃在下生产线时不至于滑动。当使用的胶片厚度为0.76 mm 时,生产夹层玻璃时的玻璃温度一般应在 21 ~41 ℃。如果玻璃温度高于 41 ℃,合片时则会出现胶片的收缩现象,从而造成胶片起皱或缩胶。玻璃温度过高还会造成边部密封过早或者重新定位胶片困难。过早的边部密封将导致夹层玻璃内部产生气泡。对于厚度较薄的0.38 mm 的胶片,合片时的黏结度带来的问题更大。一般建议合片时玻璃的温度低于 35 ℃。合片后,为了使胶片的应力松弛和温度均衡,夹层玻璃需在 13 ~18 ℃,以及相应的相对湿度条件下存放 12 h 以上,如合片后胶片中的含水量为0.4%,则环境相对湿度应控制在 21.5% ~24.5%。

⑤预压。合片后的半成品要经过预压工序。预压的目的是去掉玻璃和胶片间的空气,以便在蒸压时,不使空气留在中间,生成气泡;使玻璃和胶片初步胶合在一起,蒸压时各层间不会有错动现象,同时水分不会透入叠片玻璃内部,为获得高质量的夹层玻璃打下良好的基础。

预压可采用辊压法或减压法。辊压法是将合片后的玻璃表面加热至 70 ~90 ℃,然后用橡胶辊以 0.3 ~1 MPa 的压力和 5 ~10 m/min 的速度进行辊压(2 次)。辊压时温度不可太高,否则胶片收缩或外流,造成夹层玻璃脱胶或出泡。较适宜的条件是:玻璃表面温度75 ~80 ℃,辊压 0.7 ~0.8 MPa。辊压预压法是常见的预压方法。减压法是将合片后的玻璃套上真空胶圈或装入橡胶袋中,加热至 80 ~100 ℃,并抽真空至真空度 0.08 MPa 以上,约持续 30 min;若温度、真空度、时间不够,由于排气不够及玻璃与胶片贴合不够紧密,易造成气泡,或易在煮沸试验时起泡。采用减压法生产具有复杂轮廓的玻璃质量较好,但这种小批量生产方法需要手工操作。

预压和很多因素包括玻璃和胶片的平贴程度以及压力、温度和速度有关。

压力控制对预压的玻璃质量起决定性的作用。胶片是一种可塑性物质,在高压力下,可以压平玻璃与胶片的少许不平之处,但是压力过高或压力不均,会将玻璃压碎。若压力太低,玻璃和胶片黏合不牢,边部容易脱胶,在蒸压时产生气泡。

⑥蒸压。经过预压后的玻璃叠片中仍然存在一部分气体,胶合的牢固度也不高,因此,必须施加较大的均匀压力,达到胶片软化所需的温度,才能使残留的少许空气溶解在 PVB 中,完全排除气泡,并通过扩散作用使 PVB 与玻璃最终相互黏结。另外,高压还可以减小 PVB 厚度差、节约预压时间。蒸压是夹层玻璃生产中的关键工序。

采用气体或液体介质的高压釜是蒸压过程的主要装置。液体介质有油、水之分。水压成本低、使用方便、不需增加洗涤设备、工作场所干净,但是在蒸压过程中水容易从边缘处渗透,长期使用容易锈蚀。目前普遍采用气体为介质的高压釜。

在蒸压釜中,通过传热介质(空气)对玻璃的热传递和通过玻璃到胶片的热传导,决定使胶片达到黏性流动所需的时间。传热介质、玻璃、胶片三者达到热量平衡所需的时间,在很大程度上取决于夹层玻璃的总厚度。因此,蒸压时,处理好温度、压力和时间三者的关系是很重要的。高压釜的工艺曲线如图 2.24 所示。

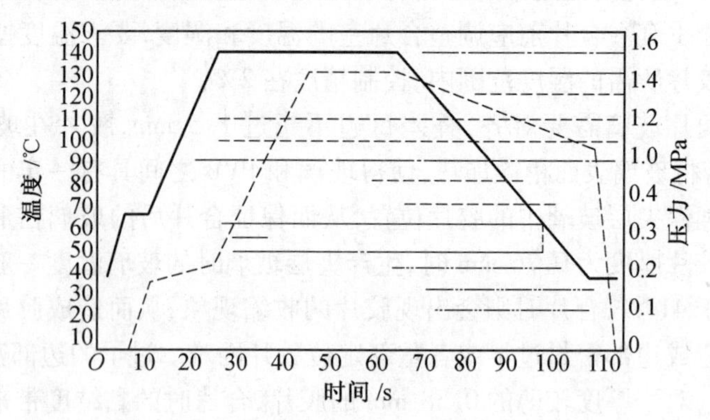

图 2.24 高压釜的工艺曲线

3. 影响干法夹层玻璃质量的因素

干法夹层玻璃缺陷的成因及解决方法如下。

(1)脱胶。

脱胶是由于玻璃表面平整度差,边部或表面波筋大,胶片厚薄不均,玻璃和胶片表面洗涤不干净,导致夹层中大量残留空气或水,玻璃和胶片之间黏结力差而造成的;或者是由于预压温度和压力太低,胶片不能均匀软化,玻璃和胶片黏结不牢;或者是经高压釜蒸压后冷却时温度变化过大造成的。

解决方法:选用优质原片玻璃;玻璃和胶片要洗涤干净;预压温度适当,使玻璃均匀受热等。

(2)气泡。

夹层玻璃的气泡是常见的缺陷,产生的原因很多,应具体分析。一般有中部气泡和边部密集小气泡。

①中部气泡。中部气泡的形成主要是排气不好造成的,具体原因可能是:玻璃或 PVB 厚薄不均、PVB 褶皱;PVB 胶片干燥处理未达到要求,在蒸压过程中,胶片内部的水分被蒸发,形成气体逸出;胶片干燥后未立即使用,在高湿度的条件下又吸入水分。冷抽时间过短,温度过高,真空度不够;热抽温度过高;高压时温度、压力太低,时间短;高压去压后,高温时间维持过长等。

②边部密集小气泡。边部密集小气泡主要是高压釜排气温度过高、冷却温度过快造成的。解决办法是选用优质原片玻璃;胶片中的水分要干燥到规定的范围,使用前在保持其干燥度的前提下使其温度逐渐下降到 25 ℃左右;胶片干燥后不能放在湿度大的地方;适当控制预压温度和压力等。

(3)空气穿透。

空气穿透主要是封边不好,导致高压空气从封边不好处穿透所致。解决办法是改善封边效果,通过提高封边温度,使用封边剂,改善玻璃质量等措施。

(4)破碎。

破碎产生的原因主要有原片玻璃不平整;预压压力不均匀;温差太大等。解决方法是选用优质原片玻璃;调节预压机压辊,均匀施压等。

4. 湿法夹层玻璃的制备方法

湿法夹层玻璃的工艺流程如图 2.25 所示。

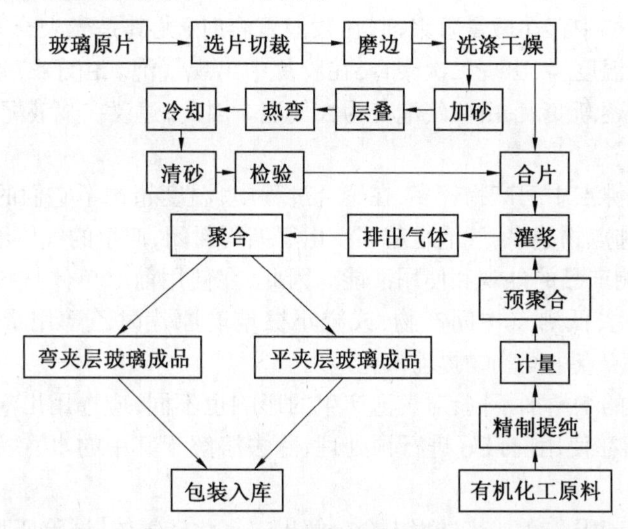

图 2.25　湿法夹层玻璃的工艺流程

将灌浆所用的甲基丙烯酸甲酯、甲基丙烯酸丁酯、甲基丙烯酸等多种有机化工原料进行除水和提纯处理，然后按配方和配制程序对各种物料进行计量、混合和预聚合，使浆液达到一定黏度，以备灌浆用。

玻璃原片经选片、切裁、磨边、洗涤干燥。如生产弯夹层玻璃，则在玻璃原片的内表面喷滑石粉后成对地合拢，在热弯炉中进行热弯处理；热弯后的玻璃经过清粉、洗涤、干燥，进行检验，如果其弯曲曲率符合要求，则用合片架送至合片工段待用。待合片的玻璃先用软布蘸少量的蒸馏水将其表面擦净，自然干燥 24 h。合片时，先将一片玻璃放平，在其周边放上宽 5 ~ 8 mm、厚度与灌浆厚度相同的 PVB 胶片条，然后用电吹风机的热风将胶条烤软而粘在玻璃周边上，在周边的一角留一小口，做灌浆之用。取另一片经过相同方法处理过的、尺寸和形状一样的玻璃合在粘有胶条的玻璃上，重叠对齐，在两片玻璃之间形成空腔，然后用夹子将组合好的玻璃四周夹紧。

将合好片的玻璃放在灌浆台上，将其上的架子支起，使玻璃与水平面成一定角度，将经过预聚合的浆液缓缓倒入漏斗，注入空腔。浆液注满空腔后将玻璃放平，使浆液充满空腔各个角落。反复倾放后，使残余空气从开口排出。经过精确计算空腔容积和浆液用量，再精心灌注，浆液填满整个空腔空间。然后立即用相同厚度的 PVB 胶片条将开口塞紧封严，将其放到专用的聚合架上，使玻璃与水平面成 5° ~ 10°的倾角放置，以便使偶尔残留的微量气体集中到边缘部位。聚合架连同灌好浆的玻璃一起送入聚合室，然后按规程规定的时间进行热聚合、光聚合或热光聚合，取出成品，清理玻璃表面和边部，经检验，合格品包装入库。

5. 影响湿法夹层玻璃质量的因素

湿法夹层玻璃常见的质量问题有胶合层产生气泡、胶合层中的灰尘及杂质、玻璃脱胶、夹层玻璃透光度降低等，其中气泡是最常见的缺陷。它的现象是：首先在角边出现少量小气泡，经过一段时间后，气泡数量逐渐增加，体积增大，向玻璃中间扩散，最终连成一片。影响气泡产生的主要因素是浆液配合料的种类、纯度、工艺制度及玻璃表面的灰尘、油污、杂质等。

(1)浆液配合料的种类。

甲基丙烯酸甲酯中存在微量阻聚剂，在浆液聚合时（尤其是光聚合）聚合不完全，一旦使用温度超过聚合温度，就出现二次聚合，在胶片中出现气泡。由于二次聚合的原因，一些看不见的微气泡会逐渐变大，由微气泡变为大气泡。因此，建议在浆液配制前除去单体原料中的阻聚剂。

单体材料中低沸点中间产物较多，在聚合过程中，温度超过了它们的沸点，低沸点物就汽化产生气泡，低沸点物越多，气泡也越多。由于四周封闭，产生的气体不能排出，气泡就会越变越大，最终影响产品的外观和使用性能。因此，在使用前对单体材料进行预处理，采取减压分馏的方法除去低沸点中间产物，或减小擦玻璃原片时乙醇用量，或采用高温预聚（80～90 ℃），使低沸点中间产物提前汽化逸出。

浆液配合料中的增塑剂不同，对气泡产生的影响也不同，应选用出泡概率低的增塑剂。邻苯二甲酸二丁酯在使用前最好进行预处理，除去溶解于其中的水、铁锈以及低沸点中间产物。

引发剂过氧化苯甲酰在加热过程中会分解出二氧化碳气体，试验证明，如果在配料时存在未完全溶解的苯甲酰，产品上会产生雪花状气泡。因此，必须使过氧化苯甲酰充分熔化，用量适当。

产品出泡概率与聚合物含量有关，随着聚合物含量增加而降低，因此应选择合适的聚合物含量。

(2)浆液的配制过程。

在浆液的配制过程中应注意加料的顺序。如果加料顺序不正确，就会出现溶解不彻底、混合不均匀的现象，配制的浆液在聚合过程中就达不到预期的效果。

(3)玻璃原片。

在生产过程中，玻璃表面的灰尘、油污、玻璃碎屑等，操作者衣服上的尘埃、纤维、碎片、杂质等均会导致气泡的产生。因此，必须洗净玻璃表面，保证无杂质、油污、手印等。还应改善合片操作环境，采取空调措施，操作人员应穿戴洁净工作服和鞋帽。

(4)浆液操作。

要控制灌浆速度，减少由于灌浆产生的气泡。浆液灌好后，应停滞一段时间待气泡完全消失后再封口。

(5)聚合过程。

聚合过程中的升温制度和聚合时间对气泡产生影响较大。升温过快，各种试剂的分解、挥发而产生气体的汇聚，如果超出该气体在浆液中的溶解度，就会以气泡的形式残留在胶合层中。甲基丙烯酸甲酯在聚合时发生放热反应，如果温度过高或散热不均，就会发生单体气化，引起爆聚，产生气泡。因此，必须严格控制升温速率，引聚后必须快速冷却，要严格控制浆液配合料中阻聚剂的带入量。气体从浆液中逸出形成气泡受到浆液黏度的影响，黏度越大，扩散越慢，形成气泡也慢，因此必须掌握最佳的聚合时间和黏度，使浆液在低温阶段达到足够的聚合度，有效控制气泡的产生。

第3章 晶体材料加工技术

3.1 晶体的基本知识

通常称“具有格子构造的物体”为晶体。这里所谓的格子构造指的是构成晶体的内部质点(分子、原子和离子)以点阵的形式在三维空间做有规律、重复的排列。

严格地说,晶体的上述定义只适用于外形完整而尺度又无限的理想晶体,而实际上,晶体的尺度不可能是无限的,而只能是近似地看成是无限的,同时,实际晶体在成长过程中总会有各种难以避免的偶然缺陷存在。

3.1.1 晶体的结构

晶体的质点在三维空间的格子状排列称为空间格子。显然,作为数学上的一种抽象,空间格子应是一种无限图形。

空间格子中的点,称为结点。结点本身并不代表任何质点,即不具有物质内容,是一种纯粹的几何点。

结点在直线上的排列,称为行列。

结点在平面上的分布,称为面网。

在三维空间中,空间格子的最小单位,称为平行六面体。它是由三组两两相互平行且全等的面组成的。

与假想的空间格子中的平行六面体相对应,通常把组成实际晶体的最小单位称为晶胞。显然,晶胞是一种实体,而不仅仅是纯几何意义的了。

在晶胞这个实体中,角顶、晶棱、晶面则是和平行六面体中的结点、行列、面网相对应的。

从宏观意义上说,组成晶体多面体外形的平面称为晶面。

两个晶面相交而成的直线,称为晶棱。

三条晶棱会聚的点,称为角顶。

容易想见,晶体的多面体外形是晶体内部格子的外在反映,也是晶胞在三维空间平行地、无间隙地堆砌的必然结果。

晶胞相当于空间格子中的平行六面体,它是反映晶体对称性的最小构造单位。

晶胞三个棱的方向,称为晶轴。晶轴实际上代表晶格中一个行列的方向,通常以 a、b、c(或 x、y、z)表示,并且规定:$a(x)$轴位于前后方向,正方向为原点趋向前方,$b(y)$轴位于水平方向,正方向为原点趋向右方,$c(z)$轴位于直立方向,正方向为原点趋向上方(对于三方和六方晶系还要增加一个 u 轴,a、b、c 三轴互成 120°)。

晶胞的三个棱长,即晶胞三个不同行列上的结点间距 a_0、b_0、c_0 分别表示晶轴 a、b、c 方向上的轴单位(晶轴上的单位长);各晶轴间的夹角,称为轴角,分别用希腊字母 $\alpha(b\hat{}c)$、

$\beta(a\hat{}c)$、$\gamma(a\hat{}b)$表示。a_0、b_0、c_0、α、β、γ 是决定晶胞形状和大小的特征参数,称为晶胞常数。根据晶胞常数的不同,可把所有晶体划分为七大晶系(图 3.1),各晶系的特点是:

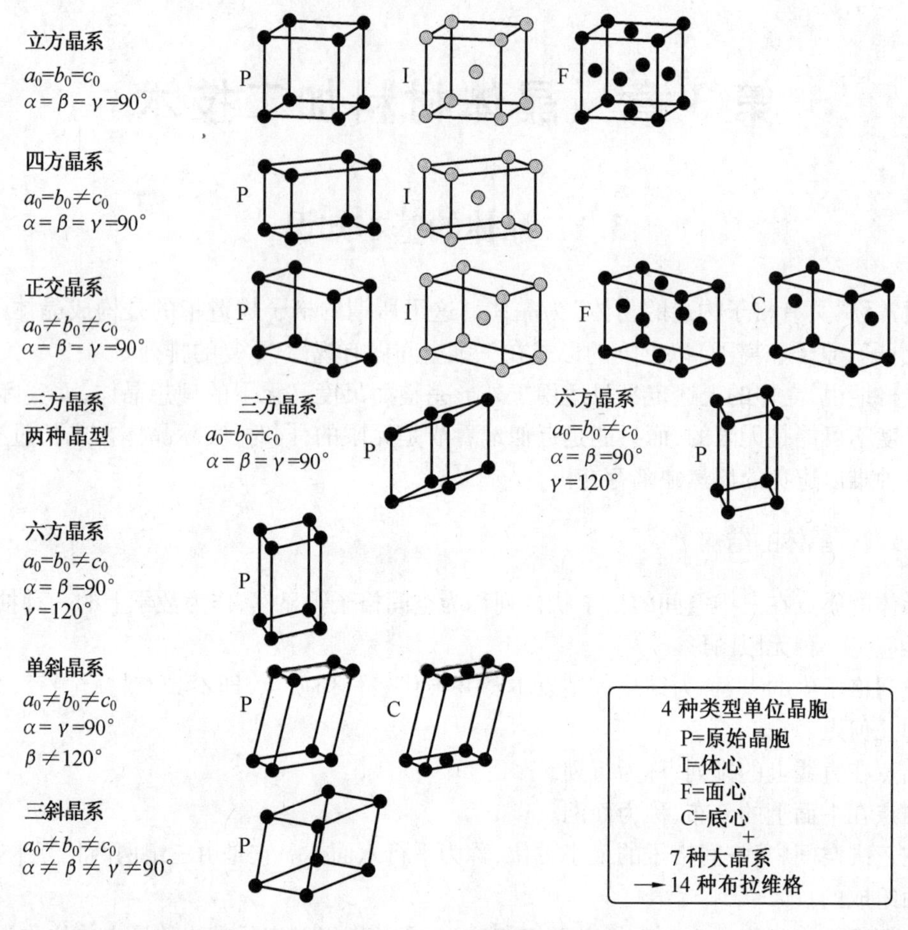

图 3.1　晶体的晶系

立方晶系(等轴晶系):

$$a_0=b_0=c_0,\alpha=\beta=\gamma=90^\circ$$

正方晶系(四方晶系,四角晶系):

$$a_0=b_0\neq c_0,\alpha=\beta=\gamma=90^\circ$$

三方晶系(菱面晶系):

$$a_0=b_0=c_0,\alpha=\beta=\gamma\neq 90^\circ$$

六方晶系:

$$a_0=b_0\neq c_0,\alpha=\beta=90^\circ,\gamma=120^\circ$$

正交晶系(斜方晶系):

$$a_0\neq b_0\neq c_0,\alpha=\beta=\gamma=90^\circ$$

单斜晶系:

$$a_0\neq b_0\neq c_0,\alpha=\gamma=90^\circ\neq\beta$$

三斜晶系:

$$a_0\neq b_0\neq c_0,\alpha\neq\beta\neq\gamma\neq 90^\circ$$

3.1.2　晶体的基本性质

(1)自限性。

晶体在一定的条件下可以自发地形成封闭的几何多面体的性质,称为晶体的自限性。

(2)均一性。

在同一晶体的各个不同部位,质点的分布是一样的,称为晶体的均一性。

需要指出的是,这种均一性属于结晶均一性,它和非晶态物质那种统计均一性是两个截然不同的概念。

(3)异向性(各向异性)。

晶体的性质随观察方向不同而有所差异,称为晶体的异向性。从本质上说,晶体的异向性是质点在同一格子的不同方向排列不同造成的。

(4)对称性。

相同的性质在晶体的不同方向或位置上有规律地重复,称为晶体的对称性。

(5)最小内能性和稳定性。

在相同的热力学条件下,和所有同种物质的非晶体、液体、气体相比较,晶体内部质点的动能与势能总和为最小,称为晶体的最小内能性。正是由于晶体内能最小,因而结晶状态必定是一个相对稳定的状态,也就是说,晶体同时还具有稳定性。

此外,晶体具有一定的熔点,能对X射线发生衍射。

只有掌握了晶体的基本性质,才能更好地进行晶体加工,这是显而易见的。例如加工者知道晶体具有异向性,就容易理解晶体零件加工为什么要进行定向,而晶体的X射线定向正是由于晶体能对X射线发生衍射才成为可能。

3.1.3　晶体的解理、硬度和潮解度

(1)解理。

解理是晶体重要的物理性质,是结晶物质所特有的性质。解理指的是晶体在外界定向机械力的作用下,按着一定的方向分裂成光滑平面的能力。因解理而成的平面,称为解理面。

不同的晶体或是同一晶体的不同晶面,解理的程度一般是不同的,为了表示这些不同,通常采用五种不同级别的解理加以粗略的区分。这五种级别是极完全解理、完全解理、中等解理、不完全解理和极不完全解理。

还有一种表面称为断口,它是有别于解理面的另一个概念,指的是晶体在外力打击,不依一定方向破裂而成的凹凸不平的表面。

晶体加工者只有充分了解所加工的晶体的解理特性后,才能运用合理的加工规范,以避免在整个加工过程中使那些解理性强的晶体受过大的外力冲击而解理碎裂,造成产品报废。

晶体的解理对晶体加工虽然不是好事,但加工者有时却可以利用晶体的解理特性进行晶体切割。例如用云母制作$\frac{1}{4}$波片,惯用的做法就是利用云母具有极完全解理,即极容易被剖裂成极薄的晶片的特性把它剥裂成所需的厚度而获得。又如硫酸三甘肽(TGS)作为热电晶体时,必须在垂直于晶体的热电轴方向切片,而这个方向恰好是该晶体的解理方向,因此

可先将硫酸三甘肽晶体垂直于热电轴的方向解理成薄片后再加工成所需的热电探测元件。

晶体的解理特性作为劈裂晶体的一种手段也曾被选矿工人所采用。例如挑选方解石晶体时，就是凭借方解石具有的完全解理的特性，以小锤子给方解石晶体施加定向的机械力使其解理，然后把晶体内部节瘤、管道、裂隙、包裹体等瑕疵与不能用的部位剔除而留下光学性能良好的部分供使用。

此外，还可利用晶体的解理性进行定向。

需要注意，一个晶体的表面如果不是解理面或断口必是晶面，其中断口一般是不平坦的，易于分辨，而晶面和解理面则都较为平坦，应根据下述主要特点将它们区分开来：晶面一般比较暗淡，而解理面则较为光亮。另外，晶面一般不太平整，能够观察到凹凸不平的痕迹或各种晶面花纹，而解理面相对说来则平整一些，但可以出现规则的阶梯状解理面或解理纹。

(2)硬度。

硬度是晶体物理性质另一个重要的概念。关于硬度，物理上至今尚无明确一致的定义。硬度通常表示物体对外来机械侵入所表现的抵抗能力。随测定方法不同，硬度的标准很多，但对晶体加工者来说，最有用、最方便的是莫氏硬度。

莫氏硬度的概念是 Friedrieh Mohs 于 1822 年提出的，它是从自然界存在的大量矿物中选取十种矿物作为硬度标准的。十种标准矿物由软到硬依次为滑石、石膏、方解石、萤石、磷灰石、正长石、石英、黄玉、刚玉、金刚石。它们所对应的莫氏硬度值分别从 1 到 10。显然，一个晶体若它能被硬度为 n 的标准矿物所刻伤，而本身又能刻伤硬度为 $(n-1)$ 的标准矿物时，则此晶体的莫氏硬度即介于 n 与 $n-1$ 之间，写成 $n\sim(n-1)$，如果两个晶体可以相互划伤，并且伤痕相当或相近，则可以认为它们的硬度相同或相近。

晶体的硬度如同晶体的解理性一样，具有明显的各向异性，这就是说，同一个晶体的不同晶面可以具有不同的硬度，甚至有个别晶体，即使在同一晶面，但在不同的方向上硬度的差异较大。例如蓝晶石，在某一(100)晶面上，沿[001]方向的硬度为 4.5，而[010]方向的硬度为 6.5。当然，在自然界中像蓝晶石这样的硬度异向性如此之明显的晶体是极少数的，不过晶体硬度的异向性却是普遍存在的，只是多数晶体硬度的异向性还难以达到人们能够觉察到的程度。

晶体在同一晶面上硬度有差别，本质上是由于在同一晶面上，各个行列中质点排列的密度不同所造成的，沿着质点排列紧密的行列刻划较为容易，而垂直于质点排列紧密的行列刻划较难。

晶体的莫氏硬度也可以用简便的方法粗略测定，一般认为：指甲能刻划的硬度，为 1 ~ 2.5，铜钥匙之类的物件能够刻划的硬度，约为 3，小刀能刻划的硬度，约为 5 ~ 5.5；钢锉能刻划的硬度，为 6 ~ 7，连钢锉也刻划不了的晶体，就属于硬质晶体的范畴了。

需要指出的是，我们通常所说的硬度均指旧莫氏硬度。与此相对应，目前国际上已提出新莫氏硬度的概念，但是不常用，作为一种常识，新莫氏硬度的概念也是晶体加工者应该清楚的。新莫氏硬度分为十五级，分别由十五种标准材料所构成，其中 1 ~ 6 的标准材料，新旧莫氏硬度值是一样的，新莫氏硬度 7 ~ 15 级的标准材料依次为熔融石英、石英、黄玉、石榴石、碳化锆、刚玉、碳化硅、碳化硼、金刚石。

(3)溶解度。

晶体的溶解度表示在一定的温度下，该晶体在10 g水中所能溶解的克数。晶体溶解度数值的大小是晶体潮解性能的重要标志，而潮解晶体和非潮解晶体在加工工艺上是有很大不同的。

一般地说，温度升高，晶体的溶解度加大，晶体越容易潮解，易潮解晶体的加工和使用都存在不少新问题，这是因为潮解晶体的抛光表面不能长久裸露于潮湿大气中，否则，它将吸收空气中的水蒸气而失去应有的透光性。因此，潮解晶体有它特殊的加工方法和相应的表面保护措施。

抛光过的潮解晶体的表面比起其自然晶面更容易引起潮解。例如，一块完整自然晶面的倍频晶体碘酸锂，暴露于潮湿的空气中并不发生潮解，即使把它放在热蒸气的环境中，晶体的质量也不变，这就证明碘酸锂晶体的自然晶面是不吸潮的，而将抛过光的碘酸锂晶体置于热蒸气的环境中会很快出现潮解痕迹。

3.2　晶体的切割与研磨

晶体的加工是晶体材料从毛坯到实际应用的中间过程，是使晶体材料获得特定外形、光泽度、平整度等的处理技术。毛坯单体与晶片的实物图如图3.2所示。以硅单晶抛光片的加工过程为例介绍其加工工艺。

根据硅晶片的不同用途，对微电子信息产业用的单晶硅一般需要对硅晶棒（锭）主要进行截断、化学清洗、滚磨（磨圆）、切片、化学清洗、倒角、化学清洗、测量及厚度分档、研磨、化学清洗、化学腐蚀、化学清洗、表面处理、化学清洗、测量及厚度分档、抛光、化学清洗、综合参数测量、包装等加工工序。

图3.2　毛坯单体与晶片的实物图

而对于太阳能光伏产业用的硅晶片，因为其对表面的加工精度相对要求比较低，通常经过前面几道加工工序后，即一般需要对硅晶棒（锭）主要进行截断、滚圆（切方）、切片、化学清洗、磨边（边缘倒角）、化学清洗、化学腐蚀、化学清洗、测量、包装等加工工序。

由图3.3可知，晶体材料的加工过程十分复杂、对操作环境的清洁度和加工设备要求极高。只有对晶体材料本身的物理化学性质有充分的理解才能够合理地设计晶体加工工艺过程，例如晶体的硬度、解理、光学性质、化学稳定性等。其次，合理地使用加工设备、严格按照操作规程实施、选择合适的加工设备对获得完好的晶片极为重要，以确保晶片的翘曲度、总厚度偏差、表面平整度、表面粗糙度等加工精度。此外，晶体的表面和内部不能受到污染，物理清洗和化学清洗或者二者结合是必不可少的步骤。为了控制各个加工参数的精度，需要配备相适应的测试仪器。

一块优质的光学晶体应具有高度的光学均匀性，在使用的波段有最大的透明度、足够的硬度、良好的化学稳定性，并无气泡、条纹、裂隙、管道、结石等宏观缺陷。从微观上讲，它不应有离子空位、间隙原子、位错、镶嵌、孪晶界、电畴界等缺陷。

除了完全不透可见光的晶体外，对于一般晶体只需将其两端稍加研磨，在He-Ne激光

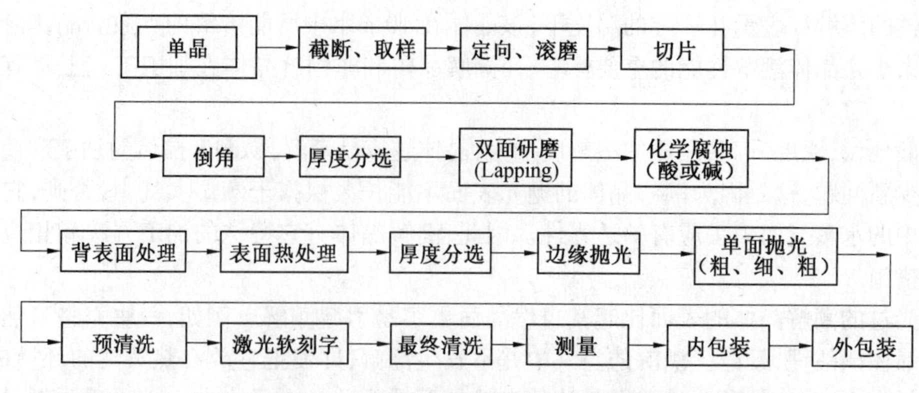

图 3.3　大直径硅抛光片加工工艺流程

照射下，从端面和侧面都能观察到上述晶体所固有的明显的宏观缺陷，从而选取缺陷少的部位切割以加工成晶体零件。对那些外表粗糙、暗淡无光的晶体，在侧面涂以折光液后照样能够进行有效的缺陷观察。折光液需要自行配制。有些原料是有毒的，配制和使用时均应倍加小心，免得伤害人体。

有经验的加工者甚至只凭肉眼和大功率的白炽灯也能够看出那些自然晶面十分晶莹明亮的晶体的宏观缺陷，如冰洲石的节瘤、裂隙、管道、双晶、包裹体等内部缺陷均可这样观察。

如果既没有 He-Ne 激光，又缺乏观察晶体宏观缺陷的实际经验，也可以采用另一种简便方法大致判断单轴晶体的光学质量。这就是将晶体的光轴面稍加抛光（不抛光涂以折光液也可）置于正交偏光显微镜的载物台上观察它的锥光干涉图（光轴干涉图），然后根据锥光干涉图的形态综合评价晶体的质量。一般说来，一块优质的光学晶体的锥光干涉图，它的彩色干涉环应该均匀对称，且中间黑十字臂严格正交而不分开，如果晶体存在局部的轴向应力，它的锥光干涉图将是无规则的，不仅彩色干涉环不再对称，而且中间的黑十字臂也分开呈双曲线形，这是晶体存在应力双折射的表现。晶体的应力越大，光学均匀性越差，那么锥光干涉图的形态就越不好。晶体加工者可以利用晶体的这一特性来粗略评价晶体的光学质量。

对电光晶体来说，晶体的锥光干涉图与晶体的消光比有一定的关系，锥光干涉图对称性越好，黑十字臂分开的距离越小，晶体的消光比就越高，而消光比的高低是表征电光晶体质量优劣的一个重要参数。

总而言之，晶体加工前对其质量进行初步的判断是晶体加工必要的工序，不能忽视。

3.2.1　晶体的切割

晶体品种繁多，性能各异。一般说来，硬质晶体通常是用电镀金刚石外圆锯片切割的。用铁皮锯片加散粒磨料切割硬质晶体效率较低。如果晶体硬度中等而价值很高，则通常用电镀金刚石内圆锯片切割，因为它比外圆切割有更大的优越性，如锯片运转平稳、切割面细腻、切缝小，从而可大大减少昂贵晶体材料的消耗等。金刚石切割机如图 3.4 所示。

对于解理完善的晶体，宜采用劈裂法切割。所谓劈裂法就是以锋利的刀片沿晶体的解理方向施加瞬时的冲击力，使晶体沿解理面裂开的一种切割方法。劈裂法切割晶体会在晶体与刀片接触的部位造成局部应力。为了消除或减少这种局部应力，晶体的切割面应留有足够的加工余量,以便在研磨过程中将这一应力层磨去。水溶性晶体的切割,通常采用水线法。所谓水线法就是通过绷紧的湿线经马达驱动而实施晶体切割的方法。晶体之所以能被湿线切割是由于水沿着切缝渗下而将晶体不断溶解的结果。如果添加磨料,使溶解与磨损两个因素同时起作用,则可大大提高切割效率。在添加磨料的情况下,需将纤维线换上金属线,以免由于磨损而频频断线。

经验证明,用煤油或晶体的饱和溶液调和磨料切割晶体,是比较保险的。如果用水调和磨料则需用温水,千万不能用凉水,因为晶体局部受冷要炸裂。晶体受冷不行,受热也不行,这就要求切割线的运动速度不能太高,以免摩擦热导致晶体局部升温而炸裂。一般说来,只要掌握好水温,水线切割晶体是安全的。这种切割方法的最大优点在于它不会给晶体的切割面造成任何创伤,因此也适用于所有性质较软价值高的非水溶性晶体的切割。

图3.4　晶体切割设备——金刚石切割机

国外使用的超声线切割法比一般的水线切割效率更高,切割质量更好。

在晶体零件的小孔、深孔和异形孔的加工中,超声加工显示出独特的优越性,尤其是晶体的超声套料对于提高贵重晶体材料的利用率具有重要意义。带有电镀金刚石工具头的超声切割可以大大提高晶体的切割效率,并能克服深部位加工中磨料进给的困难和可能出现的磨料堵塞现象。国外的超声旋转钻比传统的超声加工方法更为优越,它不仅切割效率高,而且可以大大提高加工精度,只是机床制造复杂。

对于超薄晶体薄片的切割,必须采用化学切割技术。所谓化学切割是指一股蚀刻剂顺着一根垂直绷紧的细金属丝流动而实现对晶体的切割。总之,晶体的切割方法,应根据晶体的理化性能和加工要求进行选择。晶体的黏结加热问题与晶体的切割工序有关。原则上说,晶体无论是用电热柜、吹风机,还是用烘箱、红外灯等进行加热,均应缓慢升温自然冷,不能把灼热的晶体投入冷水强制降温,因为这种骤冷对晶体造成的危害常常是破坏性的,晶体不是当即炸裂,就是产生较大的应力,给下道工序留下隐患。因此,在晶体切割阶段中,应当避免骤热骤冷。

1. 带锯切割

带锯加工是一种比较原始的加工方法,通常用于硅棒的切断,加工效率高、成本低,但切割质量差、加工精度低,只能满足于一些要求不高的切割、下料加工。图3.5所示为切割太阳能硅片用的硅棒带锯加工机床,拉伸的硅棒装夹在V形夹具上,锯片将其两端去除使硅棒用于后续的加工。

2. 外圆切割

外圆切割技术:外圆切割机中具有切割作用的是一个圆盘状的薄片砂轮,砂轮边缘镀有金刚石颗粒,砂轮中心安装在由电机带动的高速旋转的主轴上。当电机带动主轴旋转时,高速运转的砂轮与工件接触,镀在上面的金刚石颗粒与单晶硅棒接触进行磨削,从而达到切割的目的。

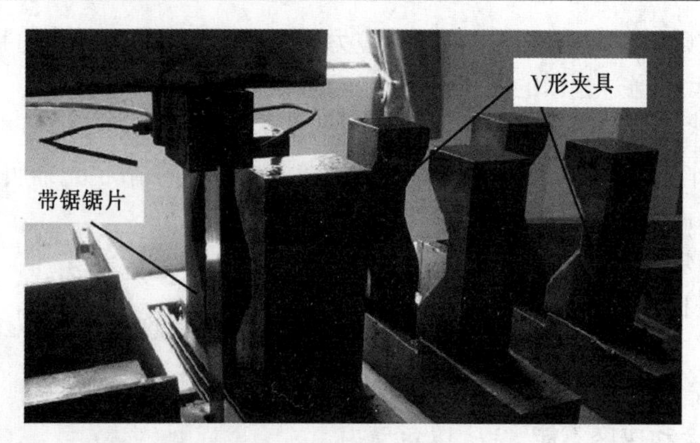

图 3.5　硅棒带锯加工机床

随着技术和材料的发展,生长出的单晶硅棒直径越来越大,这时外圆刀片刚性差的缺点被放大,在切割过程中的摆动对切割质量的影响也越来越多且难以控制。要解决这个问题就要加厚刀片,但是这样会导致刀缝过宽,浪费大量材料,而且还会使得外圆切割难以切出薄晶片,切割质量也会相应变差。外圆切割示意图如图 3.6 所示。

3. 内圆切割

内圆切割技术:内圆切割机中具有切割作用的是一个砂轮,砂轮同样由高速旋转的电机带动,但是这个砂轮是中空的环形,刀刃位于环形砂轮内侧,上面镀有金刚石颗粒。将待切割的单晶硅棒穿过中空的砂轮中间,并使之与砂轮内的刀片垂直,当电机带动主轴旋转时,高速运动的砂轮与工件接触,镀在刀刃上的金刚石与单晶硅棒产生磨削作用从而达到切割的目的。

内圆切割的优点:切片精度高,切割出来的晶片厚度差很小;相对于线切割机,内圆切割机成本较低;具有灵活的可调性,每片都可以从径向及厚度进行调整等。内圆切割的缺点:切割完成的晶体其表面损伤层较大;由于砂轮较厚,刀口较宽,导致切缝较大,材料损失大;生产率较低等。与外圆切割相同,在切割大尺寸的单晶硅棒时,所需要的内圆刀片的直径也越来越大,当不增加刀片的厚度时,这种大直径的薄片在切割机上安装较困难,而且在切割时稳定性较差。其直径越大,切割时刀片的振动越严重,对切割质量的影响也越大,这种情况也使得内圆切割方法的应用有限制。图 3.7 所示为内圆切割示意图。

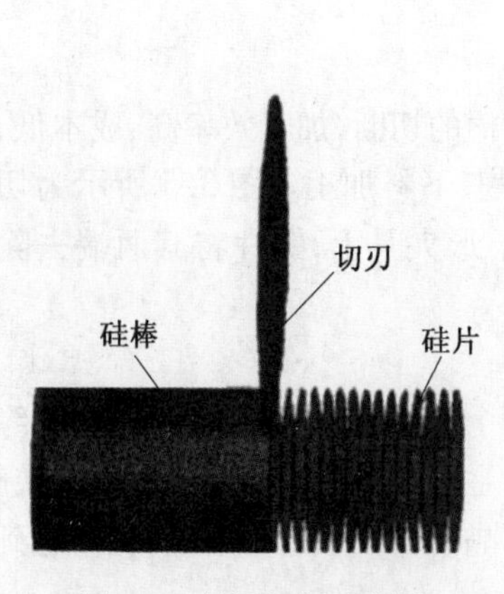

图 3.6　外圆切割示意图

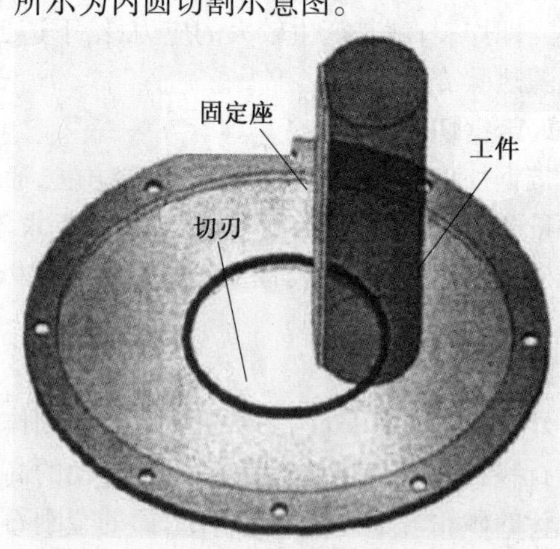

图 3.7　内圆切割示意图

4. 线锯切割

多线切割也称为线锯切割，利用一根表面镀铜的不锈钢丝（直径80~200 μm，长600~800 km）来回绕过一组导轮（有两轴、三轴或四轴几种），保持20~30 N的张紧力，形成一排平行的锯带，在导轮引导下以5~15 m/s的速度移动（图3.8），将含有粒度为10~25 μm的SiC或者金刚石磨料的黏性浆料带入晶体棒切割区域，磨料滚压嵌入晶体形成三体磨料磨损从而产生切割作用。

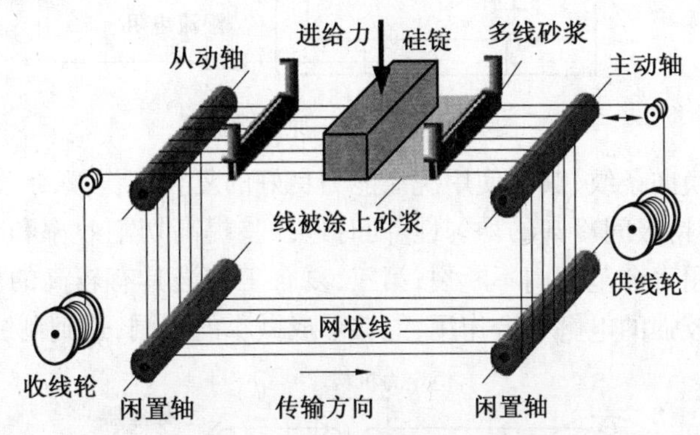

图3.8　往复式线切割机工作原理图

线切割加工效率高，加工质量相对较好，加工出的晶片弯曲度、翘曲度、总厚度公差、切缝损失都很小，而且平行度好、表面损伤层浅，锯缝损失一般仅为零点几个毫米，切割面的损伤层厚度仅为十多个微米。以单晶硅加工为例，单晶硅硬度高，脆性大，在线切割机上进行切割时不宜直接对硅棒进行夹持，这样容易造成硅棒破裂。将硅棒黏结在可用于夹持的陶瓷底座上，再将底座安装在线切割机上进行切割。采用石蜡作为黏结剂，黏结温度为150 ℃，首先加热硅棒的一端及陶瓷底座，待温度达到要求后，将石蜡均匀涂抹在硅棒和陶瓷底座的加热面上，然后将它们黏结起来，并置于水平台上自然冷却。待冷却至室温后即可达到黏结的目的。

5. 电火花切割

放电加工是基于工具和工件之间脉冲性火花放电的电腐蚀现象，通常需要被加工工件具有一定的导电能力。放电加工原理示意图如图3.9所示。绝缘材料添加少量的导电颗粒，具有一定的导电性能之后，也可使用放电方法加工。放电加工是一种非接触、宏观加工力很小的加工方式。放电加工根据加工形式分为电火花线切割、电火花成型、电火花铣削、电火花磨削等技术，其中应用最广泛的是电火花线切割和电火花成型。

电火花线切割加工（WEDM）是利用工件和工具电极丝之间的脉冲性火花放电，产生瞬间高温使工件材料局部熔化或汽化，从而达到加工目的。它是一种与晶向无关、非接触、宏观加工力很小的加工方式，从理论上讲采用WEDM切割，工件的厚度可以做到很小。

在电火花线切割的工作介质中加入少量的导电物质，使得火花放电切割硅片的同时产生少量的电解作用，在放电凹坑的上面，产生电解腐蚀作用形成许多小孔，起到绒面的减反射作用，从而达到切割与制绒一体化的目的。

如图3.10示，在传统的HS-WEDM机床上进行了如下改进措施：首先在运丝系统的电极丝上，增加导向器及恒定张力装置，用来减少来回换向产生的电极丝空间位置变化，避免

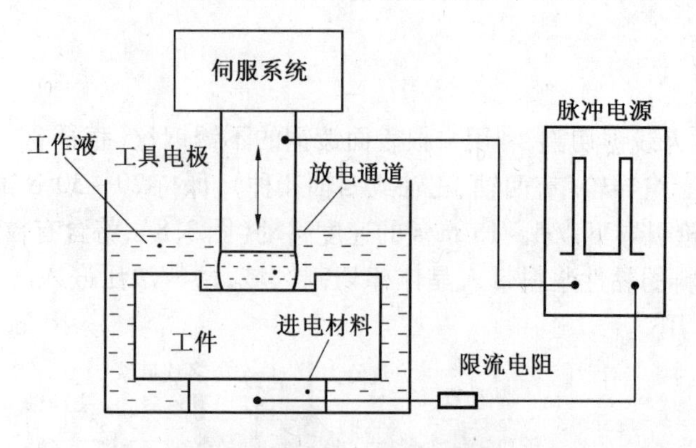

图 3.9　放电加工原理示意图

切割表面出现机械换向条纹;其次使用洗涤能力良好的复合工作液,加工时放电间隙内均匀地充满工作介质,维持极间冷却的均匀性,同时进一步提高切割效率和减少切割厚度,并使得电极丝在正常使用寿命范围内不断裂;第三,复合工作液具有较高的导电性,放电切割的同时对硅片表面有较强的电解复合作用,能够形成微小的孔洞,达到制绒的目的。

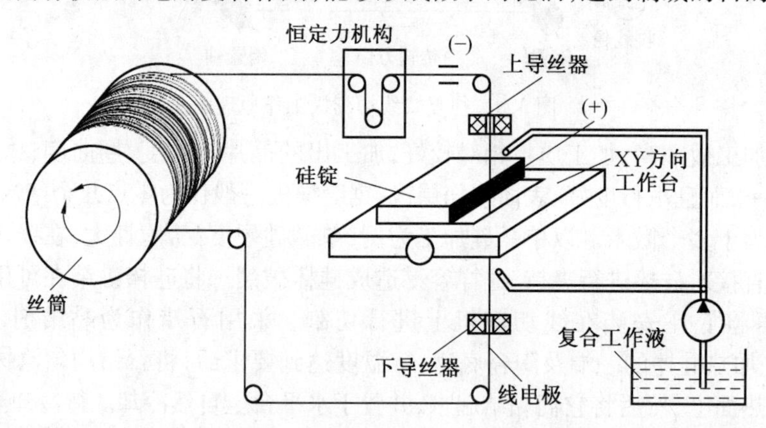

图 3.10　HS-WEDM 硅片切割试验系统示意图

6. 激光切割

激光是一种具有高方向性、高相干性、高亮度和单色性等特殊性质的光。这些特性保证了激光在聚焦后可以达到极高的功率密度,这也是激光加工的必备条件。激光束经过一系列光学镜片扩束、转折、聚焦,从而在焦点处形成极高的能量密度,当工件需要被切割部分置于焦点附近时,就被迅速破坏并被喷嘴喷出的压缩空气所带走移除,从而形成激光加工。

德国汉诺威激光中心实验室针对不同脉宽的激光器加工质量做了对比,通过加工大量半导体材料,分析了脉宽对加工质量的影响。实现了使用飞秒、皮秒、纳秒激光在硅片上打孔,如图 3.11 所示。结果表明,脉宽越小,越接近冷加工,加工质量越好。

天然单晶金刚石拥有极高硬度、耐磨性好、强度高、极好的导热性、能磨出锋利的刃口等一系列优异的性能,使其成为超精密切削中理想的、不可代替的刀具材料。然而,金刚石晶体具有高硬度、脆性高、强烈的各向异性等不利于机械加工的特点,使得分割效率低、损耗大、质量不稳定,在很大程度上降低了金刚石晶体的利用率,使刀具的成本居高不下,严重制约了超精密车削技术的发展。

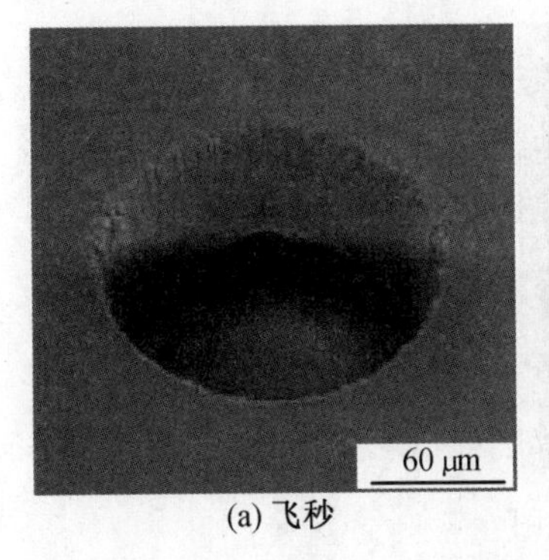

(a) 飞秒

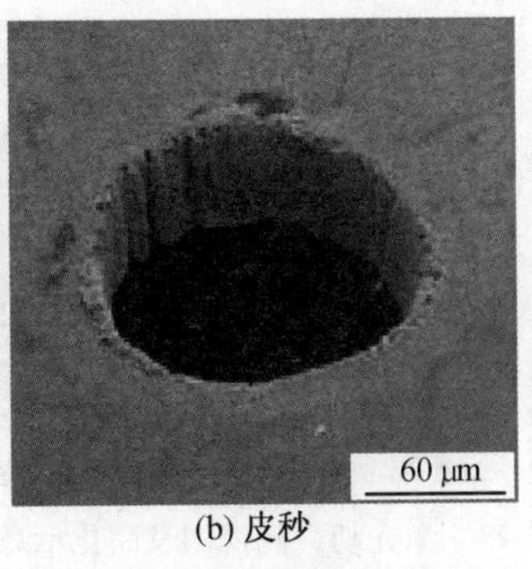

(b) 皮秒

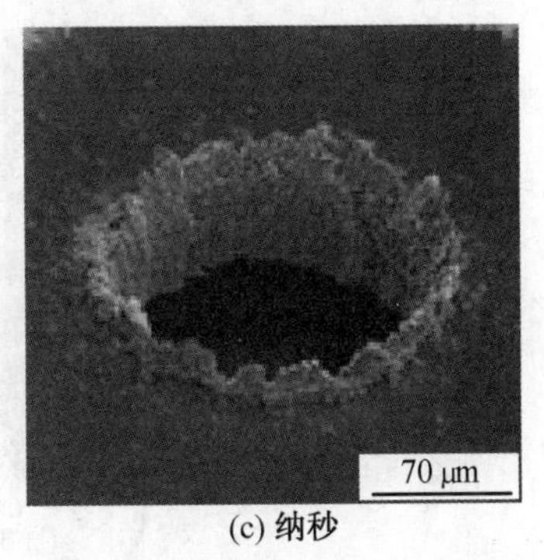

(c) 纳秒

图 3.11　飞秒、皮秒、纳秒激光环切硅片质量

一些研究机构使用水诱导激光进行切割金刚石晶体的研究，该方法可以实现高效率切割，极大地提高了切口质量，但相应的设备和辅助技术费用较高，仍处于研究阶段。

激光切割技术是将具有极高功率密度的聚焦激光束与工件相对运动，使工件材料不断蚀除并形成切缝的切割技术。切割速度是线切割速度的几十倍，而且噪声很小。激光切割设备占激光加工设备总值的70%以上，广泛应用于汽车、船舶、桥梁、机械制造、航空航天和能源等领域。

激光在切槽时，实际就是激光打孔过程的叠加（图 3.12）。通过工作台运动带动工件移动，在金刚石表面形成一个个圆孔叠加的切缝。可以在图 3.12 中的微槽边缘清晰地看出打孔痕迹。

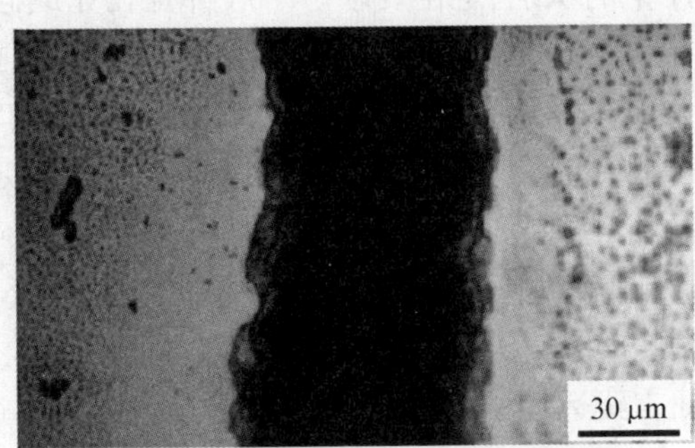

图 3.12　打孔的移动叠加形成微槽

激光切槽的切口近似为 V 形（图 3.13）。其中一个原因是激光为高斯光源，其能量密度遵从高斯分布，光斑中心去除最多。另外一个原因是激光切割时上层切除的材料容易在压缩空气的作用下吹出，露出的金刚石材料可以继续吸收激光从而不断去除，而下层的材料处于离焦位置，切下的材料堵塞在底部，阻碍了材料的进一步去除。切口质量使用缝宽的 1/2 所对应的锥角 β 来表示。使用 β 角度值可以评定出槽的深度和宽度变化的相对剧烈程度。若槽的宽度和深度同时发生了变化，β 值随之增大，则表明激光在水平方向大于垂直方向的去除量，不适合用来高效率的切割金刚石。故需要找出满足槽深较大，β 值尽量小的加工参数。

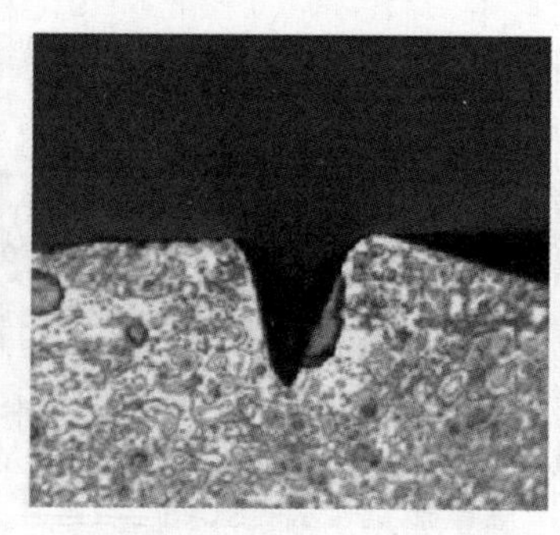
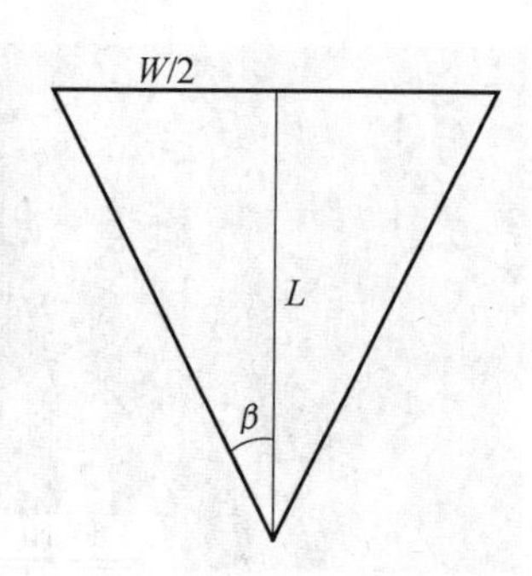

图 3.13　激光切口侧视图及简化示意图

7. 硅单晶的切割与倒角

无论是采用的直拉或区熔方法生长的硅单晶棒，其硅单晶一般是按<100>或<111>晶向生长的，由于晶体生长时的热力学势能作用，使得晶体外形表面还不够平整，其直径有一定的偏差，外形直径也不符合最终抛光片所规定的尺寸要求，故单晶棒要在切片加工前必须在X 射线定向仪上定向，根据集成电路(IC)技术要求可参照 SEMI 标准对硅单晶棒的外圆表面进行定向、磨削(滚磨)加工。通过对单晶棒的滚磨加工，使其表面整形达到基本的直径及其公差的要求，并确定其定位面的位置及基本尺寸。

磨削(滚磨)加工前一般采用 X 射线衍射法进行确定其单晶棒晶体方向的定向测量，以确保其在切片的加工精度。同时，为了识别硅单晶棒或晶片上的特定的结晶方向，有利于在IC 工艺中，晶片在不同工序中的识别、定位要求。一般都是在完成硅单晶棒的定向、外圆表面磨削加工之后，根据 IC 工艺要求，可参照 SEMI 标准采用 X 射线衍射法对硅单晶棒进行测定结晶方向后进行晶片的定位面(参考平面)或 V 形槽(Notch 缺口)的加工。

外圆磨削(滚磨)加工的目的是获得比较精确的晶体方向所确定的定位面或 V 形槽和外圆直径尺寸精度。

目前通常使用外圆磨床对硅单晶棒的外圆进行磨削加工。待磨削的硅晶棒固定在两个可以慢速旋转的支架之间，在其垂直方向有个高速旋转(转速高达 8 000 r/min)的金刚石磨轮，沿着单晶棒表面做来回直线运动，同时加入适当的磨削液，加工达到要求的直径尺寸公差，完成晶棒表面的磨削加工。

在磨削加工中，为了使单晶棒表面具有较高的直径尺寸公差的同时又不留有较深的表面损伤，如何选择金刚石磨轮、采用何种磨削工艺是至关重要的。在对大直径硅晶棒表面的磨削加工过程中，往往先用较粗的金刚石磨轮(粒度小于 100#)进行粗磨削，然后再用较细金刚石磨轮(粒度 200# ~ 400#)进行精磨削。

目前比较先进、自动化程度高的外圆磨床上都同时配有不同粒度的金刚石磨轮。粗磨轮在前、细磨轮在后，加工时粗磨轮先对晶棒表面进行粗磨削，紧接着细磨轮对晶棒表面进行细磨削，这种磨削加工效率高、表面加工精度高且晶棒表面损伤也小。

线切割技术是采用通过一根钢线(典型的直径为 180 μm)来回顺序缠绕 2 或 4 个导轮而形成的“钢丝线网”(导轮上刻有精密的线槽)，单晶棒两侧的砂浆喷嘴将砂浆切削液喷在“钢丝线网”上，导轮的旋转驱动“钢丝线网”将砂浆带到单晶棒里，钢丝将研磨砂紧压在单晶棒的表面上进行研磨式的切割，单晶棒同时慢速地往下运动通过“钢丝线网”，经过几个小时的磨削切割加工，可使硅单晶棒一刀一次被切割成许多相同厚度的硅片。

线切割系统主要由“钢丝线网”控制系统（轴、导轮、放线轮、收线轮等）、电器控制系统、切削液供给系统（碳化硅砂浆、悬浮液及液流控制系统等）、温度控制系统、硅单晶棒的承载接送料系统等组成。

采用线切割技术进行切片加工，其生产效率高、切缝损耗小（材料损耗相比可降低 25% 以上）、表面损伤小、表面加工精度高，故更适合大直径硅单晶的切片加工。

硅切片加工工艺流程示意框图如图 3.14 所示。

合格硅单晶棒（锭）→ 硅单晶棒黏结 → 硅单晶棒（锭）的切割（线切割或内圆切割）→ 去胶清洗 → 测量 → 半成品库

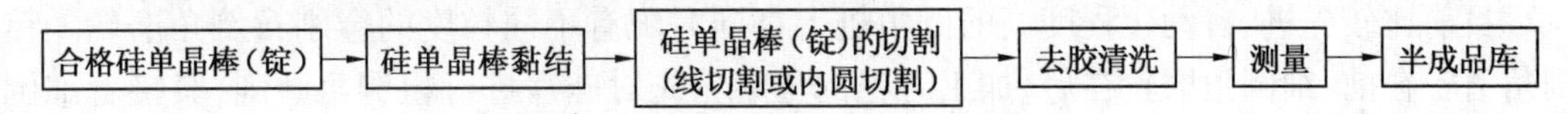

图 3.14　硅切片加工工艺流程示意框图

硅切片加工主要包括以下的步骤。

①硅单晶棒的黏结。一般采用环氧树脂将硅单晶棒黏结在表面具有与硅单晶棒直径相同的圆弧形状的石墨衬托板上。黏结时要注意硅单晶的生长方向，硅单晶棒头、尾不要倒置。将已经黏结有硅单晶棒的石墨衬托板在 X 射线定向仪上，根据集成电路技术要求可参照 SEMI 标准进行 X 射线定向。

石墨衬托板除具有支撑硅单晶棒作用外，还有防止硅晶棒在切割结束前产生崩边的现象。

②单晶棒的切割。按照工艺、技术规范要求，在硅切片机（线切割系统或内圆切割系统）上选择合理的切片工艺，同时加入相宜的切削液，对硅单晶棒进行硅切片加工。

③硅切片的去胶清洗。切割后，选择合理的硅切片清洗工艺对硅切片进行去胶和表面化学清洗，以获得符合技术要求、表面洁净的硅切片。

④硅片倒角。硅片倒角（Edge Grinding）加工的目的是要消除硅片边缘表面由于经切割加工后所产生的棱角、毛刺、崩边、裂缝或其他的缺陷和各种边缘表面污染，从而降低硅片边缘表面的粗糙度，增加硅片边缘表面的机械强度、减少颗粒的表面沾污。

待边缘表面倒角（磨削）加工的硅片被固定在一个可以旋转的支架上，在其边缘方向有一个高速旋转（转速一般达 5 000 ~ 6 000 r/min，也有高达 15 万 r/min）的金刚石倒角磨轮，两者间做相对的旋转运动，同时加入相宜的磨削液，经磨削加工以达到所要求的直径尺寸公差和边缘轮廓形状，完成硅片的边缘表面磨削加工。

经硅片倒角加工后，其边缘表面（截面）一般呈圆弧形（R-type）或梯形（T-type），如图 3.15所示。

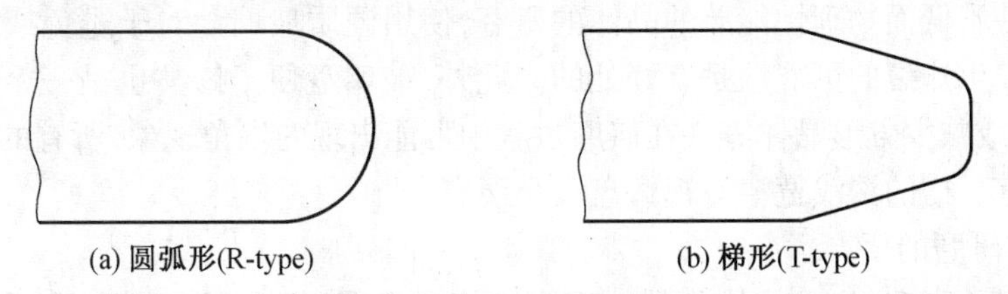

(a) 圆弧形(R-type)　　(b) 梯形(T-type)

图 3.15　硅片典型的边缘形状

倒角加工中为使硅片具有较高的直径尺寸公差，同时边缘表面又具有较小的粗糙度和不留有较深的表面应力损伤，如何选择金刚石倒角轮、采用何种倒角磨削工艺是至关重要的。在对大直径硅片的倒角磨削加工过程中，往往先用较粗的金刚石倒角磨轮（粒度常用

800#)进行粗倒角磨削,然后再用较细的金刚石倒角磨轮(粒度常用3 000#)进行精倒角磨削。

用800#磨轮进行粗倒角磨削加工,转速达80 kr/min,表面应力损伤层深35～40 μm,粗糙度约为0.5 μm。

用3000#磨轮进行精倒角磨削加工,转速达150 kr/min,表面机械应力损伤层深小于3 μm,粗糙度约为0.03 μm。

目前比较先进、自动化程度高的倒角机上都同时配有不同粒度的金刚石倒角磨轮。粗倒角磨轮在前、细倒角磨轮在后,加工时粗倒角磨轮先对硅片进行粗倒角磨削,紧接着细倒角磨轮对硅片进行细倒角磨削,这种倒角磨削加工效率高、边缘表面加工精度高、硅片边缘表面的应力损伤也小。

在硅片的倒角加工时,先用800#粗的磨轮进行粗倒角加工,然后再用3000#细的磨轮(转速可高达15万r/min)进行精倒角加工。

硅片倒角工序控制的主要技术参数有硅片的直径、边缘轮廓表面(边缘无异样,均匀,对称)、定位面(参考面或切口)尺寸和表面质量(无凹坑、亮点、刀痕、裂纹、崩边等)等。

3.2.2　晶体的研磨

研磨是在研磨盘与工件被加工表面之间加入研磨剂,在一定压力的作用下,研磨剂中的磨料嵌入研具表面。在研具相对于工件运动的过程中,工件表面被磨掉一层极薄的材料,达到光整加工的目的。

1. 晶体研磨的影响因素

(1)磨料问题。

不同的晶体硬度差别很大,选用磨料的硬度应和晶体的硬度大体相当。一般说来,莫氏硬度7以上的硬质晶体的研磨选用碳化硅(黑色或绿色)或碳化硼磨料,虽然后者价格高,但它的研磨效率要高得多,全面权衡其经济效果仍是可取的。莫氏硬度7以下的中、低硬度晶体的研磨,通常选用白刚玉和乐山砂,尤其是软晶体,乐山金刚砂则是比较理想的磨料。因为这种磨料硬度适中,粒度均匀,杂质又少,使用它可使晶体得到较为细腻的研磨表面。

(2)磨盘材料。

研磨高硬度的晶体,通常使用中碳钢、不锈钢或优质石料等耐磨材料做磨盘;研磨中等硬度的晶体,粗磨用铸铁盘,精磨用铜盘,铜比铁结构致密,易于得到均匀的砂面;对那些硬度低或硬度并不低而物理性能差的晶体的研磨,使用硬质玻璃盘对于避免或大大减少晶体研磨过程中发生炸裂的可能性是有好处的。此外,玻璃盘便于修整也是一个优点。应该指出,为了避免或减少方形晶体零件在研磨过程中可能出现的塌角现象,所有的晶体磨盘都以开方格槽为宜。槽的深浅宽窄应视磨盘大小而定。

(3)晶体研磨的要点。

①注意温差剧变,防止晶体炸裂。实际工作中发现,用金属盘研磨低硬度晶体容易炸裂,一方面是晶体本身应力过大造成的,另一方面环境、工模量具温差变化过大也是一个不容忽视的因素。为此,在研磨过程中应尽量避免用冷水调和磨料和刷洗零件,更不允许开启水龙头直接冲洗零件。磨盘也最好用热水加温后再使用。另外,刚刚研磨过的晶体,尤其是对温差敏感的潮解晶体,在尚未达到热平衡时切勿骤冷。

在温度低的环境下,如果要用金属量具直接量度晶体零件的线性尺寸和角度误差也需小心,因为金属的热传导性能好,散热快,在金属接触晶体的一瞬间,晶体表面热量因被金属带走骤然降温而引起晶体炸裂。有经验的操作者则用厚薄均匀的薄纸贴置在具体的测量面上进行测量,以防止炸裂。

②采用合理的加工规范,防止晶格排列遭到破坏。玻璃研磨过程中,粗的、硬的磨料留给它的只是大的破坏层和深的凹凸层,但是晶体情况不一样。实践证明,使用太粗太硬的磨料研磨软晶体,会使晶体表层晶格遭到破坏,这种破坏虽然肉眼看不到,但它造成的危害却会在晶体零件的使用效果上反映出来。当然,造成晶格破坏的因素除了与磨料的粒度、硬度有关外,也和加工压力等因素有关。因此,在晶体的机械研磨过程中既应避免使用太粗、太硬的磨料,也不能单纯依赖提高机床转速和增加研磨压力来达到提高研磨效率的目的。

③提高研磨质量,缩短抛光时间。目前晶体抛光时间普遍比较长,有的是由于所加工的晶体的硬度高的缘故,然而有许多晶体硬度分明比光学玻璃低,却得花费比光学玻璃长得多的抛光时间。要缩短晶体的抛光时间,必须提高晶体表面的精磨质量。为此,晶体的精磨用砂应当普遍比玻璃的精磨用砂细 1 到 2 号,在精磨工序上多付出的这点时间可以在抛光工序中得到补偿。而砂面磨细容易出现划痕的问题,是由于粒细的磨料均匀性不够好的缘故。只要对这些细磨料稍加处理使之粒度均匀即可克服。

④潮解晶体研磨要点。潮解晶体一般硬度比较低,通常以磨料加煤油、加温水或加该晶体的饱和溶液在硬质玻璃盘上研磨,有时也可以在粘贴砂纸的玻璃盘或金属盘上进行干磨,干磨时需注意以下两点:第一,不应用力过猛过速,以免晶体局部升温而炸裂;第二,注意选用粒度一致性好的砂纸,如果砂的粒度不均匀应先用玻璃盘或废晶体将砂纸表面隆起的粗砂粒打一打或以两张砂纸面相对轻轻擦几下再用,只有这样,干磨获得的晶体表面才不会产生深划痕。

综上所述,晶体的研磨是晶体加工全过程中一个重要的环节,它对于提高晶体零件的加工精度、缩短抛光时间关系极大。一般地说,只要注意上述各点,晶体的研磨工作是能够顺利进行的。

2. 研磨方法

(1)游离研磨。

对于脆性材料的研磨,研磨中磨粒的作用是磨粒的滚压作用及微切削作用。图 3.16 所示为采用游离磨粒研磨硬脆材料过程中磨粒与材料之间的相互作用示意图。基于摩擦学原理,在游离磨粒研磨硬脆材料时,材料去除机制可分为二体磨损和三体磨损机制。二体磨损机制为磨粒嵌入到研磨盘中的磨粒对表面产生微切削作用,以及磨粒嵌入到材料表面对研磨盘的划擦作用。三体磨损机制是磨粒在研磨盘与晶片之间既可以滚动也可以滑动对表面产生的滚压作用。经游离磨粒研磨后其损伤层一般包括多晶层、裂纹层和畸变层。

由于研磨盘表面存在气孔,在研磨过程中,一部分磨粒由于研磨压力的作用,会嵌入到研磨盘表面对晶片表面产生微切削作用,即二体磨粒磨损,嵌入到研磨盘的磨粒与划痕试验时划头对表面作用相似,当划入表面较浅时,材料表面主要以塑性变形为主,在亚表面会产生塑性滑移,而当划入较深时,材料表面会发生微破碎,在亚表面产生裂纹。如果磨粒的形状近似球形,很容易在晶片与研磨盘之间发生相对滚动对晶片表面产生滚压作用,即三体磨粒磨损。由于硬脆材料加工表面的拉应力最大部分产生微裂纹,当纵横交错的裂纹扩展并

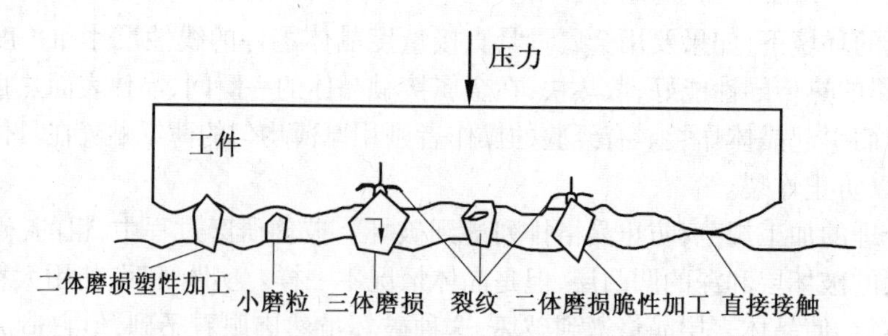

图 3.16 采用游离磨粒研磨硬脆材料过程中磨粒与材料之间相互作用的示意图

相互交叉时,受裂纹包围的部分就会产生脆性崩碎形成磨屑,达到表面材料去除的目的。

(2)半固着研磨。

半固着磨粒磨具和普通磨具在结构上比较类似,主要由磨粒、孔隙、结合剂组成,如图 3.17 所示,但结合剂的强度不大,当硬质大颗粒进入加工区时,大颗粒周围磨粒可产生位置迁移,形成"陷阱"空间,使大颗粒与磨粒趋于等高。半固着磨具加工后工件的表面粗糙度远远优于游离磨料加工,而且从整个加工工艺而言,半固着磨粒加工也大大提高了加工效率,如图 3.18 所示。为此,利用半固着磨粒磨具对晶片进行加工,有望改进晶片超精密加工技术,提高加工效率。

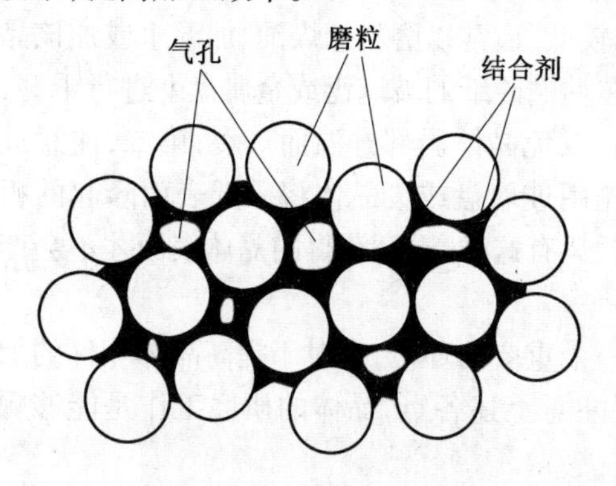

图 3.17 半固着磨具结构

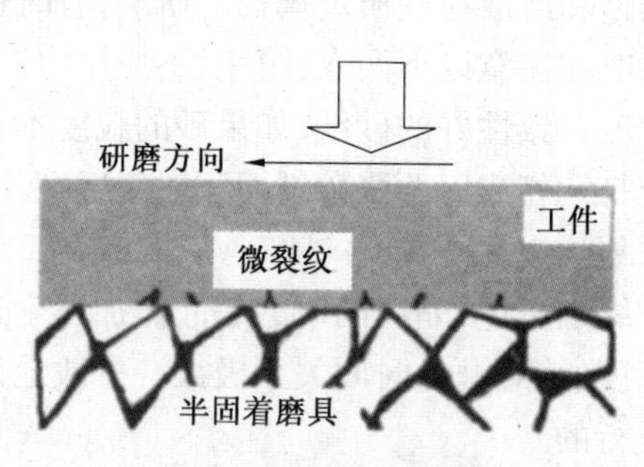

图 3.18 半固着磨具加工

加工时结合剂具有"塑性"特性,使加工时有效磨粒增多,单位磨削力小,如图 3.19 所示。因此这种加工既具有固结磨粒加工的高效,又有游离磨粒加工的高表面质量特性。更重要的是半固结磨粒研磨在加工时可不用水性研磨液,可避免晶体在湿环境下加工潮解的特点。

半固结磨粒研磨硼酸铯锂(CLBO)晶体,该材料的去除机理是,加工后 CLBO 晶体工件表面呈明显耕犁状,磨粒磨损方式以高效的二体磨损方式为主。

(3)固结磨粒。

固结磨料研磨通过磨粒露出结合剂层的部位与工件作用,对材料产生塑性或类塑性去除,显著降低工件表面粗糙度,在精密、超精密加工中具有显著优势,如图 3.20 所示。

采用固结磨粒砂轮磨削或固结磨粒研磨加工 CdZnTe 晶片,由于避免了游离磨粒的使用,磨粒嵌入问题可望得到有效的解决。由于避免了游离磨粒的使用,固结磨粒研磨后表面不存在凹坑和磨粒的嵌入。虽然采用固结磨粒研磨后的表面粗糙度与游离磨粒研磨后接

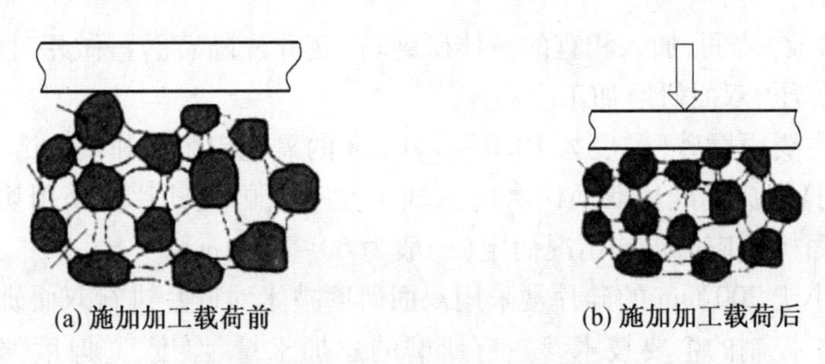

图3.19　施加加工载荷前后半固结磨粒研磨的“塑性”特性

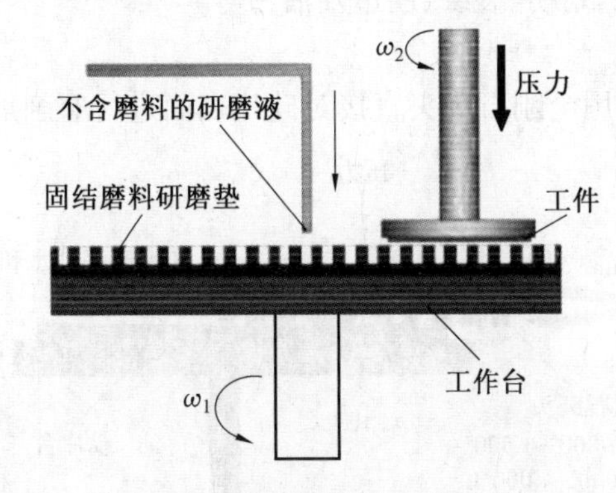

图3.20　固结磨料研磨原理示意图

近,但是在亚表面损伤方面却减小了很多,损伤形式单一,发现只有少量的裂纹,如图3.21所示。由于不存在磨粒的嵌入,由磨粒嵌入引起的亚表面损伤也不存在,因此,固结磨粒研磨CdZnTe晶片后的亚表面损伤层深度降低,损伤深度约为5 μm,几乎是游离研磨CdZnTe晶片亚表面损伤深度的$\frac{1}{3}$。

图3.21　3000#砂纸研磨CdZnTe晶片后的亚表面损伤

3. 硅片研磨工艺

晶体研磨的目的是为了去除在切片加工工序中,晶体表面因切割产生的、深度为20~50 μm的表面机械应力损伤层和表面的各种金属离子等杂质污染,并使晶体具有一定的几何尺寸精度的平坦表面。

在对硅切片的研磨加工中常采用硅片的双面研磨或硅片的表面磨削加工两种加工工艺。

(1)硅片的双面研磨。

在使用双面研磨系统对硅片进行双面研磨加工时,利用游轮片将硅片置于双面研磨机中的上下磨盘(磨板)之间,加入相宜的液体研磨料,使硅片随着磨盘做相对的行星运动,并对硅片进行分段加压、双面研磨加工。

液体研磨料主要由磨砂(粒度为 10.0 ~ 5.0 μm 的氧化铝微粉和氧化锆微粉等)和磨液(水和表面活性剂)组成。硅片双面研磨的总加工量一般可视硅片所采用切割加工的形式及存在的切割表面机械应力损伤情况而定(一般为 60 ~ 80 μm)。

目前对直径小于 200 mm 的硅片常采用双面研磨技术对硅片进行双面研磨加工。

双面研磨加工控制的主要技术参数有研磨的总加工量、厚度、总厚度偏差和表面精度(无凹坑、亮点、刀痕、鸦爪、划伤、裂纹、崩边及沾污等)。

(2)硅片的表面磨削。

表面磨削实质上是采用金刚石磨头直接对硅片表面进行磨削加工,如图 3.22 所示。

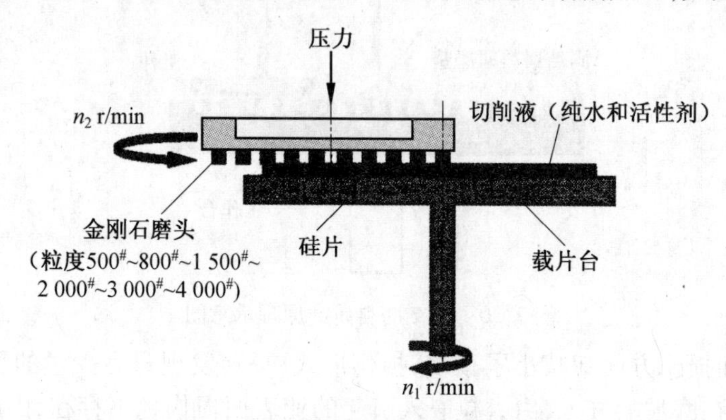

图 3.22 硅片的表面磨削加工示意

在磨削加工中,选用合理的工艺条件(正向压力、金刚石磨头的粒度、磨盘的转速、切削液黏度及流量等),可获得较大的磨削速率(磨削速率一般可达大于等于 20.0 μm/min)。

金刚石磨头的粒度可根据工艺要求选用 500#→800#→1500#→2000#→3000#→4000#,磨削后表面损伤小(为 1.4 ~ 0.4 μm)、表面粗糙度低(为 20.0 ~ 1.0 nm)。

为确保加工精度,一般常先选用金刚石的粒度 500#→800#→1500#进行粗双面磨削,磨削后表面应力损伤小(小于 1.4 μm)、表面粗糙度小于等于 20.0 nm。然后再选用金刚石的粒度 2000#→3000#→4000#进行精双面磨削,磨削后表面损伤更小(小于 0.4 μm)、表面粗糙度小于等于 1.0 nm。硅片研磨工艺流程如图 3.23 所示。

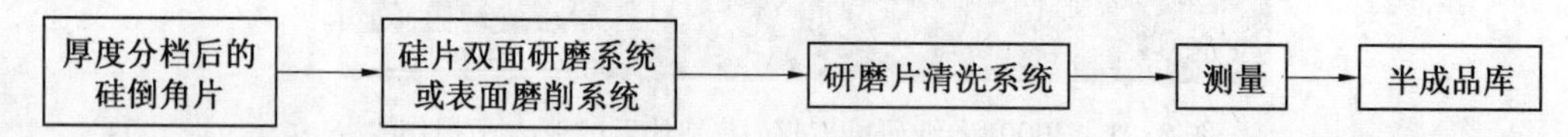

图 3.23 硅片研磨工艺流程示意图

表面磨削技术具有加工效率高、加工后表面平整度好、成本低、产生的表面应力损伤小等优点,在直径 300 mm 抛光片制备工艺中,现已广泛采用表面磨削技术来替代传统的双面研磨工艺。

3.3 晶体的定向

3.3.1 晶体定向的基本概念

在结晶学上,通常把选择晶体的坐标系统称为晶体定向。然而,在晶体加工中所说的晶体定向在概念上与此稍有不同,它指的是在晶体的坐标系统已经确定的前提下,根据所加工的晶体零件的具体要求,首先测定已知晶体的实际晶面与要求晶面的偏角,进而通过切割或研磨校正这一偏角使之获得准确晶面的过程。在这里,应该介绍一下晶面及其表示方法,因为在晶体定向中,晶面是一个很重要的概念。

一般地说,晶面是晶体中通过若干结点构成的并与晶轴相交的平面。更简便一些则可把晶面理解为用一个平面截取晶体时所得到的平面。晶面指数则用来描绘晶面在晶体中所处的确切位置。晶面指数实际上是晶面在晶体各结晶轴上的截距倒数的整数比。在只有三个结晶轴的晶体中,任何晶面在结晶轴上的截距最多只能有三个,于是晶面指数习惯于用(hkl)表示。而在有三个水平轴和一个垂直轴的晶体中,晶面在结晶轴上最多可以有四个截距,于是晶面指数需用($hkil$)来描述。能够证明,三个水平轴晶面指数的代数和 $h+k+l=0$,即第三个晶面指数与前面两个晶面指数之和数值相等,符号相反,这个规律在任何情况下都成立。因此,具有四个结晶轴的晶体的晶面指数仍可用三个指数表示,即照样可写成(hkl)。

必须指出的是,晶面指数有正负之分,负指数表示该晶面截晶轴位于坐标轴的负方向,以在其数字上加“-”号表示。当晶面和晶轴平行时,截距为∞,因而晶面在该晶轴上的指数为0。根据这一原则,晶体中的任何晶面都可以用一组晶面指数来描述。

为了反映晶体的对称性,通常用{hkl}表示满足晶体对称性要求的所有等效晶面。例如所有属于立方晶系的晶体的等效晶面{100}实际上包括(100)、(010)、(002)、(100)、(010)、(001)这样六个晶面。

晶体为什么要定向呢?这是由于晶体各向异性所决定的。以压电石英晶体为例,这种晶体的热膨胀系数,垂直光轴方向约为平行光轴方向的两倍;而旋光系数,平行光轴方向约为垂直光轴的两倍。它的 x 截面(垂直 x 轴的面)具有压电效应,其他方向则没有。未经定向的晶体零件如果实际取向与要求取向相差太大往往是不能使用的,至少得不到预期的使用效果。不过,立方晶系的晶体是一种例外,因为这类晶体在光学上是各向同性的,如果仅仅是作为光学零件使用,那么,在加工时是不必定向的。

3.3.2 晶体定向的基本方法

1. 机械法

(1)利用解理面定向。

解理是晶体重要的力学性质之一,不同的晶体以及同一晶体的不同晶面,解理的程度是不同的。但是,对于同种晶体的每一固定晶面,解理的程度却是相同的,这就为我们对晶体进行定向提供了一种重要手段。例如对一块属于六方晶系的石墨晶体施加定向机械力使之解理后,则它露出光滑平面即为(0001)面或写成(001)面,因为这种晶体只有(001)面是解理的,同样的道理,使一块属单斜晶系的石膏解理,则所得到的解理面必是(010)面。为此,晶体加工者对每种晶体的解理面应该很清楚。不然,即使把所要加工的晶体敲击出一个光滑的平面来,仍不知此平面为何晶面。由于不是所有晶体都具有解理性,而且在获得晶体解理面的过程中,对晶体本身具有一定的破坏,有时甚至可使晶体粉碎。因此,在晶体加工中只是在个别情况下才采用解理面定向的方法。

(2)利用击象和压象定向。

晶体的击象和压象是晶体受外界机械力作用后而产生破裂的另一种形式,它区别于解理的是晶体破裂后并不分裂成光滑的平面,而是在晶体表面上呈现以受力点为中心的对称分布的放射状裂纹,这种裂纹的长短随方向而异,反映了晶体的对称性。不同晶体或是同一晶体的不同晶面所呈现的击象和压象是不同的,而同种晶体的每一固定晶面,其击象和压象则是相同的。因此,人们可以根据晶体击象和压象的不同形态粗略判明晶体的取向。晶体击象和压象概念是不同的,它们对应于不同的受力方式:当用细针尖垂直放置于晶体的平滑表面上并施加瞬间冲击力后所得到的破裂图形称为击象;如果不是用细针尖而用端部为半球形的小棒放置于晶体表面上并持续加压后所得到的破裂图形则称为压象。击象和压象中的裂纹都是从受力点开始破裂的,但仔细观察比较可知,两者裂纹的方向和长短是不一样的。在具有极完全解理的云母晶体的(001)面上可以很容易得到清楚的击象和压象。同样,由于这种定向方法对晶体本身带有一定的破坏性,故较少用于晶体加工中的定向。

2. 光学法

(1)测角法定向。

测角法定向一般只适用于具有完好多面体外形的晶体,它是通过测定晶面间的角度值来确定晶体取向的一种方法。对于大尺寸晶体,晶面间的夹角可采用接触式测角仪进行直接测量,而对于小尺寸晶体则是采用单圈反射测角仪或双圈反射测角仪测量。但一般说来,晶体加工中不常用测角法定向。

(2)蚀象法定向。

晶体经特定腐蚀液浸蚀后,将在其不同晶面上出现不同形状的腐蚀坑,因腐蚀坑形状和晶体的结晶学取向又有对应关系,因此,通过金相显微镜观察腐蚀坑的形状就能大致判定晶体的取向。例如经过 HF 与 HNO_3体积比为 1∶2 的混合液腐蚀后的 $LiNbO_3$晶片 z 截面的负端上将会呈现出三角形腐蚀坑,三角形顶所指的方向即为晶体 y 轴的正端。三角形腐蚀坑与 $LiNbO_3$晶体柱面上的三条晶棱相对应。通常称晶面上出现的腐蚀坑为蚀象,故将此定向法称为蚀象法定向。

(3)光象法定向。

当平行光束垂直入射于经腐蚀而呈现了腐蚀坑的晶面上时,将能在屏幕上得到显示晶体对称性的光学反射图象,简称光象。对应于不同结构的晶体和同种晶体的不同晶面,可以得到不同的光象,因此通过观察光象的不同形态可以反过来确定晶体的取向。这种定向方法它仅适用于某些非透明晶体,如 Si、Ge、GaAs 等的几个特殊晶面的定向。其定向精度较低,如要提高定向精度则需加大屏幕与被测晶体之间的距离,但这样会降低光象图的清晰度,一般取屏幕与晶体间的距离为几十毫米为宜。

(4)偏光显微镜定向。

这是根据单轴晶体的 z 截面(光轴面)在正交偏光显微镜下所呈现的锥光(光轴干涉图)的形态来判定晶体光轴方向的一种方法。这种定向方法简单且直观,对晶体光轴的定向也能获得足够高的精确度。因此,这是晶体加工中经常使用的一种定向方法。其缺点只是这种方法不能适用于非透明晶体光轴的定向,而且对透明晶体也仅仅限于光轴的定向。

3. X 射线法

(1)劳厄法定向。

劳厄法定向是利用晶体对入射的连续波长的 X 射线所产生的衍射线使照相底片感光而形成一系列显示晶体对称性的衍射花样来分析确定晶体取向的一种方法。因为方法本身主要依靠拍摄 X 射线衍射图,然后加以分析,所以也称劳厄照相法定向或 X 光照射法定向。这种方法的最大优点是可对取向全然无知或偏角较大的晶体加以定向。但是,由于照相底片的乳胶对 X 光衍射线感光速度慢,加之照相底片的分析处理工作复杂,难以掌握,因此,劳厄法定向不大适用于晶体加工中的定向。

(2)单色 X 射线衍射法定向。

单色 X 射线衍射法定向,简称衍射法定向,是目前晶体加工中最通用而又最基本的定向方法,它能够获得机械法、光学法和 X 射线法中的劳厄法所不能达到的精度。它几乎适用于所有晶体的绝大多数晶面的定向。此外,它对被测晶体的大小和形状以及是否抛光没有要求,对晶体本身也不造成破坏性损伤。因此,在晶体加工中得到了广泛的应用。

3.3.3 晶体的单色 X 射线衍射法定向

1. 基本原理

当高速运动的带电粒子与金属物质的内层电子相碰撞时所产生的一束单色 X 射线入射到晶面上时,晶体内部的电子会因被迫振动而向四周发射出与原射线波长相同而强度大大减弱了的电磁波,这些电磁波称为入射的 X 射线的衍射线。而当入射的 X 射线与晶面的夹角 θ 满足布拉格定律 $2d\sin\theta=n\lambda$ 时,则衍射线就能在一定方向上相互增强而形成衍射极大值。

式中,d 为晶体面网间距, 称面间距,它是晶体中最邻近的两个平行晶面间的距离;λ 为入射的 X 射线的波长;n 为正整数,不同的 n 相应于不同的衍射级数,θ 角称为布拉格角,2θ 称衍射角。

从布拉格定律中可以看出,对于一个固定的晶面,λ 和 d 都是确定的,所以在晶体的 X 射线的衍射中,只有一定数目的满足布拉格定律的布拉格角 θ 能引起衍射。显然,对于不同的晶体和同一晶体的不同晶面,由于 d 的不同而使最强的衍射线出现在不同的位置上,而衍射线最强的位置可用检测器接收、放大并显示出来。晶体的单色 X 射线衍射法定向就是根据衍射线极大值实际上出现的位置和理论上应该出现的位置的偏差来确定晶面的取向的。

2. 单色 X 射线衍射法定向的一般程序

朗氏 X 射线形貌照相机、双晶分光计和 X 射线定向仪都是根据 X 射线衍射原理设计的,只是前两种仪器不把定向作为“专职”,而是“兼职”,定向精度没有单一用途的 X 射线定向仪高。用这些仪器进行晶体定向归根结底是寻求所定晶面的布拉格角 θ,因为有了 θ 角后定向操作是很简单的,通常有以下两个途径:

①查找 ASTM 卡片,获得所定晶面的 d 值,然后根据换算表将 d 换算成 θ。

在美国出版的 ASTM 卡片里,搜集整理了世界各国公开发表的物质的 X 射线粉末衍射数据,对于每种物质提供了许多不同的晶面指数及其相对应的 d。有了 d 就可以根据晶体

X 射线衍射角与面网间距换算表或换算曲线直接换算成 θ。

②根据所需定向晶面的晶面指数值,利用公式算出 d,再用布拉格定律计算定向晶面的 θ 角。

θ 角的获得必须分两步走:

第一步,根据 d 值计算公式算出 d。为此,必须引用七大晶系 d 值的计算公式:

立方晶系(等轴晶系):

$$\frac{1}{d_{(hkl)}^{2}}=\frac{h^{2}+k^{2}+l^{2}}{a^{2}} \tag{3.1}$$

正方晶系(四方晶系,四角晶系):

$$\frac{1}{d_{(hkl)}^{2}}=\frac{h^{2}+k^{2}}{a^{2}}+\frac{l^{2}}{c^{2}} \tag{3.2}$$

正交晶系(斜方晶系):

$$\frac{1}{d_{(hkl)}^{2}}=\frac{h^{2}}{a^{2}}+\frac{k^{2}}{b^{2}}+\frac{l^{2}}{c^{2}} \tag{3.3}$$

六方晶系:

$$\frac{1}{d_{(hkl)}^{2}}=\frac{4}{3}\left(\frac{h^{2}+hk+k^{2}}{a^{2}}\right)+\frac{l^{2}}{c^{2}} \tag{3.4}$$

单斜晶系:

$$\frac{1}{d_{(hkl)}^{2}}=\frac{1}{\sin^{2}\beta}\left(\frac{h^{2}}{a^{2}}+\frac{k^{2}\sin^{2}\beta}{b^{2}}+\frac{l^{2}}{c^{2}}-\frac{2hl\cos\beta}{ac}\right) \tag{3.5}$$

三方晶系(菱面晶系):

$$\frac{1}{d_{(hkl)}^{2}}=\frac{(h^{2}+k^{2}+l^{2})\sin 2\alpha+2(hk+kl+lh)(\cos^{2}\alpha-\cos\alpha)}{a^{2}(1-3\cos^{2}\alpha+2\cos^{3}\alpha)} \tag{3.6}$$

三斜晶系:

$$\frac{1}{d_{(hkl)}^{2}}=\frac{1}{v^{2}}(s_{11}h^{2}+s_{22}k^{2}+s_{33}l^{2}+2s_{12}hk+2s_{23}kl+2s_{13}hl) \tag{3.7}$$

其中,

$$v=abc\times\sqrt{1-\cos^{2}\alpha-\cos^{2}\beta-\cos^{2}\gamma+2\cos\alpha\cos\beta\cos\gamma}$$

$$s_{11}=b^{2}c^{2}\sin^{2}\alpha$$

$$s_{22}=a^{2}c^{2}\sin^{2}\beta$$

$$s_{33}=a^{2}b^{2}\sin^{2}\gamma$$

$$s_{12}=abc^{2}(\cos\alpha\cos\beta-\cos\gamma)$$

$$s_{23}=a^{2}bc(\cos\beta\cos\gamma-\cos\alpha)$$

$$s_{13}=ab^{2}c(\cos\gamma\cos\alpha-\cos\beta)$$

上述各式中的 a、b、c 和 α、β、γ 为晶胞常数。

第二步,有了 d 后,便可以进一步由布拉格定律计算 θ 角。利用单色 X 射线衍射法定向应该注意以下两点:

首先,要根据晶体的宏观外形和生长棱线大致判定所定晶面的取向,只要晶石偏角在 1°以内定向是能够顺利进行的。如果晶体的宏观外形和生长棱线已被破坏,则可根据晶体腐蚀坑形状、解理面、偏光显微镜以至于通过拍摄劳厄照片初步确定所定晶面的取向。

其次,应该清楚了解所要定向的晶体属于什么晶系及其定向面的晶面指数(*hkl*),否则计算工作无法进行。

在半导体材料和器件生产过程中经常把定向和切割联系在一起,提出了定向切割的概念。实际上它是通过切割机和定向仪的配合,先在需要定向的晶体上试切一片进行定向,然后根据实际晶面与要求晶面的偏角数值,重新调整切割机工作台的水平与俯仰,即固定切割机的工作台,对晶体施行连续切割。这样切割下来的晶片能够得到同一精度而无须逐一定向,这种工作方法是大量生产所必需的。然而,在晶体加工中经常遇到的却是单件晶体、单片加工,晶面的偏角可直接通过单件手工研磨加以校正,以满足使用要求。这时不存在定向切割问题。

3.4 晶体的抛光

抛光是用微细磨粒和软质工具对工件表面进行加工,是一种简便、迅速、廉价的零件表面的最终光饰加工方法,其主要目的是去除前工序的加工痕迹刀痕、磨纹、划印、麻点、毛刺等,改善工件表面粗糙度,或使零件获得光滑光亮的表面。

3.4.1 常用晶体抛光剂及其处理方法

红粉、氧化铈和氧化锆等抛光剂已能充分满足光学玻璃抛光的要求。然而它们用于晶体抛光,就得不到理想的抛光效果,因为晶体品种繁多,理化性能尤其是硬度差别很大,这就需要寻找多种不同硬度而又适合于晶体本身加工特性的抛光剂,以满足晶体抛光的要求。目前,国内常用的晶体抛光剂可概括为两类,它们分别适用于高硬度和中低硬度晶体的抛光。

1. 高硬度晶体抛光剂

高硬度晶体抛光剂目前有钻石粉(金刚石粉)及其制品——钻石研磨膏、玛瑙粉、宝石粉和白刚玉粉等。它们适用于莫氏硬度8.5以上的某些硬质晶体,如钇铝石榴石(YAG)、铝酸钇(YAP)和各种宝石(红宝石、蓝宝石、白宝石)等的抛光,有的也能用于个别中等硬度晶体的抛光。在众多的高硬度晶体抛光剂中,钻石粉及其制品钻石研磨膏是目前硬度最高而价格又最为昂贵的晶体抛光剂。散粒钻石粉通常以克拉(1克拉=0.2克)计量。由于散粒的钻石粉能够进行粒度均匀性处理,因此,用它做高硬度晶体的抛光剂,能得到比用钻石研磨膏好的表面光洁度,只是散粒钻石粉货源较少。钻石研磨膏目前还存在若干质量问题,因此,用它抛光硬质晶体并不理想,不过,随着钻石研磨膏生产工艺的不断改进,在其粒度均匀性得到进一步改善之后,钻石研磨膏作为高硬度晶体抛光剂可望得到更加广泛的应用。玛瑙粉、宝石粉和白刚玉粉也有足够高的硬度和切削力,虽然它们不及钻石粉和钻石研磨膏的抛光效率高,但价格便宜。

2. 中低硬度晶体抛光剂

比较常用的中低硬度晶体抛光剂有氧化铬、氧化锡、氧化镁和氧化锌几种。此外,低温红粉有时也用于个别晶体的抛光。

在上述晶体抛光剂中,氧化铬和氧化锡适用于多种晶体的抛光,应用更广泛一些。而氧化镁和氧化锌一般只作为某些低硬度晶体的精抛光用,它们只能抛掉晶体表面细微划痕,不能抛掉深划痕和粗麻点。因此,不宜自始至终使用这些抛光剂。

此外,对于个别硬度极低、性能奇异的晶体,也有用纯净墨汁、高级牙膏等作为抛光剂的。

3. 晶体抛光剂的球磨与分离

上面已经提到,目前多以金属氧化物试剂作为中低硬度晶体抛光剂。而试剂本身主要考虑材料的纯度很少顾及材料的粒度。因此,未经处理的金属氧化物试剂是不能作为晶体抛光剂使用的。

一般多采用球磨后浮选的方法处理晶体抛光剂。球磨时应将磨料和蒸馏水同时装入球磨罐内,并以约占球磨罐容积的2/3为宜,球磨时间需200 h以上。球磨完毕,将液料倒出,先用多层纱布粗略过滤一次,以除去球磨不充分的粗颗粒和杂质,然后再反复浮选,直至得到颗粒均匀、粒度小的晶体抛光剂。

潮解晶体抛光用的抛光剂球磨时应以无水乙醇代替蒸馏水,若用蒸馏水球磨后则必须烘干脱水。

需要指出,球磨晶体抛光剂一定要选用高硬度瓷罐和瓷球,不然,瓷罐和瓷球自身被磨损下来的粉末将会混入抛光剂中。这样的抛光剂根本不能使用。若晶体抛光剂不经球磨处理而直接过滤即使使用多层纱布夹棉花也得不到粒度一致的抛光剂。因此,在没有球磨机的情况下,至少也应用玛瑙或陶瓷研钵将抛光剂手工捣碎研细,再经浮选处理后才能使用。

钻石粉不能采用球磨方法处理。分离粗细颗粒的具体做法是将微量钻石粉(一般为几克拉)放进经过清洁处理的玻璃试管内并注入橄榄油或其他黏性大的油类物质,摇动试管,钻石粉便悬浮于橄榄油中形成悬浮液,然后将试管放在小功率超声波清洗机的清洗槽内接受高频超声震动,以振散黏结成团粒的钻石粉。最后,将装有钻石粉悬浮液的试管插入小型离心机孔内使其随离心机高速转动。因为粒度不同的钻石粉受到大小不一的离心力作用,粗颗粒钻石粉被黏性大的橄榄油黏附在试管壁上脱落不下来,而那些细颗粒未能被黏附于试管壁上仍成悬浮液。加工者需要的正是这样的钻石粉,用它抛光硬质晶体,一般地说,是能够得到比较好的表面光洁度的。那些粗颗粒钻石粉也应该回收利用。

3.4.2　晶体抛光盘的选择与抛光胶的清洁

处理硬度很低而结构又松散的晶体的抛光常采用棉花石蜡盘,以油酸为抛光介质。这种抛光盘制作简单,但修改光圈比较困难,要求加工者有较为丰富的实际操作经验。

大多数中等硬度晶体的抛光仍使用以松香、沥青和蜂蜡为基体的所谓沥青盘。至于抛光盘的硬度要根据不同的加工对象和温度加以选择。因为,不同产地的沥青、松香和蜂蜡,其性能上的差异是很大的。为此,要求加工者在实际工作中逐步摸索晶体抛光盘的合理配方。

在使用无水乙醇做抛光介质抛光潮解晶体的时候,抛光盘中不应有松香的成分。否则,在抛光过程中胶盘会因松香被无水乙醇溶解而遭破坏。松香和沥青的混合抛光盘在使用过程中容易变形,需要时时注意压盘。

有些光洁度要求高而面形精度要求低的晶体的抛光还可以使用平布盘、绒布盘或毛毡盘。这些纤维织物可以绷或粘在玻璃板和沥青盘上面。在抛光初期,晶体零件表面容易出现“橘子皮”,继续抛光,这种现象便可自然消失。

硬质晶体抛光用聚氨酯盘或优质石头盘等。前者适用于机抛光,而后者则适用于手抛光。在手抛光的时候,不同粒度的抛光剂应用不同的抛光盘。如果混用,难以得到理想抛光表面。

晶体抛光胶需要经过严格的清洁处理后才能使用,这在熬胶时就应充分注意到。一般情况需经多层纱布夹棉花进行三次以上的过滤,以尽量把胶中有害的机械杂质除去。

在晶体抛光这项精细工作中,抛光盘的合理选择和抛光胶的清洁处理是和抛光剂的选择和处理具有同等的重要性。

3.4.3 晶体抛光中的几个问题

1. 温度与湿度的影响

一般地说,光学玻璃在20 ℃的温度下抛光是比较理想的。可是,经验证明,大多数中低硬度晶体,尤其是红外晶体的抛光温度一般选25~28 ℃为宜(不包括硬质晶体),温度再高,抛光盘变形较大,这将不利于修改光圈,而且过于软化了的抛光盘的切削力也会显著降低,直接影响抛光效果。

恒温对晶体抛光是有利的,操作间空调最好,若无此条件,加工者必须采取适当措施尽量予以满足。例如工房温度低,可用电炉升温,也可在机床上悬吊红外灯并通过调节距离以形成合适的抛光温度。如在高温季节,则应合理调整工作时间,选择比较合适的温度区间进行晶体抛光。

湿度对潮解晶体的抛光影响很大,当湿度太大时,工件一般拉不干,即使拉干了,抛光表面稍一裸露就可能出现潮解痕迹。但也不是湿度越小越好,因为干燥的空气会造成抛光介质的过早挥发,同样抛不出好的光洁度。经验证明,60%左右的相对湿度对潮解晶体抛光比较有利。

降低湿度的有效方法是使用去湿机,提高湿度则可在工房内烧水或在地面上泼水。

必须指出,温湿度不但对潮解晶体的抛光有影响,而且对于个别潮解晶体的理化性能也会产生严重影响。比较典型的例子是带有一个分子结晶水的一水甲酸锂,这种晶体在97 ℃左右高温和40%以下的相对湿度下便会发生脱水而破坏它原有的理化性能,因此,在抛光这种晶体时,要特别注意对温湿度的控制,下盘零件也应存放在有一定湿度的容器内。

2. 提高晶体表面光洁度的一般方法

良好的清洁条件、适宜的温湿度、均匀细小的抛光剂、洁净的抛光介质以及配方合适的抛光胶只是抛好晶体光洁度的必要条件,有时注意到这些仍不能抛出满意的光洁度。因此,除掌握上述基本原则外,仍应在具体的抛光工艺上采取必要的辅助措施。

抛光的连续性也有助于晶体光洁度的提高。为此,必须把各项准备工作于前一天做好,除了必要的测量和检验外,中途最好不停机,力求利用一个工作日完成一个抛光周期。另外,在晶体抛光后期,只要晶体表面不残留粗麻点和深划痕就不必添加新的抛光液,用蒸馏水一直抛到底,这个过程一般应持续2 h左右。这样往往能得到较高的光洁度。在晶体抛光后期采用“借料”的方法,对于提高晶体表面光洁度也有显著效果。所谓“借料”,就是在晶体光洁度将好而又未好之前,停止添加新料,“借用”其他尚在抛光中被抛光过程研细了的旧料继续抛光。可以现场“借”,也可以使用回收并经清洁处理过的旧料,因为这样的抛光剂是细而均匀。

此外,悬浮液抛光也能获得良好的表面光洁度。具体做法是将工件和抛光盘完全浸入抛光液中抛光,抛光剂在抛光过程中被连续研细,这样就可以抛出较好的光洁度。不过要注意,一切与抛光液接触的部位应有防锈措施,亦应有搅拌装置,以免抛光剂沉积。

极个别晶体零件的光洁度在采取上述各项措施仍未能奏效时,还可以进行化学抛光。所谓化学抛光是指利用化学腐蚀液除去机械研磨所产生的晶体表面破坏层的过程。有时化学抛光是和机械抛光同时进行的,即在抛光盘上滴上预先精确配制的化学腐蚀液完成化学腐蚀抛光。但必须指出,化学抛光只能得到良好的表面光洁度,而难以获得理想的面形精度。因此,晶体的化学抛光只在面形精度不做严格要求而光洁度却需要很好的特定情况下采用。目前,提高晶体零件表面光洁度的最佳途径是离子抛光。

3. 晶体抛光中的防护措施

许多晶体材料是有毒的,例如砷化镓、溴化铊-碘化铊复合晶体(KRS-5)、铍酸镧、碲镉汞等红外激光晶体。在这些晶体的抛光以至在整个加工过程中,如果不采取必要的防护措施,将对操作者的健康带来一定的危害,这种危害不是马上能觉察到的,而是需要经过相当长时间才会表现出来。

从事晶体加工时间长,接触晶体晶种多的加工者可能会有视力减退、嗓子发干、精神倦乏的自我感觉,至于白细胞降低则更为普遍。这正是晶体加工中多种因素综合反映的结果。

在实际工作中应该尽量采取一些措施来防止或减轻晶体加工对人体可能产生的危害。抛光有毒晶体,在操作过程中应戴橡皮指套或手套,避免用手直接接触晶体,一旦接触应及时用肥皂水刷洗。

这里应该着重指出,在使用氧化铬做抛光剂,以重铬酸铵当添加剂抛光某些红外晶体的场合,防护问题尤应引起重视。这是因为无论重铬酸铵,还是氧化铬中的铬离子均对人体有危害,其中重铬酸铵中的六价铬离子较氧化格中的三价铬离子危害更大。因此,在操作时最好能戴橡皮指套或手套或下班后用10%的硫代硫酸钠洗手,这样就可以最大限度地消除或减轻毒物对加工者的危害。氧化铬虽是比较理想的晶体抛光剂,但不能完全排除它对加工者的危害。

3.4.4　晶体抛光方法及其原理

1. 机械抛光

图3.24是机械抛光装置示意图。托盘在电机的带动下以角速度 ω_p 转动,抛光面粘在托盘上,被抛光片通过胶体附着在试件盘上,试件盘在转动销的带动下,以角速度 ω_c 转动,方向与托盘相同。同时,机械压力通过转动销,胶体和试件盘将被抛光片压在浸满抛光液的抛光模上。在试件盘转动的作用下,被输送到抛光模上的抛光液均匀地分布到抛光模上,在被抛光片和试件盘之间形成一层液体薄膜,这层膜起质量传输和传递压力的作用。抛光液中的化学成分与被抛光片发生化学反应,将不溶物质转化为易溶物质,然后通过机械摩擦将这些易溶物从抛光片表面去掉,被流动的液体带走机械过程,这两个过程的结合可实现对材料的超精密加工。

(1)抛光液。

抛光液是由抛光粉与水在加入一定量的添加剂混合而成,它在抛光过程中起着极为重

要的作用。抛光粉颗粒直接作用于被抛光表面,它的性能好坏直接影响表面的质量,一般对抛光粉有如下的要求:

①粒度均匀。

②不含有其他机械杂质。

③具有一定的晶粒形状和缺陷。

④具有良好的分散性和吸附性。

⑤合适的硬度。

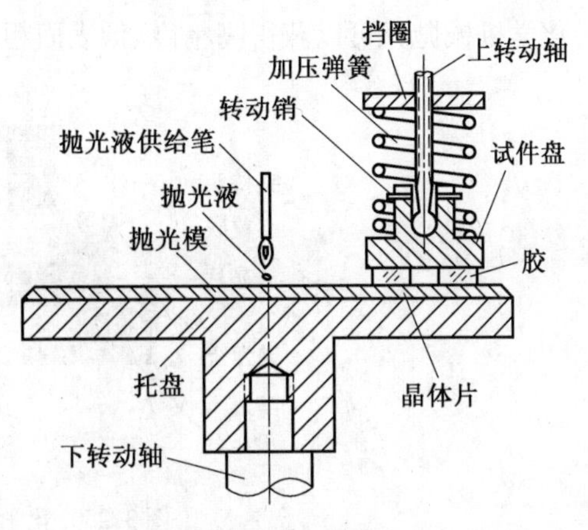

图3.24　抛光装置示意图

常用的抛光粉材料有氧化铬、氧化铈、氧化铁,抛光粉钻石粉因其价格昂贵和硬度大的特点(莫氏硬度9)只用于加工硬度大的光学晶体材料(如蓝宝石)。对抛光粉而言,硬度越高则抛光效率越高。抛光粉的粒度及其均匀程度对抛光表面的影响同样非常重要。颗粒粗大,抛光效率高,但抛光表面质量较差,容易使抛光表面上形成划痕。颗粒小且均匀,抛光效率略低,但加工表面质量好。

(2)抛光模层材料。

抛光模的性能不仅影响抛光表面的形状精度,而且还影响抛光质量和抛光效率。呢绒和毛毡等纤维材料可做抛光模层材料,而且能够承受较高的压力和在较高的转速下进行抛光,所以抛光效率高。但由于其硬度低而极难在抛光过程中保持一定的形状,加工的零件面形精度不高。用沥青作为抛光模层材料,在抛光过程中具有良好的弹性、流动性及吻合性,承载磨拉的能力强,既可在抛光过程中保持一定的形状,又可在与工件的接触过程中进行自修,故用其作为抛光模层材料可以获得较好的面形质量,并可通过修饰磨层表面,以控制被抛光表面的面形精度。

沥青随温度及成分的不同,呈3种结构状态:凝胶态、溶-凝胶态和溶胶态。相应地表现出3种不同的力学性质:玻璃态、黏弹态和粘流态。力学性质呈玻璃态的凝胶态沥青受力和温度变化时变形小。溶-凝胶态的沥青流展性好,易于容纳磨料,可保证较高的抛光表面质量。此外,沥青的硬度选择应适当。如果硬度太大,抛光粉颗粒不易嵌入抛光模层,使抛光效率降低,容易在抛光表面留下划痕,而且由于其流动性差,不规则部分不易得到修正,抛光模表面不规则的局部误差会造成工件(或镜盘)的光圈不规则,不利于减少工件表面的麻点等缺陷。如果硬度较软,磨粒易嵌入,抛光效率提高,但抛光模层表面易产生塑性流动,而且塑流层大,使得抛光模层本身的面型精度不易得到控制,这虽有利于改善工件的表面粗糙度,但被抛表面的面型精度较差,常引起塌边等面型误差。

2. 化学机械抛光

化学机械抛光原理如图3.25所示,整个系统是由一个旋转的晶片夹持器、承载抛光垫的工作台和抛光液供给装置三大部分组成。化学机械抛光加工时,旋转的工件以一定的压力压在旋转的抛光垫上,而由亚微米或纳米磨粒和化学溶液组成的抛光液在工件与抛光垫之间流动,在工件表面产生化学反应,生成一层反应膜。该反应膜由磨粒和抛光垫的机械作用去除,在化学成膜和机械去膜的交替过程中实现超精密表面加工。由于采用比工件软或者与工件硬度相当的磨粒,在化学反应和机械作用的共同作用下从工件表面去除材料,因此，化学机械抛光可以获得高精度、低表面粗糙度、无加工缺陷的工件表面。

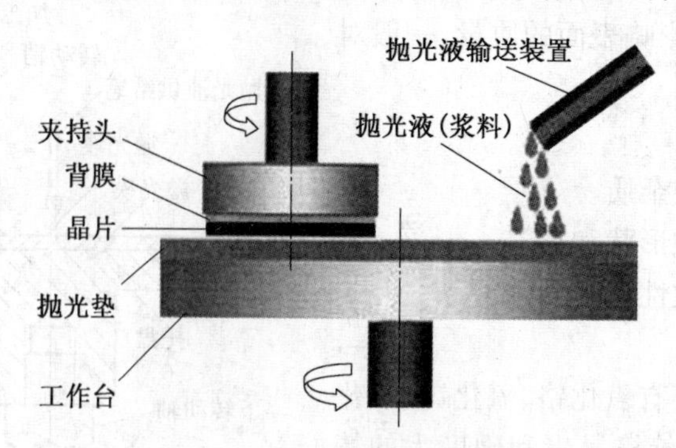

图3.25 化学机械抛光原理图

化学机械抛光加工中化学作用和机械作用相结合，过程复杂，化学作用和机械作用的匹配关系影响抛光加工的速率和抛光质量，其中，抛光垫和抛光液的性能参数是非常重要的影响因素，抛光加工中抛光垫和抛光液的特性及其在加工中所起的作用分析如下：

(1)抛光液中的成分在化学机械抛光中的作用。

化学机械抛光最关键问题就是抛光液的开发，它影响到抛光质量及工艺操作方法的实施，即最佳的化学机械抛光液既要能使各种材料的被抛光表面变得平整光亮，设备及工艺条件又要简单可行。抛光液的特性主要考虑流量、黏度、抛光液的成分、磨粒、pH 调节剂、表面活性剂、分散剂、其他添加剂等。不同的被抛光材料有不同的抛光液，应考虑被抛光的材料在化学机械抛光液中能均匀溶解，溶解后的产物容易被分离或清除；被抛光材料的溶解过程平缓发生且可以控制，使表面平整有光泽；化学机械抛光液要有一定的黏度，性质稳定不易分解或变质，且对抛光设备的腐蚀性小或能找到耐这种抛光液腐蚀的材料制成抛光设备。抛光液分酸性和碱性两种，它的组成主要包括磨粒、腐蚀剂、缓蚀剂、光亮剂、分散剂和水等。磨粒对抛光效果的影响主要从磨粒的尺寸、粒径分布、硬度、形状和作用形式来进行研究。在大多数情况下，切削深度与磨粒尺寸成正比。磨粒尺寸大小有下限，如果磨粒过小，去除量就很低。磨粒的尺寸越大，磨粒对晶片表面的机械摩擦作用就会越强，材料去除率越大，表面/亚表面损伤就会越大。腐蚀剂起溶解作用，对抛光面凸起部分溶解整平；缓冲剂起缓冲作用，抑制溶解过程，使化学反应不可太快太激烈以至于难于控制，以保证抛光面的几何尺寸，好的缓蚀剂应该是较多地分布在表面的凹洼部位，使凸起部分优先溶解；光亮剂能提高表面的光亮度。

(2)抛光垫在化学机械抛光中的作用。

抛光垫是化学机械抛光系统的重要组成部分，在化学机械抛光过程中储存和运输抛光液、排除抛光过程产物、维持化学机械抛光所需的化学环境，促进化学反应的完成。同时抛光垫承载加工区域中的磨粒作用于晶片表面，使得反应膜在磨料的机械作用下被去除。集成电路制造中所使用的抛光垫主要是聚氨酯类抛光垫，这种抛光垫的主要成分是发泡体固化的聚氨酯，其表面不仅有一定密度的微凸峰，也有许多空球体微孔。抛光垫表面上的微凸峰用于支承抛光液中的磨粒，或与被抛光晶片表面层产生摩擦，直接或间接去除晶片表面材料；抛光垫表面和内部的微孔能起到收集加工去除物、传送抛光液以及保证化学腐蚀等作用，有利于提高抛光均匀性和抛光效率。孔尺寸越大其运输能力越强，但孔径过大时会影响抛光垫的密度和刚度。

抛光垫的各种性质影响被抛光晶片的表面质量、平坦化能力和抛光速率。抛光垫的硬度对抛光均匀性有明显的影响，当使用硬抛光垫（如IC1000、IC1400等）时可获得较小的硅片内非均匀性，使用软抛光垫（如Suba800、Suba600等）可获得较好的表面质量和改善芯片内均匀性。为了获得较好的表面质量和较小的硅片内非均匀性，常采用“上硬下软”的复合式结构抛光垫。抛光垫的多孔性和表面粗糙度将影响抛光液的传输、材料去除率和接触面积。抛光垫表面越粗糙，则抛光时晶片表面材料去除率越大；但抛光垫使用后会产生变形，表面变得光滑，孔隙减少和微孔被堵塞，使抛光速率下降，必须进行不断的修整来恢复其粗糙度，改善抛光液的传输能力，一般采用金刚石修整器来定期修整抛光垫。

3. 合成盘抛光

针对传统抛光方法无法同时满足高面形精度、低表面缺陷以及批量加工的问题，使用基于合成盘抛光的板条Nd:YAG晶体加工工艺。该工艺采用新型的合成抛光盘来代替传统的沥青、聚氨酯、锡等抛光盘材料。新型合成抛光盘的硬度大大高于前述传统抛光材料，使得工件压向抛光盘时接触表面几乎不发生弹性形变，不会引起工件边缘压力的奇异性，从而可避免工件的塌边现象。所用合成抛光盘由树脂微粉、锡微粉、黏结剂等成分制成，并包含大量气孔。由于其中的金属锡微粉硬度低于所使用的抛光磨料硬度，抛光磨料可部分嵌入抛光盘表面，整个抛光环境将构成一种半固结磨料抛光的状态，在保证元件表面质量的同时可大大提高抛光效率。

4. 磁流变抛光

磁流变抛光加工原理示意图如图3.26所示。工件位于运动轮上方，并与运动轮有一个很小的固定安装距离。位于运动轮下方（或两侧）的电磁铁在运动轮与工件之间的狭小间隙产生一个梯度磁场。磁流变液经过循环装置后，喷射到运动轮上，被传送到该汇集间隙附近时，高梯度磁场使之凝聚、变硬，这样具有一定运动速度的黏塑性流体在与工件表面接触的区域产生剪切力。调整工件的旋转速度与角度，可使工件的表面材料被光滑地去除。当加工大型光学零件时，也可以将运动轮安装在工件的上方进行加工。

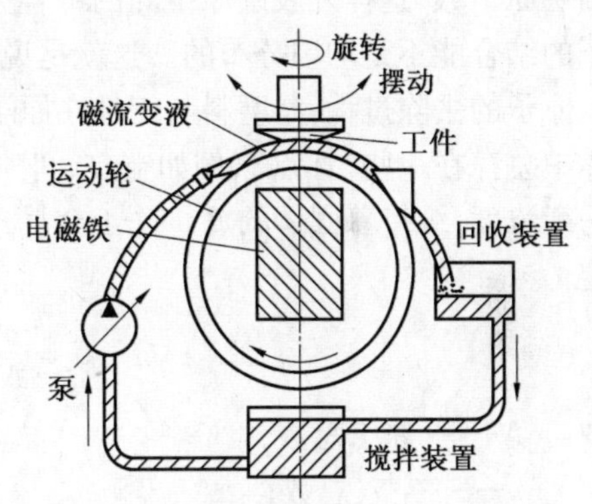

图3.26　磁流变抛光加工原理示意图

与传统光学抛光技术相比较，磁流变抛光加工具有切入量非常小，加工表面洁净、无刮伤等特点，它是一种可控的、确定性的光整加工技术。

5. 浮法抛光

浮法抛光是在高回转精度的抛光机上使用高平面度并带有同心圆或螺旋沟槽的锡抛光盘进行超光滑表面加工，如图3.27所示。抛光加工时，抛光盘及工件高速回转，覆盖在整个抛光盘表面的抛光液在二者之间呈动压流体状态，并形成一层液膜，从而对浮起状态下的工件进行平面度极高的非接触超精密抛光。

浮法抛光中，机械切削作用不占主要地位。采用较软的或较硬的磨料均可获得超光滑表面，并且表面粗糙度可达到亚纳米量级，接近原子尺寸，这说明浮法抛光中，工件材料的去

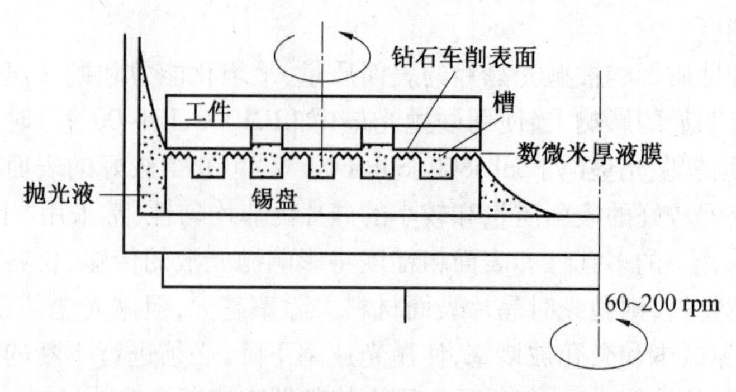

图 3.27 浮法抛光机原理结构

除是在原子水平上进行的。

浮法抛光过程中，镜盘与磨盘稳定旋转，抛光液运动产生的动压力，使镜盘与磨盘之间有数微米厚的液膜，磨料微粒在这层液膜中运动，与工件表面不断碰撞；工件表面原子在磨料微粒的撞击作用下脱离工件主体，从而被去除。

热力学理论认为，固体最稳定态是绝对零度时的理想晶体，此时其内能最低，各原子间结合能相同。实际上的固体，其每一面层都存在晶格缺陷。固体的相互作用缘于其存在晶格缺陷的结构。物体表面原子间的结合能正比于该原子周围的同等原子数目，换言之，不同面层原子因其位置而有不同的结合能。具体到被抛光工件，其外表层原子数显然少于内部各面层原子数，这样外表层原子间的结合力就比其主体内部的原子弱。同样的道理，外表层原子的结合能不是均匀分布的。这就是说外表面层的原子比内部原子容易去除。

原子的去除过程，是磨料与工件在原子水平的碰撞、扩散、填充过程。根据热力学观点，固体中总存在一些“坏点”，例如空穴、间隙原子、杂质原子、错位原子等，这些“坏点”有一定的平衡浓度，维持着固体的熵。关于金属或单原子晶体，其空穴的平衡浓度 C 由如下公式决定：

$$C = \frac{n}{N} = \exp\left(\frac{-\varepsilon}{KT}\right) \tag{3.8}$$

式中 N—— 原子总数；

n—— 空穴总数；

ε—— 形成一个空穴所需能量；

K—— 玻尔兹曼常数；

T—— 绝对温度。

浮法抛光中，工件与磨盘间由于抛光液的作用产生液膜，约几微米厚，磨料颗粒便在这个液层中运动，不断碰撞工件表面。在碰撞的接触点，可能产生局部压力和温度升高。由式(3.8)可知，温度的升高导致工件与磨料颗粒碰撞，表层的空穴数增加，并使原子间的键联减弱，如图 3.28(a)所示，此时原子扩散加剧。工件表层的原子由于扩散作用进入磨料中，同时磨料原子也作为杂质原子填充到工件最表层的空穴中，成为一个“坏点”。

抛光过程中，碰撞不断发生。“坏点”附近的工件表面原子所受结合力比其他部位更小，当磨料颗粒撞击杂质原子附近时，被撞原子便被去除了，如图 3.28(b)所示。

6. 离子束抛光

离子束抛光(图 3.29)是一种非接触式的高确定性光学加工手段，利用从离子源发射出

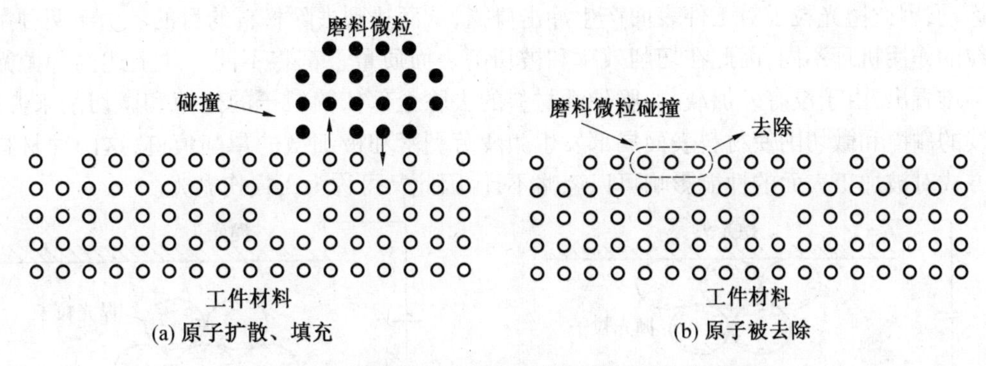

图3.28　浮法抛光过程中工件表面原子被去除过程

的具有一定能量与空间分布的离子束流轰击待加工工件表面，高能离子入射到工件表面后发生溅射效应——当溅射粒子能量大于工件材料的表面束缚能时，便可以飞离工件表面，实现确定性的材料去除。从离子源发射出的离子束流经过离子光学系统的修形，其空间密度具有高斯型的空间分布，从而能够在工件表面得到近高斯型的去除函数，再利用计算机控制表面成型加工工件。与传统加工方法相比，离子束抛光的收敛率更高，而且无边缘效应和复印效应，更适合光学镜面精细抛光阶段的需求。

使用离子束抛光设备，对磷酸二氢钾（KDP）晶体进行低能离子束抛光加工，离子束抛光工艺参数为：入射离子能量400 eV，离子束流30 mA，离子束入射角度45°。在离子束倾斜入射条件下，KDP表面微观波峰的溅射去除率大于微观波谷的溅射去除率，使得表面趋于平滑；同时，由于离子能量传递给KDP表面原子，KDP表面原子产生热流动现象，由波峰流向波谷，对微观波峰和波谷有一定的“钝化”作用。低能离子束抛光不破坏KDP晶体表面结构，且改善KDP晶体表面质量，可以用于KDP晶体的超精密加工。

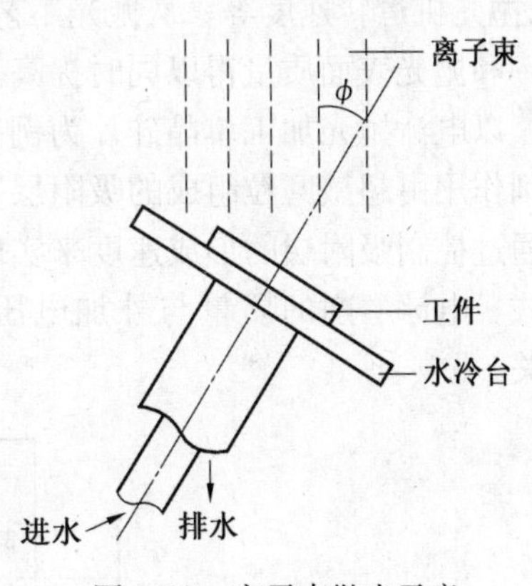

图3.29　离子束抛光示意

利用离子束抛光技术还可以去除前道工序引入的杂质，使晶体表面更加清洁。

7. 电泳抛光

由表面物理学理论可知，由于固体表面相对于体内存在更多的杂质原子和缺陷，因此在这些杂质原子和缺陷周围往往形成局域电子态，或称为外来电子态。处于悬浊液中的弥散微粒子因此会在其表面聚集一定的负电荷而呈负电性，如果在该悬浊液中施以电场，则带电微粒受到电场力的作用而产生向同一方向的运动，这种现象被形象地称为电泳现象。将这一物理现象应用于工件抛光就产生了一种新的非接触无损抛光方法——电泳抛光。如果变换电场强度和施加方向就能达到控制悬浮液中微粒子的运动，这为优选电泳抛光条件提供了可能。如图3.30所示是电泳抛光的两种原理示意图。3.30(a)为当工件端为负极，抛光头为正极时，微粒子将在电场力作用下向抛光头聚集，从而形成一个柔性磨粒层，当工件旋转时，磨粒与工件间也会发生摩擦与碰撞，以达到抛光加工的目的。3.30(b)为当工件端为正极，抛光头为负极时，微粒子将在电场力作用下向工件方聚集，由于工件和抛光头产生相对运动,因此抛光粒子对工件表面产生冲击碰撞,从而达到去除材料的目的。由于两种抛光磨粒的作用机理不同,因此在切削效率和被切削表面质量上都将不同。从上述两种抛光机理不难看出,由于没有外加载荷,脆硬性材料的去除全部依赖粒子的碰撞和微切削来实现,连续的碰撞和微切削使材料表面局部发生微疲劳剥落和极细微的犁削痕迹,这两种材料去除方式对被加工表面的性能影响可以忽略不计,因此又可称为无损伤抛光。

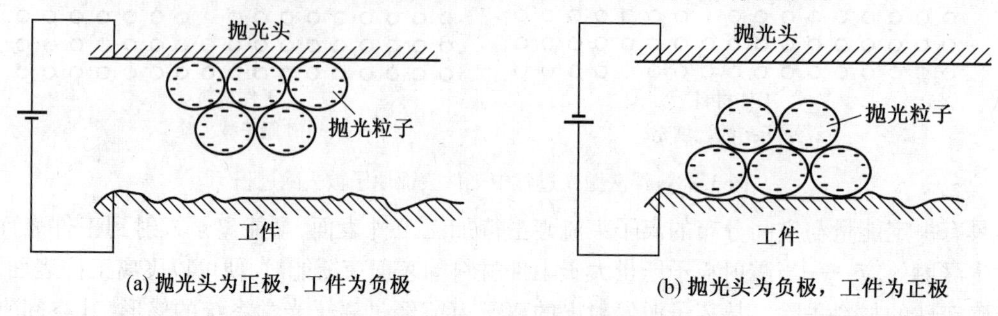

图 3.30 电泳抛光原理示意图

影响电泳抛光质量的参数有材料参数和工况参数两类,材料参数包括抛光颗粒大小及材质、抛光液种类,颗粒数量(浓度)等;工况参数包括非接触间隙厚度、施加电压大小及方向、抛光机运转速度等。从抛光工艺优化出发,在这些影响参数间能找到最佳的组合使抛光效率和抛光表面质量得以同时提高。

以电泳抛光加工单晶硅片为例。基于超微磨粒电泳效应的磨削加工技术(图 3.31),其磨削作用由超微磨粒组成的吸附层完成,能有效提高晶体材料的表面加工质量。磨削深度可通过控制吸附层的形成速度来实现,无须磨具的进给,因此电泳磨削是一种无进给的加工方式。电泳磨削的质量与外加电压、加工时间、工件与磨具的间隙以及磨料性质等因素有关。

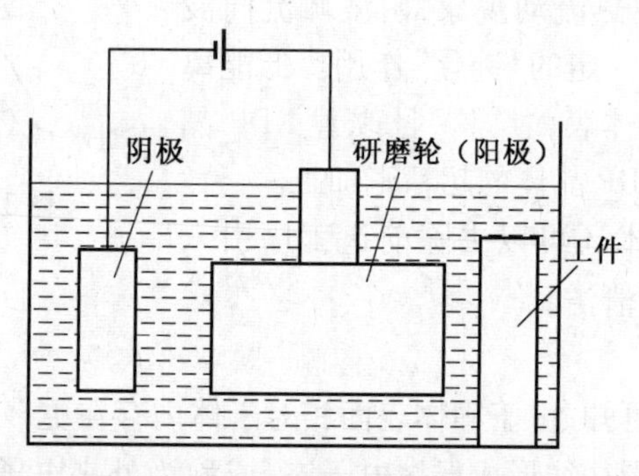

图 3.31 电泳抛光加工示意图

8. 介电泳抛光

介电泳是指中性粒子在非均匀电场中由于极化效应所导致的移动现象。在均匀电场中,中性粒子极化后受到大小相等、方向相反的两个力,不会发生移动,如图 3.32(a)所示;在非均匀电场中,极化后中性粒子的正负电荷中心处于不同的电场强度中,受到不同大小的力,产生位移,如图 3.32(b)所示。

这种方法能延长抛光液和磨粒在加工区域内的驻留时间,改变磨粒在加工区域的分布,增强抛光介质的工件材料的去除能力,提高加工效率。同时,减少抛光液和磨粒甩出造成的

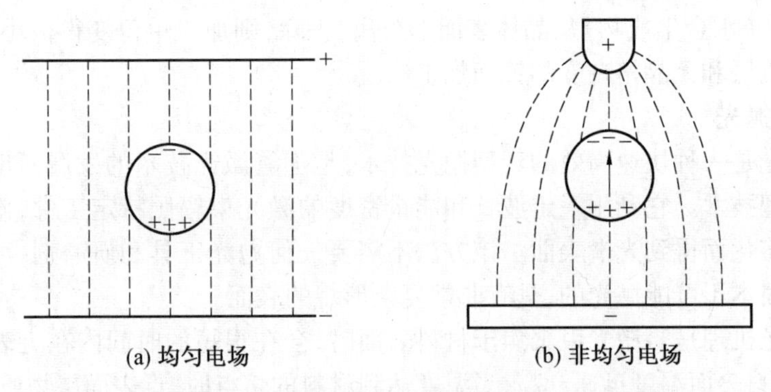

图3.32 中性粒子在均匀电场和非均匀电场中的运动情况

无效损耗,降低生产成本。介电泳抛光中,工件表面质量受到很多因素影响,例如抛光盘转速、压力、抛光液、电极形状、电压、极板间距等。

介电泳抛光所用设备为Nanopoli-100超精密抛光机,实验装置示意图如图3.33所示,主要包括电源、上基盘和下盘等,上基盘和下盘中均有电极。电源可以产生0~50 Hz的频率,幅值为0~3 500 V的方波,电源通过电刷与抛光装置中的电极相连接。打开电源,极板之间便会产生非均匀电场,实现介电泳抛光加工;关闭电源,实现传统化学机械抛光加工。

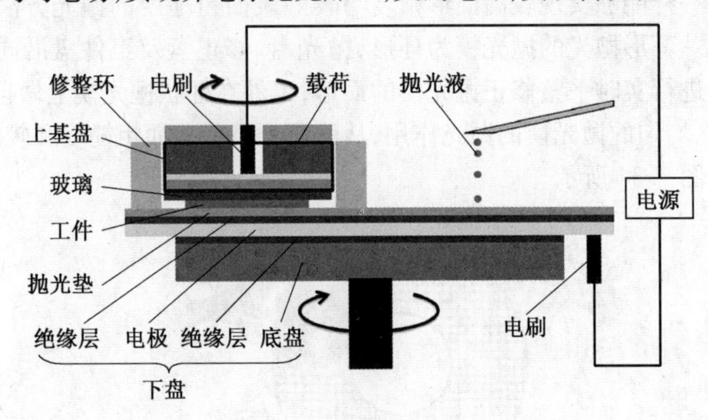

图3.33 介电泳抛光实验装置示意图

9. 水合抛光

水合抛光是一种利用在工件界面上产生水合反应的高效、超精密抛光方法。其主要特点是不使用磨粒和加工液。水合抛光是在普通抛光机上,给抛光加工区加上保温罩,使工件在过热水蒸气介质中进行抛光。可获得无划痕、平滑光泽无畸变的洁净表面。

在抛光过程中,两个物体产生相对摩擦,在接触区产生高温高压,工件表面上的原子或分子呈活性化。利用过热水蒸气分子和水作用其表面,使之在界面上形成水合化层。然后借助过热水蒸气或在一个大气压的水蒸气环境下利用外来的摩擦力从工件表面上将水合化层分离、去除,从而实现镜面加工。

以蓝宝石的水合抛光为例。单晶蓝宝石表面水合物的生成是因为其表面的氧原子是极化的,容易吸收H_2O。分解吸附的H_2O,使氢离子与氧化铝表面的氧结合而形成羟基OH—。羟基的反应性高,构成活化络合物后形成$Al-O^+H_2OH$层和Al_2O_3水合物。这种水合层近似于范德瓦尔斯结合,其硬度值比Al_2O_3低。若能通过相对联动的抛光盘的摩擦力将这种水合层（水合生成物）从晶体表面上分离、去除，则加工单位变得极小，因此有可能成为无加工变质层和无晶格畸变的镜面加工法。

10. 激光抛光

激光抛光是一种快速高效的新型抛光技术，是随着激光技术的发展而出现的一种新型材料表面处理技术。它利用一定波长和能量密度的激光束辐照特定工件，使其表面一薄层物质蒸发或熔化而得到光滑表面。该方法不需要任何抛光工具和研磨剂，可以抛光用传统方法很难或根本不可能抛光的、具有非常复杂形貌的表面。

激光抛光机理是当激光束聚焦于材料表面时，会在很短的时间内在近表面区域积累大量的热，使材料表面温度迅速升高，当温度达到材料的熔点时，近表面层物质开始熔化；当温度达到材料的沸点时，近表面层物质开始蒸发而基体的温度基本保持在室温。

当上述物理变化过程主要为熔化时，材料表面熔化各部分曲率半径不同，熔融的材料向曲率低即曲率半径大的地方流动，最后各处的曲率趋于一致，同时固液界面处以每秒数米的速度凝固，最终获得光滑平整的表面。当物理变化过程主要为蒸发时，激光抛光的实质是去除材料表面一薄层物质。

11. 环形抛光

环形抛光是一种能够实现较高面形精度与较好表面粗糙度的抛光方法，广泛应用于各种光学抛光领域。环形抛光的抛光模为环形，抛光盘、修正盘及工件盘沿同一方向旋转，修正盘在抛光模上进行实时平整修正抛光模的面形，工件在环状抛光模上做自由浮动式抛光，工件受到连续的、均匀的抛光模的抛光作用，从而得到极低表面粗糙度和较高面形精度。环形抛光原理图如图 3.34 所示。

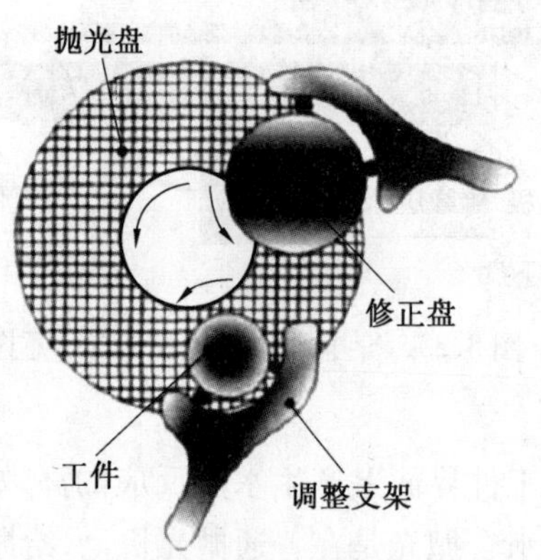

图 3.34　环形抛光原理图

第 4 章　粉体加工技术

4.1　粉体的分散

4.1.1　工业生产中的粉体分散

工业生产中的粉体状态主要有两种:堆积态及悬浮态。常见的工业悬浮态粉体有四种类型:固体颗粒在气相中悬浮、固体颗粒在液相中悬浮、液体颗粒在另一种液体(不互溶液体)中悬浮及液体颗粒在气相中悬浮。本章重点探讨固-液、固-气工业颗粒悬浮体。

1. 颗粒悬浮体的极限悬浮粒度

任何密度大于 $1 \times 10^3\ kg/m^3$ 的颗粒在水中都受重力作用而沉降。设颗粒粒度为 d,密度为 ρ,在斯托克斯(Stokes) 阻力范围内,其自由沉降末速 v_0 为

$$v_0 = \frac{(\rho_s - \rho_0)d^2}{18\mu}g \tag{4.1}$$

式中　ρ_s—— 固体粒子的密度,kg/m^3;

ρ_0—— 介质的密度,kg/m^3;

μ—— 介质黏度,$Pa \cdot s$;

g—— 重力加速度,m/s^2。

在 25 ℃ 的水中,$v_0 = 54.50(\rho_s - 1)d^2$。

然而,对于微米级颗粒,介质分子热运动对它的作用逐渐显著,引起了它们在介质中的无序扩散运动,即所谓布朗运动。

粒度在 1 μm 以下的颗粒,在水介质中将主要受介质分子热运动的作用,而做无序的扩散运动,重力的作用对它们显得较为次要,颗粒不再表现出明显的重力沉降运动。对于亚微米及纳米级颗粒,重力沉降作用衰退到可以完全忽略不计的程度,这种超细粉体只要条件适当,本可以稳定地分散、悬浮在水介质之中,事实上它们往往受分子作用力等吸引力的影响而团聚沉降。

2. 颗粒的流体动力学悬浮

从理论上讲,只要创造一定速率的流体上升运动,就可以使具有相应沉降速度的颗粒悬浮。当固体体积分数大于 3% 时,可用比自由沉降速度小的干涉沉降速度代替。

在工业反应器或搅拌槽中,可以通过适当的搅拌使颗粒悬浮体处于强湍流之中,从而保证其适当的悬浮状态。

下面给出一些搅拌槽的典型能量消耗水平,及与之相对应的颗粒悬浮状态:

低功率($0.2\ kW/m^3$)—— 轻质固体悬浮,低黏度液体混合;

中等功率($0.6\ kW/m^3$)—— 中等密度固体悬浮,液液相接触;

高功率($2\ kW/m^3$)—— 重质固体悬浮,乳化;

极高功率($4\ kW/m^3$)—— 捏塑体、糊状物等的混合。

当所有的颗粒均处于运动状态,且没有任何颗粒在槽底的停留时间超过 1 ~ 2 s 时,颗粒体系完全悬浮。

4.1.2　固体颗粒在空气中的分散

微细颗粒,特别是微米级或亚微米级颗粒,在空气中极易黏结成团。此种现象对微粒粉体的加工带来极为不利的影响。分级、粒度测量、混匀及储运等作业的进行,都在极大程度上依赖于颗粒的分散程度。首先,有必要分析颗粒在空气中黏结的原因,然后再讨论防止其黏结成团的办法。

1. 分子作用力是颗粒黏结的根本原因

众所周知,分子之间总是存在着范德华力,这种力是吸力,并与分子间距的 7 次方成反比,故作用距离极短(约 1 nm),是典型的短程力。但是,对于由极大量分子集合体构成的体系,例如,随着颗粒间距离的增加,其分子作用力的衰减程度则明显变缓。这是因为存在着多个分子的综合相互作用之故。颗粒间的分子作用力的有效间距可达 50 nm,因此,是长程力。

2. 空气中颗粒黏结的其他原因

(1) 颗粒间的静电作用力

在干空气中大多数颗粒是自然荷电的。荷电的途径有三种:第一种,颗粒在其生产过程中荷电,例如电解法或喷雾法可使颗粒带电,在干法研磨过程中颗粒靠表面摩擦而带电;第二种,与荷电表面接触可使颗粒接触荷电;第三种,气态离子的扩散作用是颗粒带电的主要途径,气态离子中电晕放电、放射性射线、宇宙线、光电离及火焰的电离作用产生电荷。颗粒获得的最大电荷量受限于其周围介质的击穿强度,在干空气中,约为 1.7×10^{10} 电子 $/cm^2$,但实际观测的数值往往要低得多。以下着重讨论引起静电吸引力的两种作用:

① 接触电位差引起的静电引力。

颗粒与其他物体接触时,颗粒表面电荷等电量地吸引对方的异号电荷,使物体表面出现剩余电荷,从而产生接触电位差,其值可达 0.5 V。

② 由镜像力产生的静电引力。

镜像力(图 4.1) 实际上是一种电荷感应力。其大小由下式确定:

$$F_{im} = \frac{Q^2}{l^2} \tag{4.2}$$

式中　F_{im}—— 镜像力,N;

Q—— 颗粒电荷,C;

l—— 电荷中心距离,$l = 2\left(R + H + \frac{\delta}{2} - \Delta - \varepsilon\right)$;

R—— 颗粒半径,μm。

对粒径为 10 μm 的各种类型颗粒(白垩、煤烟、石英、砂糖、粮食及木屑等) 的测量结果表明,颗粒在空气中的电荷约在 600 ~ 1 100 单位($(9.6 \times 0.18) \times 10^{-17}$ C) 范围之内。据此可算得镜像力为 $(2 \sim 3) \times 10^{-12}$ N。

可见,在一般情况下,颗粒与物件间的镜像力可以忽略不计。

(2) 颗粒在湿空气中的黏结

当空气的相对湿度超过65%时,水蒸气开始在颗粒表面及颗粒间凝集,颗粒间因形成液桥而大大增强了黏结力。液桥的几何形状如图4.2所示。

液桥黏结力 F_k 主要由因液桥曲面而产生的毛细压力及表面张力引起的附着力组成,用下式表示:

$$F_k = 2\pi R\gamma_{gl}\left[\sin(\alpha + \theta)\sin\alpha + \frac{R}{2}\left(\frac{1}{r_1} - \frac{1}{r_2}\right)\sin^2\alpha\right] \tag{4.3}$$

式中　γ_{gl}——气/液界面张力,其他符号意义如图4.2所示。

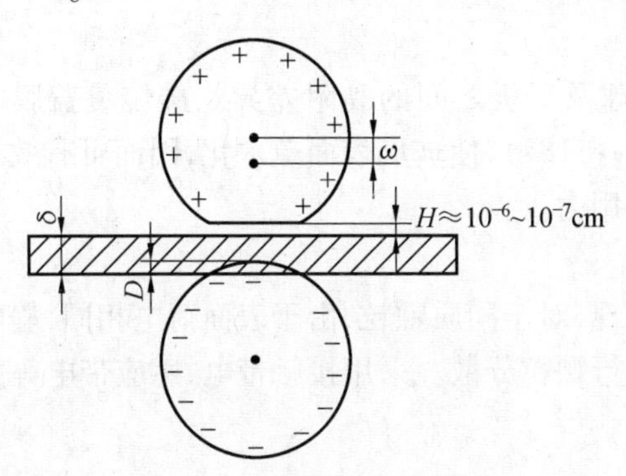

图4.1　镜像力作用示意图

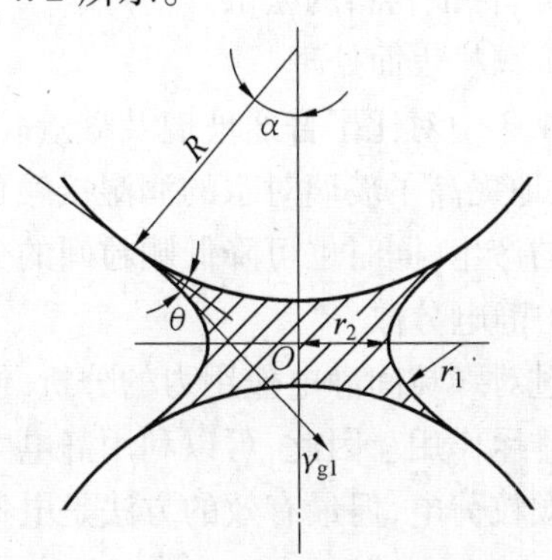

图4.2　颗粒间的液桥

如果颗粒表面亲水,则 $\theta \to 0$;当颗粒与颗粒接触($a = 0$)时,$\alpha = 10° \sim 40°$,则

$$F_k = (1.4 \sim 1.8)\pi R\gamma \quad (\text{颗粒 - 颗粒})$$

$$F_k = 4\pi R\gamma \quad (\text{颗粒 - 平板})$$

(3) 颗粒表面润湿性的调整作用

改变颗粒表面润湿性可显著地影响颗粒间的黏附力。图4.3表示玻璃球与玻璃板经过不同的疏水化处理后实测得的相对黏附颗粒数,玻璃球粒径为(70±2)μm。由图4.3可见,疏水化的表面不单纯通过减少水蒸气在其上凝结而削弱黏结力,即使在湿度很小的环境中疏水化对颗粒在平板上的黏附也有明显的影响。

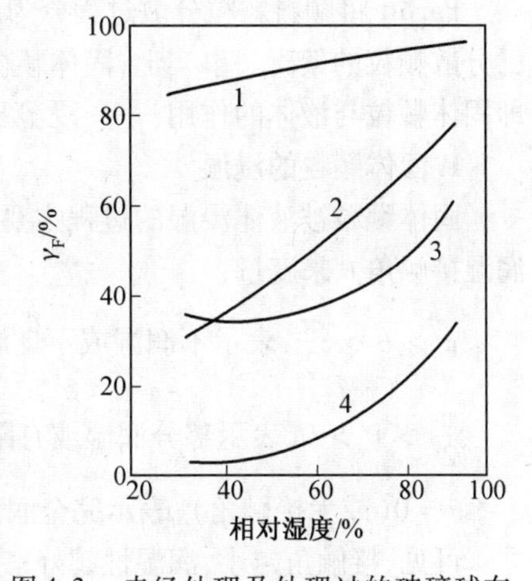

图4.3　未经处理及处理过的玻璃球在玻璃板的黏附率

1—玻璃球与玻璃板的黏附率;2—玻璃板经过硅烷化处理;3—玻璃球经过硅烷化处理;4—玻璃板及玻璃球均经过硅烷化处理

3. 颗粒在空气中的分散途径

(1) 机械分散。

机械分散是指用机械力把颗粒聚团打散。这是一种常用的分散手段。机械分散的必要条件是机械力(通常是指流体的剪切力及压差力)应大于颗粒间的黏着力。通常机械力是由高速旋转的叶轮圆盘或高速气流的喷射及冲击作用所引起的气流强湍流运动而造成的。微细颗粒气流分级中常见的分散喷嘴及转盘式差动分散器均属于

此例。

机械分散较易实现,但根本问题在于这是一种强制性分散。互相黏结的颗粒尽管可以在分散器中被打散,但是它们之间的作用力犹存,排出分散器后又有可能重新黏结聚团。机械分散的另一些问题是脆性颗粒有可能被粉碎,机械设备磨损后分散效果下降等。

(2) 干燥处理。

如前所述,潮湿空气中颗粒间形成的液桥是颗粒聚团的重要原因。液桥力往往是分子力的十倍或者几十倍,因此,杜绝液桥的产生或破坏已形成的液桥是保证颗粒分散的重要手段之一。通常采用加温法烘干颗粒。例如,颗粒在静电分选前往往加温至 200 ℃ 左右,以除去水分,保证物料的松散。

(3) 颗粒表面处理。

图 4.3 中对比了普通玻璃及硅烷化玻璃球及平板之间的黏附差异。硅烷覆盖膜的存在,极大地提高了玻璃对水的润湿接触角($0° \rightarrow 118°$),使玻璃表面疏水化,因而可有效地抑制液桥的产生,同时也可降低颗粒间的分子作用力。

(4) 静电分散。

通过对颗粒间静电作用力的分析,便可发现,对于同质颗粒,由于表面荷电相同,静电力反而起排斥作用。因此,可以利用静电力来进行颗粒分散。采用接触带电、感应带电等方式可以使颗粒荷电,但最有效的方法是电晕带电。

4.1.3 固体颗粒在液体中的分散

Parfitt 将颜料颗粒分散过程分为四个阶段:掺和、浸湿、颗粒群(团粒和团块)的解体及已分散颗粒的絮凝。事实上,固体颗粒在液体中的分散过程,本质上受两种基本作用支配:即固体颗粒与液体的作用 —— 浸湿及在液体中固体颗粒之间的相互作用。

1. 固体颗粒的浸湿

固体颗粒被液体浸湿的过程主要基于颗粒表面的润湿性(对该液体)。润湿性通常用润湿接触角 θ 来度量:

$\pi > \theta > \frac{\pi}{2}$,表示不润湿或不良润湿;

$\frac{\pi}{2} > \theta > 0$,表示部分润湿或有限润湿;

$\theta = 0$(或无接触角),表示完全润湿。

可见,接触角越小,润湿性越好;完全润湿时,接触角为零。

密度大于液体密度,又可被液体完全润湿的固体颗粒,进入液体(即被液体完全润湿)并不存在障碍。对于部分润湿,即接触角 $\theta < 90°$ 的颗粒,欲进入液相将受到气/液界面张力的反抗作用。以规则圆柱体颗粒为例(图 4.4),如果气/液界面张力及润湿接触角足够大,则颗粒将稳定在气/液界面而不下沉。

$$4d\gamma_{gl}\sin\theta \geqslant d^2H(\rho_p - \rho_l)g + d^2h_{im}\rho_l g \tag{4.4}$$

式中 d—— 圆柱体颗粒的横截面直径;

H—— 圆柱体颗粒的高;

ρ—— 颗粒的密度;

γ_{gl}—— 气／液界面张力；

θ—— 接触角；

h_{im}—— 颗粒上表面的沉没深度。

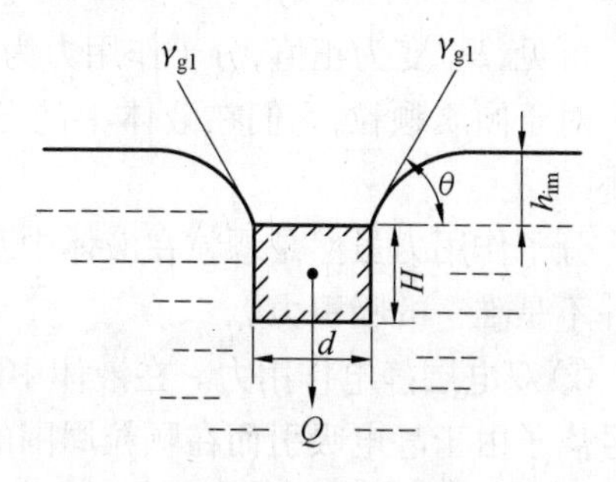

图4.4　颗粒在液面的漂浮受力状况

可见，固体颗粒被液体浸湿的过程，实际上就是液体与气体争夺固体表面的过程，这主要取决于固体表面及液体的极性差异。如果固体及液体都是极性的，液体很容易取代气体而浸湿固体表面。如果两者都是非极性的，情况也是如此。一旦两者极性不同，例如固体是极性的而液体是非极性的，则固体颗粒的浸湿过程就不能自发进行，而需要对颗粒表面改性或施加外力。重力、流体动力学力等的作用即在于此。

综合以上分析，可将固体颗粒的浸湿规律归纳为下列三点：

① 具有完全润湿性的颗粒，它们没有接触角，它们极易被液体浸湿。

② 不完全润湿颗粒（$\theta > 0$），它们能否被液体浸湿取决于颗粒的密度及粒度，密度及粒度足够大，颗粒将被浸湿而进入液体中。

③ 流体动力学条件对颗粒的浸湿有重要作用，提高液体湍流强度可降低颗粒的浸湿粒度。

2. 固体颗粒在液体中的聚集状态

固体颗粒被浸湿（无论是自发的或强制的）后，在液体中的聚集状态不外乎两种：形成聚团或者分散悬浮。分散及聚团两者是排他性的，多数情况下并非先后发生的一个过程的两个阶段。颗粒在液体中的聚集状态取决于：颗粒间的相互作用和颗粒所处的流体动力学状态及物理场。

（1）颗粒间的相互作用力。

液体中颗粒间的作用力远比在空气中复杂，除了分子作用力外，还出现了双电层静电力、结构力及因吸附高分子而产生的空间效应力。

① 分子作用力。

当颗粒在液体中时，必须考虑液体分子同组成颗粒的分子群的作用以及此种作用对颗粒间分子作用力的影响。此时的哈马克常数可表示为

$$A_{131} = A_{11} + A_{33} - 2A_{13} \approx (\sqrt{A_{11}} - \sqrt{A_{33}})^2 \tag{4.5}$$

$$A_{132} \approx (\sqrt{A_{11}} - \sqrt{A_{33}})(\sqrt{A_{22}} - \sqrt{A_{33}}) \tag{4.6}$$

式中　A_{11}，A_{22}—— 颗粒1及颗粒2在真空中的哈马克常数；

A_{33}—— 液体3在真空中的哈马克常数；

A_{131}—— 在液体3中同质颗粒1之间的哈马克常数；

A_{132}—— 在液体3中不同质的颗粒1与颗粒2互相作用的哈马克常数。

分析式（4.6）可发现，当液体3的A_{33}介于两个不同质颗粒1及2的哈马克常数A_{11}，A_{12}之间时，A_{132}为负值，根据分子作用力的公式

$$F_M = -\frac{A_{132}R}{12h^2}（球体－球体） \tag{4.7}$$

可见,F_M 变为正值,分子作用力为排斥力。

对于同质颗粒,它们在液体中的分子作用力恒为吸引力,但是,它们的值比在真空中要小。

分子作用力虽然是颗粒在液体中互相聚团的主要原因,但是通过随后的讨论便可明白,它并不是唯一的吸引力。

② 双电层静电作用力。在液体中颗粒表面因离子的选择性溶解或选择性吸附而荷电,反号离子由于静电吸引而在颗粒周围的液体中扩散分布。这就是在液体中的颗粒周围出现双电层的原因。在水中,双电层最厚可达 100 nm。考虑到双电层的扩散特性,往往用德拜参数$1/\kappa$表示双电层的厚度。$1/\kappa$表示液体中空间电荷重心到颗粒表面的距离。例如,对于浓度为 1×10^{-3} mol/L的1∶1电解质(如$NaCl$、$AgNO_3$等)水溶液,双电层的德拜厚度$1/\kappa$为10 nm;但对同样电解质的非水溶液,由于其电介常数 ε 比水小得多,$\varepsilon=2$,当离子浓度很稀时,例如 1×10^{-11} mol/L,$1/\kappa$ 可达 100 μm。

双电层静电作用力的计算公式比较复杂,当颗粒表面电位 φ_0 小于 25 mV 时,对于两个同样大小的球体(半径为 R),可用如下的近似公式。

$$F_{dI}=\frac{2\pi R\sigma^2 e^{-\kappa h}}{\kappa\varepsilon\varepsilon_0} \tag{4.8}$$

$$F_{dI}=2\pi R\varepsilon\varepsilon_0\kappa\varphi_0^2 e^{-\kappa h} \tag{4.9}$$

式中 σ—— 表面电荷密度;

h—— 颗粒间最短距离;

ε_0—— 真空介电常数。

对于同质颗粒,双电层静电作用力恒表现为排斥力,因此,它是防止颗粒互相聚团的主要因素之一。一般认为,当颗粒的表面电位 φ_0 的绝对值大于 30 mV 时,静电排斥力与分子吸引力相比便占上风,从而可保证颗粒分散。

对于不同质的颗粒,表面电位往往不同值,甚至在许多场合下不同号。对于电位异号的颗粒,静电作用力则表现为吸引力。即使对电位同号但不同值的颗粒,只要二者的绝对值相差很大,颗粒间仍可出现静电吸引力。

③ 溶剂化膜作用力。颗粒在液体中引起其周围液体分子结构的变化,称为结构化。对于极性表面的颗粒,极性液体分子受颗粒的很强作用,在颗粒周围形成一种有序排列并具有一定机械强度的溶剂化膜;对非极性表面的颗粒,极性液体分子将通过自身的结构调整而在颗粒周围形成具有排斥颗粒作用的另一种“溶剂化膜”。

水的溶剂膜作用力 F_s 可表示为

$$F_s=K\exp\left(-\frac{h}{\lambda}\right) \tag{4.10}$$

式中 λ—— 相关长度,尚无法通过理论求算,经验值约为 1 nm,相当于体相水中的氢键键长;

K—— 系数,对于极性表面,$K>0$;对于非极性表面,$K<0$。

可见,对于极性表面颗粒,只为排斥力:与此相反,对于非极性表面颗粒,只成为吸引力。

④高分子聚合物吸附层的空间效应。当颗粒表面吸附有无机或有机聚合物时,聚合物吸附层将在颗粒接近时产生一种附加的作用,称为空间效应。

当吸附层牢固而且相当致密,有良好的溶剂化性质时,它起对抗颗粒接近及聚团的作用,此时高聚物吸附层表现出很强的排斥力,称为空间排斥力。显然,此种力只是当颗粒间距达到双方吸附层接触时才出现。

也有另外一种情况,当链状高分子在颗粒表面的吸附密度很低,例如覆盖率在50%或更小时,它们可以同时在两个或数个颗粒表面吸附,此时颗粒通过高分子的桥连作用而聚团。这种聚团结构疏松,强度较低,在聚团中的颗粒相距较远。

(2)受颗粒间作用力支配的颗粒聚集状态。

被广泛接受的描述颗粒聚集状态的理论是DLVO理论。该理论认为,颗粒的聚团与分散取决于粒间的分子吸引力与双电层静电排斥力的相互关系。当分子吸引力大于静电排斥力时,颗粒自发地互相接近,最终形成聚团;当静电排斥力大于分子吸引力时,颗粒互相排斥,需要加外力才能迫使它们互相接近;当静电排斥力非常强大时,例如颗粒的表面电位绝对值大于30 mV,颗粒根本不可能互相靠拢,而处于完全分散的状态。

3. 颗粒在液体中的分散调控

通过上述分析可见,颗粒在液体中的分散调控手段,大体上可分为三大类:介质调控、药物调控和机械调控。

(1)介质调控。

根据颗粒的表面性质选择适当的介质,可以获得充分分散的悬浮液。选择分散介质的基本原则是非极性颗粒易于在非极性液体中分散,极性颗粒易于在极性液体中分散,即所谓相同极性原则。

(2)药物调控。

保证极性颗粒在极性介质中的良好分散所需要的物理化学条件,主要是加入分散剂,分散剂的添加创造了颗粒间的互相排斥作用。

常用的分散剂主要有三种:

第一种,无机电解质,例如聚磷酸钠、硅酸钠、氢氧化钠及苏打等。无机电解质分散剂在颗粒表面吸附,一方面显著地提高颗粒表面电位的绝对值,从而产生强的双电层静电排斥作用;另一方面,聚合物吸附层可诱发很强的空间排斥效应。同时,无机电解质也可增强颗粒表面对水的润湿程度,从而有效地防止颗粒在水中的聚团。

第二种,有机高聚物,常用的水溶性高聚物有聚丙烯酰胺系列、聚氧化乙烯系列及单宁、小木素等天然高分子。高分子聚合物的吸附膜对颗粒的聚集状态有非常明显并且强烈的作用。这是因为它的膜厚往往可达数十纳米,几乎与双电层的厚度相当。因此,它的作用在颗粒相距较远时便开始显现出来。

第三种,表面活性剂,包括低分子表面活性剂及高分子表面活性剂。表面活性剂的分散作用主要表现为它对颗粒表面润湿性的调整。通过适当的表面活性剂,例如脂肪胺阳离子,对石英的吸附,可使石英表面疏水化,从而诱导出疏水作用力,从本质上改变石英在水中的聚集状态,石英由分散变为团聚。

(3)机械调控。

工业悬浮液中颗粒往往聚团,在液体介质中,聚团的破坏往往靠机械碎解及功率超声碎解。

超声分散是把需要处理的工业悬浮液直接置于超声场中,控制恰当的超声频率及作用时间，以使颗粒充分分散。

超声分散的机理大致是：一方面，超声波在颗粒体系中以驻波形式传播，使颗粒受到周期性的拉伸和压缩；另一方面，超声波在液体中可能产生“空化作用”，使颗粒分散。

聚团的机械碎解主要靠冲击、剪切及拉伸等机械力实现。事实上，强烈的机械搅拌就是一种碎解聚团的简便易行的手段。

机械搅拌的主要问题是，一旦颗粒离开机械搅拌产生的湍流场，外部环境复原，它们又有可能重新形成聚团。因此，用机械搅拌加化学分散剂的双重作用往往可获得更好的分散效果。

4. 颗粒的聚集状态与颗粒粒度的关系

随着粒度的减小，重力的减弱幅度远远超过分子作用力。当颗粒粒度为毫米级时，重力的作用显著大于表面力；反之，当颗粒粒度小于毫米级时，重力作用衰减极快，表面力则起支配作用。

包括重力在内的所有质量力，如惯性力、静电力、磁力等，由于都与颗粒粒径的 3 次方成正比，所以随粒度的减小，衰减程度极快；反之，分子作用力、双电层静电作用力等表面力与颗粒粒径的一次方成正比，随粒度的减小，衰减较慢。对于几十微米以下的微细颗粒而言，质量力对于颗粒的行为及运动已不再起主导作用，取而代之的是各种表面力及与表面有关的物理力。

4.2　粉　　碎

1. 材料破坏、破碎、粉碎的概念

由材料力学可知，材料承受外力作用，在出现破坏之前，首先产生弹性变形，这时材料并未破坏。当变形达到一定值后，材料硬化、应力增大，因而变形还可继续进行。当应力达到弹性极限时，开始出现永久变形，材料进入塑性变形状态。当塑性变形达到极限时，材料才产生破坏。

观察断面形状可知，材料或是在相互垂直应力的作用下被拉裂；或是在剪应力作用下产生滑移；或是在两者共同作用下而断裂。例如，由上方对脆性材料的立方体试件施加压缩力，当其达到压缩强度极限时，试件将沿纵向破坏；如果在该瞬时卸去压缩力，则只产生压缩破坏，如果继续施加外力，则已破坏了的材料将进一步碎裂，这就是破碎。

所谓粉碎则与单个材料的破坏不同，它是指对于集团的作用，即被粉碎的材料是粒度和形状不同的颗粒体的集团。

2. 裂纹及其扩展的条件

Griffith 认为，材料内部存在着许多细微的裂纹，由于这些裂纹的存在使得裂纹周围产生应力集中。假若物体内的主应力为拉应力且垂直于裂纹，如图 4.5 中 σ_t，那么在裂纹的端部将产生大于主应力几倍的应力。即使主应力为压应力 σ_c，则在裂纹边界上的 A 点处可引起拉伸。

当上述应力达到材料的抗拉强度时，裂纹将扩展。当与原拉应力垂直的裂纹长度增加时，应力集中将更大。可以设想，裂纹的扩展一旦开始，它就必然导致材料的破坏。因此，虽不能说裂纹的产生和扩展是破碎的唯一形式，但无疑它是固体材料尤其是脆性材料破碎的主要过程。由上述可知,裂纹的产生和扩展必须满足力和能量两个条件。

就能量条件而言,破碎时的能量消耗于两个方面:一是裂纹扩展时产生新表面所需的表面能 E_s;二是因弹性变形而储存于固体中的能量 E_v。显然如果载荷所施加的能量或物体因断裂或产生裂纹所释放的弹性能足以满足产生新表面所需的表面能,则裂纹就有可能扩展。因此,裂纹扩展的条件可表示为

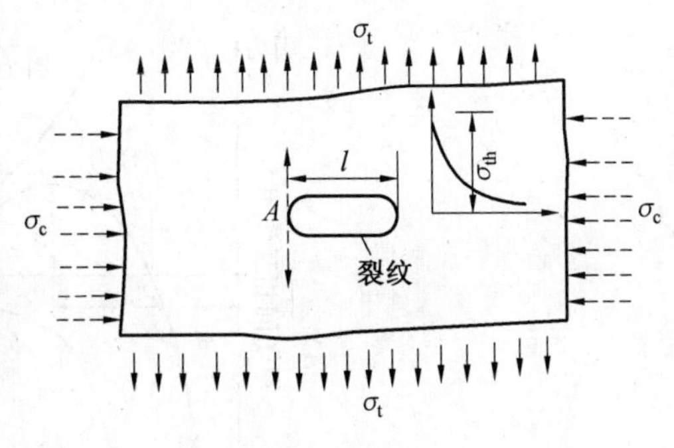

图4.5　裂纹应力集中

$$\frac{dE_v}{dl} \geqslant \frac{dE_s}{dl} \tag{4.11}$$

式中　$E_s = 2l\gamma$(裂纹扩展后形成两个断裂面);

$E_v = \dfrac{\pi\sigma_t^2 l^2}{4Y}$;

σ_t—— 拉应力。

3. 裂纹扩展速度与物料粉碎速度

如果输入裂纹尖端的能量超过了裂纹扩展所需的表面能,则多余的输入能将转化为动能,促使裂纹扩展,其裂纹扩展速度 u 可用下式表示

$$u \approx 0.38 v_c \sqrt{1 - \frac{l_c}{l}} \tag{4.12}$$

式中　v_c—— 固体中的声速,$v_c = \sqrt{\dfrac{Y}{\rho}}$,其中 ρ 为物料的密度。

l_c/l 亦可用$(E_S + E_Z)/E_V$ 来表示,其中 E_S、E_Z、E_V 分别表示裂纹尖端的表面能、塑性变形能及弹性能。

设 F 为物料粉碎时新生表面积,则物料粉碎速度 $u = \dfrac{dF}{dt}$ 与物料中声速 v_c 有如下关系

$$u = \frac{k}{\rho v_c^2} \tag{4.13}$$

式中　k—— 与粉碎工艺及设备条件有关的系数。

4. 被粉碎材料的基本物理性能

(1) 强度。

① 理想强度。材料完全均质不含缺陷时的强度称为理想(理论) 强度。它相当于原子间或分子间结合力。原子间相互作用的引力和斥力如图4.6所示。这些力随原子间距而变化,并在 r_0 处保持平衡。理想强度就是破坏这一平衡的强度,它可通过能量计算求得。

引力和斥力的合力如图4.6所示近似于正弦曲线,破碎所需功等于破碎生成的新表面能。表4.1列出了部分材料的理想强度及实测强度值。

此外,在概略计算时,也可采用杨氏弹性模量的1/10作为理想强度。

② 实测强度。假如对材料施加均匀应力,当应力达到理想强度时,则在所有原子界面间同时产生破坏,该瞬时材料将以原子或分子为单位面分散。可是,实际上却是分离成数

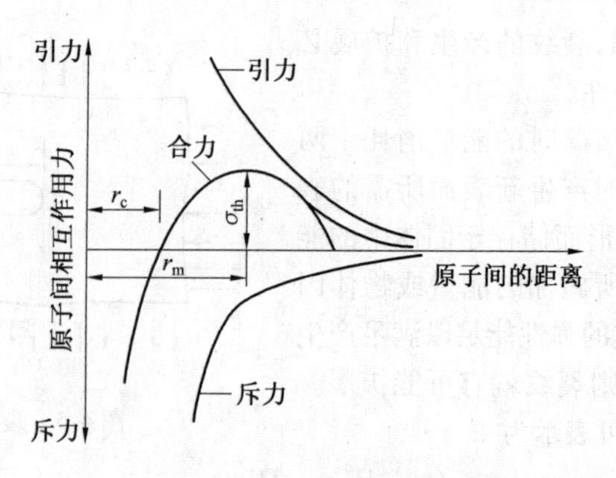

图4.6 原子间相互作用的引力和斥力

块。这说明原子间存在一些薄弱结合部。由于这些薄弱结合部的存在,使材料在到达理想强度之前就已产生破坏,表4.1列举的数据说明了实测强度和理想强度的差异。一般情况下,实测强度约为理想强度的1/100 ~ 1/1 000。

表4.1 部分材料的理想强度和实测强度

材　料	理想强度 σ_{th}/GPa	实测强度 σ_{ex}/GPa
金刚石	200	~ 1 800
石墨	1.4	~ 15
钨	86	3 000(拉伸的硬丝)
铁	40	2 000(高张力用钢丝)
氧化镁	37	100
氯化钠	4.3	~ 10(多结晶状试料)
石英玻璃	16	50(普通试料)

③强度的尺寸效应。材料强度测定值随试验片大小而变化。尤其,试验片体积变小时,其强度测定值却增大,这一现象称为强度的尺寸效应。例如,粒径50 μm的硅石球压坏强度约为其直径2 cm时的40倍;长石为同一粒径比时,约大34倍。这可认为是材料中存在前述Griffith裂纹的缘故(即意味着缺陷对强度的影响),且裂纹的大小、形状、方向及数量等是影响强度的主要因素。由于体积大的试验片比体积小的试验片含有更多的缺陷,含弱缺陷的概率亦大,因而试验片体积减小时,其实测强度增大。这一现象也可引用破坏(强度)的概率论进行说明。

④ 强度随加荷速度而变化。由Griffith强度理论可知,当外力达到某极限时产生裂纹,然后裂纹逐渐扩展,直至材料破坏。这意味着破坏现象是随时间而扩大的过程。对材料的加荷速度增大时材料的变形阻抗也增大,其破坏应力(强度)增大。这是由于材料本身兼备弹性性质和延展性质的缘故。即在加荷速度低的场合,材料的延展性易于表现出来;而加荷速度快的场合则易于呈现弹性性质。

⑤ 强度随氛围条件而变化。材料强度在真空中、空气中、水中不相同。例如,直径2 cm的硅石在水中的球压坏强度(抗张强度)比空气中减小12%,长石在相同条件下减小28%。

(2) 硬度。

材料对磨耗的抵抗性一般用硬度表示。严格地说,磨耗和硬度性质是不同的,其间未必有一定的关系。可是,硬度往往作为耐磨性的指标使用。硬度一般用莫氏硬度表示,见表4.2。

表4.2 莫氏硬度

硬度	材料(软质)	硬度	材料(硬质)
1	滑石、高岭土	5	磷矿石、磷灰石
1~1.5	黏土、叶蜡石		铬铁矿
2	硫黄、陶土、芒硝	5.5	玻璃、硬质石灰石
2.5	褐煤、方铅矿、岩盐	6~6.5	赤铁矿、硫化铁矿
3	方解石、云母、重晶石、水泥熟料	7	石英、火打石、花岗岩、砂岩
3~4	无水石膏、石棉	8	黄玉石、绿柱石
3.5~4	白云石、铜矿		电气石
4	萤石、磷矿石(软质)	9	刚玉、青玉、金刚砂
4.5	菱铁矿、菱土矿	10	金刚石

(3)易碎性(易磨性)。

易碎性表征材料对粉碎的阻抗。它可定量地表示为将材料粉碎到某一粒度所需的比功。显然,易碎性是粉碎过程所耗能量的判据。由易碎性可确定将某一原始粒度的材料粉磨到某一指定的产品粒度所消耗的能量。不少学者提出了各种易碎性的表示方法,下面简单。

①Hardgrove 指数。Hardgrove 采用环球磨测定仪,8 只直径为 2.54 cm 的球在顶转圆环和底座固定环膛内滚动。顶转圆环受 29 kg 负荷,加入预先经 16~30 目(ASTM)筛分过的材料 50 g,顶转圆环回转 60 转后,测定 200 目(ASTM)的通过料质量为 W,则 Hardgrove 指数为

$$GI = 13 + 6.93W \tag{4.14}$$

GI 值越大,易碎性越好。

②Bond 粉碎功指数。采用有效内径 305 mm,有效长度 305 mm 的标准球磨机,内装直径 36.5 mm、30.2 mm、25.4 mm、19.1 mm、15.9 mm 的钢球共 285 个,钢球总质量为 19.5 kg(下限值);粒度小于 3 360 μm 的物料 700 cm^3,设其质量为 M_p(g),以 70 r/min 转速粉碎一定时间之后,将粉碎产物按规定筛目 D_{PI} μm 进行筛分。设筛余量为 W,筛下量为($M_p - W$),求得磨机每 1 转的筛下量 G_{bp}。然后,取与筛下量相等的新试料,与筛余量 W 混合作为新物料入磨。磨机的回转次数按保持 250% 的循环负荷率来计算。反复上述试验过程至循环负荷率250% 下达到稳定的 G_{bp} 为止,求最后三次 G_{bp} 的平均值$\overline{G}_{bp}$,并要求 G_{bp} 最大值与最小值之差应小于$\overline{G}_{bp}$ 的 3%。该$\overline{G}_{bp}$ 即为易磨性值。如以 D_{F80} μm 表示试料 80% 通过量的筛孔孔径,D_{P80} μm 表示产品 80% 通过量的筛孔孔径,则 Bond 粉碎功指数 W_i(kW·h/t) 可表示为

$$W_i = \frac{44.5}{D_{PI}^{0.23} \times \overline{G}_{bp}^{0.82}\left(\frac{10}{\sqrt{D_{P80}}} - \frac{10}{\sqrt{D_{F80}}}\right)} \times 1.10 \tag{4.15}$$

Bond 提出了 Bond 功指数与 Hargrove 指数之间的关系式：

$$W_i = \frac{435}{(GI)^{0.91}} \tag{4.16}$$

5. 粉碎需用功

无论从粉碎概率论考察，还是从破坏由结合力弱点处开始来分析，都表明随着粉碎粒径的减小，粉碎需用功增大。有关粉碎需用功的定义有多种多样，但归根结底可认为是一个粒子破碎能量的累积。如图 4.7 所示，直径（粒径）x 的球用平行平板加压时，到达破坏时积蓄于粒子的弹性变形能 E 可表示为

$$E = \int P \mathrm{d}\Delta = 0.832\left(\frac{1-\upsilon^2}{Y}\right)^{\frac{2}{3}} x^{-\frac{1}{3}} P^{\frac{5}{3}} \tag{4.17}$$

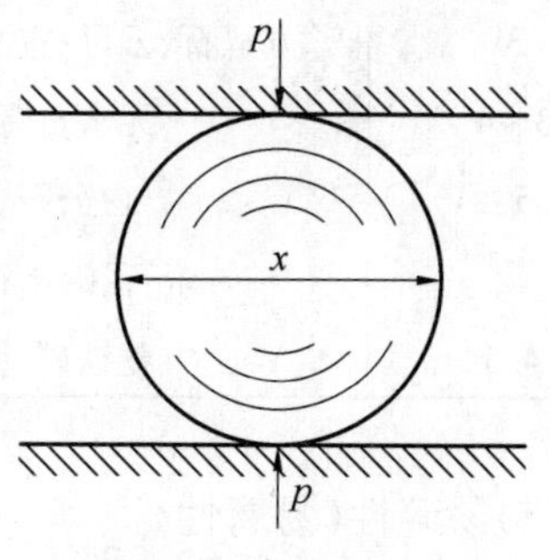

图 4.7　球的压坏

式中　P—— 荷重；

Δ—— 变形；

Y—— 杨氏弹性模量；

υ—— 泊松比。

把 E 定义为粉碎 1 个粒子需用功，则单位质量粉碎能 E/M 为

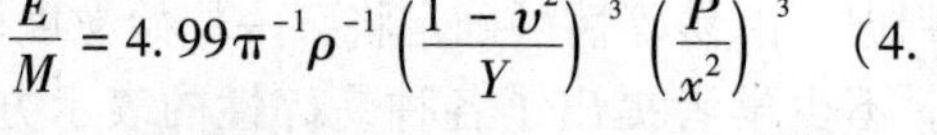

$$\frac{E}{M} = 4.99\pi^{-1}\rho^{-1}\left(\frac{1-\upsilon^2}{Y}\right)^{\frac{2}{3}}\left(\frac{P}{x^2}\right)^{\frac{5}{3}} \tag{4.18}$$

式中　ρ—— 粒子密度；

M—— 材料质量。

平松氏等提出用下式表示这一场合的强度，即压坏强度为

$$\sigma_s = \frac{2.8P}{\pi x^2} \tag{4.19}$$

则由式(4.18)、(4.19) 可得下式表示的 E/M，即可根据强度 σ_s 来计算。

$$\frac{E}{M} = 0.897\rho^{-1}\pi^{\frac{2}{3}}\left(\frac{1-\nu}{Y}\right)^{\frac{2}{3}}(\sigma_s)^{\frac{5}{3}} \tag{4.20}$$

虽然一般粉碎时所处理的材料形状是不规则的，但由于破坏是以点载荷状态开始的，因而它近似于球的压坏。

此外，就标准的破坏形式而言，还有圆板试验片的线载荷压裂、圆柱试件的面载荷压缩和立方体试件的剪断，其强度与单位质量破碎能的关系分别表示

$$\frac{E}{M} = 2\rho^{-1}\left(\frac{1-\upsilon^2}{Y}\right)\sigma_{sd}^2 \tag{4.21}$$

$$\frac{E}{M} = \frac{1}{2}\rho^{-1}Y^{-1}\sigma_{sc}^2 \tag{4.22}$$

$$\frac{E}{M} = \rho^{-1}Y^{-1}(1+\upsilon)\sigma_{s\tau}^2 \tag{4.23}$$

式中　σ_{sd}—— 压裂强度；

σ_{sc}—— 压缩强度；

$\sigma_{s\tau}$—— 剪切强度。

石英、大理石按式(4.20) 实验确定的结果表明。石英的计算值和实验值大致相等，说明其是接近于弹性体的材料，而大理石的实验值大于计算值，可谓是含塑性性质的材料。对于含塑性性质的材料，用最小二乘法求得的 E/M 与 σ_s 相关的斜率比较接近于式(4.20) 值的 5/3，这和先前把塑性变形量的比例看作常数，运用式(4.20) 确定破碎能是不抵触的。

测定强度后按式(4.20) 可计算破碎能，强度随试验片体积(粒径) 而变化。粒径 x 的粒子破碎能 E 和该粒子单位质量破碎能 E/M 分别按下式计算

$$E = 0.15 \times 6^{\frac{5}{3m}} \pi^{\frac{5(m-1)}{3m}} \left(\frac{1-\upsilon^2}{Y}\right)^{\frac{2}{3}} (\sigma_{so} V_0^{\frac{1}{m}})^{\frac{5}{3}} x^{\frac{3m-5}{m}} \tag{4.24}$$

$$\frac{E}{M} = 0.897 \times 6^{\frac{5}{3m}} \rho^{-1} \pi^{\frac{2m-5}{3m}} \left(\frac{1-\upsilon}{Y}\right)^{\frac{2}{3}} (\sigma_{so} V_0^{\frac{1}{m}})^{\frac{5}{3}} x^{-\frac{5}{m}} \tag{4.25}$$

式中　σ_{so}—— 均质材料的强度；

V_0—— 均质材料的体积。

6. 碎料粒子碰撞速度

微粉碎大多采用喷射粉碎机、冲击粉碎机使碎料粒子加速碰撞而进行粉碎。假定粉碎处在最大粉碎效率状况下，即粒子具有的运动能完全转变为破碎能，则粒径 x 的 1 个粒子破碎所需的碰撞速度 v 按下式求算。

$$v = \left\{1.79 \times 6^{\frac{5}{3m}} \rho^{-1} \pi^{\frac{2m-5}{3m}} \left(\frac{1-\upsilon^2}{Y}\right)^{\frac{2}{3}} (\sigma_{so} V_0^{\frac{1}{m}})^{\frac{5}{3}}\right\}^{\frac{1}{2}} x^{-\frac{5}{2m}} \tag{4.26}$$

表 4.3 中列举了粒径 100 μm 粒子破碎所需的碰撞速度。随着粒径减小，碰撞速度显著增大，因此，采用加速碰撞碎料粒子法制备超微粒子是有极限的。但是，此处所述的粒子破坏不含所谓磨碎的破坏形式。

表 4.3　粒径 100 μm 的粒子破碎所需碰撞速度

试料	碰撞速度 /(m · s⁻¹)
石英玻璃	114
硼硅玻璃	225
石英	66
长石	49
石灰石	23
大理石	22
石膏	13

7. 粉碎介质碰撞速度

前述碎料粒径在数十微米以下的粒子加速碰撞粉碎时，表面粉碎比体积粉碎的比例要大，因而可视为粉碎介质静止，而让碎料粒子碰撞粉碎的场合。现假定为理想粉碎，质量为 M_B 的粉碎介质，以 v_B 速度碰撞碎料粒子，粉碎介质所具有的运动能被 100% 地变换为粒子破碎能，则为破碎粒径 x 的粒子所需介质质量和碰撞速度的关系按下式计算：

$$v_{\mathrm{B}} = \left\{0.3 \times 6^{\frac{5}{3m}} \pi^{\frac{5(m-1)}{3m}} \left(\frac{1 - \upsilon^2}{Y}\right)^{\frac{2}{3}} \left(\sigma_{\mathrm{so}} V_0^{\frac{1}{m}}\right)^{\frac{5}{3}}\right\}^{\frac{1}{2}} M_{\mathrm{B}}^{-\frac{1}{2}} x^{\frac{3m-5}{2m}} \tag{4.27}$$

在超微粒子制备中，采用粉碎介质对碎料粒子进行碰撞粉碎的方法比加速碎料粒子碰撞破碎方式更合理。由于碎料粒子个数是按粒径减小的3次方增加，因此，必须增加粉碎介质和碎料粒子单位时间的碰撞概率。

8. 粉碎模型

Rosin-Rammler等学者认为，粉碎产物的粒度分布具有二成分性（严格地说是多成分性）。所谓成分性指整个粒度分布包含粗粒和微粉两部分的分布。以Heywood提供的颚式破碎机粉碎产物的粒度分布为例，如图4.8所示，其中粗粒部分分布取决于颚板出口间隙的大小，称为过渡成分；而微粉部分与破碎机的结构无关，它取决于原材料的物理性质，这部分分布称为稳定成分。

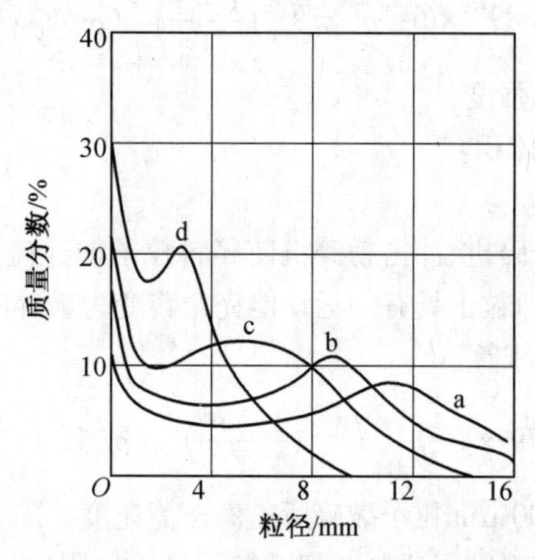

图4.8　粒度分布的二成分性

出口间隙：a—9.9 mm；b—7.4 mm；c—5.3 mm；d—2.8 mm

根据粉碎产物粒度分布二成分性，可以推出材料颗粒的破坏过程不是由连续单一的一种破坏形式所构成，而是两种以上不同破坏形式的组合。Hutting等人提出了粉碎的三种破坏模型，如图4.9所示。

①体积粉碎模型。整个颗粒都受到破坏（粉碎），粉碎生成物大多为粒度大的中间颗粒，随着粉碎的进行，这些中间粒径的颗粒依次被粉碎成具有一定粒度分布的中间粒径颗粒，最后逐渐积蓄成微粉成分（即稳定成分）。

②表面粉碎模型。仅在颗粒的表面产生破坏，从颗粒表面不断削下微粉成分，这一破坏不涉及颗粒的内部。

③均一粉碎模型。加于颗粒的力，使颗粒产生分散性地破坏，直接碎成微粉成分。

以上三种模型中的第三种模型仅在结合极不紧密的颗粒集合体如药片之类极特殊的场合中出现，对于一般情况下的粉碎可以不考虑这一模型。因此，实际的粉碎是体积粉碎模型和表面粉碎模型两种模型的叠加，表面粉碎模型构成稳定成分，体积粉碎模型构成过渡成分，从而形成二成分分布。

应用体积粉碎模型和表面粉碎模型可以解析影响粒度分布的诸因素。例如，随着球磨

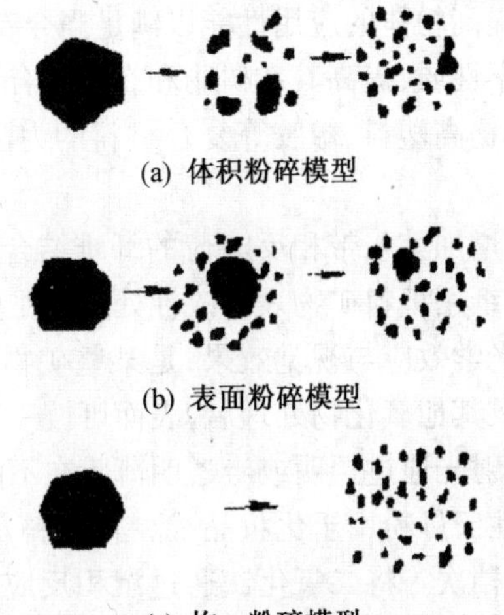

图4.9　粉碎的三种破坏模型

机研磨体质量的增加或磨机转速的提高，将呈现材料颗粒的粉碎模型由表面粉碎移向体积粉碎的倾向。又如，球磨机、振动磨、气流喷射磨的粉碎模型顺序近乎由体积粉碎至表面粉碎规律改变。

通常又将体积粉碎看作冲击粉碎，表面粉碎看作摩擦粉碎。但须指出，体积粉碎未必就是冲击粉碎，因为冲击力小时冲击粉碎主要表现为表面粉碎，而摩擦粉碎中往往还伴随压缩作用，压缩作用却为体积粉碎。一般粗碎采用冲击力和压缩力，微粉碎采用剪切力和摩擦力。

9. 混合粉碎

对同样体积、破坏载荷不同的两种物料进行混合粉碎时，破坏载荷小的粒子优先被粉碎的可能性大。图4.10所示为球磨机粉碎模型。假设图4.10中黑色粒子代表相对破坏载荷大的粒子，白色粒子代表相对破坏载荷小的粒子。当球受到使白色粒子破坏而黑色粒子不破坏的载荷时，不破坏的黑色粒子便将从球承受到的荷载传递给白色粒子，起到了粉碎介质（球）的作用，因而提高了白色粒子接受粉碎能的概率。

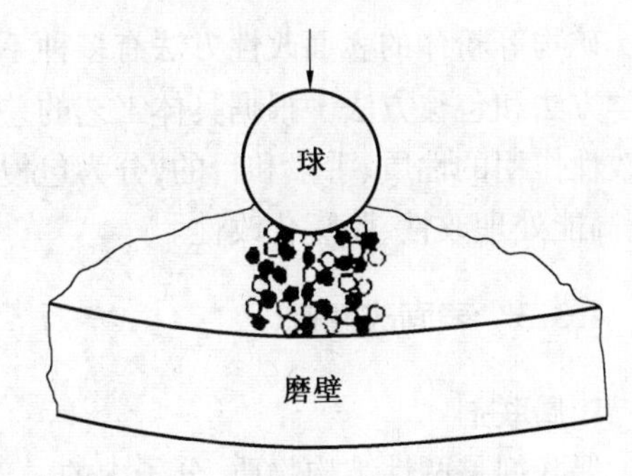

图4.10　球磨机粉碎模型

混合粉碎适用于附着性、凝集性强而流动性差的微粉体混合物，尤其适用于混合物中一成分必须是更微细粒子的生产过程。

4.3　矿物粉体的表面改性

4.3.1　矿物粉体表面改性的作用

采用物理或化学方法对粉体颗粒进行表面处理，有目的地改变其表面物理化学性质的工艺，称为粉体表面改性。

通过改性可显著改善或提高粉体的应用性能以满足当今新材料、新技术的要求。

改变填料表面的物理化学性质,提高其在树脂和有机聚合物中的分散性,增进填料与树脂等基体的界面相容性,进而提高塑料、橡胶等复合材料的力学性能,是作为填料的矿物粉体表面改性的最主要目的。

改变颗粒表面荷电性质,增加其与带相反电荷的纤维结合强度从而提高纸张强度和造纸过程中填料的留着率,是造纸用填料矿物表面改性处理的主要目的。

使材料制品具有良好的光学效应与视觉效果,是某些矿物粉体进行表面处理的又一重要目的。如云母粉经氧化钛及其他氧化物处理后,表面可镀一层氧化物薄膜,由于折射率的提高和薄膜的存在,增强了入射光通过透明或半透明薄膜在不同深度的各层面反射,从而产生了更明显的珠光效果。改性云母粉用于化妆品、涂料、塑料及其他装饰品中,因装饰效果增强,大大提高了这些产品的档次。将二氧化钛通过沉积反应镀膜的方式涂覆在某些与钛白粉性质接近,但折光率低的矿物颗粒上,可生产出优良的钛白粉代用品,其开发应用前景广阔。

为保护环境和生产者的健康,对石棉等公认的有害健康的非金属矿物,危害人体和周围环境又不影响使用性能的化学物质覆盖,封闭其纤维表面活性点,可消除污染作用。

另外,对石英砂进行表面涂覆改性可提高其在精细铸造和油井钻探时使用的黏结性能,对珍珠岩进行表面涂覆可提高其在潮湿环境下的保温性能;对膨润土进行有机阳离子覆盖处理可提高其在弱极性或非极性溶剂中的膨胀、吸附、黏结、触变等特性。

4.3.2 改性方法

矿物等粉体的表面改性方法有多种不同的分类。根据改性性质的不同分为物理方法、化学方法和包覆方法。根据具体工艺的差别分为涂覆法、偶联剂法、煅烧法和水沥滤法。综合改性作用的性质、手段和目的,分为包覆法、沉淀反应法、表面化学法、接枝法和机械化学法、高能处理改性、胶囊化改性。

4.3.3 表面改性剂

1. 偶联剂

偶联剂是两性结构物质,分子中的一部分基团可与矿物表面的各种官能团反应,形成强有力的化学键合。另一部分基团与有机高分子发生化学反应或物理缠绕,从而将矿物与有机基体两种性质差异很大的材料牢固结合在一起。在复合材料中使用偶联剂还可提高填料的添加量,改善体系的流变性能。偶联剂包括硅烷偶联剂、钛酸酯偶联剂、锆类偶联剂、有机铬偶联剂等。

2. 高级脂肪酸及其盐

高级脂肪酸及其盐是最早使用的矿物表面改性剂,常用的主要有硬脂酸和硬脂酸盐。在高级脂肪酸及其盐的分子结构中,一端为长链烷基($C_{16}\sim C_{18}$),另一端为可与矿物表面官能团发生化学反应的羧基及其金属盐。因而,用高级脂肪酸及其盐处理矿物填料类似偶联剂的作用,可改善矿物填料和聚合物分子的亲和性,改善制品的力学性能与加工性能。

高级脂肪酸的胺类、酯类等与盐类相似,亦可作为矿物等填料的表面改性剂。

3. 不饱和有机酸

不饱和有机酸分子中带有一个或多个不饱和双键及一个或多个羧基。不饱和有机酸改性剂的碳原子数一般在10以下。常见的不饱和有机酸是丙烯酸、甲基丙烯酸、丁烯酸、肉桂酸、山梨酸、2-氯丙烯酸、马来酸、衣康酸、醋酸乙烯、醋酸丙烯等。一般,酸性越强越容易形成离子键,故多选用丙烯酸和甲基丙烯酸。各种有机酸可以单独使用也可以混合使用。

4. 有机硅

高分子有机硅又称硅油,是以硅氧键链(Si—O—Si)为骨架,硅原子上接有机基团的一类聚合物。常用于处理无机矿物填料或颜料的有机硅一般为带活性基的聚甲基硅氧烷,其硅原子上接有若干氢键,或以氢键封端。

氢键和羟基有很强的反应性,易与无机矿物填料或颜料形成牢固的化学键,从而包覆矿物颗粒使填料或颜料表面改性,增强了与有机基料的亲和力。常用的有含氢聚甲基硅氧烷、羟基封端聚二甲基硅氧烷等。

5. 聚烯烃低聚合物

聚烯烃低聚合物是一种非极性聚合物,它主要是通过接枝改性的方法起作用。聚烯烃低聚物接枝在已被脂肪酸等改性剂附着的矿物表面,或与脂肪酸等共同进行矿物改性处理,往往产生协同效应,从而大大提高改性效果。

聚烯烃低聚物的主要品种是无规聚丙烯和聚乙烯蜡,相对分子质量较低,一般为1 500~5 000。

4.3.4　改性机理

1. 改性剂与矿物表面的相互作用

(1)硅烷偶联剂。

解释硅烷偶联剂与无机矿物间的作用主要有化学反应、物理吸附、氢键作用和可逆平衡等理论,至今尚未形成定论。其中共价键吸附机理流行较广。

按共价键理论,硅烷偶联剂与矿物间的作用可表述为下列过程:

①水解:

$$RSiX_3+3H_2O \longrightarrow RSi(OH)_3+3HX$$

②缩合:

$$3RSi(OH)_4 \longrightarrow HO-\underset{\underset{OH}{|}}{\overset{\overset{R}{|}}{Si}}-O-\underset{\underset{OH}{|}}{\overset{\overset{R}{|}}{Si}}-O-\underset{\underset{OH}{|}}{\overset{\overset{R}{|}}{Si}}-OH$$

③与颗粒表面羟基作用生成氢键,然后脱水,由氢键转化为共价键。

(2)钛酸酯、铝酸酯偶联剂和硬脂酸。

一般认为,钛酸酯也是通过与矿物表面羟基之间形成化学键的方式进行吸附反应的。

热重分析法测定铝酸酯偶联剂改性的碳酸钙表明,铝酸酯DL-411-A在碳酸钙表面的附着不仅仅是物理吸附而且也有化学吸附。

研究还表明,钛酸酯偶联剂KR9S在铁氧体表面上的等温吸附线呈Langmuir形,因此认为吸附属单分子层的化学吸附。

A. Krysztafkiewicz 指出,钛酸酯偶联剂在碳酸钙表面表现出良好的吸附效果,Tsang-Tse Fang 等人用 XPS 测试硬脂酸处理的碳酸钙认为,碳酸钙表面形成了硬脂酸的碱式盐,吸附属化学作用。

2. 改性填料与有机基体之间的相互作用

解释改性填料和有机基体之间的界面结合状态有许多理论,主要有浸湿效应理论、化学键理论、可变形层理论和约束层理论等。偶联剂对玻璃纤维表面处理的成功使化学键理论在目前最为盛行。

(1)浸湿效应理论。

Zisman 指出,在复合材料的制造中,液态树脂对聚合物的良好浸润对提高复合材料的力学性能非常重要。如果能获得良好浸湿,那么树脂对高能表面的物理吸附将提供高于有机树脂内聚强度的黏结强度。高分子材料中填料的有机化改性可用这种理论解释。

填料改性剂的有机基的疏水性应与树脂基体的疏水性保持一致。例如,在使用钛酸酯偶联剂时,因聚烯烃类树脂疏水性最高,所以选用的填料改性剂多为 KRTTS,而中等疏水程度的 PVC 树脂、环氧树脂和丙烯酸树脂,则多选用亚磷酸酯和焦磷酸酯型试剂,高亲水性的聚酰胺多选用对有机基有一定亲水性的含氨基的钛酸酯偶联剂 KR-44。

(2)化学键理论。

化学键理论认为,偶联剂的有机基与有机基体产生化学结合。

然而,化学键理论并不能解释填料与基体之间界面结合的力学形态。复合材料的层间剪切强度(ILSS)是衡量其力学性能的标志,而有时 ILSS 与极性官能团数量并无关系。因为界面上虽然形成了化学键,但各化学键负荷并不均匀,承载时各个击破最终使键断裂。可变形理论和约束层理论能够解释这一现象。

(3)可变形层理论。

为了缓和复合材料冷却时由于树脂和填料之间热收缩率的不同而产生的界面张力,希望与处理过的填料颗粒邻接的树脂的界面是一个柔曲性的可变形的相,这样复合材料的韧性最大。

偶联剂处理过的颗粒表面可能会择优吸附树脂中的某一配合剂,相间区域的不均衡固化可能导致一个比偶联剂在聚合物与填料间的单分子层厚得多的挠性树脂层。这一层即被称为可变形层,该层能松弛界面应力,阻止界面裂缝的扩展,因而改善了界面的结合强度。

(4)约束层理论。

约束层理论认为,在高模量增强材料与低模量树脂之间的界面区域,其模量若介于树脂与增强材料的模量之间,则可最均匀地传递应力。按照这一理论,偶联剂的功能在于将聚合物结构紧束在相界面区域内。这样,它的非极性基势必深入到基体内部缠结或形成化学键,从而形成界面缓冲层。这一理论导致纤维填料的接枝聚合改性法的产生和发展。

典型的单烷氧基钛酸酯在热塑性树脂中的偶联缠结模型如图 4.11 所示。

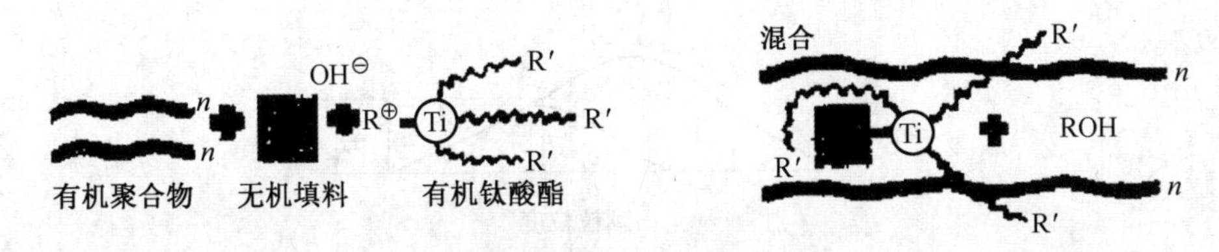

图 4.11　偶联缠绕结构模型

4.4　分　　级

4.4.1　概述

1. 定义与意义

在生产中根据工艺和经济效果的要求,往往要求粉碎机生产的产品的粒度分布在一定的范围内,然而实际上,粉碎机产出的产品的粒度分布要比所要求的粒度范围更广泛,大多数难以满足要求。使粉碎产品控制在所要求的范围内的方法是制造粉碎机和分级机组合的装置,将粉碎产品按大于和小于某一粒度分开,把细粒排出机外,以防止产品过粉碎,而成为不合格产品,并将粗粒再运送入粉碎机,再次进行粉碎。这种粉碎机和分级机组合装置称为闭路系统。分级机是闭路粉碎系统的重要部分,当采用一定的粉碎机以后,则与该机配合的分级机性能对粉碎效果有极大的影响。

根据生产工艺的要求,把粉碎产品按某种粒度大小或不同种类颗粒进行分选的操作过程称为分级。分级的方式有两种:用筛子筛分和在流体中进行分级。

2. 分级性能的评估

现在假设将任意一组颗粒进行分级,在粗粒部分中未混入小于 d_0 粒度的颗粒,同时在细粒中也未混入大于 d_0 的颗粒,此时,由于 d_0 粒度的分级进行得完全,可称为理想的分级。而 d_0 称为分级粒度,又可称为分级颗粒直径。此时的分级效率为 100%。实用的分级机很难得到这样状态。

(1) 部分分级效率曲线。

图 4.12(a)中曲线 a 是粉料的粒度分布曲线,曲线 b 是分级后粗粒部分的粒度分布曲线。设粒度 d 和 $d+\Delta d$ 区间的原料质量为 W_a,同区间的粗粒的质量为 W_b,则 $W_b/W_a=\eta_d$ 称为部分分级效率,又称区间回收率。在图 4.12(b)中,横轴上按相同颗粒粒度描绘 W_b/W_a 值,则得曲线 c,c 曲线称为部分分级效率曲线,可认为这是直观地了解分级程度的最便利的曲线。

本曲线与 50% 水平线的交点称为 50% 分级点,所对应的颗粒粒度 d_0 为 d_{50}。

(2) 牛顿分级效率。

将某一粒度分布的粉粒用分级机进行二分,令大粒部分为粗粒级,小粒部分为细粒级,则分级效率的综合表达形式为

$$\eta_n=\frac{\text{粗粒级中的粗粒量}}{\text{原料中的粗粒量}}+\frac{\text{细粒级中的细粒量}}{\text{原料中的细粒量}}-1$$

设 m_γ 代表原料量,m_A 为粗粒级量,m_B 为细粒级量,w_a 为原料中实有的粗粒级比率(质量

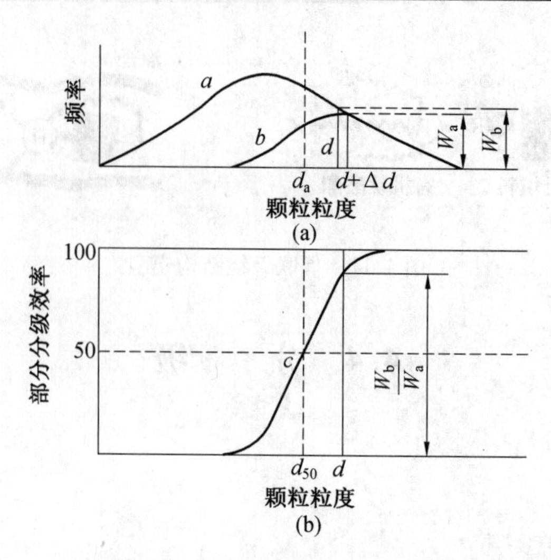

图 4.12 部分分级曲线

分数)，w_b为粗粒级中实有的粗粒比率，w_c为细粒部分中实有的粗粒比率，上式可写为：

$$\eta_n = \frac{m_A w_b}{m_F w_a} + \frac{m_B \cdot (1-w_c)}{m_F(1-w_a)} - 1 = \eta_A + \eta_B - 1 = \eta_A - (1-\eta_B) \tag{4.28}$$

根据物料平衡 $m_F = m_A + m_B$ 和 $m_F w_a = m_A w_b + m_B w_c$ 求得

$$\frac{m_A}{m_F} = \frac{w_a - w_c}{w_b - w_c}, \frac{m_B}{m_F} = \frac{w_b - w_a}{w_b - w_c}$$

代入(4.28)式并经处理得

$$\eta_n = \frac{(w_b - w_a)(w_a - w_c)}{w_a(1-w_a)(w_b - w_c)} \times 100\% \tag{4.29}$$

这个分级效率的表示方法称为牛顿方法，该分级效率又称为牛顿效率，式(4.28)为定义式，式(4.29)为实用式。牛顿效率的物理意义为实际分级机达到理想分级的质量比。

(3)分级粒度。

目前有三种表示分级粒度的方式：

①d_{50}——表示部分分级效率为50%时的颗粒直径。

②d_a——表示错位料量相等，如图4.13所示，在横坐标上取 d_a，通过 d_a 作垂线，使得面积Ⅰ和Ⅱ相等，这时 d_a 即为分级粒径。

③d_p——用某一孔径的筛子筛分，其粗粒的筛下量与细粒的筛上量相等时，这时的筛孔尺寸为分级粒径。

在一般情况下，均用 d_{50} 作为分级粒径。

(4)分级精度。

分级精度最常用的是根据部分级效率曲线，取 d_{25}/d_{75}(或 d_{75}/d_{25})的值作为分级精度指标(d_{25}、d_{75}分别是指部分效率为25%、75%时的颗粒直径)。有时当粒度分布范围较大时用 d_{10}/d_{90}，或者粒度分布比较陡斜时用$(d_{90}-d_{10})/d_{50}$。

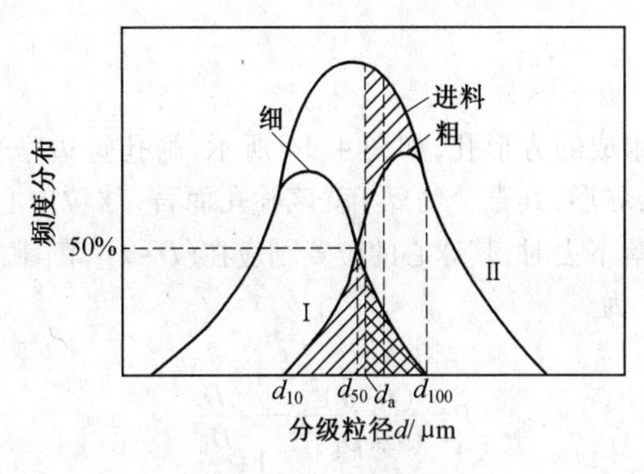

图 4.13　分级粒径

4.4.2　筛分

1. 概述

把固体颗粒置于具有一定大小孔径或缝隙的筛面上,使通过筛孔的称为筛下料,被截留在筛面上的称为筛上料,这种分级方法称为筛分。筛分操作按物料含水分的不同,分为干法筛分和湿法筛分。

(1)筛分与筛制。

筛分机械或设备的工作面是筛面。筛面结构有格子筛(又称栅筛)、板筛(又称筛板)、编织筛(又称网筛)等多种,格子筛与板筛用于筛分块、粒状物料,编织筛主要用于筛分粉料或浆料。标准筛则用于测定粒度分布。

编织筛是用钢丝、铜丝、尼龙丝等按经纬形式编织而成。筛面在许多国家已定有标准,即对筛孔尺寸、筛丝尺寸、上下两筛号间孔的大小等做了规定,我国现行标准筛采用 ISO 制,以方孔筛的边长表示筛孔大小,在此之前,多采用公制筛号即以每平方厘米筛面面积上含有筛孔数目表示筛孔大小,用 1 cm 长度上筛孔的数目表示筛号。而在英、美等国则采用英制筛,以每 1 英寸长度上筛孔数目表示筛目。例如 70 号筛(或 4 900 孔筛)表示 1 cm 长的筛网上有 70 个筛孔(或 1 cm^2 筛面上有 70×70=4 900 个筛孔)。又如 250 目筛表示 1 英寸长的筛网上有 250 个筛孔。标准筛的筛比为$\sqrt[4]{2}\approx 1.189$,由此构成一系列规格化的筛孔。与此并列的还有筛比为 $\sqrt[10]{10}\approx 1.25$ 的系列。

(2)孔隙率 η_s。

孔隙率也称开孔率,是指筛孔净面积占筛面总面积的比率(%),可表示为

$$\eta_s=(1-zD_b)^2\times 100\% \tag{4.30}$$

式中　z——单位长度内的筛孔数;

D_b——筛丝直径。

一般来说,筛网的孔隙率可达 80%,但在筛孔较小的情况下,孔隙率则为 40% 左右。筛板的孔隙率均在 50% 以下,这样也就影响了粒子通过筛孔的可能性。孔隙率又称筛面的有效面积比,这个比值越高,对筛分越有利。

2. 筛分机理

在筛分过程中,物料如要通过筛孔,其必要的条件就是颗粒的大小一定要比筛孔小,同时颗粒还要有通过筛孔的机会。而其充分的条件就是颗粒与筛面之间要保持一定形式的相

对运动。

(1)颗粒通过概率。

设筛孔为金属丝所组成的方形孔,如图 4.14 所示,筛孔每边净长为 D,筛丝的粗细为 D_b,而被筛分的颗粒设为球形,其直径为 d。就该筛孔而言,球粒中心的运动范围应为$(D+D_b)^2$。当球粒能够顺利落下去时,其球心的位置则应在$(D-d)^2$范围之内。所以球粒落下去的机会,即其通过概率 P 为

$$P=\frac{(D-d)^2}{(D+D_b)^2}=\frac{1-\frac{d}{D}}{1+\frac{D_b}{D}} \tag{4.31}$$

如果筛面倾斜的话,如图 4.15 所示,则筛孔作用的大小将由 D 减小为 D',即 $D'=D\cos\alpha$,因此,球形颗粒能够通过筛孔的概率势必会减少,如果颗粒的形状不是球形,而是正方形、长方形或是其他不规则的形状,则其通过筛孔的机会也会减少。

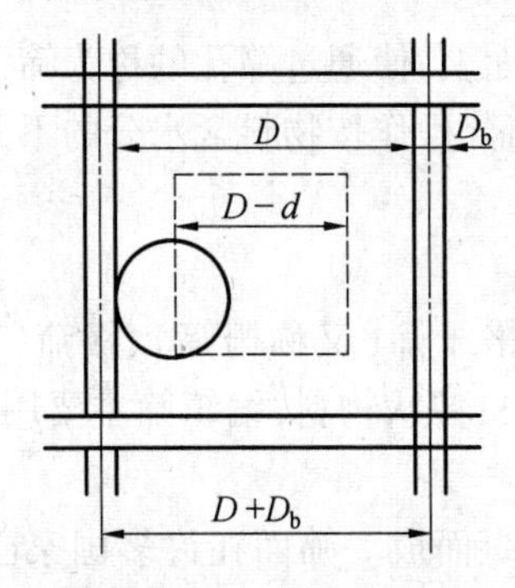

图 4.14　颗粒通过概率

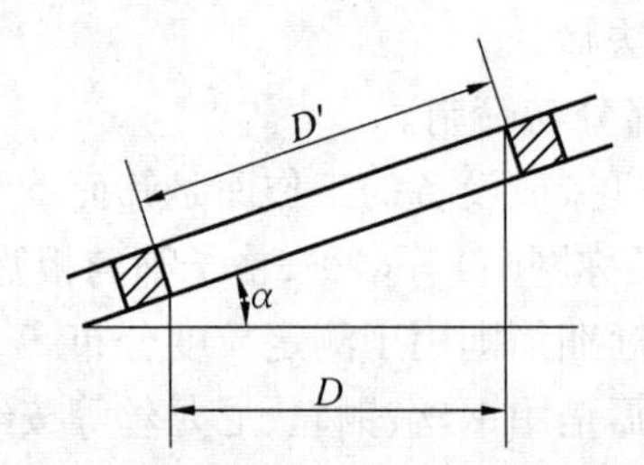

图 4.15　斜筛面对颗粒通过的影响

但是,实际情况中,球形颗粒通过筛孔的概率要比上述的大一些,其原因如图 4.16 所示。当球形颗粒开始落下的位置没有在可能通过的范围内,而与筛丝相碰撞时,那么只要角度 β 在一定范围内,仍有被弹跳起再落入筛孔而通过的可能。

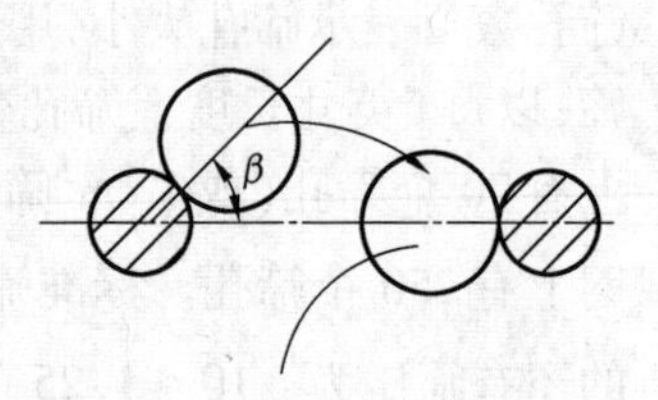

图 4.16　颗粒的弹性通过

(2)筛分效率。

含有大小不同颗粒的物料经过筛分,如前所述,并非小于筛孔的颗粒都能有机会穿过筛孔而成为筛下料,因而在筛上料中仍混有筛下料颗粒。为了说明筛分质量,引入筛分效率 η 的概念。设入筛物料中含有筛下粒级的质量为 m_1,筛上料的质量为 m_2,混在筛上料中的筛下粒级质量为 m_3,实际筛出的筛下料质量为 m_4,则

$$m_1=m_3+m_4$$

$$\eta=\frac{m_4}{m_1}\times 100\%=\frac{m_1-m_3}{m_1}\times 100\% \tag{4.32}$$

上式还可转化为另一种形式,即用累计筛下百分含量来表示:

$$\eta=\frac{w_a(w_b-w_c)}{w_b(w_a-w_c)}\times 100\%\approx\frac{w_b-w_c}{w_b(1-w_c)}\times 100\% \tag{4.33}$$

式中　w_a——筛下料中含筛下粒级的质量分数,在筛面不破、筛上料不漏入筛下的正常情

况，$w_a = 100\%$；

w_b——入筛物料含筛下粒级的质量分数；

w_c——筛上料中含筛下粒级的质量分数。

工业上实际操作的平均筛分效率为 70% ~98%，这与下述各因素有关：筛面的相对运动、料层的厚薄、筛孔形状和有效面积比、物料颗粒的大小分布规律和颗粒形状、过细颗粒的含量以及物料含水率等。

(3) 影响筛分的因素。

影响筛分的主要因素有两方面，一是被筛分的物料，二是筛分机械。

物料方面的影响因素有：

①堆积密度。在物料堆积密度比较大（约在 0.5 t/m^3 以上）的情况下，筛分处理能力与颗粒密度成正比的关系。但在堆积密度较小的情况下，由于微粒子的飘扬，尤其是轻质的物料，则上述的正比关系不易保持。

②粒度分布。粒度分布是一个十分关键的因素，往往可以影响处理能力的变化幅度达 300%。一般讲，细粒多，则处理能力大。最大允许粒度不应大于筛孔的 2.5 ~4 倍，物料中所含的难筛粒（粒度大于筛孔尺寸的 3/4 而小于一筛孔尺寸的颗粒）、阻碍粒（粒度大于筛孔尺寸而小于 1.5 倍筛孔尺寸的颗粒）数量越少，筛分越容易，所得筛分效率也越高。

③含水量。物料中水分含量达到一定程度时，由于颗粒间的相互黏附而结成团块或堵塞筛孔，筛分能力就会急剧下降。

筛分机械方面的影响因素有：

①孔隙率。筛面开孔率越小，则筛分处理能力越小，但是筛面的使用寿命相对地会延长。

②筛孔大小。在一定范围内，筛孔大小与处理能力成正比关系。但是筛孔过分小的话，筛分处理能力就会急剧降低。

③筛孔形状。正方形筛孔的处理能力比长方形的小，但是就筛分的精确度而言，以正方形的为佳。

④振动的幅度与频率。振动的目的在于筛面上物料不断运动，防止筛孔堵塞，以及使大小颗粒构成一合适的料层。一般讲，粒度小的适宜用小振幅与高频率振动。现在有用音频波来提高细粉的筛分效率的，即所谓“音波筛”。

⑤加料的均匀性。单位时间加料量应该相等，入筛料沿筛面宽度分布应该均匀。在细筛时，加料的均匀性影响更大。

⑥料速与料层厚度。筛面倾角大，可增快料速，又增加处理能力，但使筛分效率降低。料层薄，虽会减低处理能力，但可提高筛分效率。

4.5　混　　合

4.5.1　混合的目的

混合是指物料在外力（重力及机械力等）作用下发生运动速度和方向的改变，使各组分颗粒得以均匀分布的操作过程。这种操作过程又称为均化过程。

混合与搅拌的区别并不严格。习惯上把同相之间的移动称混合;不同相之间的移动称搅拌;又把高黏度的液体和固体相互混合的操作称捏合或混练,这种操作相当于混合及搅拌的中间程度。从广义上讲,一般将这些操作统称为混合。粉体的处理以固-固相为主,但固-液相、固-气相体系在粉体工程中也占有重要的地位。

物料混合的目的多种多样。例如,水泥、陶瓷原料的混合,为固相反应创造良好条件;玻璃原料的混合是为窑内熔化反应配制适当的化学成分;在耐火材料和制砖的生产中,混合是为了获得所需的强度,制备有最紧密充填状态的颗粒配合料;粉末冶金中金属粉和硬脂酸之类的混合,以及焊条小焊剂的混合等是为了调整物理性质。

虽然物料混合的目的多种多样,对混合程度的要求和评价方式也不一样,但是,混合过程的基本原理是相同的。

4.5.2　混合原理

1. 混合机理

在混合机中,物料的混合作用方式一般认为有以下三种:

①对流混合(或称移动混合)。物料在外力作用下产生类似流体的运动,颗粒从物料中的一处散批地移到另一处,位置发生移动,所有颗粒在混合机中的流动产生整体混合。

②扩散混合。把分离的颗粒撒布在不断展现的新生料面上,如同一般扩散作用那样,颗粒在新生成的表面上做微弱的移动,使各组分的颗粒在局部范围扩散达到均匀分布。

③剪切混合。在物料团块内部,由于颗粒间的互相滑移,如同薄层状流体运动那样,引起局部混合。

上述三种混合作用是不能简单地分开的,各种混合机都是以上述三种作用的某一种作用起主导作用。各类混合机的混合作用见表4.4。

表4.4　各类混合机的混合作用

混合机类型	对流混合	扩散混合	剪切混合
重力式(容器旋转)	大	中	小
强制式(容器旋转)	大	中	中
气力式	大	小	小

混合状态的模型如图4.17所示。设将两组分的物料颗粒看作黑白两种立方体颗粒,图4.17(a)所示为两种颗粒未混合时的状态。经过充分混合后,理论上应该达到相异颗粒在四周都相间排列的状态图(4.17(b)),显然这时两种颗粒的接触面积最大,这种状态称为理想完全混合状态。但是,这种绝对均匀化的理想完全混合状态在工业生产中是不可能达到的。实际混合的最佳状态如图4.17(c)所示那样,是无序的不规则排列。这时,无论将混合过程再进行多长时间,从混合料中任一点的随机取样中,同种成分的浓度值应当是接近一致的。这样一种过程称为随机混合,它所能达到的最佳状态称为随机完全混合状态。

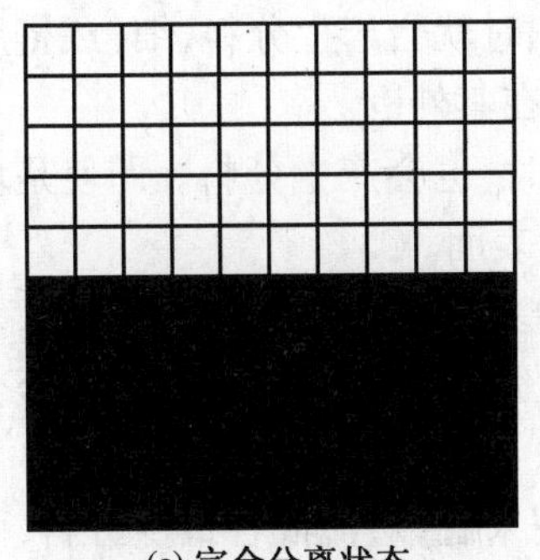
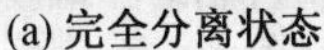

(a) 完全分离状态

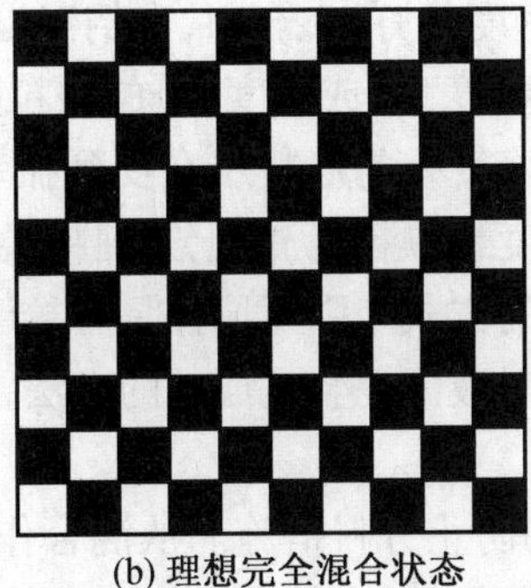

(b) 理想完全混合状态

(c) 随机完全混合状态

图 4.17　混合状态的模型

2. 混合过程

混合过程曲线一般如图 4.18 所示，混合初期(Ⅰ)为标准偏差 ln S 值沿曲线下降部分，然后进入 S 值沿直线减少的阶段(Ⅱ)，在某一有效时间 t_S 处 S 值达到最小值。在此之后(Ⅲ)，尽管再增加混合时间，S 值也只是以 S 为中心做微弱的增加或减少，这时达到动态平衡，也即达到随机完全混合状态。在整个混合过程中，初期是以对流混合为主，显然这一阶段的混合速度较大；在第Ⅱ区域中，则以扩散混合为主；在全部混合过程中剪切混合都起着作用。

物料在混合机中，从最初的整体混合达到局部的混匀状态。在混合的前期，均化的速度较快，颗粒之间迅速地混合，达到最佳混合状态后，不但均化速度变慢，而且要向反方向变化，使混合状态变劣，这种反混过程称为偏析或分料。当混合过程进行一定程度，混合过程总是进行着两种历程，颗粒被混合着，而同时又偏析着，也就是混合-偏析，偏析和混合反复交替进行着，在某个时刻达到动态平衡。此后，混合均匀度不会再提高，一般再也不能达到最初的最佳混合状态。这种反常现象，认为是由混合过程后期出现的反混合所造成的。

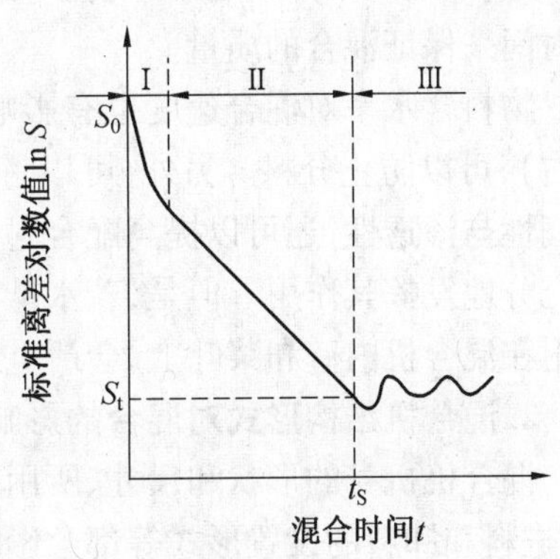

图 4.18　混合过程曲线

实际的情况，往往是混合质量先达到一最高值，然后又下降而趋于平衡。平衡的建立是基于一定的条件，适当地改变这些条件，就可以使平衡向着有利于均化的方向转化，从而改善混合操作。混合过程要经过混合质量优于平衡状态的暂时的过混合过程，这是有利于生产的，可以掌握在较短的混合时间内达到较高的混合程度。

4.5.3　影响混合的因素

影响混合的因素主要有物料的物理性质、混合机的结构形式和操作条件三个方面。

1. 物料的物理性质对混合的影响

物料颗粒所具有的形状、粒度及粒度分布、密度、表面性质、休止角、流动性、含水量、黏结性等都会影响混合过程。物料颗粒的粒度、密度、形状、粗糙度、休止角等物理性质的差异将会引起分料，其中以混合料的粒度和密度差影响较大。分料的作用有三个方面：

①堆积分料。有粒度差(或密度差)的混合料,在倒泻堆积时就会产生分料,细(或密度小)颗粒集中在料堆中心部分,而粒度大(或密度大)的颗粒则在其外围。

②振动分料。具有粒度差和密度差的薄料层在受到振动时,也会产生分料。即使是埋陷在小密度细颗粒料层中的大密度粗颗粒,仍能上升到料层的表面。

③搅拌分料。采用液体搅拌的方式来强烈搅拌具有粒度差的混合料,也会出现分料,多数不能得到良好的混合效果。而对液体混合是成功的方法,对固体粉料不一定有效,甚至会导致严重的反混合。

针对不同情况,需选取不同的防止分料措施。从混合作用来看,对流混合最少分料,而扩散混合则最有利于分料。因此,对于具有较大分料倾向的物料,应选用以对流混合为主的混合机。

运输中应尽量减小振动和落差;在工厂设计中,要尽量缩短输送距离;配合料的储存也应力求避免分料。

对于配合料的粒度差和密度差等因素引起的分料,除了控制各组分物料的平均粒度在工艺要求的规定范围内之外,应使密度相近的物料粒度相近;而对密度差较大的物料,则使其颗粒的质量相近,以避免各组分物料的分料。

对于粒度差较大的配合料的混合过程,往往是混合质量先行达到一个最高值,经历过混合状态,然后又下降而趋于平衡。可以利用过混合现象,对混合的时间进行优选以控制混合的时间来保证混合的质量。

物料含水率对混合速度也有影响。在配合料中加入少量的水分(一般质量分数为4%左右),可以防止分料。另外,可以考虑在水中加入某些表面活性剂,使水具有更为良好的湿润性与渗透性,还可以提高配合料的温度到33~35 ℃以上,使更多的水处在自由状态,得以充分地发挥其作用。但是,若水量过多或掺水不均,颗粒互相黏结,使颗粒流动迟缓,甚至黏附在混合机内壁和桨叶上,会严重影响混合的进行。

2. 混合机结构形式对混合的影响

混合机机身的形状和尺寸、所用搅拌部件的几何形状和尺寸、结构材料及其表面加工质量、进料和卸料的设置形式等都会影响到混合过程。设备的几何形状及尺寸影响物料颗粒的流动方向和速度;向混合机加料的落料点位置和机件表面加工情况影响着颗粒在混合机内的运动。

水平圆筒混合机的混合区是局部的,而且依靠重力的径向混合是主要的,轴向混合是次要的。因此,采用长径比 $L/D<1$ 的鼓式混合机较有利于混合。

3. 操作条件对混合的影响

操作条件包括:混合料内各组分的多少及其所占据混合机体积的比率;各组分进入混合机的方法、顺序和速率,搅拌部件或混合机容器的旋转速度等,对混合过程都有影响。

(1)混合机旋转速度对混合的影响。

对于回转容器型混合机来说,物料在容器内受重力、惯性离心力、摩擦力作用产生流动而混合。当重力与惯性离心力平衡时,物料随容器以同样速度旋转,物料间失去相对流动不发生混合,此时的回转速度为临界转速。惯性离心力与重力之比称为重力准数:

$$F_r = \frac{\omega^2 R}{g} \tag{4.34}$$

式中　ω—— 容器旋转角速度,rad/s;

R—— 容器最大回转半径,m;

g—— 重力加速度,m/s^2。

显然,F_r 应小于1。一般对于圆筒型混合机,$F_r = 0.7 \sim 0.9$;对于 V 形混合机,$F_r = 0.3 \sim 0.4$。由给定的 F_r 值确定转速 ω 值的大小。

实验表明,最佳转速 n(r/min) 与容器最大回转半径及混合料的平均粒径有关,一般有如下关系:

$$n = \sqrt{Cg} \cdot \sqrt{\frac{d}{R}} \tag{4.35}$$

式中　C——实验常数(1/m),对于水平圆筒混合机,一般取 $C = 1\,500$(1/m),对于V形、二重圆锥形和正立方体形混合机,一般取 $C = 600 \sim 700$(1/m);

d—— 混合料平均粒径,m;

R—— 容器最大回转半径,m;

g—— 重力加速度,m/s^2。

对于固定容器型混合机,桨叶式混合机的桨叶直径 d 与回转速度 n 成反比关系:

$$nd = K \tag{4.36}$$

式中　K—— 常数,m/s。

实践表明,K 值一般取 2.6 ~ 3.2 m/s 时混合效果较佳。根据已知桨叶的直径,可以确定转速的大小。

(2) 装料方式对混合的影响。

图4.19 所示为水平圆筒混合机中采用两种不同装料方式对混合速度的影响。在图4.19(a) 中主要依靠局部的扩散混合,而在图4.19(b) 中主要依靠整体的流动进行混合。由于在混合机中各个方向混合速度不一致,显然要达到同样的混合均匀度的话,两种装料方式所用的时间相差很大。

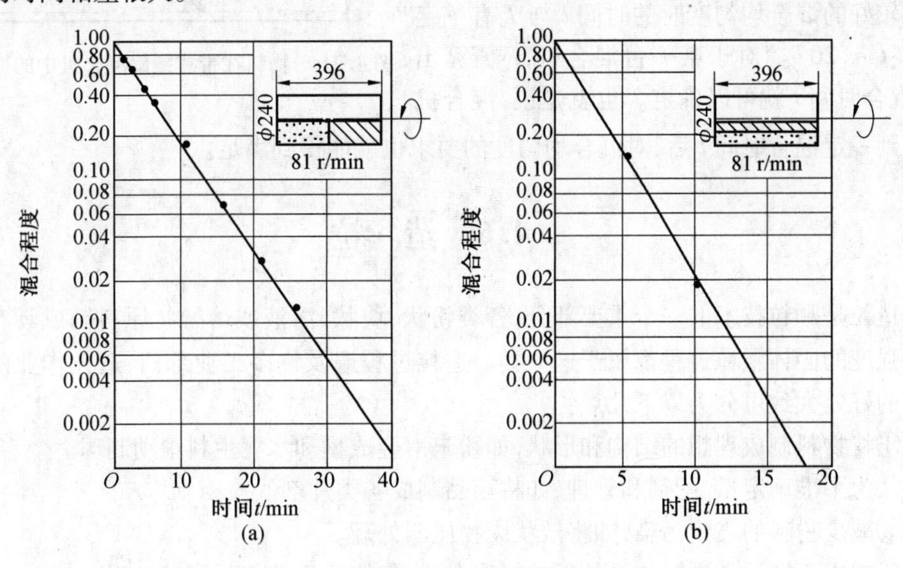

图4.19　装料方式对混合速度的影响

(3) 装料比对混合的影响。

物料在容器中应尽可能得到较剧烈的流动,物料装满容器是不利于混合的。实验表明,对于水平圆筒混合机来说,装料比(即装料体积与容器容积之比)Q/V 与混合速度系数的曲线有一个极大值,即 Q/V 为30% 时(图4.20);对于V式混合机和正立方体式混合机,Q/V 可以达到50%;一些固定容器式混合机,可以达到60% 左右。

(4) 最佳混合时间的确定。

分析物料在混合机中对流流动的情况,可以推算物料进行循环流动一次的时间,从而确定最佳混合时间。图4.21所示为物料在带式螺旋混合机中的循环流动简图。物料在内外反向螺旋作用下产生对流混合。其循环对流的流量 $q(m^2/s)$ 为

$$q = \varphi \frac{\pi}{4}(D_2^2 - D_1^2)\frac{sn}{60} \tag{4.37}$$

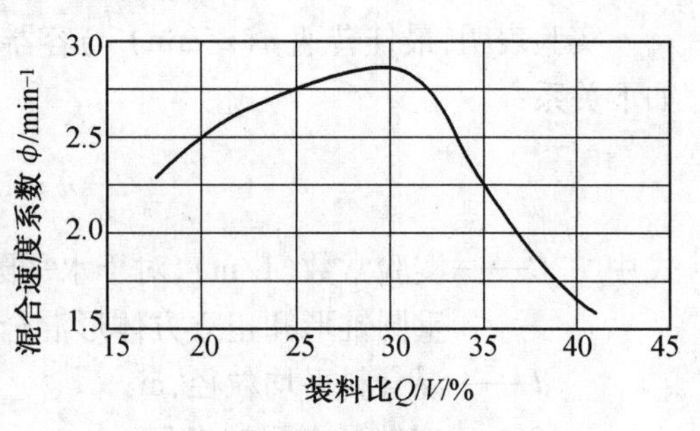

图4.20　装料比与混合速度系数的关系

式中　s—— 螺旋的螺距,m;

D_1、D_2—— 内外螺旋的直径,m;

n—— 螺旋转速,r/min;

φ—— 螺旋埋入粉料中的部分占整个螺旋的百分数,%。

设内外螺旋的 φ 值相同,内外螺旋推动的粉料量应当相同,当装料量为 $Q(m^3)$ 时,物料循环流动一次的周期为

$$T = \frac{Q}{q} \tag{4.38}$$

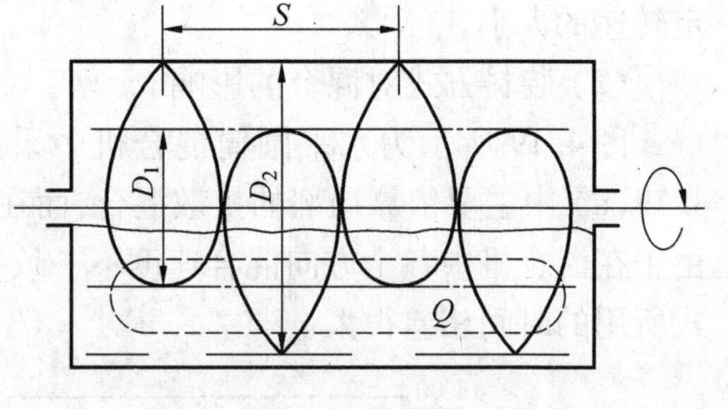

图4.21　物料在带式螺旋混合机中的循环流动

试验表明,虽然 Q/V 和 n 值有所改变,但在达到较好的混合均匀度时的时间 t 与 T 有一定关系:$t \approx 20T$。对于某一台混合机,T 值算出后,混合时间 t 就可以确定。也就是说,混合机在达到一定混合时间 t 后,对混合均匀度的要求也就能得到满足。

4.6　造　粒

造粒是颗粒技术的一个重要部分,各类粉状、块状、溶液或熔融状原料制成具有一定形状和强度的固体颗粒过程都属于这一类。造粒过程遍及许多工业部门,造粒作业的目的和带来的好处大致可分为以下几点:

①将物料制成理想的结构和形状,如粉末冶金成型和水泥生料滚动制球。

②为了准确定量、配剂和管理,如将药品制成各类片剂。

③减少粉料的飞尘污染,如将散状废物压团处理。

④制成不同种类颗粒体系的无偏析混合体,如炼铁烧结前的团矿过程。

⑤改进产品的外观,如各类形状的颗粒食品和用作燃料的各类型煤。

⑥防止某些固相物生产过程中的结块现象，如颗粒状磷胺和尿素的生产。

⑦改善粉粒状原料的流动特性，如陶瓷原料喷雾造粒后可显著提高成型给料时的稳定性。

⑧增加粉料的体积质量，便于储存和运输，如超细的炭黑粉需制成颗粒状散料。

⑨降低有毒和腐蚀性物料处理作业过程中的危险性，如将烧碱、铬酐类压制成片状或粒状后使用。

⑩控制产品的溶解速度，如一些速溶食品。

⑪调整成品的孔隙率和比表面积，如催化剂载体的生产和陶粒类多孔耐火保温材料的生产。

⑫改善热传递效果和帮助燃烧，如立窑水泥的烧制过程。

⑬适应不同的生物过程，如各类颗粒状饲料的生产。

由于各工业部门特点和造粒目的及原料的不同，使这一过程体现为多种多样的形式。总体上可将其分为突出单个颗粒特性的单个造粒和强调颗粒状散体集合特性的集合造粒两类。前者侧重每个颗粒的大小、形状、成分和密度等指标，因而产量较低，通常以单位时间内制成的颗粒个数来计量。后者则考虑制成的颗粒群体的粒度大小、分布、形状的均一性及容重等指标，处理量以 kg/h 或 t/h 来计量，属大规模生产过程。

集合造粒根据原始微细颗粒团聚方式的不同大致可分为压缩造粒、挤出造粒、滚动造粒、喷浆造粒、流化造粒。

4.6.1　压缩造粒

压缩造粒是将混合好的原料粉体放在一定形状的封闭压模中，通过外部施加压力使粉体团聚成型。它具有颗粒形状规则、均一，致密度高、所需黏结剂用量少和造粒水分低等优点。其缺点是生产能力低，模具磨损大，所制备的颗粒粒径有一定的下限。该造粒方法多被制药打锭、食品造粒、催化剂成型和陶瓷行业等静压制微粒磨球等工艺所采用。

1. 压缩造粒机理

随着外部压力作用的增大，粉体中原始微粒间的空隙不断地减小。完成对模具有限空间的填充之后，颗粒达到了在原始微粒尺度上的重新排列和密实化，如图 4.22(a)所示，这一过程中通常伴随着原始微粒的弹性变形和因相对位移而造成的表面破坏，如图 4.22(b)所示；在外部压力进一步增大之后，由应力产生的塑性变形使孔隙率进一步降低，相邻微粒界面上将产生原子扩散或化学键结合，如图 4.22(c)所示，并在黏结剂的作用下微粒间形成牢固的结合，至此即完成了压缩造粒的过程。当制成的颗粒脱膜后，可能会因内部压力的解除而产生微量的弹性膨胀，膨胀的大小依原料粉体的特性而有所差异，严重的可能导致制品颗粒的破裂。

2. 影响压缩造粒的因素

影响压缩造粒的因素有多种，最佳操作条件必须综合考虑原料的粒度和分布、湿度、作业温度、黏结剂、润滑剂的添加量，通过大量试验做出变化趋势图来最后确定。原料粉体的粒度分布，决定着粉体微粒的理论填充状态和孔隙率。压缩造粒需要原料微粒间有较大的结合界面，因此原料越细，制品强度就越高。原料粒度分布的上限取决于产品粒度的大小。然而，粉体越细体积质量越低，原料的压缩度(自然堆积和压缩后的体积比)限制了原料粉

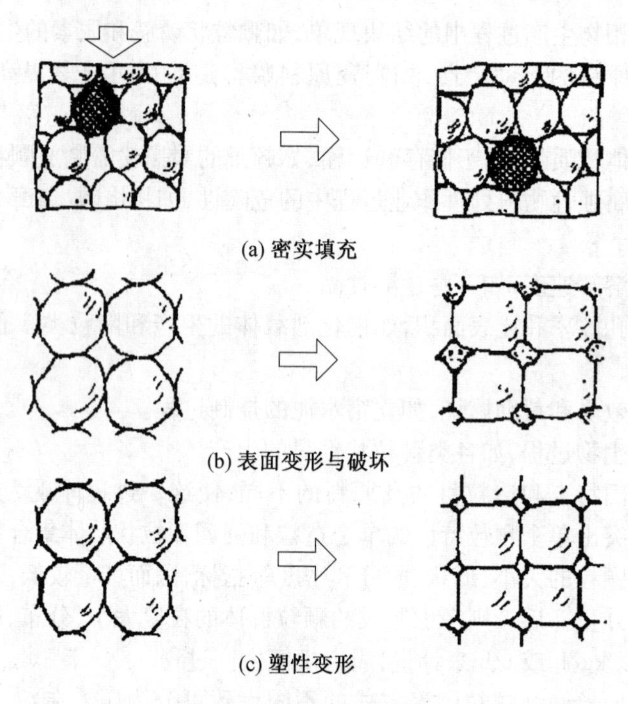

(a) 密实填充

(b) 表面变形与破坏

(c) 塑性变形

图 4.22 压缩造粒机理

体不能太细。因为这类细粉在压缩时夹带出的空气较多,势必要减小压缩过程的速度,导致产量降低。在实际生产中,可采用把要造粒的粉体在储料罐里减压脱气的方式进行预处理,以降低原料粉体的压缩度。

如上所述,压缩造粒是原料中微粒间界面上的结合,原始颗粒的表面特性从中起着很重要的作用。通过粉碎法制取的粉体,其表面存在着大量的不饱和键及晶格缺陷。这种新生表面的化学活性特别强,易与相邻颗粒形成界面上的化学键结合和原子扩散。如果放置较长时间后,这些颗粒表面被蒸气、水分和更微细的颗粒所吸附,表面活性会逐渐"钝化",因此,应尽可能用刚刚粉碎后的原料粉体进行压缩造粒。

3. 压缩造粒助剂

在压缩造粒过程中,常采用润滑剂来帮助压应力均匀传递并减少不必要的摩擦。根据润滑剂添加方式的不同分为内部润滑剂和外部润滑剂两类:内润滑剂是与粉体原料混合在一起的,它不仅可以提高给料时粉体的流动性和压缩过程中原始微粒的相对滑移,还有助于制品颗粒的脱膜。内润滑剂的添加量为0.5% ~2%(质量分数),过量使用可能影响微粒表面的结合从而降低制品强度。外润滑剂涂抹在模具的内表面,起到减小模具磨损的目的,即使是微量添加也有显著的效果。颗粒与模具表面的摩擦力阻碍了压应力在这一区域的均匀传递,导致内部受力不匀、产品颗粒内部密度和强度的不均匀分布。从这一点考虑减小外部摩擦不仅仅是保护模具的问题,也是提高造粒质量和产量的手段。常用的液体润滑剂有水、润滑油、甘油、可溶性油水混合物、甘醇和硅酮类。固体润滑剂有滑石、石墨、硬酯酸、硬脂酸盐类、干淀粉、石蜡和二硫化钼等。

在造粒过程中使用的外加剂还有黏结剂、润湿剂、塑化剂、杀菌剂和防霉剂等,其中黏结剂与润滑剂对颗粒制品强度的影响最大。黏结剂强化了原始微颗粒间的结合力;润滑剂通过降低原始微颗粒间的摩擦,促进颗粒群密实填充,从而在整体上提高制品颗粒的强度。

黏结剂的作用形式可分为三类:一类是以石蜡、淀粉、水泥、黏土等黏结剂为基体,将原始微颗粒均匀地混合在其中,制成复合颗粒。第二类是以黏结剂将原始微颗粒黏结在一起,当水分蒸发或黏结剂固化后在微颗粒界面上形成一层吸附牢固的固化膜,制成以原料粉体为基体的颗粒。这类黏结剂主要有水、水玻璃、树脂、膨润土、胶水等。第三类是选择合适的黏结剂,使其在原始颗粒表面上发生化学反应、固化,从而提高微颗粒间界面的强度。这类化学物质体系有 $Ca(OH)_2+CO_2$,$Ca(OH)_2$+糖蜜,水玻璃+$CaCl_2$等。

黏结剂的选择主要靠经验,不同行业都有各自的特点和习惯,选择时需要考虑如下问题:

①黏结剂与原料粉体的适应性及制品颗粒的潮解问题。

②黏结剂是否能够湿润原始微颗粒的表面。

③黏结剂本身的强度和制品颗粒强度要求是否匹配。

④黏结剂的成本。

在选择了几种可行的黏结剂后,须通过试验来确定最好的种类、添加量和添加方式。

4.6.2　挤出造粒

挤出造粒是将与黏合剂捏合好的粉状物料投入带有多孔模具的挤出机中,在外部挤压力的作用下,原料以与模具开孔相同的截面形状从另一端排出,再经过适当的切粒和整形即可获得各种柱形或球形颗粒。这是较为普遍和容易的造粒方法,它要求原料粉体能与黏结剂混合成较好的塑性体,适合于黏性物料的加工。颗粒截面规则均一,但长度和端面形状不能精确控制。致密度比压缩造粒低,黏结剂、润滑剂用量大,水分高,模具磨损严重。因为其生产能力很大,被广泛地用于农药颗粒、催化剂载体、颗粒饲料和食品的造粒过程。

1. 挤出造粒的工艺因素

从机理上来说,挤出造粒是压缩造粒的特殊形式,其过程都是在外力作用下原始微粒间重新排列而使其密实化,所不同的是挤出造粒需先将原始物料塑性化处理。挤出过程中随着模具通道截面变小,内部压应力逐渐增大,相邻微粒界面上在黏结剂的作用下形成牢固的结合。该过程可分为四个阶段:输送、压缩、挤出、切粒。物料与模具表面在高压下摩擦产生大量热能,物料温度升高有助于塑化成型。

影响挤出造粒的工艺因素很多,主要有原料粒度、温度、水分和外加剂。

为了使物料有较好的塑性,需对原料进行预混合处理。在这一工序中,将水和黏结剂加入粉料内用捏合机充分捏合,黏结剂的选择与压缩造粒过程相同。捏合效果的好坏直接影响着挤出过程的稳定性和产品质量。一般来说,捏合时间越长,泥料的流动性越好,产品强度也越高。与压缩造粒相同,原料粉体适度偏细将使捏合后泥团的塑性提高,有利于挤出过程的进行;同时细颗粒使粒间界面增大也能提高产品的强度。

聚丙烯酰胺和田菁胶粉是较为常用的造粒黏结剂。它除具有黏结性之外,还将大大减少泥料对模具的磨损,使挤出的颗粒表面光滑,模具寿命延长,动力降低,而产量和质量明显提高。

2. 挤出造粒设备和后处理

挤出机的种类很多,基本上都是由进料、挤压、模具和切粒四部分装置组战。处理能力高达 25 ~ 30 t/h。

螺杆挤出机比较常见,螺杆在旋转过程中产生挤压作用,将物料推向设在挤压筒端部或侧壁上的模孔,从而达到挤压造粒的目的。模孔的孔径和模板开孔率对产量和质量有很大的影响。

辊子式挤出机是由两个相对转动的辊子所组成的,在辊子的压力下,物料被挤入辊子上开设的模孔,经挤压和切割形成所需要的颗粒。依辊子形式的不同,有多种机型。

由于挤出造粒产品的水分较高,后续干燥工艺是不可缺少的。为了防止刚挤出的颗粒堆积在一起发生粘连,应对这些颗粒采用高温热风扫式干燥,使颗粒表面迅速脱水,然后再用振动流化干燥。

挤出造粒具有产量大的优点,但所生产的颗粒为短柱体,通过整形机处理后可以获得球状颗粒,用这种方法生产的球形颗粒比滚动成型的密度要高。

4.6.3　滚动造粒

在希望颗粒形状为球形、颗粒致密度要求不高的条件下,多采用滚动造粒。该造粒过程中,粉料微粒在液桥和毛细管力的作用下团聚在一起,形成微核。团聚的微核在容器低速转动所产生的摩擦和滚动冲击作用下不断地在粉料层中回转、长大,最后成为一定大小的球形颗粒而滚出容器。该方法的优点是处理量大、设备投资少和运转率高,缺点是颗粒密度不高,难以制备粒径较小的颗粒。该方法多被用于冶金团矿、立窑水泥成球,也用作颗粒多层包覆工艺制备功能性颗粒。

1. 滚动造粒机理

湿润粉体团聚成许多微核是滚动造粒的基本条件。成核动力来自液体的表面张力和气-液-固三相界面上表面自由能的降低。颗粒越小(小于 325 目)这种成核现象越明显,微核在一定条件下可长大到 1 ~ 2 mm。微核的聚并和包层则是颗粒进一步增大的主要机制,这些机制表现程度如何取决于作业形式(批次或连续)、原料粒度分布、液体表面张力和黏度等因素。

在批次作业中,结合力较弱的小颗粒在滚动中常常发生破裂现象,大颗粒的形成多是通过这些破裂物进一步包层来完成的。当原料中平均粒径大于 70 μm 并且粒度分布集中时,上述现象表现突出。与此相反,当原料平均粒径小于 40 μm,粒度分布也较宽时,颗粒的聚并则成为颗粒变大的主要原因。这类颗粒不仅因强度高而不易破碎,而且经过一定的时间滚动固化后,过多的水分渗出到颗粒表面,更容易在颗粒间形成液桥和使表面塑化,这些因素都促进了聚并过程的进行。随着颗粒变大,聚并在一起的小颗粒之间分离力增加,从而降低了聚并过程的效率。因此,难以以聚并机制来提高形成较大颗粒的速度。

在连续作业中,从筛分系统返回的小颗粒和破裂的团聚体常成为造粒的核心。由于原料细粉中的微粒在水分的作用下易与核心颗粒产生较强的结合力,因此,原料粉体在核心颗粒上的包层机制在颗粒增大过程中起着主导作用。

聚并形成的颗粒外表呈不规则的球形,断面是多心圆;而由包层形成的颗粒是表面光滑的球形体,断面呈树干截面年轮的样子。

2. 影响滚动造粒的主要因素

团聚体的强度决定着滚动造粒机制的选择,也直接影响着微核的形成和发展过程。颗粒为了生存与长大,首先要有足够的结合强度来抵抗滚动过程中外力的破坏作用。颗粒的破裂和长大是一对相反的过程,当破坏力和黏结力平衡时所造颗粒也即达到了最终的粒度。

D. M. Newitt 等人的研究表明,团聚颗粒内部黏结强度可以定量地表示为

$$\sigma = \frac{C \cdot \frac{\gamma}{d} \cdot (1 - \varepsilon)}{\varepsilon} \tag{4.39}$$

式中　σ—— 黏结强度;

C—— 与原料粉体比表面积有关的常数;

γ—— 液体表面张力;

d—— 一次颗粒直径;

ε—— 形成颗粒的空隙率。

由上式可知,原料粉体比表面积越大、孔隙率越小、作为介质的液体表面张力越大、一次颗粒直径越小,所得团聚颗粒的强度越高。因此,为了获得较高强度的颗粒,对原料粉体的要求是:

①一次颗粒尽可能小,粉料比表面积越大越好。然而,考虑到经济性和使用上的方便,所选用的粉料不能太细,一般在325目左右。

②要获得较小的空隙率,所选用粉料的一次颗粒最好为无规则形状,这有利于团聚体的密实填充。具有一定粒度分布的原料也能达到降低空隙率的目的。由机械粉碎方式得到的粉体能满足这一要求。

原料中的水分是形成原始颗粒间液桥的关键因素,滚动成型前粉料的预湿润有助于微核的形成,并能提高造粒质量。目前水泥行业正在推广的预加水成球技术就是利用了这一原理。

添加黏结剂是提高滚动造粒强度的重要措施之一,水是常用的廉价黏结剂。黏结剂通过充填一次颗粒间的孔隙,形成表面张力较强的液膜而发挥作用,像水玻璃一类黏结剂还将与一次颗粒表面反应,形成牢固的化学结合。有时为了促进微粒的形成,在原料粉体中加入一些膨润土细粉,利用它遇水后膨胀和表面浸润性好的特点改善造粒强度,黏结剂的使用存在着一个适宜添加量的问题,过少不起作用;过多则造成颗粒表面粗糙和颗粒间的粘连。

4.6.4　喷浆造粒

喷浆造粒是借助于蒸发直接从溶液或浆体制取细小颗粒的方法,它包括喷雾和干燥两个过程。料浆首先被喷洒成雾状微液滴,水分被热空气蒸发带走后,液滴内的固相物就聚集成了干燥的微粒。对用微米和亚微米级的超细粉体制备平均粒径为几十微米至数百微米的细小颗粒来说,喷浆造粒几乎是唯一而且很有效的方法。所制备的颗粒近似球形,有一定的粒度分布。整个造粒过程全部在封闭系统中进行,无粉尘和杂质污染,因此该方法多被食品、医药、染料、非金属矿加工、陶瓷等行业采用。不足之处是水分蒸发量大,喷嘴磨损严重。

1. 喷浆造粒机理

雾滴经过受热蒸发,水分逐渐消失,而包含在其中的固相微粒逐渐浓缩,最后在液桥力的作用下团聚成所需要的微粒。在雾滴向微粒变化的过程中,也会发生相互的碰撞,聚集成较大一点的微核,微核间的聚并和微粒在核子上的吸附包层是形成较大颗粒的主要机制。

上述过程必须在微粒中的水分完全脱掉之前完成,否则颗粒就难再增大。由于没有外力的作用,喷浆造粒所制取的颗粒强度不是太高,并且呈多孔状。

喷浆成雾后初始液滴的大小和浆体浓度决定着一次微粒的大小。浓度越低,雾化效果越好,所形成的一次微粒也就越小。然而,受水分蒸发量的限制,喷浆的浓度不能太低。改变干燥室内的热气流运动规律,可控制微粒聚并与包层过程,从而调整制品颗粒的大小。热风的吹入量和温度可直接影响干燥强度和物料在干燥器内的滞留时间,这也是调整制品颗粒大小的手段。

2. 浆体雾化方式

浆体的雾化有加压自喷式、高速离心抛散式和压缩空气喷吹式三种(图 4.23),雾化是喷浆造粒的关键。

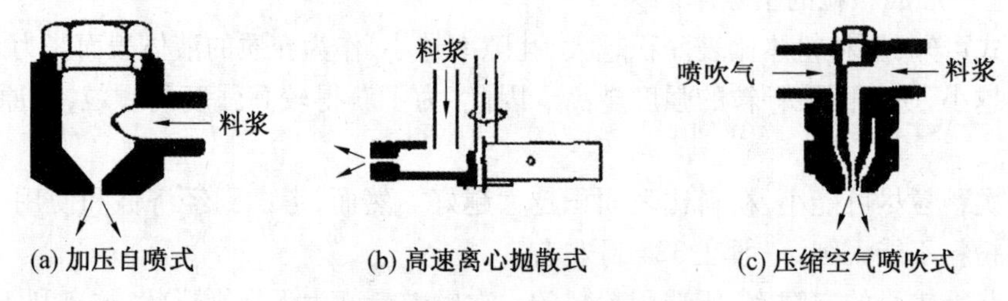

(a) 加压自喷式　(b) 高速离心抛散式　(c) 压缩空气喷吹式

图 4.23　浆体的不同雾化方式

加压自喷式雾化是用高压泵把浆体以十几兆帕的压力挤入喷嘴,经喷嘴导流槽后变为高速旋转的液膜射出喷孔,形成锥状雾化层。要获得微小液滴,除提高压力外,喷孔直径不能过大。浆体黏度的高低也影响着成雾的效果,有些浆体须升温降黏度后再进行雾化。这种雾化喷嘴结构简单,可在干燥器内的不同位置上多个设置,以使雾滴在其中均匀分布。缺点是喷嘴磨损较快,浆体的喷射量和压力也随着喷嘴的磨损而变化,作业不稳定,制备的颗粒比其他雾化方式偏粗。

高速离心抛散式雾化是利用散料盘高速旋转的离心力把浆体抛散成非常薄的液膜后在散料盘的边缘与空气做高速相对运动的摩擦中雾化散出。因散料盘高速旋转,故对机械加工和其精度要求较高。为了能获得均匀的雾滴,散料盘表面要光洁平滑、运转平稳,在高速下无因不平衡造成的振动。

压缩空气喷吹式雾化是利用压缩空气的高速射流对料浆进行冲击粉碎,从而达到使料浆雾化的目的。雾化效果主要受空气喷射速度和料浆浓度的影响,气速越高,料浆黏度越低,其雾滴越细、越均匀。按空气与料浆在喷嘴内的混合方式不同,有多种喷嘴形式。该方法可处理黏度较高的物料,并可制备较细的产品。

3. 干燥器

喷浆造粒包括喷雾和干燥两个过程,其工业化生产系统由热风源、干燥器、雾化装置和产品捕集设备所组成。系统的前后两设备可分别选用定型化的热风炉和除尘器。对喷浆造粒过程影响较大的设备是干燥器。干燥器的结构比较简单,一般是根据雾化方式的特点设计成一个普通的容器,但作为一个有传热、传质过程的流体设备,其内部流型的合理设计是个关键,它必须具备以下功能:

①对已雾化的液体浆滴进行分散。

②使雾滴迅速与热空气混合干燥。

③及时将颗粒产品和潮湿气体分离。

干燥器要蒸发掉料浆中的大量水分,追求尽可能高的热效率是干燥器设计的主要目的,因此多取塔状结构。典型的几种干燥器内部流型如图4.24所示。

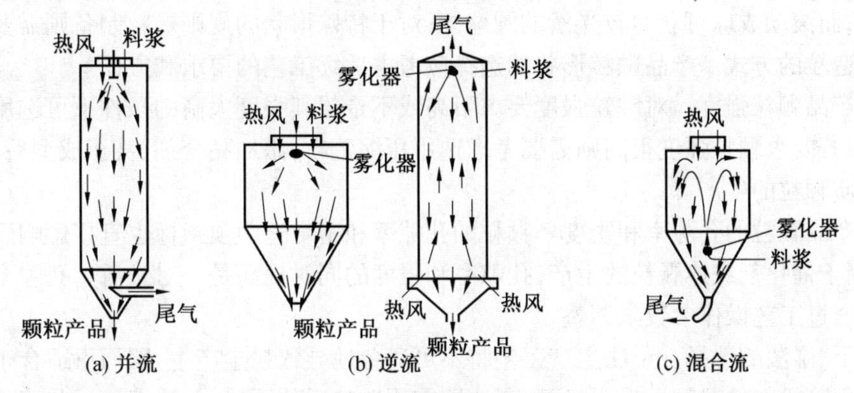

图4.24　几种干燥器内部流型

4.6.5　流化造粒

流化造粒是让粉料在流化床床层底部空气的吹动下处于流态化,再把水或其他黏结剂雾化后喷入床层中,粉料经过沸腾翻滚逐渐形成较大的颗粒。这种方法的优点是混合、捏合、造粒、干燥等工序在一个密闭的流化床中一次完成,操作安全、卫生、方便。该方法建立在流态化的技术的基础上,经验性较强。

流化造粒过程与滚动造粒机理相似,在黏结剂的促进下,粉体原始颗粒以气-液-固三相的界面能作为原动力团聚成微核;在气流的搅拌、混合作用下,微核通过聚并、包层逐渐形成较大的颗粒。在带有筛分设备的闭路循环系统中,返回床内的细碎颗粒也常作为种核的来源,这对于提高处理能力和产品质量是一项重要措施。调节气流速度和黏结剂喷入状态,可控制产品颗粒的大小并对产品进行分级处理。雾滴大所得到的颗粒大,雾滴小所得的颗粒小。由于缺少较强的外部压力作用,成品颗粒虽属球状,但致密度不高。经过连续的干燥过程,水分蒸发后留下了很多的内部孔隙。

4.6.6　造粒方法的选择

造粒是受多种因素影响的工艺过程,选择适宜造粒方式的最好方法是比较现在正使用的各类实例。分析其优缺点,从而做出正确判断。如果原料特点、产品粒度、强度等要求近似,那么现有工艺将是较好的。当然,最佳方式的选择还应有理论的指导和遵循一定的原则。首先是明确所要解决的问题和希望产品达到的指标,然后比较各类造粒过程的能力和特点。在比较中要考虑的因素有如下几点:

①原料特性。原料特性的选择,需考察粉料是否有足够的细度来保证滚动造粒的进行;若选用挤出造粒,原料与水捏合后的塑性是否足够;若是湿法粉磨或液相合成的浆状产物,是否容易雾化;若采用喷浆造粒,原料的受热蒸发特性怎样。

②处理能力的要求。不同造粒办法的单位时间处理量差别不小,必须考虑设备投资和加工成本。

③产品粒度分布。不同造粒方式所得产品粒度的差异很大,如喷浆造粒的粒度小,而压缩造粒的产品粒径可以很大,应根据所需粒度选择造粒方式。

④产品颗粒形状。搅拌混合造粒、流化造粒等方法得到的产物是形状不十分规则的球形颗粒;而滚动成球可获得较光滑的圆球体;对于特殊形状的规则颗粒制备则需要借助压缩和挤出造粒的方式。产品颗粒形状的选择应考虑后续工艺的要求和方便。

⑤产品颗粒强度。对颗粒强度要求不高或不希望其强度太高的条件下可选用喷浆造粒的方式;若要求颗粒强度很高则需要考虑选用压缩造粒,添加黏合剂,甚至成型后再烧结,如研磨介质颗粒的生产。

⑥产品颗粒的孔隙率和密度。颗粒的孔隙率和密度这两项指标也直接影响到产品的强度,如用于催化剂载体颗粒的生产,孔隙率和强度的同时提高是一对矛盾。孔隙率和密度的大小可通过工艺操作参数来调整。

⑦干/湿法的选择。干法生产工艺将不可避免地导致粉尘产生,因而不适合于有毒害性或其他危险粉料的造粒。另一方面,湿法则需要造粒后的干燥,并浪费掉一些溶剂。

⑧空间限制。不同造粒方式的设备占用空间差别很大,从节省土建投资的角度必须考虑这个问题。

在注意上述因素的同时,还应该考虑一机多用、选择造粒与反应同时进行,如滚筒式滚动造粒设备也适合于有固相反应物存在,或生成固相产物的化学反应过程同时进行。流化造粒方式则同时完成了对颗粒的干燥。

第二篇　金属材料加工原理及工艺学

第5章　金属材料学基础

5.1　金属材料的主要性能

金属材料具有很多优良的性能，被广泛应用于生产和生活中。金属材料是制造机械设备、工具量具、武器装备和生活用具的基本材料。为了设计制造出有竞争力的金属制件，就要了解和掌握金属材料的各种性能。

金属材料的性能分为使用性能和工艺性能。

使用性能是指金属材料为保证机械零件或工具正常工作应具备的性能，即在使用过程中所表现出的特性。金属材料的使用性能包括力学性能、物理性能和化学性能等。

工艺性能是指金属材料在制造机械零件和工具的过程中，适应各种冷加工和热加工的性能。工艺性能是金属材料采用某种加工方法制成成品的难易程度，包括铸造性能、锻造性能、焊接性能、热处理性能及切削加工性能等。

5.1.1　金属材料的力学性能

金属材料的力学性能是指金属材料在各种载荷作用下所表现的性能，包括强度、塑性、硬度、韧性和疲劳强度等。

物体受外力作用后导致物体内部之间相互作用的力，称为内力。

单位面积上的内力，称为应力 σ（N/mm^2）。

应变 ε 是指由外力所引起的物体原始尺寸或形状的相对变化（%）。

1. 强度与塑性

金属材料在力的作用下，抵抗永久变形和断裂的能力称为强度。强度的大小通常用应力来表示。根据载荷作用方式的不同，强度可分为抗拉强度、抗压强度、抗弯强度、抗剪强度和抗扭强度。一般情况下，以抗拉强度作为判断金属强度高低的性能指标。

塑性是指金属材料在断裂前发生不可逆永久变形的能力。

金属材料的强度和塑性指标可以通过拉伸试验测得。

（1）拉伸试验。

拉伸试验是指用静拉伸力对试样进行轴向拉伸，测量拉伸力和相应的伸长，并测其力学性能的试验。

拉伸试样通常采用圆柱形拉伸试样（图5.1），分为短试样和长试样两种。长试样，$L_0=10d_0$；短试样，$L_0=5d_0$。

（2）力伸长曲线。

在进行拉伸试验时，拉伸力 F 和试样伸长量 ΔL 之间的关系曲线，称为力伸长曲线。

试样从开始拉伸到断裂要经过弹性变形阶段、屈服阶段、变形强化阶段、缩颈与断裂四

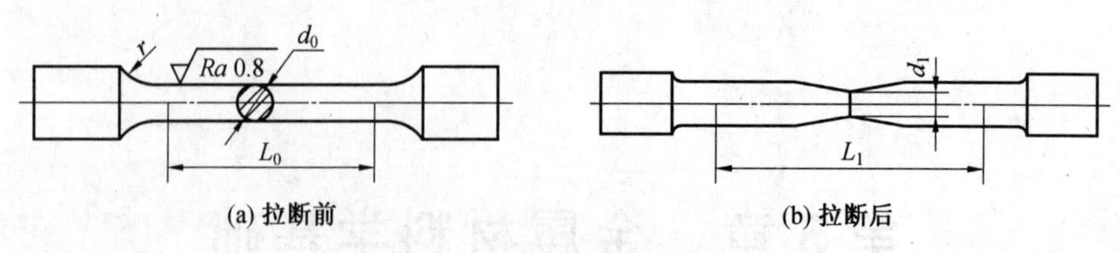

图 5.1　圆柱形拉伸试样

个阶段。

(3)强度指标。

金属材料的强度指标主要有屈服点 σ_s、规定残余伸长应力 $\sigma_{0.2}$、抗拉强度 σ_b 等,如图 5.2 所示。

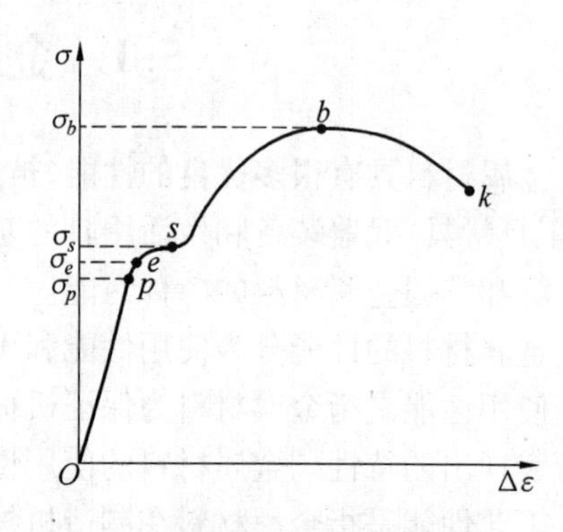

图 5.2　退火低碳钢力伸长曲线

①屈服点和规定残余延伸应力。

屈服点是指试样在拉伸试验过程中力不增加(保持恒定)仍然能继续伸长(变形)时的应力。屈服点用符号 σ_s 表示,单位为 N/mm² 或 MPa。

规定残余伸长应力是指试样卸除拉伸力后,其标距部分的残余伸长与原始标距的百分比达到规定值时的应力,用应力符号 σ 并加角标 r 和规定残余伸长率表示,如 $\sigma_{r0.2}$ 表示规定残余伸长率为 0.2% 时的应力定为没有明显产生屈服现象金属材料的屈服点。

②抗拉强度。

抗拉强度是指试样拉断前承受的最大标称拉应力,用符号 σ_b 表示,单位为 N/mm² 或 MPa。

(4)塑性指标。

①断后伸长率。

试样拉断后的标距伸长量与原始标距的百分比称为断后伸长率,用符号 δ 表示。使用长试样测定的断后伸长率用符号 δ_{10} 表示,通常写成 δ;使用短试样测定的断后伸长率用符号 δ_5 表示。

②断面收缩率。

断面收缩率是指试样拉断后缩颈处横截面积的最大缩减量与原始横截面积的百分比,用符号 φ 表示。

$$\delta=\frac{L-L_0}{L_0}\times 100\%$$

$$\varphi=\frac{A_0-A}{L_0}\times 100\%$$

式中　L_0, A_0——拉伸试样的原始标距长度和原始截面积;

L, A——试样拉断后的标距长度和截面积。

2. 硬度

硬度是衡量金属材料软硬程度的一种性能指标,也是指金属材料抵抗局部变形,特别是塑性变形、压痕或划痕的能力。

硬度测定方法有压入法、划痕法、回弹高度法等。在压入法中根据载荷、压头和表示方法的不同，常用的硬度测试方法有布氏硬度(HBW)、洛氏硬度(HRA、HRB、HRC 等)和维氏硬度(HV)。

(1)布氏硬度。

布氏硬度的试验原理是用一定直径的硬质合金球，以相应的试验力压入试样表面，经规定的保持时间后，卸除试验力，测量试样表面的压痕直径 d，然后根据压痕直径 d 计算其硬度值的方法。

布氏硬度值是用球面压痕单位表面积上所承受的平均压力表示的，用符号 HBW 表示，上限为 650 HBW。布氏硬度试验原理图如图 5.3 所示。

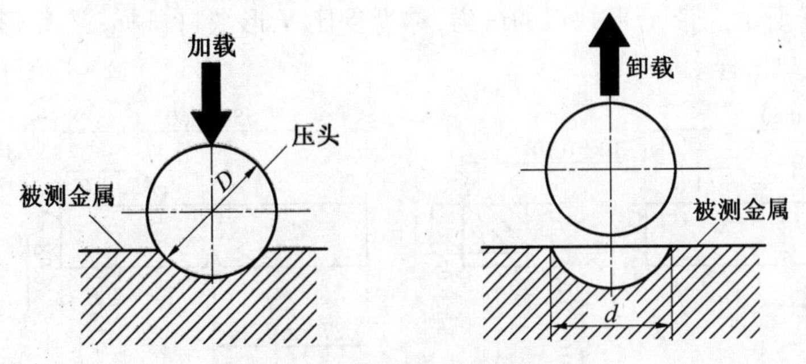

图 5.3　布氏硬度试验原理图

布氏硬度的标注方法是：测定的硬度值应标注在硬度符号“HBW”的前面。除了保持时间为 10～15 s 的试验条件外，在其他条件下测得的硬度值，均应在硬度符号“HBW”的后面用相应的数字注明压头直径(mm)、试验力大小(kgf)和试验力保持时间(s)，例如，150 HBW10/1 000/30。

(2)洛氏硬度。

洛氏硬度试验原理是以锥角为 120°的金刚石圆锥体或直径为 1.587 5 mm 的球(淬火钢球或硬质合金球)，压入试样表面，试验时先加初试验力，然后加主试验力，压入试样表面之后，去除主试验力，在保留初试验力时，根据试样残余压痕深度增量来衡量试样的硬度大小。

根据试验材料硬度的不同，可分为三种不同的标度来表示：

HRA 是采用 60 kg 载荷和钻石锥压入器求的硬度，用于硬度很高的材料，例如硬质合金。

HRB 是采用 100 kg 载荷和直径 1.58 mm 淬硬的钢球求得的硬度，用于硬度较低的材料。例如：软钢、有色金属、退火钢、铸铁等。

HRC 是采用 150 kg 载荷和钻石锥压入器求得的硬度，用于硬度较高的材料，例如淬火钢等测定的硬度数值写在符号“HR”的前面，符号“HR”后面写使用的标尺，如 50 HRC 表示用“C”标尺测定的洛氏硬度值为 50。

(3)维氏硬度

维氏硬度的测定原理与布氏硬度基本相似，是以面夹角为 136°的正四棱锥体金刚石为压头，试验时，在规定的试验力 F(49.03～980.7 N)作用下，压入试样表面，经规定保持时间后，卸除试验力，则试样表面上压出一个正四棱锥形的压痕，测量压痕两对角线 d 的平均长度，可计算出其硬度值。维氏硬度用符号“HV”表示。

维氏硬度数值写在符号“HV”的前面，试验条件写在符号“HV”的后面。例如，640 HV30表示用 30 kgf(294.2 N)的试验力，保持 10 ~ 15 s 测定的维氏硬度值是 640；640 HV30/20 表示用 30 kgf(294.2 N)的试验力，保持 20 s 测定的维氏硬度值是 640。

3. 韧性

韧性是金属材料在断裂前吸收变形能量的能力。

金属材料的韧性大小通常采用吸收能量 K(J)指标来衡量。

(1)一次冲击试验。

①夏比摆锤冲击试样(图 5.4)。夏比摆锤冲击试样有 V 形缺口试样和 U 形缺口试样两种，如图 5.4 所示。带 V 形缺口的试样，称为夏比 V 形缺口试样；带 U 形缺口的试样，称为夏比 U 形缺口试样。

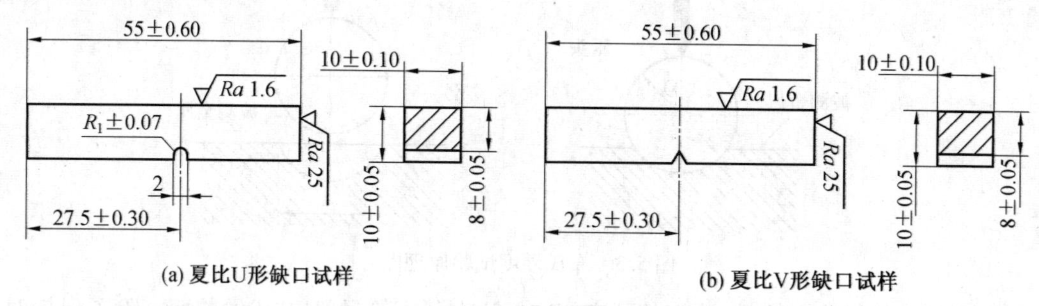

图 5.4　夏比摆锤冲击试样

②夏比摆锤冲击试验方法。夏比摆锤冲击试验是在摆锤式冲击试验机上进行的，如图 5.5 所示，计算公式是：

V 形缺口试样：　　KV_2 或 $KV_8 = A_{KV1} - A_{KV2}$

U 形缺口试样：　　KU_2 或 $KU_8 = A_{KU1} - A_{KU2}$

KV_2 或 KU_2 表示用刀刃半径是 2 mm 的摆锤测定的吸收能量；KV_8 或 KU_8 表示用刀刃半径是 8 mm 的摆锤测定的吸收能量。

吸收能量大，表示金属材料抵抗冲击试验力而不破坏的能力越强。

吸收能量 K 对组织缺陷非常敏感，它可灵敏地反映出金属材料的质量、宏观缺口和显微组织的差异，能有效地检验金属材料在冶炼、成形加工、热处理工艺等方面的质量。

③吸收能量与温度的关系。金属材料的吸收能量与温度之间的关系曲线一般包括高吸收能量区、过渡区和低吸收能量区三部分。

当温度降至某一数值时，吸收能量急剧下降，金属材料由韧性断裂变为脆性断裂，这种现象称为冷脆转变。

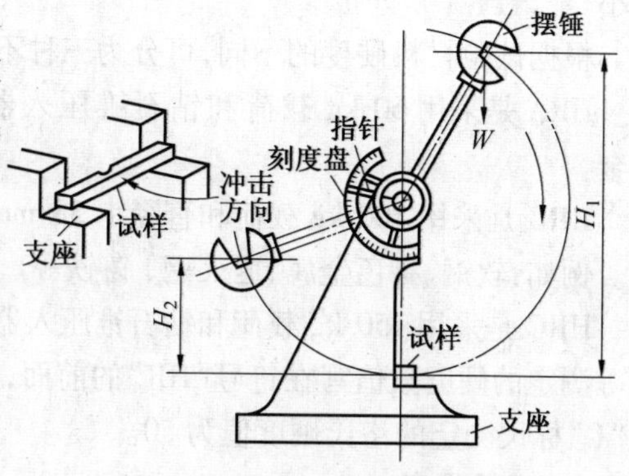

图 5.5　夏比冲击试验原理

金属材料在一系列不同温度的冲击试验

中,吸收能量急剧变化或断口韧性急剧转变的温度区域,称为韧脆转变温度。

韧脆转变温度是衡量金属材料冷脆倾向的指标。金属材料的韧脆转变温度越低,说明金属材料的低温抗冲击性越好。

(2)多次冲击试验。

金属材料在多次冲击下的破坏过程是由裂纹产生、裂纹扩张和瞬时断裂三个阶段组成的。其破坏是每次冲击损伤积累发展的结果,不同于一次冲击的破坏过程。

多次冲击弯曲试验在一定程度上可以模拟零件的实际服役过程,为零件设计和选材提供了理论依据,也为估计零件的使用寿命提供了依据。

在小能量多次冲击条件下,金属材料的多次冲击抗力大小,主要取决于金属材料强度的高低;在大能量多次冲击条件下,金属材料的多次冲击抗力大小,主要取决于金属材料塑性的高低。

4. 疲劳

(1)疲劳现象。

循环应力和应变是指应力或应变的大小、方向都随时间发生周期性变化的一类应力和应变。

零件工作时在承受低于制作金属材料的屈服点或规定残余伸长应力的循环应力作用下,经过一定时间的工作后会发生突然断裂,这种现象称为金属的疲劳。

疲劳断裂首先是在零件的应力集中局部区域产生,先形成微小的裂纹核心,即微裂源。随后在循环应力作用下,微小裂纹继续扩展长大。由于微小裂纹不断扩展,使零件的有效工作面逐渐减小,因此,零件所受应力不断增加,当应力超过金属材料的断裂强度时,则突然发生疲劳断裂,形成最后断裂区。金属疲劳断裂的断口由微裂源、扩展区和瞬断区组成,如图 5.6 所示。

(2)疲劳强度。

金属在循环应力作用下能经受无限多次循环,而不断裂的最大应力值称为金属的疲劳强度。即循环次数值 N 无穷大时所对应的最大应力值,称为疲劳强度。

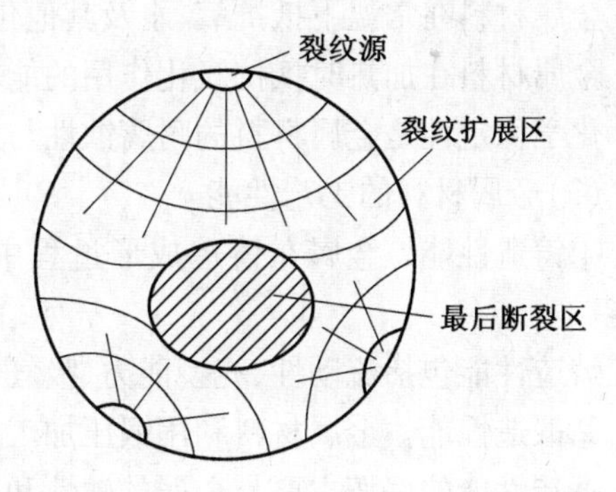

图 5.6 疲劳断口示意图

在工程实践中,一般是求疲劳极限,即对应于指定的循环基数下的中值疲劳强度。对于钢铁材料其循环基数为 10^7,对于非铁金属其循环基数为 10^8。对于对称循环应力,其疲劳强度用符号 σ_{-1} 表示。

金属材料在承受一定循环应力 σ 条件下,其断裂时相应的循环次数 N 可以用曲线来描述,这种曲线称为 σ-N 曲线。

5.1.2 金属材料的物理性能、化学性能和工艺性能

(1)金属材料的物理性能。

金属材料的物理性能是指金属在重力、电磁场、热力(温度)等物理因素作用下,其所表现出的性能或固有的属性。它包括密度、熔点、导热性、导电性、热膨胀性和磁性等。

①密度。金属的密度是指单位体积金属的质量。

一般将密度小于5×10^3 kg/m^{3}的金属称为轻金属,密度大于5×10^3 kg/m^{3}的金属称为重金属。

②熔点。金属和合金从固态向液态转变时的温度称为熔点。

熔点高的金属称为难熔金属(如钨、钼、钒等),可以用来制造耐高温零件。

熔点低的金属称为易熔金属(如锡、铅等),可以用来制造保险丝和防火安全阀等零件。

③导热性。金属传导热量的能力称为导热性。

金属导热能力的大小常用热导率(称为导热系数)λ表示。金属材料的热导率越大,说明其导热性越好。一般来说,纯金属的导热能力比合金好。

④导电性。金属能够传导电流的性能,称为导电性。

金属导电性的好坏,常用电阻率ρ表示,单位是$\Omega\cdot$m。金属的电阻率越小,其导电性越好。

⑤热膨胀性。金属材料随着温度变化而膨胀、收缩的特性称为热膨胀性。

一般来说,金属受热时膨胀而且体积增大,冷却时收缩而且体积缩小。金属热膨胀性的大小用线胀系数α_l和体胀系数α_v来表示。

⑥磁性。金属材料在磁场中被磁化而呈现磁性强弱的性能称为磁性。

根据金属材料在磁场中受到磁化程度的不同,金属材料可分为铁磁性材料和非铁磁性材料。

(2)金属材料的化学性能。

金属的化学性能是指金属在室温或高温时抵抗各种化学介质作用所表现出来的性能,它包括耐腐蚀性、抗氧化性和化学稳定性等。

金属材料在常温下抵抗氧、水及其他化学介质腐蚀破坏作用的能力,称为耐腐蚀性。

金属材料在加热时抵抗氧化作用的能力,称为抗氧化性。

化学稳定性是金属材料的耐腐蚀性与抗氧化性的总称。

(3)金属材料的工艺性能

①铸造性能。金属在铸造成形过程中获得外形准确、内部健全铸件的能力称为铸造性能。

铸造性能包括流动性、充型能力、吸气性、收缩性和偏析等。

②锻造性能。金属材料利用锻压加工方法成形的难易程度称为锻造性能。

锻造性能的好坏主要与金属的塑性和变形抗力有关。塑性越好,变形抗力越小,金属的锻造性能越好。

③焊接性能。焊接性能是指材料在限定的施工条件下焊接成按规定设计要求的构件,并满足预定服役要求的能力。

焊接性能好的金属材料可以获得没有裂缝、气孔等缺陷的焊缝,并且焊接接头具有良好的力学性能。低碳钢具有良好的焊接性能,而高碳钢、不锈钢、铸铁的焊接性能则较差。

④切削性能。切削加工性能是指金属在切削加工时的难易程度。

切削加工性能好的金属对刀具的磨损小,可以选用较大的切削用量,加工表面也比较光洁。

5.2　金属的晶体结构与结晶

5.2.1　金属的晶体结构

1. 晶体结构的基本概念

(1)晶体。

组成固态物质的最基本的质点(如原子、分子或离子)在三维空间中,做有规则的周期性重复排列,即以长程有序方式排列,这样的物质称为晶体,如金属、天然金刚石、结晶盐、水晶、冰等。

(2)非晶体。

组成固态物质的最基本的质点,在三维空间中无规则堆砌。这样的物质称为非晶体,如玻璃、松香等。

晶体通常又可分为金属晶体和非金属晶体,纯金属及合金都属于金属晶体,其原子间主要以金属键结合,而非金属晶体主要以离子键和共价键结合,如食盐 NaCl(离子键)、金刚石(共价键)都是非金属晶体。

按晶体结构模型提出的先后,可将晶体结构模型分为几何(球体)模型、晶格模型和晶胞模型。

(3)晶体的球体模型。

在球体模型中把组成晶体的物质质点,看成静止的刚性小球,它们在三维空间周期性规则堆垛成晶体,如图5.7(a)所示。该模型虽然很直观,立体感强,但不利于观察晶体内部质点的排列方式。针对这一缺陷,科技工作者进一步提出了晶体的晶格模型。

(4)晶格。

为了研究晶体中原子的排列规律,假定理想晶体中的原子都是固定不动的刚性球体,并用假想的线条将晶体中各原子中心连接起来,便形成了一个空间格子,这种抽象的、用于描述原子在晶体中规则排列方式的空间格子称为晶格,如图5.7(b)所示。晶体中的每个点称为结点。

(5)晶胞。

晶体中原子的排列具有周期性的特点,因此,通常只从晶格中选取一个能够完全反映晶格特征的、最小的几何单元来分析晶体中原子的排列规律,这个最小的几何单元称为晶胞(图5.7(c))。实际上整个晶格就是由许多大小、形状和位向相同的晶胞在三维空间重复堆积排列而成的。

(6)晶格常数。

晶胞的大小和形状常以晶胞的棱边长度 a、b、c 及棱边夹角 α、β、γ 来表示,如图5.7(c)所示。晶胞的棱边长度称为晶格常数,以埃(Å)为单位来表示(1 Å = 10^{-10}m)。

当棱边长度 $a=b=c$,棱边夹角 $\alpha=\beta=\gamma=90°$时,这种晶胞称为简单立方晶胞。由简单立方晶胞组成的晶格称为简单立方晶格。

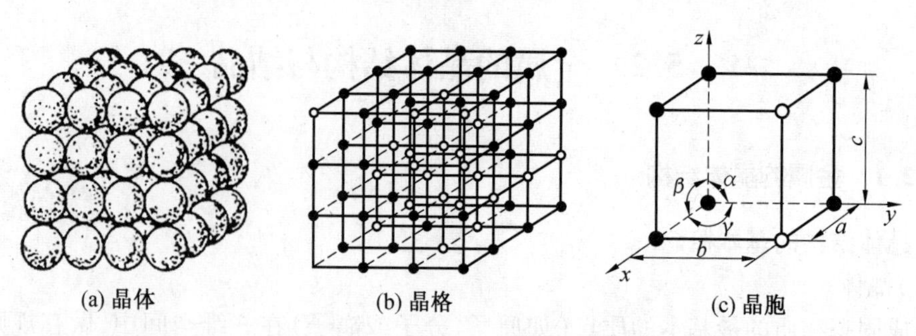

图 5.7 晶体、晶格与晶胞示意图

2. 金属材料的特性

(1)金属材料。

金属材料是指金属元素与金属元素,或金属元素与少量非金属元素所构成的,具有一般金属特性的材料。

金属材料按其所含元素数目的不同,可分为纯金属(由一个元素构成)和合金(由两个或两个以上元素构成)。合金按其所含元素数目的不同,又可分为二元合金、三元合金和多元合金。大家知道物质按其形态不同,可分为固体、液体和气体,而固体又可分晶体和非晶体。

(2)金属键。

金属键是金属原子之间的结合键,它是大量金属原子结合成固体时,彼此失去最外层子电子(过渡族元素也失去少数次外层电子),成为正离子,而失去的外层电子穿梭于正离子之间,成为公有化的自由电子云或电子气,而金属正离子与自由电子云之间存在强烈的静电吸引力(库仑引力),这种结合方式称为金属键。

(3)金属特征。

金属材料主要以金属键方式结合,从而使金属材料具有以下特征:

①良好的导电、导热性。自由电子定向运动(在电场作用下)导电、(在热场作用下)导热。

②正的电阻温度系数。即随温度升高,电阻增大,因为金属正离子随温度的升高,振幅增大,阻碍自由电子的定向运动,从而使电阻升高。

③不透明,有光泽。自由电子容易吸收可见光,使金属不透明。自由电子吸收可见光后由低能轨道跳到高能轨道,当其从高能轨道跳回低能轨道时,将吸收的可见光能量辐射出来,产生金属光泽。

④具有延展性。金属键没有方向性和饱和性,所以当金属的两部分发生相对位移时,其结合键不会被破坏,从而具有延展性。

3. 典型的金属晶体结构

(1)体心立方晶格。

体心立方晶格的晶胞是一个立方体,其晶格常数 $a=b=c$,在立方体的 8 个角上和立方体的中心各有一个原子,如图 5.8 所示。每个晶胞中实际含有的原子数为 $(1/8)\times 8+1=2$ 个。具有体心立方晶格的金属有铬(Cr)、钨(W)、钼(Mo)、钒(V)、α 铁(α-Fe)等。

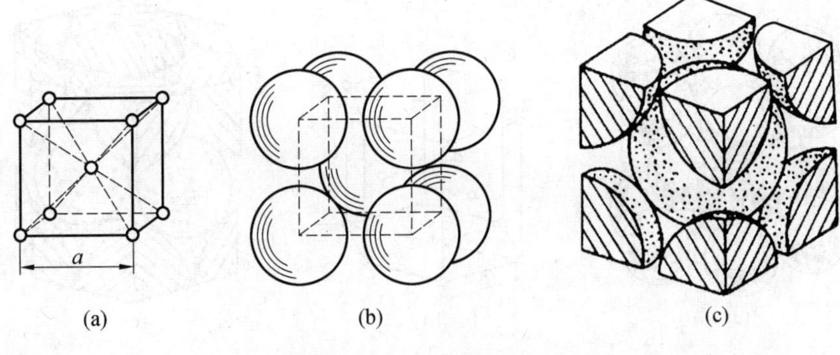

图 5.8　体心立方晶胞示意图

(2)面心立方晶格。

面心立方晶格的晶胞也是一个立方体,其晶格常数 $a=b=c$,在立方体的 8 个角和立方体的 6 个面的中心各有一个原子,如图 5.9 所示。每个晶胞中实际含有的原子数为(1/8)×8+6×(1/2)= 4 个。具有面心立方晶格的金属有铝(Al)、铜(Cu)、镍(Ni)、金(Au)、银(Ag)、γ 铁(γ-Fe)等。

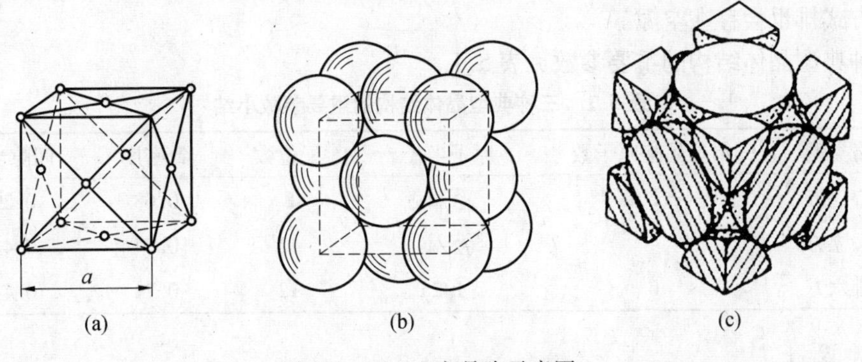

图 5.9　面心立方晶胞示意图

(3)密排六方晶格。

密排六方晶格的晶胞是个正六方柱体,它是由 6 个呈长方形的侧面和两个呈正六边形的底面所组成。该晶胞要用两个晶格常数表示,一个是六边形的边长 a,另一个是柱体高度 c。在密排六方晶胞的 12 角上和上、下底面中心各有一个原子,另外在晶胞中间还有三个原子,如图 5.10 所示。每个晶胞中实际含有的原子数为(1/6)×12+(1/2)×2+3=6 个。具有密排六方晶格的金属有镁(Mg)、锌(Zn)、铍(Be)等。

4. 典型晶格的致密度和配位数

以用刚性球体模型,计算出其晶体结构中的下列重要参数。

(1)单位晶胞原子数即一个晶胞所含的原子数目。

(2)原子半径是利用晶格常数,算出晶胞中两相切原子间距离的一半。

(3)配位数是晶体结构中任何一原子周围最近邻且等距离的原子数目,配位数越大,原子排列的越紧密。

(4)致密度是单位晶胞中原子所占体积与晶胞体积之比,其表达式为

$$K=nv/V$$

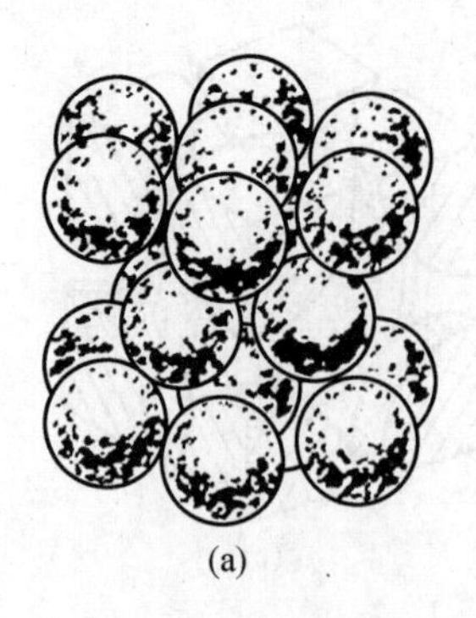

(a)

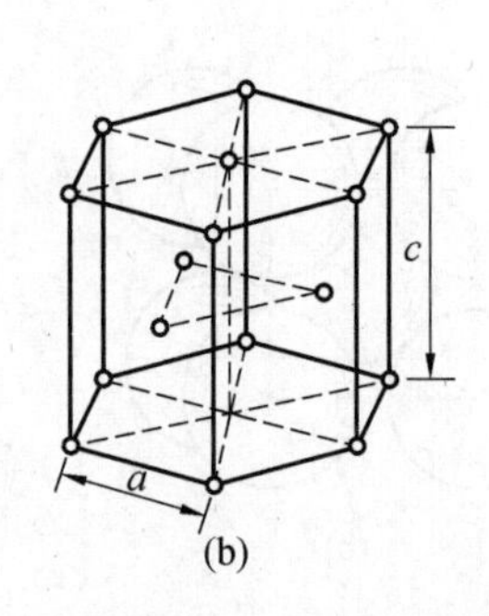

(b)

(c)

图 5.10　密排六方晶胞示意图

式中　*K*——致密度；

n——单位晶胞原子数；

v——每个原子的体积；

V——晶胞体积，致密度越大，原子排列越紧密。

(5)间隙半径是指晶格空隙中能容纳的最大球体半径。因为相同尺寸的原子，即使按最紧密方式排也会存在空隙。

三种典型晶体结构的重要参数见表 5.1。

表 5.1　三种典型晶体结构的重要参数小结

晶格类型	单位晶胞原子数	原子半径 r	配位数	致密度	间隙半径
体心立方	2	$\sqrt{3}/4a$	8	0.68	0.29r
面心立方	4	$\sqrt{2}/4a$	12	0.74	0.41r
密排六方	6	1/2a	12	0.74	0.41r

5. 金属晶体中晶面和晶向的表示

晶面是金属晶体中原子在任何方位所组成的平面。

晶向是金属晶体中原子在任何方向所组成的直线。

晶面指数表示晶面在晶体中方位的符号。

晶向指数表示晶向在晶体中方向的符号。

(1)晶面指数的确定。

①立坐标，找出所求晶面的截距。(坐标原点不可设在所求晶面上)所求晶面与坐标轴平行时，截距为∞。

②取晶面与三个坐标轴截距的倒数。

③将所得倒数按比例化为最小整数，放入圆括号内，即得所求晶面的晶面指数，一般用(*hkl*)表示。

对于立方晶系，由于其对称性高，所以可将其原子排列情况相同而空间位向不同的晶面归为同一个晶面族，用{*hkl*}表示。如(100)，(010)，(001)就属于{100}晶面族。而(110)，(101)，(011)，$(\bar{1}10)$，$(\bar{1}01)$，$(0\bar{1}1)$就属于{110}晶面族。(111)，$(11\bar{1})$，$(1\bar{1}1)$，$(\bar{1}11)$就属于{111}晶面族。

(2)晶向指数的确定。

①建立坐标,将所求晶向的一端放在坐标原点上(或从坐标原点引一条平行所求晶向的直线)。

②求出所求晶向上任意结点的三个坐标值。

③将所得坐标值按比例化为最小整数,放入方括号内,即得所求晶向的晶向指数一般用[*uvw*]表示。

对于立方晶系,由于其对称性高,也可将其原子排列情况相同而空间位向不同的晶向归为同一个晶向族,用<*uvw*>表示,如晶向[100]、[010]、[001]属于<100>晶向族。

在立方晶系中,当晶面指数与晶向指数相同时,即 $h=u$, $k=v$, $l=w$ 时,$(hkl)\perp[uvw]$,如$(111)\perp[111]$。

由晶面指数和晶向指数的介绍,可以发现不同的晶面和晶向上,原子排列的紧密程度不同。晶面上原子排列的紧密程度,可用晶面的原子密度(单位面积上的原子数)表示;晶向上原子排列的紧密程度,可用晶向的原子密度(单位长度上的原子数)表示。通过计算和比较可以发现,在晶体中原子最密排晶面之间的距离最大,原子最密排晶向之间的距离最大;这是晶体在外力作用时,总是沿着原子最密排晶面和原子最密排晶向,首先发生相对位移的主要原因之一。

6. 金属晶体的各向异性

(1)单晶体。

由一个晶核所长成的大晶体,它的原子排列方式和位向完全相同,这样的晶体称为单晶体。

(2)各向异性。

各向异性是单晶体沿各不同晶面或晶向具有不同性能的现象。

如体心立方结构 α-Fe 单晶体的弹性模量 E,在<111>方 $E_{<111>}=2.9\times10^5$ MPa,而在<100>方向 $E_{<100>}=1.35\times10^5$ MPa,两者相差两倍多。而且发现单晶体的屈服强度、导磁性、导电性等性能,也存在着明显的各向异性。

单晶体具有各向异性的主要原因是,其晶体中原子在三维空间是规则排列的,造成各晶面和各晶向上原子排列的紧密程度不同(即晶面的原子密度和晶向的原子密度不同),使各晶面之间以及各晶向之间的距离不同,因此各不同晶面、不同晶向之间的原子结合力不同,从而导致其具有各向异性。

(3)多晶体。

实际应用的体心立方结构铁的 $E=2.1\times10^5$ MPa。因为它是多晶体,由许多晶粒组成。多晶体中各晶粒相当于一个小的单晶体,它具有各向异性。由于各晶粒位向不同,因此它们的各向异性相互抵消,表现为各向同性,多晶体的这种现象称为伪等向性(伪无向性)。

非晶体由于原子排列无规则,所以沿各不同方向测得的性能相同,表现为各向同性。

5.2.2 实际金属的晶体结构

理想晶体是指晶体中原子严格地成完全规则和完整的排列,在每个晶格结点上都有原子排列而成的晶体。如理想晶胞在三维空间重复堆砌就构成理想的单晶体。

实际晶体=多晶体+晶体缺陷

实际使用的金属材料绝大多数都是多晶体,实际金属材料的每个晶粒中,还存在着各种晶体缺陷。

1. 多晶体结构和亚结构

实际工程上用的金属材料都是由许多颗粒状的小晶体组成的,每个小晶体内部的晶格位向是一致的,而各小晶体之间位向却不相同,这种不规则的、颗粒状的小晶体称为晶粒,晶粒与晶粒之间的界面称为晶界,由许多晶粒组成的晶体称为多晶体。一般金属材料都是多晶体结构。金属的多晶体结构示意图如图5.11所示。

在多晶体的每个晶粒内部,也存在着许多尺寸更小位向差也很小的小晶块。它们相互嵌镶成一颗晶粒,这些在晶格位向中彼此有微小差别的晶内小区域称为亚结构或嵌镶块。

2. 晶体缺陷

实际金属为多晶体,由于结晶条件等原因,会使晶体内部出现某些原子排列不规则的区域,这种区域称为晶体缺陷。根据晶体缺陷的几何特点,可将其分为以下三种类型:

(1)点缺陷。

点缺陷是指长、宽、高尺寸都很小的缺陷。最常见的点缺陷是晶格空位、置换原子和间隙原子(图5.12)。点缺陷的形成可以是液态金属凝固时,少数原子发生偶然的错排而形成;也可以是晶体在高温或外力作用下形成。一般认为组成晶体的原子在晶格结点上并不是静止不动的,而是以晶格结点为中心不停地做热振动,但受到周围原子的约束,它只能处在其平衡位置上(即晶格结点上)。在实际晶体结构中,晶格的某些结点往往未被原子占有,这种空着的结点位置称为晶格空位;晶格的某些结点往往被异类原子占有,这种原子称为置换原子;处在晶格间隙中的原子称为间隙原子。在晶体中由于点缺陷的存在,将引起周围原子间的作用力失去平衡,使其周围原子向缺陷处靠拢或被撑开,从而使晶格发生歪扭,这种现象称为晶格畸变。晶格畸变会使金属的强度和硬度提高。

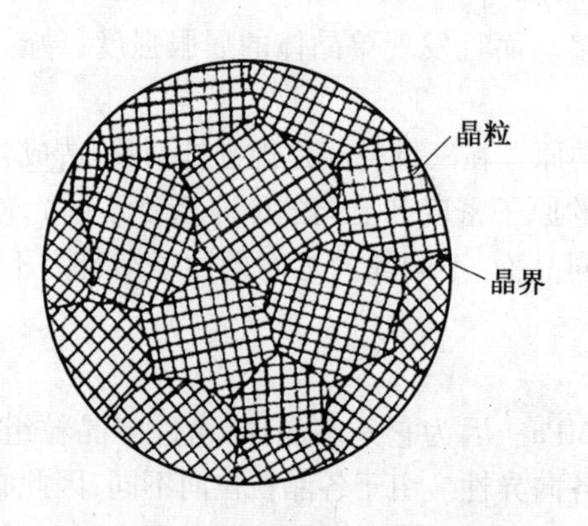

图5.11　金属的多晶体结构示意图

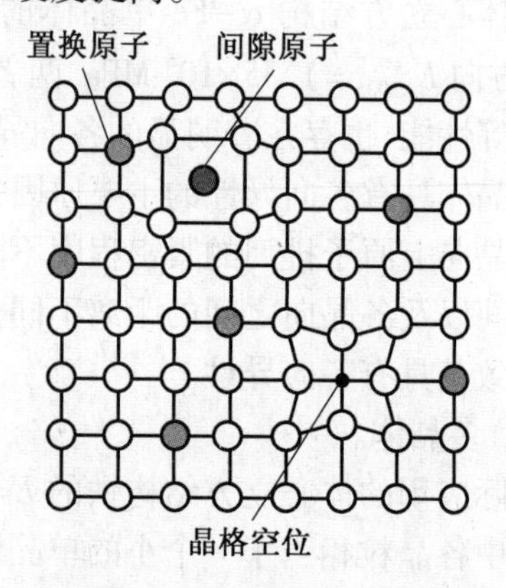

图5.12　点缺陷示意图

(2)线缺陷。

线缺陷是指在一个方向上的尺寸很大,另外两个方向上尺寸很小的一种缺陷,主要是各种类型的位错。晶体中的位错可以是在凝固过程中形成,也可以在塑性变形时形成。所谓位错是晶体中某处有一列或若干列原子发生了有规律的错排现象。位错的形式很多,其中简单而常见的刃型位错,晶体的上半部多出一个原子面(称为半原子面),它像刀刃一样切入晶体中,使上、下两部分晶体间产生了错排现象,因而称为刃型位错(图5.13)。*EF*线称为位错线,在位错线附近晶格发生了畸变。位错不是一个原子列,而是一个晶格畸变“管道”,通常以该管道的中心作为位错线。

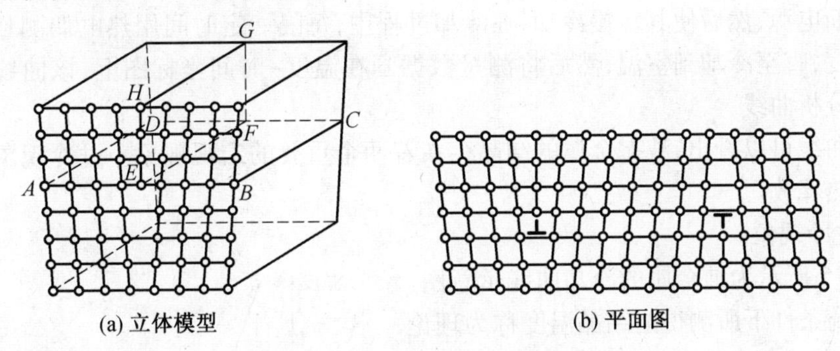

图5.13 刃型位错示意图

位错的存在对金属的力学性能有很大的影响。例如冷变形加工后的金属,由于位错密度的增加,强度明显提高。

(3)面缺陷。

面缺陷是指在两个方向上的尺寸很大,第三个方向上的尺寸很小而呈面状的缺陷。面缺陷的主要形式包括外表面、堆垛层错、晶界、亚晶界、孪晶界和相界面等。由于各晶粒之间的位向不同,所以晶界实际上是原子排列从一种位向过渡到另一个位向的过渡层,在晶界处原子排列是不规则的。亚晶界是小区域的原子排列无规则的过渡层。过渡层中晶格产生了畸变。晶界、亚晶界的结构示意图如图5.14所示。

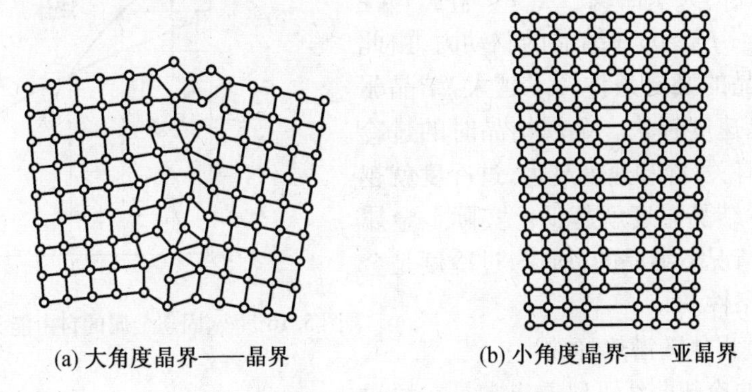

图5.14 晶界、亚晶界的结构示意图

晶界、亚晶界的存在,使晶格处于畸变状态,在常温下对金属塑性变形起阻碍作用。所以,金属的晶粒越细,则晶界、亚晶界越多,对塑性变形的阻碍作用越大,金属的强度、硬度越高。

5.2.3 纯金属的结晶与铸锭组织

物质由液态转变为固态的过程称为凝固,由于液态金属凝固后一般都为晶体,所以液态金属转变为固态金属的过程也称为结晶。大家知道绝大多数金属材料都是经过冶炼后浇铸成形,即它的原始组织为铸态组织。了解金属结晶过程,对于了解铸件组织的形成,以及对它锻造性能和零件的最终使用性能的影响,都是非常必要的。而且掌握纯金属的结晶规律,对于理解合金的结晶过程和其固态相变也有很大的帮助。

1. 结晶基础

研究液态金属结晶的最常用、最简单的方法是热分析法。它是将金属放入坩埚中，加热熔化后切断电源，然后使其缓慢冷却，在冷却过程中，每隔一定时间用热电偶测量一次液态金属的温度，直至冷却到室温，然后将测量数据画在温度-时间坐标图上，该曲线称为冷却曲线或热分析曲线。

由该曲线可以看出，液态金属的结晶存在着两个重要的宏观现象。过冷现象和结晶过程伴随潜热释放。

(1)过冷现象。

图5.15所示为纯金属的冷却曲线示意图。金属在平衡条件下所测得的结晶温度称为理论结晶温度(T_0)。但在实际生产中，液态金属结晶时，冷却速度都较大，金属总是在理论结晶温度以下某一温度开始进行结晶，这一温度称为实际结晶温度(T_n)。金属实际结晶温度低于理论结晶温度的现象称为过冷现象。理论结晶温度与实际结晶温度之差称为过冷度，用ΔT表示，即$\Delta T=T_0-T_n$。

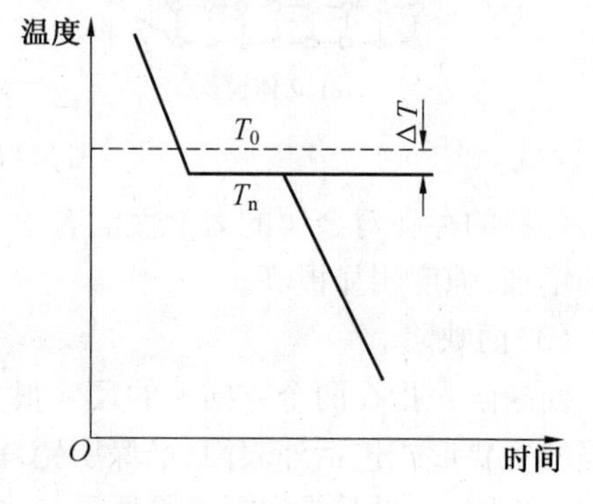

图5.15　纯金属的冷却曲线示意图

(2)金属结晶的热力学条件。

图5.16给出了在等压条件下液、固态金属的自由能与温度的关系曲线。当$T<T_0$时，$F_{液}>F_{固}$，而$\Delta F= F_{液}-F_{固}>0$，为结晶的驱动力，由此可知过冷是结晶的必要条件，ΔT越大，结晶驱动力越大，结晶速度越快。金属结晶时的过冷度与冷却速度有关，冷却速度越大，过冷度就越大，金属的实际结晶温度就越低。实际上金属总是在过冷的情况下结晶的，所以，过冷度是金属结晶的必要条件。

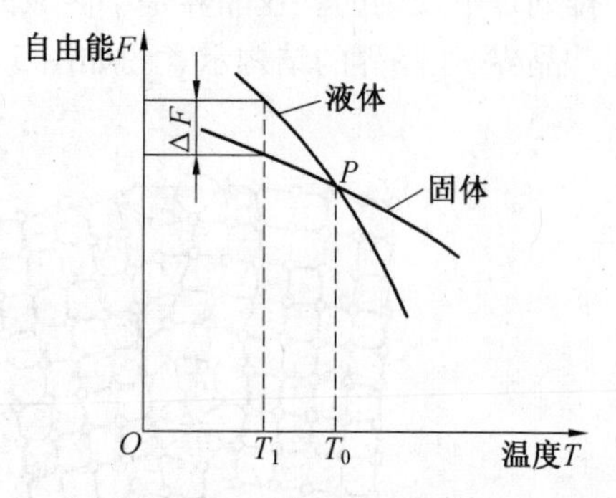

图5.16　液、固态金属的自由能与温度的关系曲线

(3)结晶过程伴随潜热释放

由纯金属的冷却曲线可以看出它是在恒温下结晶，即随时间的延长液态金属的温度不降低，这是因为在结晶时液态金属放出结晶潜热，补偿了液态金属向外界散失的热量，从而维持在恒温下结晶。当结晶结束时其温度随时间的延长继续降低。

2. 结晶过程

如图5.17所示，金属的结晶过程从微观的角度看，当液体金属冷到实际结晶温度后，开始从液体中形成一些尺寸极小的、原子呈规则排列的晶体-晶核，然后以这些微小晶体为核心不断吸收周围液体中的原子而不断长大，同时液态金属的其他部位也产生新的晶核。在晶核不断长大的同时，又会在液体中产生新的晶核并开始不断长大，直到液态金属全部消失，形成的晶体彼此接触为止。每个晶核长成一个晶粒，这样，结晶后的金属便是由许多晶粒所组成的多晶体结构。

总之,液态金属的结晶包括形核和晶核长大的两个基本环节。形核有自发形核和非自发形核两种方式,自发形核(均质形核)是在一定条件下,从液态金属中直接产生,原子呈规则排列的结晶核心;非自发形核(异质形核),是液态金属依附在一些未溶颗粒表面所形成的晶核。非自发形核所需能量较少,它比自发形核容易得多,一般条件下,液态金属结晶主要靠非自发形核。

晶体的长大是以枝晶状形式进行的,并不断地分枝发展。

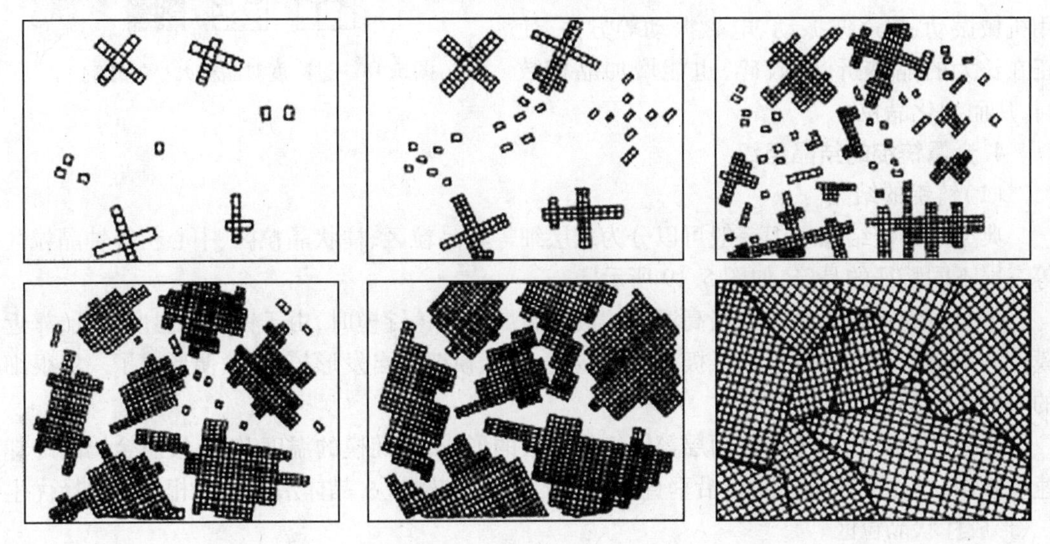

图5.17 金属的结晶过程示意图

3. 金属结晶晶粒的大小

(1)晶粒大小对金属性能的影响。

由实验发现金属结晶后,在常温下晶粒越细小,其强度、硬度、塑性、韧性越好,如纯铁晶粒平均直径从9.7 mm减小到2.5 mm,抗拉强度从165 MPa上升211 MPa,伸长率从28.8%上升到39.5%,通常将这种方法称为细晶强化,它的最大优点是能同时提高金属材料的强度、硬度、塑性、韧性,而以后介绍的各种强化方法,都是通过牺牲材料塑性、韧性来换取提高材料的强度、硬度。

(2)细化晶粒的途径。

金属结晶时,一个晶核长成一个晶粒,在一定体积内所形成的晶核数目越多,则结晶后的晶粒就越细小。研究发现有两个途径,一是增加形核率N;二是降低长大速度。

(3)细化晶粒的方法。

工业生产中,为了获得细晶粒组织,常采用以下方法:

①增大过冷度。如图5.18所示,过冷度大,ΔF大,结晶驱动力大,形核率和长大速度都大,且N的增加比G增加得快,提高了N与G的比值,晶粒变细,增加过冷度,使金属结晶时形成的晶核数目增多,则结晶后获得细晶粒组织。具体方法是对薄壁铸件用加快冷却速度的方法,来增大ΔT,如金属模代砂模,在金属模外通循环水冷却,降低浇注温度等。

②进行变质处理。对于厚壁铸件,用激冷的方法难以使其内部晶粒细化,并且冷速过快易使铸件变形开裂,但在液态金属浇注前人为地向其中加入少量孕育剂或变质剂,可起到提

高异质形核率或阻碍晶粒长大作用，从而使大型铸件从外到里均能得到细小的晶粒。但对不同的材料加入的孕育剂或变质剂不同，如碳钢加钒、钛（形成 TiN、TiC、VN、VC 促进异质形核）；铸铁加硅铁硅钙合金（促进石墨细化）；铝硅合金加钠盐（阻碍晶粒长大）。

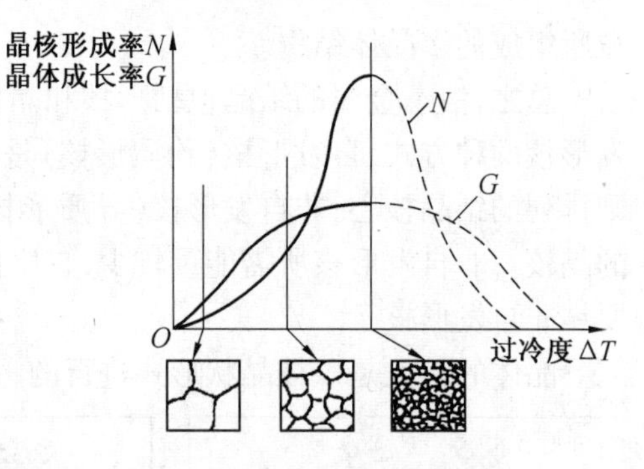

图 5.18　过冷度对晶粒大小的影响

③采用振动处理。在金属结晶过程中，采用机械振动、超声波振动、电磁振动等方法，使正在长大的晶体折断、破碎，也能增加晶核数目，从而细化晶粒。

4. 金属铸锭的结晶组织

（1）铸锭的结晶。

典型的铸锭结晶组织一般可以分为表层细等轴晶粒区、柱状晶粒区、中心粗等轴晶粒区等三层不同特征的晶区，如图 5.19 所示。

①表层细等轴晶粒区。当高温下的液态金属注入铸锭模时，由于铸锭模温度较低，靠近模壁的薄层金属液体便形成了极大的过冷度，加上模壁的自发形核作用，便形成了一层很细的等轴晶粒层。

②柱状晶粒区。随着表面层等轴细晶粒层的形成，铸锭模的温度升高，液态金属的冷却速度减慢，过冷度减小；此时，沿垂直于模壁的方向散热最快，晶体沿散热的相反方向择优生长，形成柱状晶粒区。

③中心粗等轴晶粒区。随着柱状晶粒区的结晶，铸锭模的模壁温度在不断升高，散热速度减慢，逐渐趋于均匀冷却状态。晶核在液态金属中可以自由生长，在各个不同的方向上其大速率基本相当，结果形成了粗大的等轴晶粒。

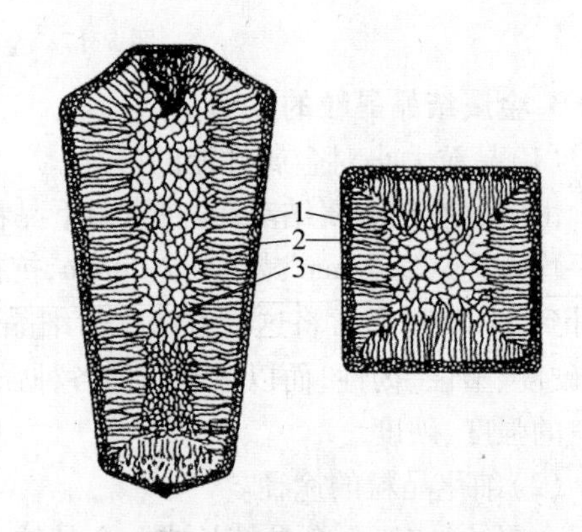

图 5.19　铸锭的结晶组织
1—表层细等轴晶粒区；2—柱状晶粒区；
3—中心粗等轴晶粒区

（2）铸锭的组织与性能。

金属铸锭中的细等轴晶粒区，显微组织比较致密，室温下力学性能最高；柱状晶粒区的组织较致密，不易产生疏松等铸造缺陷，但存在脆弱的柱状晶区交界面，并常聚集易熔杂质和非金属夹杂物，在压力加工时易沿脆弱面产生开裂，因此钢锭一般不希望得到柱状晶粒区，而对塑性较好的有色金属则希望柱状晶区扩大；铸锭的中心粗等轴晶粒区在结晶时没有择优取向，不存在脆弱的交界面，不同方向上的晶粒彼此交错，其力学性能比较均匀，虽然其强度和硬度低，但塑性和韧性良好。总之，金属铸锭组织通常是不均匀的。

（3）铸锭的缺陷。

在金属铸锭中，除了铸锭的组织不均匀以外，还经常存在各种铸造缺陷，如缩孔、疏松、气泡、裂纹、非金属夹杂物及化学成分偏析等，会降低工件的使用性能。

第6章　钢的热处理

本章主要介绍钢的热处理基本知识、钢在加热和冷却时的组织转变以及常用的热处理工艺。

6.1　概　述

6.1.1　钢的热处理

钢的热处理是指在固态下，将钢加热到一定的温度、保温一定的时间，然后按照一定的方式冷却到室温的一种热加工工艺。具体的热处理工艺过程可用热处理工艺曲线表示（图6.1）。从该曲线可以看出，热处理过程由加热、保温、冷却三阶段组成，影响热处理的因素是温度和时间。

钢能进行热处理，是由于钢在固态下具有相变。通过固态相变，可以改变钢的组织结构，从而改变钢的性能。钢中固态相变的规律称为热处理原理，它是制定热处理的加热温度、保温时间和冷却方式等工艺参数的理论基础。热处理原理包括钢的加热转变、冷却转变和回火转变，在冷却转变中又可分为珠光体转变、贝氏体转变和马氏体转变。

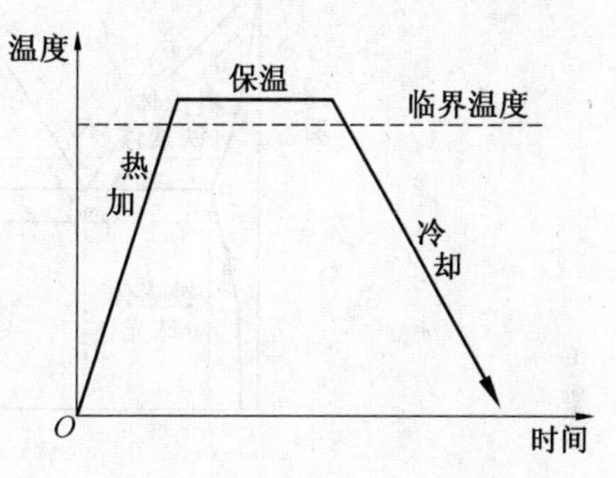

图6.1　热处理工艺曲线

热处理的作用：

①热处理通过改变钢的组织结构，不仅可以改善钢的工艺性能，而且可以提高其使用性能，从而充分发挥钢材的潜力。

②热处理还可以部分消除钢中的某些缺陷，细化晶粒，降低内应力，使组织和性能更加均匀。

热处理的分类：

①根据加热、冷却方式的不同，热处理可分为普通热处理、表面热处理和特殊热处理。普通热处理又包括退火、正火、淬火和回火，俗称四把火。表面热处理又包括表面淬火和化学热处理。特殊热处理又包括形变热处理和真空热处理。

②根据生产流程，热处理可分为预备热处理和最终热处理。前者是指为满足工件在加工过程中的工艺性能要求进行的热处理，主要有退火和正火。而后者是指工件加工成型后，为满足其使用性能要求进行的热处理，主要有淬火和回火。

热处理的重要性：

热处理在冶金行业和机械制造行业中占有重要的地位。常用的冷、热加工工艺只能在一定程度上改变工件的性能，而要大幅度提高工件的工艺性能和使用性能，必须进行热处理。例如，热轧后的合金钢钢材要进行热处理，汽车中70%～80%的零件也要进行热处理。如果把预备热处理也包括进去，几乎所有的工件和零件都要进行热处理。总之，为了保证冶金和机械产品质量，热处理工序往往是最关键的工序，因而引起人们的广泛重视。

6.1.2　钢的临界温度

1. 平衡临界温度

图6.2是$Fe-Fe_3C$相图的共析反应部分。由图可知，将共析钢缓慢加热至A_1线（也称PSK线或共析线）以上，可获得单相奥氏体组织，而将共析钢缓慢冷却至A_1线以下，可获得珠光体组织。因此，A_1线是共析钢在缓慢加热或缓慢冷却时，奥氏体和珠光体相互转变的临界温度。这个临界温度是在缓慢加热或缓慢冷却条件下得到的，所以把A_1称为奥氏体和珠光体相互转变的平衡临界温度。

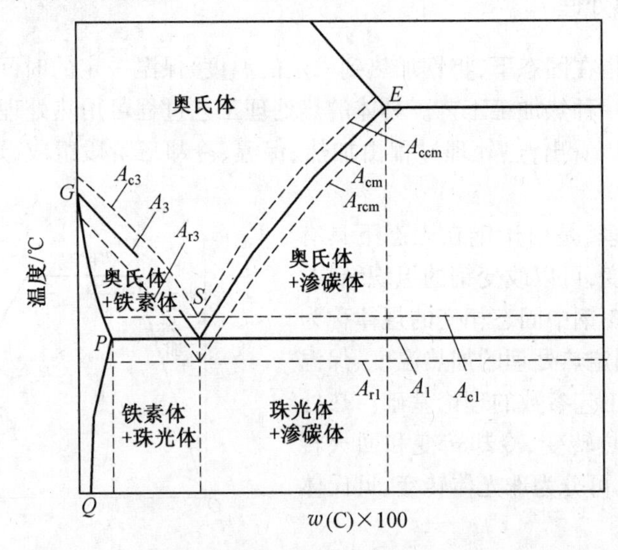

图6.2　加热和冷却时$Fe-Fe_3C$相图上各相变点的位置

相同道理，A_3线是亚共析钢在缓慢加热或缓慢冷却时，先共析铁素体和奥氏体相互转变的临界温度，所以把A_3线称为奥氏体和先共析铁素体相互转变的平衡临界温度；而A_{cm}线（即*ES*线）是过共析钢在缓慢加热或缓慢冷却时，二次渗碳体和奥氏体相互转变的临界温度，所以把A_{cm}称为奥氏体和二次渗碳体相互转变的平衡临界温度。对成分一定的钢来说，A_1、A_3和A_{cm}是确定的温度点，是非常缓慢加热和非常缓慢冷却条件下的临界温度点，统称为称为平衡临界温度。

2. 实际临界温度

实际生产中，钢在热处理时的加热和冷却不是缓慢进行的，而是具有一定的加热速度和冷却速度。因此，相变不是按照平衡临界温度进行的，总存在不同程度的滞后现象。加热时，实际相变的临界温度高于平衡临界温度；冷却时，实际相变的临界温度低于平衡临界温度。总之，实际相变的临界温度偏离了平衡临界温度，加热和冷却速度越大，偏离程度也越大。实际相变的临界温度称为实际临界温度，为了区别于平衡临界温度，加热时的实际临界温度加注脚字母“c”,用 A_{c1}、A_{c3} 和 A_{ccm} 表示;冷却时的实际临界温度加注脚字母“r”,用 A_{r1}、A_{r3} 和 A_{rcm} 表示。钢加热和冷却时实际临界温度的意义如下:

A_{c1}——加热时珠光体向奥氏体转变的开始温度;

A_{r1}——冷却时奥氏体向珠光体转变的开始温度;

A_{c3}——加热时先共析铁素体溶入奥氏体的结束温度;

A_{r3}——冷却时奥氏体析出先共析铁素体的开始温度;

A_{ccm}——加热时二次渗碳体溶入奥氏体的结束温度;

A_{rcm}——冷却时奥氏体析出二次渗碳体的开始温度。

6.2　钢在加热时的组织转变

钢能进行热处理,是因为钢会发生固态相变,因此,钢的热处理大多是将钢加热到临界温度以上,获得奥氏体组织,然后再以不同的方式冷却,使钢获得不同的组织而具有不同的性能。通常将钢加热获得奥氏体的转变过程称为奥氏体化过程。奥氏体化过程分为两种:一种是使钢获得单相奥氏体,这称为完全奥氏体化;另一种是使钢获得奥氏体和渗碳体(或者奥氏体和铁素体)两相组织,这称为不完全奥氏体化。下面以共析钢为例,介绍钢的奥氏体化过程。

1. 奥氏体化过程是扩散型相变

共析钢缓慢冷却得到的平衡组织是片状珠光体。它是由片状的铁素体和渗碳体交替组成的两相混合物。当以一定的加热速度加热至 A_{c1} 温度以上时,将发生珠光体向奥氏体的转变。转变的反应式为

$$\alpha + Fe_3C \longrightarrow \gamma$$

铁素体的晶体结构是体心立方结构,含碳量是 0.021 8%(质量分数),而渗碳体的晶体结构属于正交晶系,含碳量是 6.69%(质量分数)。它们转变的产物是面心立方结构的、含碳量 0.77%(质量分数)的奥氏体。转变的反应物和生成物的晶体结构和成分都不相同,因此转变过程中必然涉及碳的重新分布和铁的晶格改组,这两个变化是借助于碳原子和铁原子的扩散进行的,所以,珠光体向奥氏体的转变(即奥氏体化)是一个扩散型相变,是借助于原子扩散,通过形核和长大方式进行的。

2. 奥氏体化的四个阶段

珠光体向奥氏体转变属于扩散型相变,转变过程分为四个阶段,如图 6.3 所示。

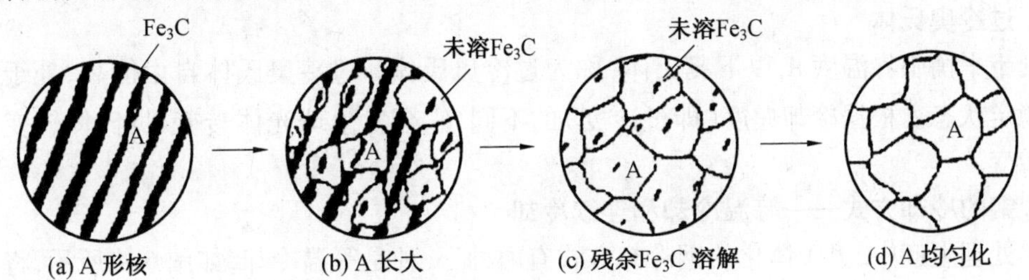

图 6.3　共析钢中奥氏体形成过程示意图

(1)奥氏体的形核。

将共析钢加热到A_{c1}温度以上,奥氏体晶核优先在铁素体和渗碳体相界面上形核。这是因为相界面上原子排列不规则,偏离了平衡位置,处于能量较高的状态,并且相界面上碳浓度处于过渡状态(即界面一侧是含碳量低的铁素体,另一侧是含碳量高的渗碳体),容易出现碳浓度起伏,因此相界面上了具备形核所需的结构起伏(原子排列不规则)、能量起伏(处于高能量状态)和浓度起伏,所以,奥氏体晶核优先在相界面上形核。

(2)奥氏体的长大。

在相界面上形成奥氏体晶核后,与含碳量高的渗碳体接触的奥氏体一侧含碳量高,而与含碳量低的铁素体接触的奥氏体一侧含碳量低。这必然导致碳在奥氏体中由高浓度一侧向低浓度一侧扩散。碳在奥氏体中的扩散一方面促使铁素体向奥氏体转变,另一方面也促使渗碳体不断地溶入奥氏体中。这样奥氏体就随之长大了。

实验证明,铁素体向奥氏体的转变速度,通常要比渗碳体的溶解速度快得多,因此铁素体总比渗碳体消失得早。铁素体的消失标志着奥氏体长大结束。

(3)残余渗碳体的溶解。

铁素体消失后,随保温时间的延长,剩余渗碳体通过碳原子的扩散,逐渐溶入奥氏体中,直至渗碳体消失为止。

(4)奥氏体的均匀化。

渗碳体完全消失后,碳在奥氏体中的成分是不均匀的,原先是渗碳体的位置碳浓度高,原先是铁素体的位置碳浓度低。随着保温时间的延长,通过碳原子的扩散,得到均匀的、共析成分的奥氏体。

总之,共析钢的奥氏体化过程包括奥氏体形核、奥氏体长大、残余渗碳体的溶解和奥氏体均匀化四个阶段。

6.3　钢在冷却时的组织转变

钢加热的目的是为了获得细小、成分均匀的奥氏体晶粒,为冷却做准备。而钢的冷却方式和冷却速度对钢冷却后的组织和性能却产生决定性的影响,因此掌握钢冷却时的转变规律,就显得尤为重要。

6.3.1　两个基本概念

1. 过冷奥氏体

处于平衡临界温度A_1以下奥氏体,称为过冷奥氏体。过冷奥氏体自由能高,处于热力学不稳定状态。根据冷却速度(即过冷度)的不同,它会发生珠光体转变、贝氏体转变和马氏体转变。

2. 钢的冷却方式——等温冷却和连续冷却

热处理生产中,奥氏体化的钢冷却方式有两种:一种是等温冷却,如图6.4所示,将奥氏体化的钢迅速冷却至平衡临界温度A_1以下的某一温度,保温一定时间,使过冷奥氏体发生等温转变,转变结束后再冷至室温;另一种是连续冷却,如图6.4所示,将奥氏体化的钢以一定冷却速度一直冷至室温,使过冷奥氏体在一定温度范围内发生连续转变。连续冷却在热处理生产中更为常用。

虽然过冷奥氏体连续冷却在生产上更为常用,但其转变是在一定温度范围内进行的,得到的组织很复杂,分析起来较困难。而在等温条件下,可以独立改变温度和时间,更有利于学习过冷奥氏体的转变规律。因此我们首先学习过冷奥氏体的等温转变规律,在此基础上,再介绍连续转变规律。

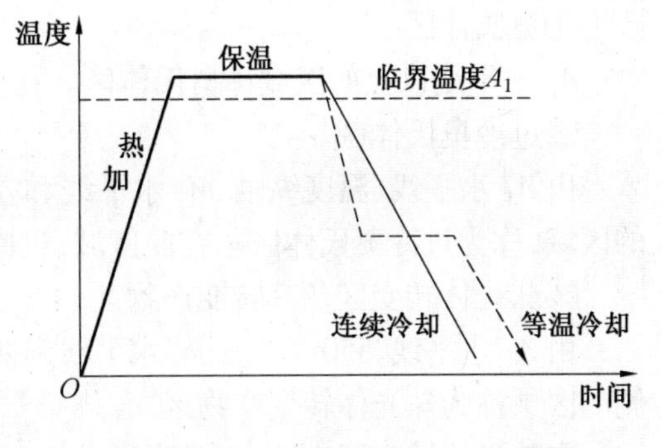

图6.4　奥氏体不同冷却方式示意图

6.3.2　过冷奥氏体的等温转变曲线

过冷奥氏体等温转变曲线反映了过冷奥氏体在不同温度下等温转变的规律,这包括转变开始和转变结束的时间、转变产物的类型以及其转变量和温度、时间之间的关系等。因为过冷奥氏体等温转变曲线和英文字母"C"相似,故称C曲线。下面以共析钢为例进行介绍C曲线(图6.5)。

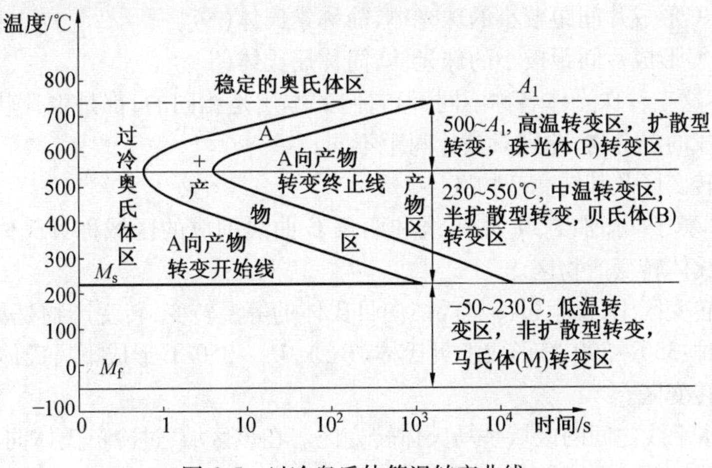

图6.5　过冷奥氏体等温转变曲线

(1)图中各条线代表的意义。

①A_1 水平线。

图中最上部的水平线是 A_1 线,它是奥氏体和珠光体发生相互转变的平衡临界温度。

②两条C曲线。

图中有两条曲线,酷似英文字母"C",故称C曲线。左边一条C曲线是过冷奥氏体转变开始线。一定温度下,温度纵轴到该曲线的水平距离代表过冷奥氏体开始等温转变所需要的时间,称为孕育期。孕育期越长,过冷奥氏体越稳定;孕育期越短,过冷奥氏体越不稳定。从图6.5中可见,在550 ℃左右,孕育期最短,过冷奥氏体稳定性最差,称为C曲线的"鼻子"。右边一条C曲线是过冷奥氏体转变结束线。一定温度下,温度纵轴到该曲线的水平距离代表过冷奥氏等温转变结束所需要的时间。

③M_s 和 M_f 水平线。

C曲线下部有两条水平线 M_s 和 M_f,分别代表过冷奥氏体发生马氏体转变的开始温度和结束温度。

(2)图中各区域代表的意义。

①奥氏体区。

A_1 水平线以上的区域称奥氏体区。在此区域,共析钢的稳定组织是奥氏体。

②过冷奥氏体区。

由 A_1 水平线、温度纵轴、M_s 水平线和左边的 C 曲线(即过冷奥氏体转变开始线)围成的区域,称为过冷奥氏体区。在此区域,过冷奥氏体稳定存在。

③珠光体转变区及其转变产物区

由 A_1 水平线、550 ℃"鼻子"水平线和两条 C 曲线围成的区域,称珠光体转变区。其右侧的区域称为珠光体转变产物区。

在珠光体转变区中,发生过冷奥氏体向珠光体的等温转变。转变产物是片状珠光体,它是由片状铁素体和片状渗碳体交替组成的混合物。一片铁素体和一片渗碳体厚度之和,称为片间距。等温转变温度越低(即过冷度越大,过冷度等于 A_1 减等温转变温度),片间距越小。随过冷度的增大,等温转变温度降低,片状珠光体分为以下三类:

650 ℃ ~ A_1 形成片间距较大的珠光体,简称珠光体(P)。

600 ~ 650 ℃形成片间距较小的珠光体,简称索氏体(S)。

550 ~ 600 ℃形成片间距极小的珠光体,简称屈氏体(T)。

注意,虽然这三种珠光体名称不同,但它们的本质是相同的,都是由片状铁素体和片状渗碳体交替组成的混合物,差别只是片间距不同。

④贝氏体转变区及其转变产物区。

由 550 ℃"鼻子"水平线、M_s 水平线和两条 C 曲线围成的区域称贝氏体转变区。其右侧的区域称贝氏体转变产物区。

在贝氏体转变区中,发生过冷奥氏体向贝氏体的等温转变,转变产物是贝氏体(B)。贝氏体可分为两种:350 ~ 500 ℃形成上贝氏体($B_{上}$),M_s ~ 350 ℃形成下贝氏体($B_{下}$)。

⑤马氏体转变区。

M_s 和 M_f 水平线之间的区域是马氏体转变区。在该区域,过冷奥氏体向马氏体转变,转变的产物称为马氏体。马氏体转变只在连续冷却中形成,而不会在等温冷却中形成。

3. 影响过冷奥氏体等温转变曲线的因素

不同的钢,过冷奥氏体等温转变曲线的位置和形状不同,即使同一成分的钢,如果热处理的条件不同(加热温度和保温时间不同),也会引起曲线位置和形状的不同。影响过冷奥氏体等温转变曲线的主要因素有下面几个方面。

(1)含碳量的影响。

随着含碳量增加,奥氏体稳定性增加,C 曲线右移。

(2)合金元素的影响。

合金元素对过冷奥氏体等温转变曲线影响的总规律是:除钴和铝(w(Al) > 2.5%)以外,所有溶入奥氏体的合金元素都使 C 曲线右移,延长孕育期,增加过冷奥氏体的稳定性,并使 M_s 和 M_f 点降低。根据对 C 曲线的影响,这些合金元素又可分为两类:

①仅使 C 曲线右移,改变位置。

弱碳化物和非碳化物形成元素(在钢中形成弱碳化物和不形成碳化物的元素,如 Mn、Si、Ni、Cu),它们不改变 C 曲线的形状,只是使 C 曲线右移而改变其位置。

②使C曲线右移,改变位置,又使C曲线分离,改变形状。

强、中强碳化物形成元素(在钢中形成强碳化物和中强碳化物的元素,如Ti、V、W、Mo、Cr),它们不仅改变C曲线的形状,而且使珠光体转变区和贝氏体转变区分离,出现双C曲线。图中上部的C曲线代表珠光体转变,下部的C曲线代表贝氏体转变,中间出现过冷奥氏体稳定区。

注意:①合金元素只有溶入奥氏体中,才能使C曲线右移。如果合金元素以碳化物存在,反而使C曲线左移,降低过冷奥氏体的稳定性。这是因为碳化物的存在会起到非均匀形核的作用,促进过冷奥氏体的转变,降低其稳定性。

②多种合金元素的综合作用,使C曲线右移的程度大于单一合金元素的作用之和。

(3)奥氏体化温度和保温时间。温度越高,保温时间越长,碳化物溶解越完全,奥氏体晶粒越粗大,形核率降低,C曲线右移。

6.3.4　过冷奥氏体连续冷却转变曲线

在实际生产中进行的热处理,一般采用连续冷却方式,过冷奥氏体的转变是在一定温度范围内进行的。虽然可以利用等温转变曲线来定性分析连续冷却时过冷奥氏体的转变过程,但分析结果与实际结果往往存在误差。因此,建立并分析过冷奥氏体连续冷却转变曲线显得更为重要。过冷奥氏体连续冷却转变曲线图又称CCT图。下面仍以共析碳钢为例,介绍CCT图。

图6.6是共析钢过冷奥氏体连续冷却转变曲线。图中只有珠光体转变区和马氏体转变区,而没有贝氏体转变区。这是由于共析钢贝氏体转变时孕育期较长,在连续冷却过程中贝氏体转变来不及进行,温度就降到了室温。

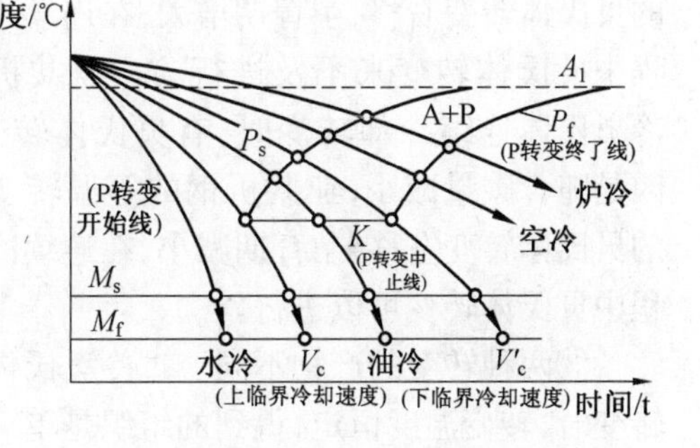

图6.6　共析钢过冷奥氏体连续冷却转变曲线

图中P_s线是珠光体转变开始线,P_f线是珠光体转变结束线,K线是珠光体转变终止线。当共析钢连续冷却曲线遇到K线时,未转变的过冷奥氏体不再发生珠光体转变,它被保留到M_s温度以下,发生马氏体转变。

冷却速度V_c称上临界冷却速度或临界淬火速度,它表示过冷奥氏体不发生珠光体转变,只发生马氏体转变的最小冷却速度。

冷却速度V_c称下临界冷却速度,它表示过冷奥氏体不发生马氏体转变,只发生珠光体转变,得到100%珠光体组织的最大冷却速度。

共析钢以不同速度连续冷却至室温得到的组织

(1)若共析钢的冷却速度小于V'_c,则冷却曲线将和P_f线相交,不和K线相交。这表明过冷奥氏体全部转变为珠光体。因此,转变后共析钢的室温组织为珠光体。注意,由于珠光体转变是在一定温度范围内进行的,转变过程中过冷度逐渐增大,珠光体的片间距逐渐减小,因此珠光体组织不均匀。

(2)若共析钢的冷却速度大于V'_c小于V_c,则冷却曲线将和K线相交,不和P_f线相交。这表明部分过冷奥氏体转变为珠光体,而另一部分过冷奥氏体被保留至M_s温度以下,转变为马氏体。因此,转变后共析钢的室温组织为 M+P。

(3)若共析钢的冷却速度大于 V_c,则冷却曲线将不和 P_f,K 线相交。这表明全部过冷奥氏体冷至 M_s 温度以下,发生马氏体转变。由于马氏体转变的不完全性,会有部分过冷奥氏体在室温被保留下来,它们称为残余奥氏体(A′)。因此,转变后共析钢的室温组织为:M+A′。

6.3.5　共析碳钢过冷奥氏体 TTT 图和 CCT 图的比较

如果把共析钢过冷奥氏体等温转变曲线和连续转变曲线画在一张图上,就可以清楚地看出它们的差别。在图 6.7 中虚线是等温冷却转变曲线,而实线是连续冷却转变曲线。从图 6.7 中可以看出:

①两曲线位置不同。连续转变曲线位于等温转变曲线的右下方。说明过冷奥氏体在连续转变时,转变的温度要低一些,孕育期要长一些。

②两曲线形状不同。共析钢过冷奥氏体连续冷却转变时,无贝氏体转变。过共析钢过冷奥氏体连续冷却转变时,也无贝氏体转变(原因是随含碳量增加,过共析钢的等温转变曲线的贝氏体转变右移,孕育期增大,在连续冷却过程中贝氏体转变来不及进行。)。亚共析钢过冷奥氏体连续冷却转变时,有贝氏体转变(原因是随含碳量减小,亚共析钢的等温转变曲线的贝氏体转变左移,孕育期减小,在连续冷却过程中贝氏体转变可以进行。)

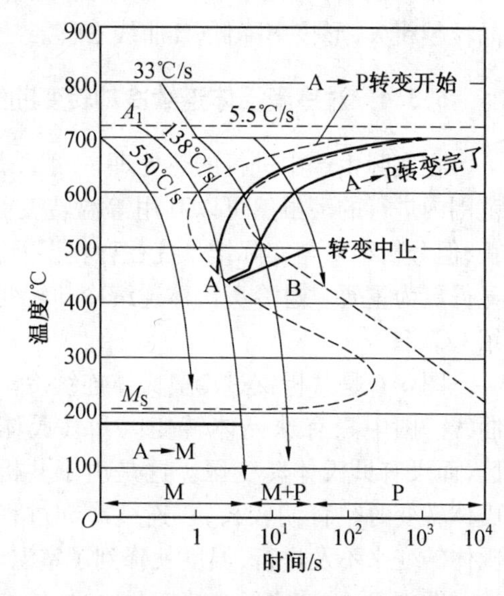

图 6.7　共析碳钢 CCT 曲线与 TTT 曲线比较图

③两种转变的产物不同。过冷奥氏体等温转变时,转变温度恒定,得到的组织是单一的、均匀的。而连续冷却转变是在一定温度范围内进行的,转变的产物是粗细不同的组织或类型不同的混合组织。

④两种转变的临界淬火速度不同。根据连续冷却转变曲线确定的临界淬火速度小于根据等温冷却转变曲线确定的临界淬火速度

应当指出:每种钢的等温转变曲线(即 C 曲线)都已测定,在相关的热处理手册中可以查到,而连续冷却转变曲线测定很困难,不是每种钢都有。尽管钢的两种冷却转变曲线存在以上差别,但是在没有连续转变曲线的情况下,利用等温转变曲线来分析连续冷却转变过程是可行的,在生产上也是这样做的。

6.4　钢的退火和正火

退火和正火是钢件热处理的基本工序,当主要用于零件的铸、锻、焊工件的毛坯或半成品,消除冶金及热加工过程中产生的缺陷,并为以后的机械加工及热处理准备良好的组织状态,因此把退火和正火称为预先热处理。所得到的均为珠光体型组织,即铁素体和渗碳体的

机械混合物。正火与退火比较,正火由于冷却速度较快,所获得的珠光体量较多(伪共析),片层较细,强度、韧性较高,比退火状态具有较好的综合力学性能,且工艺过程简单,因此有时也作为对力学性能要求不高的工件的最终热处理。

钢的退火与正火工艺需遵循奥氏体形成和珠光体转变的基本规律。

6.4.1　退火

1. 定义

将组织偏离平衡状态的金属或合金加热到适当的温度,保持一定时间,然后缓慢冷却以达到或接近平衡状态组织的热处理工艺称为退火。

2. 目的

退火的目的是:

①消除偏析,均匀化学成分。

②降低硬度,便于切削加工。

③改善机械性能及工艺性能。

④消除或减少内应力,消除加工硬化,以便进一步冷变形加工。

⑤改善高碳钢中碳化物形态和分布,为零件最终热处理做好组织准备。

3. 分类

退火按加热温度可分为两大类:一类是在临界温度(A_{c1})以上,这类退火也称相变重结晶退火,包括完全退火、不完全退火、扩散退火、球化退火等;另一类是在临界温度以下,这类退火也称低温退火,包括软化退火、再结晶退火、去应力退火等。这两类退火与状态图的关系如图6.8所示。

按冷却方式分为连续冷却退火及等温退火。

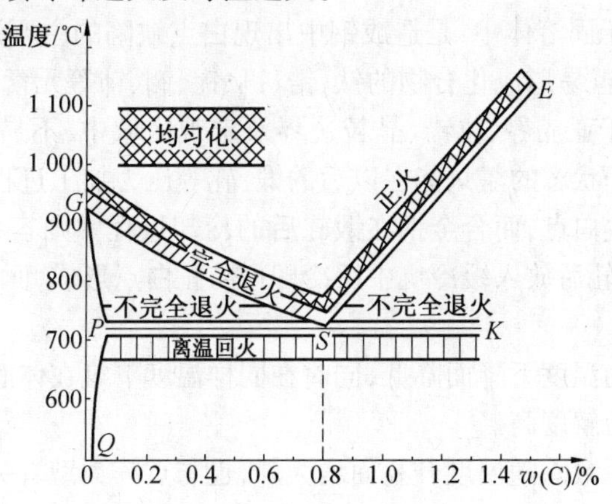

图6.8　各类退火工艺加热温度示意图

6.4.2　常用退火工艺方法

1. 扩散退火

(1)定义。

为了减少金属铸锭、铸件、锻坯的化学成分的偏析和显微组织的不均匀性(枝晶偏析,是轧材中带状组织的产生原因），将其加热到略低于固相线的温度，长时间保温，然后缓慢冷却，以达到化学成分和组织均匀化的目的的退火工艺，称为扩散退火或均匀化退火。

（2）特点。

温度高，需加热到 A_{c3} 或 A_{ccm} 以上 150～300 ℃（具体加热温度视钢种及偏析程度而定），温度过高影响加热炉寿命，并使钢件烧损过多，碳钢一般是 1 100～1 200 ℃，合金钢一般为 1 200～1 300 ℃；保温时间长（10 h 以上，不超过 15 h，否则氧化损失严重）；生产周期长，能耗大，成本高；工件易过热和烧损；扩散退火后的晶粒非常粗大，往往随后还需要再进行完全退火或正火来细化晶粒。对铸锭来说，尚需压力加工，而压力加工可以细碎晶粒，不必在扩散退火后再补充一次完全退火。

（3）应用。

多用于优质合金钢（扩散退火对硫、磷含量低而偏析程度又小的优质钢是没有实际意义的）及偏析现象严重的合金。不轻易采用，很少专门进行扩散退火。钢厂一般是在锻轧前加热时适当延长保温时间，达到扩散退火的目的。

（4）注意。

为了改善及消除有害的偏析，单纯利用热处理的方法是不可能完全解决的。如区域偏析只能依靠合金化，控制与改善浇注工艺及进行必要的压力加工等措施加以解决。均匀化退火的任务在于消除枝晶成分偏析，改善某些可以溶入固溶体夹杂物（如硫化物）的状态，从而使钢的组织与性能趋于均一。

2. 脱氢退火（去氢退火）

为了防止钢从热形变加工的高温冷却下来时，由于溶解在钢中的氢析出而导致内部开裂（白点），趁热加工结束的高温直接进行的退火，称为脱氢退火。

氢（高温下固溶于钢中）存在的形式：

（1）原子氢：溶解于固溶体中，是造成钢中出现白点缺陷的主要危险。用退火可以使固溶氢脱溶，钢中加入与氢易形成化合物的钛、锆、钒、铌、镧、铈等元素亦可使固溶氢减少。

（2）分子氢：存在于亚晶界、位错、晶粒边界及宏观区域中，不易从钢中扩散析出，也不会造成白点。这类分子状态的氢只能在以后的锻、轧等压力加工过程中消除。

碳钢一般不会产生白点，而合金钢在锻轧后的冷却过程中则容易产生白点。对尺寸较小的锻轧件，只要在锻轧后放入缓冷坑中缓冷即可防止白点形成，而尺寸较大的锻轧件则须进行去氢退火。

氢在铁中溶解度随温度下降而降低，同时在同样温度下氢在体心立方点阵中溶解度小，而在面心立方点阵中溶解度高。

氢在铁中的扩散系数除随温度升高而增大外，也与点阵类型有关。

为了使钢中的固溶氢脱溶，应当选择在使氢的溶解度达到最小的组织状态，同时又应使氢在钢中的扩散速度尽可能高的温度，所以一般可在奥氏体等温分解的过程中长期保温来完成。

对大型锻件，为锻后尽快消除白点，应冷却到珠光体转变速度最高的那个温度范围（C曲线上的鼻尖温度区），以尽快获得铁素体与碳化物的混合组织。同时，在此温度长时间保温或再加热到低于 A_1 的较高温度下保温，进行脱氢处理。对于高合金钢，也可在锻后首先进行一次完全退火，以改善组织，细化晶粒，使氢的分布更加均匀，并降低奥氏体的稳定性，从而有利于白点的消除。

因为氢在铁素体中的溶解度小而扩散速度又大,所以铁素体是最有利的排氢组织。因此,可根据钢件材料的C曲线制定去氢退火工艺。

脱氢退火实质也是扩散退火的一种。但扩散退火经常用来特指均匀化退火。由于脱氢退火的保温温度在C曲线的鼻尖处,属于低温退火一类。

3. 完全退火

定义:将钢件或钢材加热到A_{c3}以上20~30 ℃,使之完全奥氏体化,保温一定时间后,缓慢冷却,获得接近平衡组织的一种热处理工艺。

目的:细化晶粒、消除内应力、降低硬度、提高塑性,改善切削加工性能,为冷加工和后续热处理做准备。

适用钢种成分:含碳0.30%~0.6%(质量分数)的亚共析成分的中碳钢和合金钢。低碳钢和过共析钢不宜采用完全退火。低碳钢完全退火后硬度偏低,不等于切削加工。过共析钢完全退火,加热温度在A_{ccm}以上,会有二次渗碳体沿奥氏体晶界呈网状析出,使钢的强度、塑性和韧性显著降低。

适用的加工状态:主要用于铸件、锻件、热轧型材及一些焊接构件。

4. 不完全退火

将钢件加热至A_{c1}~A_{c3}或A_{c1}~A_{ccm}之间,使之不完全奥氏体化,经保温并缓慢冷却,以获得接近平衡的组织的热处理工艺。

由于加热温度是在两相区,故只发生部分再结晶。加热温度比完全退火低,可节省时间和减少能耗。

如果亚共析钢的锻轧温度适当,未引起晶粒粗化,可采用不完全退火,使珠光体重结晶,但基本上不改变先共析体原来的形态及分布,目的在于降低内应力、硬度。

由于不完全退火所采取的温度较完全退火低,过程时间也较短,因而是比完全退火要经济。如果不需要通过完全重结晶去改变铁素体和珠光体的分布及晶粒度(如魏氏组织等),则总是采用不完全退火代替完全退火。

过共析钢的不完全退火,实质上是球化退火的一种。

5. 等温退火

完全退火所需时间很长,特别是对于某些奥氏体比较稳定的合金钢,往往需要几十个小时,为了缩短退火时间,可采用等温退火。

等温退火是将钢件加热到高于A_{c3}或A_{c1}温度,保持适当时间后,较快地冷却到珠光体温度区间的某一温度等温保持,使奥氏体进行珠光体等温转变的退火工艺。

等温退火与完全退火或不完全退火目的相同,加工工艺也一样,只是在冷却过程中于A_{r1}稍下的温度有一段等温停留。

A_{r1}以下等温温度,根据要求的组织和性能而定。等温温度越高,越靠近A_{c1},则所得到的珠光体组织越粗大,钢的硬度就越低。

6. 球化退火

(1)定义。

球化退火是使钢中的碳化物球化,或获得球状或粒状珠光体的退火工艺。

(2)目的。

球化退火的目的是：

①降低硬度，改善切削性能。球化退火可以使高碳工具钢的硬度软化，如T10钢经球化退火后硬度可由热轧后的255～321HB下降到197HB，从而使切削加工性提高。

②改善淬火工艺性能。球化体与相应的珠光体比较，强度和硬度较低，塑性较好，淬火时不易过热，淬火变形和开裂倾向小，具有良好的淬火工艺性能。为淬火做好工艺准备。

③为最终热处理（淬火回火）获得良好的综合机械性能做好组织准备。球化体淬火后所获得的细小马氏体上弥散分布着粒状碳化物的组织，具有较高的耐磨性、接触疲劳强度和断裂韧性。

(3)适用对象。

球化退火主要适用于含碳大于0.6%（质量分数）高碳的各种高碳工模具钢、轴承钢等。为改善冷变形工艺性，有时也用于低中碳钢。近年来，球化退火应用于亚共析钢也取得较好的效果，只要工艺控制恰当，同样可使渗碳体球化，从而有利于冷成形加工。低碳钢球化退火后硬度过低，切削时粘刀，但由于碳化物球化，大大改善冷变形的加工性能。

(4)工艺。

常用的球化退火工艺有普通球化退火和等温球化退火。其加热温度相同，均为A_{c1}以上20～30 ℃，所不同的是，普通球化退火加热充分保温使二次渗碳体球化后，随炉缓慢冷却，冷至600 ℃左右出炉空冷；而等温球化退火加热保温后快冷至在A_{c1}以下20 ℃左右进行较长时间保温，使珠光体中的渗碳体球化，再冷至600 ℃左右出炉空冷。

若过共析钢原始组织中有较严重的网状渗碳体，在球化退火之前应进行一次消除粗大的网状渗碳体正火。

(5)球化机理。

片状渗碳体的表面积大于同样体积的粒状渗碳体，因此从能量考虑，渗碳体的球化是一个自发的过程。

另外，根据胶态平衡理论，第二相质点的溶解度与质点的曲率半径有关，曲率半径越小，其溶解度越高，

片状渗碳体的尖角处的溶解度高于平面处的溶解度。这就使与尖角处接壤的铁素体中碳浓度大于与平面接壤处的碳浓度，即在渗碳体周围的铁素体内形成了碳的浓度梯度，引起了碳的扩散。扩散的结果破坏了界面上碳浓度的平衡。为了恢复平衡，渗碳体尖角处将进一步溶解，渗碳体平面将向外长大，如此不断进行，最后形成了各处曲率半径相近的粒状渗碳体。

片状渗碳体的断裂还与渗碳体片内的晶体缺陷如亚晶界、位错等有关。由于渗碳体片内存在亚晶界而引起渗碳体的断裂。亚晶界的存在将在渗碳体内产生界面张力，从而使片状渗碳体在亚晶界处出现沟槽，沟槽两侧将成为曲面。与平面相比，曲面具有较小的曲率半径，因此溶解度较高，曲面处的渗碳体将溶解，而使曲率半径增大，破坏了界面张力的平衡。为恢复平衡，沟槽将进一步加深。如此不断进行，直至渗碳体片溶穿，断为两截，然后再通过尖角溶解而球化。同理，这种片状渗碳体断裂现象，在渗碳体中位错密度高的区域也会发生。

7. 再结晶退火

(1)定义。

金属经过冷变形后,再加热到再结晶温度以上,保持适当时间,使形变晶粒重新转变为均匀的等轴晶粒,以消除形变强化和残余应力的热处理工艺,称为再结晶退火。

(2)目的。

再结晶退火的目的是消除冷作硬化,提高塑性,改善切削性能及压延成型性能。

(3)加热温度。

再结晶温度被定义为在一定时间内完成再结晶所对应的温度,通常规定在1 h内,再结晶完成95%所对应的温度即为再结晶温度,或称1 h再结晶温度。

再结晶退火的加热温度通常比理论再结晶温度高100～150 ℃,一般钢材650～700 ℃,铜合金为600～700 ℃,铝合金为350～400 ℃。再结晶温度随形变量的增加而降低,最后趋于一个稳定极限值。此极限值称为再结晶温度限,对工业纯金属讲,此温度限与它的熔点之间存在下列经验关系

$$T=aT_m$$

式中　T——温度限;

a——a=0.35～0.40;

T_m——熔点。

(4)应用。

再结晶退火工艺用于需要进一步冷变形钢件的中间退火,或冷变形钢件的最终热处理。

8. 去应力退火

定义:为了消除冷加工以及铸造、焊接过程中引起的残余内应力而进行的退火。

目的:降低硬度,提高尺寸稳定性,防止工件的变形和开裂。

注意:去应力退火一般在稍高于再结晶温度下进行,如钢铁材料一般在550～650 ℃,对热模具钢及高速钢则提高到650～750 ℃。

钢的去应力退火加热温度范围较宽,根据材料成分、加工方法、内应力大小及分布的不同而定。

例如,低碳结构钢锻后,如果硬度不高,适于切削加工,可不进行正火,而在500 ℃左右进行去应力退火;中碳结构钢为避免调质时发生淬火变形,需在切削加工或最后热处理前进行500～650 ℃的去应力退火;对切削加工量大,形状复杂而要求又严格的刀具、模具,需要在粗加工及半精加工之间,淬火之前,进行600～700 ℃、2～4 h的去应力退火;经过热处理的弹簧钢丝在绕制成弹簧后,为了消除应力防止变形,常在250～350 ℃退火。

为了避免在冷却时产生新的应力,去应力退火后的冷却应尽量缓慢。大型工具或机械部件采取的冷却速度甚至要控制为每小时几度。

6.4.3　正火

(1)定义。

将钢件加热到A_{c3}或A_{ccm}以上一定温度,保温适当时间后,在空气中冷却的热处理工艺。

(2)加热温度。

一般为A_{c3}或A_{ccm}以上30～50 ℃,但含有强碳化物形成元素的V、Ti、Nb等的钢,如

20CrMnTi，为了加速合金碳化物的溶解和奥氏体均匀化而采用 A_{c3} 以上 120 ~ 150 ℃的高温正火。低碳钢也需高温正火，因为按正常温度正火后，自由铁素体量仍过多，硬度过低，切削性能仍较差，为了适当提高硬度，需要提高加热温度，可比 A_{c3} 高 100 ℃，以增大过冷奥氏体的稳定性，而且应该增大冷却速度，以获得较细的珠光体和分散度较大的铁素体。

(3)与退火的比较。

正火和退火所得的都是珠光体型组织，但正火的珠光体是较大的冷却速度下得到的，因而先共析产物(铁素体、渗碳体)来不及充分析出，即先共析相数量较退火的少，伪共析珠光体数量较多；珠光体片间距较小；对于过共析钢还可抑制先共析网状渗碳体的析出；因而正火后的强度与韧性较高。

(4)用途。

①钢材及铸件、锻件用正火细化晶粒，消除魏氏组织或带状组织，为后续热处理做好组织准备。

②低碳钢和某些低碳低合金钢结构钢的预先热处理，即用正火提高硬度，改善切削性能。

③某些作为普通结构零件的中碳钢的最终热处理，即有正火代替调质处理，获得较好的综合力学性能。

④高碳钢用正火消除组织中的网状碳化物，为球化退火和后一步热处理做好组织准备。

注意：某些高合金钢在空气中冷却时可以实现空冷淬火，即过冷奥氏体在空冷时发生了马氏体或贝氏体转变。这时尽管是空冷，也不属于正火的工艺范畴。

小结：为改善钢的切削加工性能，低碳钢用正火；中碳钢最好采用退火，但也可用正火；高碳钢用球化退火，且过共析钢在球化退火前采用正火消除网状二次渗碳体。

6.5 钢的淬火

淬火是将钢加热至临界点(A_{c1} 或 A_{c3})以上，保温一定时间后快速冷却，使过冷奥氏体转变为马氏体或贝氏体组织的工艺方法。图 6.9 是共析碳钢的淬火冷却工艺曲线示意图。v_c 和 v'_c 分别为上临界冷却速度(即淬火临界冷却速度)和下临界冷却速度。以 $v>v_c$ 的速度快速冷却(曲线 1)，可得到马氏体组织；以 $v_c>v>v'_c$ 的速度冷却(曲线 2)，可得到马氏体+珠光体混合组织；以曲线 3 冷却则得到下贝氏体组织。

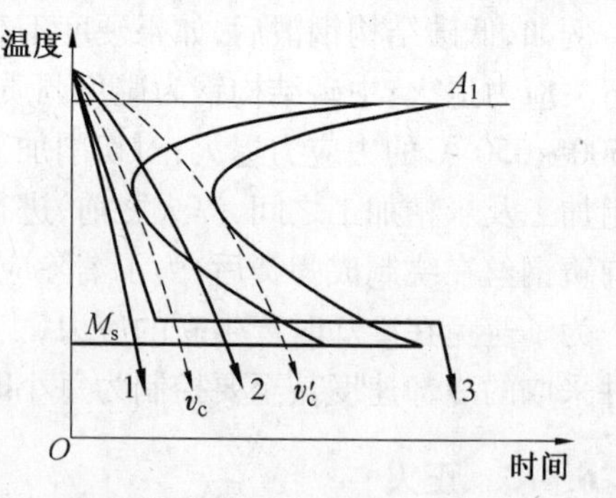

图 6.9　共析碳钢的淬火冷却工艺曲线示意图

钢淬火后的强度、硬度和耐磨性大大提高。$w(C)\approx 0.5\%$ 的淬火马氏体钢经中温回火后，可以具有很高的弹性极限。中碳钢经淬火和高温回火(调质处理)后，可以有良好的强度、塑性、韧性的配合。

奥氏体高锰钢的水韧处理，奥氏体不锈钢、马氏体时效钢及铝合金的高温固溶处理，都是通过加热、保温和急冷而获得亚稳态的过饱和固溶体，虽然习惯上也称为淬火，但这是广义的淬火概念，它们的直接目的并不是强化合金，而是抑制第二相析出。高锰钢的水韧处理是为了达到韧化的目的。奥氏体不锈钢固溶处理是为了提高抗晶间腐蚀能力，铝合金和马氏体时效钢的固溶处理，则是时效硬化前的预处理过程。

本章讨论钢的一般淬火强化问题，其淬火工艺分类见表 6.1。

表 6.1　钢的淬火工艺分类

序号	分类原则	淬火工艺方法
I	按加热温度	完全淬火、不完全淬火
II	按加热速度	普通淬火、快速加热淬火、超快速加热淬火
III	按加热介质及热源条件	光亮淬火、真空淬火、流态层加热淬火、火焰加热淬火、(高频、中频、工频)感应加热淬火、高频脉冲冲击加热淬火、接触电加热淬火、电解液加热淬火、电子束加热淬火、激光加热淬火、锻热淬火
IV	按淬火部位	整体淬火、局部淬火、表面淬火
V	按冷却方式	直接淬火、预冷淬火(延迟淬火)、双重淬火、双液淬火、断续淬火、喷雾淬火、喷液淬火、分级淬火、冷处理、等温淬火(贝氏体等温淬火、马氏体等温淬火)、形变等温淬火(高温形变等温淬火、中温形变等温淬火)

6.6　钢的回火

回火是工件淬硬后加热到 A_{c1}(加热时珠光体向奥氏体转变的开始温度)以下的某一温度，保温一定时间，然后冷却到室温的热处理工艺。

回火一般紧接着淬火进行，其目的是：

①消除工件淬火时产生的残留应力，防止变形和开裂。

②调整工件的硬度、强度、塑性和韧性，达到使用性能要求。

③稳定组织与尺寸，保证精度。

④改善和提高加工性能。

因此，回火是工件获得所需性能的最后一道重要工序。通过淬火和回火的相配合，才可以获得所需的力学性能。

6.6.1　淬火钢在回火时组织和性能的变化

淬火钢中的马氏体和参与奥氏体都不是稳定组织，它们在回火过程中会向稳定的铁素体和渗碳体两相组织转变，其回火过程一般可以分为以下四个阶段：

(1)马氏体分解。

淬火钢在 100 ℃以下回火时，其组织和性能基本保持不变。当回火温度超过 100 ℃以后，马氏体开始分解，马氏体中过饱和碳原子以一种极细小的碳化物形式析出，使马氏体中碳的质量分数降低，过饱和程度下降，正方度减小。但由于这一阶段温度较低，马氏体中仅析出一部分过饱和碳原子，所以它仍是碳在 α-Fe 中的过饱和固溶体，所析出的细小碳化物均匀地分布在马氏体基体上。这种过饱和 α 固溶体和细小碳化物所组成的混合组织称为回火马氏体。

由于回火马氏体中的碳化物极为细小，呈弥散分布，且 α 固溶体仍是过饱和状态，所以在回火第一阶段,淬火钢的硬度并不降低,但由于碳化物的析出,使畸变程度降低,淬火应力有所减小。

(2)残余奥氏体的转变。

当回火温度在200~300 ℃范围内时,残余奥氏体发生转变。残余奥氏体的转变和过冷奥氏体等温转变时的性质相同,所以在这一温度区间残余奥氏体转变为下贝氏体。

由于第一阶段马氏体的分解尚未结束,所以在回火第二阶段,残余奥氏体转变为下贝氏体的同时,马氏体继续分解。虽然马氏体的继续分解会使淬火钢的硬度下降,但由于残余奥氏体的转变,淬火钢的硬度并没有明显的降低,淬火应力却进一步减小了。

(3)碳化物的转变。

回火温度在250~400 ℃范围内,由于原子的活动能力增强,碳原子继续从过饱和的α固溶体中析出,同时,所析出的细小碳化物也逐渐转变为细小颗粒状渗碳体。经第三阶段回火后,钢的组织是由铁素体和细小颗粒状渗碳体组成的,称为回火托氏体。此时淬火钢的硬度降低,淬火应力基本消除。

(4)渗碳体的聚集长大与铁素体再结晶。

当回火温度在400 ℃以上时,渗碳体颗粒将聚集长大。渗碳体颗粒的聚集长大是通过小颗粒渗碳体不断溶入铁素体中,而铁素体中的碳原子借助于扩散不断地向大颗粒渗碳体上沉积来实现的。回火温度越高,渗碳体颗粒越粗大,钢的强度和硬度越低。

回火第三阶段结束后,钢的组织虽然已是铁素体和颗粒状渗碳体,但铁素体仍然保持着原来马氏体的片状或板条状形态,当回火温度升高到500~600 ℃范围内,铁素体逐渐发生再结晶,失去原来片状或板条状形态,而成为多边形晶粒。此时钢的组织为铁素体基体上分布颗粒状渗碳体,这种组织为回火索氏体。

淬火钢在回火过程中,由于组织发生了变化,钢的性能也随之发生改变。一般随回火温度升高,强度和硬度降低,而塑性和韧性升高。

6.6.2　回火工艺

制定回火工艺,就是根据对工件性能的要求,依据钢的化学成分、淬火条件、淬火后的组织和性能,正确选择回火温度、保温时间和冷却方法。钢件回火后一般采用空冷,但对回火脆性敏感的钢在高温回火后需要油冷或水冷。回火时间从保证组织转变、消除内应力及提高生产效率两方面考虑,一般均为1~2 h。因此,回火工艺的制定主要是回火温度的选择。在生产中通常按所采用的温度将回火分成三类,即低温回火(150~250 ℃)、中温回火(350~500 ℃)和高温回火(>500 ℃)。

1. 低温回火

对要求具有高的强度、硬度、耐磨性及一定韧性的淬火零件,通常要进行低温回火,获得以回火马氏体为主的组织,淬火内应力得到部分消除,淬火时产生的微裂纹也大部分得到愈合。因此,低温回火可以在很少降低硬度的同时使钢的韧性明显提高,故凡是由中、高碳钢制成的工具、模具、量具和滚珠轴承等都采用低温回火。工具、模具的回火温度一般取200 ℃左右,轴承零件的回火一般取160 ℃左右。至于量具,除要求有高硬度和耐磨性以外,还要求有良好的尺寸稳定性,而这又与回火组织中未分解的残留奥氏体有关。因此,在低温回火以前,往往要进行冷处理使其转变为马氏体。对于高精度量具如块规等,在研磨之后还要在更低温度(100~150 ℃)进行时效处理,以消除内应力和稳定残留奥氏体。

低碳钢淬火得到马氏体,本身具有较高的强度、塑性和韧性,低温回火可减少内应力,使强韧性进一步提高。因此,很多用中碳钢调质处理制造的结构零件,已经用低碳钢或低碳合金钢淬火和低温回火来代替。

渗碳和氮碳共渗零件不仅要求表面硬而耐磨,同时要求心部有良好的塑性和韧性。这类零件实质上相当于表层高碳钢与心部低碳钢的一种复合材料,因此用低温回火可以同时满足这两部分的要求。通常渗碳和氮碳共渗零件的回火温度为160~200 ℃。

2. 中温回火

钢的弹性极限在250~350 ℃之间中温回火时出现极大值,而350~500 ℃范围内的中温回火就是利用这一特征,使钢获得回火托氏体组织,并使钢中的第二类内应力大大降低,从而使钢在具有很高的弹性极限的同时,具有足够的强度、塑性和韧性。

中温回火主要用于w(C)为0.6%~0.9%的碳素弹簧钢和w(C)为0.45%~0.75%的合金弹簧钢。碳素弹簧钢的回火温度取范围的下限,如65钢在380 ℃回火;合金弹簧钢的回火温度取范围的上限,如55Si2Mn钢在480 ℃回火,因为合金元素提高了钢的回火抗力。为避免发生第一类回火脆性,中温回火温度不应低于350 ℃。

除此之外,对小能量多次冲击载荷下工作的中碳钢工件,采用淬火后中温回火代替传统的调质处理,可大幅度提高使用寿命。

3. 高温回火

淬火加高温回火又称调质处理,主要用于中碳结构钢制造的机械结构零部件。钢经调质处理后,得到由铁素体基体和弥散分布于其上的细粒状渗碳体组成的回火索氏体组织,使钢的强度、塑性、韧性配合恰当,具有良好的综合力学性能。与片状珠光体组织相比,在强度相同时,回火索氏体的塑性和韧性大幅度提高。例如40钢经正火和调质两种不同的热处理后,当强度相等时,调质处理的伸长率提高50%,断面收缩率提高80%,冲击韧度提高100%。因此,高温回火广泛应用于要求优良综合性能的结构零件,如涡轮轴、压气机盘以及汽车曲轴、机床主轴、连杆、连杆螺栓、齿轮等。

高温回火的温度均在500 ℃上,主要依据钢的回火抗力和技术条件而定,可根据各种钢的力学性能-回火温度曲线选择。

含锰、铬、硅、镍等元素的钢具有第二类回火脆性,因此回火后应采用水冷、油冷等快速冷却方式。

对于具有二次硬化效应的高合金钢,往往通过淬火加高温回火来获得高硬度、高耐磨性和热硬性,高速钢就是其中的典型。此时必须注意的是:

①高温回火必须与恰当的淬火相配合才能获得满意的结果。例如Cr12钢,如果在980 ℃淬火,由于许多碳化物未能溶入奥氏体,奥氏体中的合金元素和碳含量较低,淬火后的硬度虽高,但高温回火后硬度反而降低。如果将淬火温度提高到1 080 ℃,使奥氏体中的合金元素和碳含量增加,淬火后出现大量残留奥氏体,硬度较低,但二次硬化效果却十分显著。

②高温回火后还必须至少在相同温度或较低温度再回火一次,因为高温回火冷却后部分残留奥氏体会发生二次淬火,形成新的淬火马氏体,而未经回火的马氏体是不允许直接使用的(低碳马氏体除外),因此必须再次回火。例如高速钢通常淬火后要在560 ℃回火三

次，而国外有的工厂在三次回火后还要增加一次 200 ℃的低温回火，以消除任何可能出现的未回火马氏体。

调质处理有时也用作工序间处理或预备热处理。例如淬透性很高的合金钢（如 18Cr2Ni4WA）渗碳后空冷硬度很高，切削加工困难，这时可通过高温回火来降低其硬度。需要用感应加热淬火的重要零件，一般以调质处理作为预备热处理。渗氮零件在渗氮前一般也应进行调质处理，等等。在这种情况下，高温回火的温度需要根据所要求的强度或硬度，并结合钢的成分来选定。

第7章 金属液态成形(铸造)

本章以砂型铸造为主,介绍了铸造生产中造型、熔炼、浇注和清理等基本过程及铸件的结构工艺性和常见缺陷。

金属液态成形(铸造生产):将液态金属浇注到与零件形状相适应的铸型型腔中,待其冷却凝固,以获得毛坯或零件的生产方法。

金属液态成形(铸造生产)的特点:

①可生产形状任意复杂的制件,特别是内腔形状复杂的制件。如汽缸体、汽缸盖、蜗轮叶片、床身件等。

②适应性强:合金种类不受限制,铸件大小几乎不受限制。

③成本低:材料来源广,废品可重熔,设备投资低。

④废品率高、表面质量较低、劳动条件差。

作为一种历史悠久的材料成形方法,铸造在现代机械制造工业中仍占有重要的地位。这是因为这种方法适应性强,能适用于各种金属材料,制成各种尺寸和形状的铸件,并使其形状和尺寸尽量与零件接近,从而节省金属,减少加工余量,降低成本。特别是对于具有复杂形状内腔的大型箱体件,铸造工艺有着其他成形方法无法比拟的优势。但液态金属在冷却凝固过程中形成的晶粒较粗大,也容易产生气孔、缩孔和裂纹等缺陷,所以铸件的力学性能不如相同材料的锻件好。而且铸造生产过程存在生产工序多,铸件质量不稳定,废品率高,劳动强度较高等问题。随着生产技术的不断发展,铸件性能和质量正在进一步提高,劳动条件正逐步改善。

根据造型材料不同,可将铸造方法分为砂型铸造和特种铸造两类。砂型铸造是以型砂作为主要造型材料的铸造方法;而特种铸造是指砂型铸造以外的所有铸造方法的总称。常用的特种铸造方法有熔模铸造、金属型铸造、压力铸造、低压铸造和离心铸造等。

随着科学技术的发展以及现代化建设的需要,现代铸造技术发展的趋势是,在加强铸造基础理论研究的同时,发展和革新铸造新工艺及新设备,在提高铸件性能、精度和表面质量的前提下发展专业化生产,实现铸造生产过程的自动化和计算机辅助设计和制造,减少公害,节约能源,降低成本,使铸造技术进一步成为可与其他成形工艺相竞争的少余量、无余量成形工艺。概括起来讲,铸造生产应该在优质、精化的前提下,实现高产、低耗、无害、价廉。

7.1 金属液态成形工艺原理

合金在铸造生产过程中表现出来的工艺性能称为合金的铸造性能,如流动性、收缩性、吸气性、偏析性(即铸件各部位的成分不均匀性)等。合金的铸造性能好,是指熔化时合金不易氧化,熔液不易吸气,浇注时合金液易充满型腔,凝固时铸件收缩小,且化学成分均匀,冷却时铸件变形和开裂倾向小等。合金的铸造性能好则容易保证铸件的质量,铸造性能差的合金容易使铸件产生缺陷,须采取相应的工艺措施才能保证铸件的质量,但却增加了工艺难度,提高了生产成本。

7.1.1　液态金属的充型能力

液态金属的充型能力是指液态金属充满铸型型腔,获得形状完整、轮廓清晰铸件的能力。液态金属的充型能力强,则能浇注出壁薄而形状复杂的铸件;反之则易产生冷隔、浇不足等缺陷。充型能力主要受金属液本身的流动性、性质、浇注条件及铸型特性等因素的影响。

1. 金属液的流动性

液态金属的流动性是指金属液的流动能力。流动性越好的金属液,充型能力越强。流动性的好坏,通常用在特定情况下金属液浇注的螺旋形试样的长度来衡量,如图 7.1 所示,试样长度大,说明金属液的流动性好。

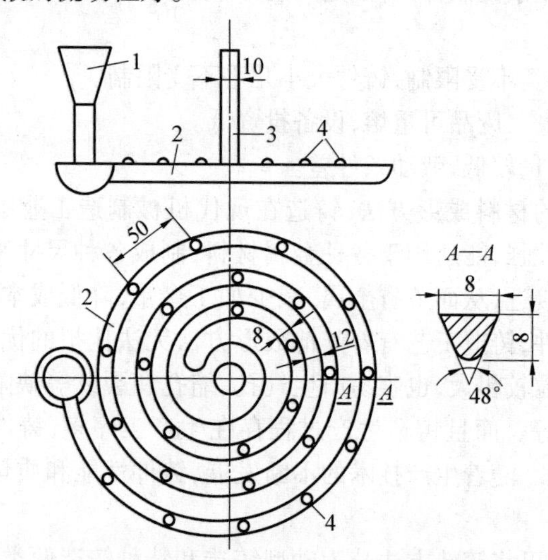

图 7.1　螺旋形试样及其铸型

1—浇注系统;2—试样铸件;3—冒口;4—试样凸点

液态金属的流动性是金属的固有性质,主要取决于金属的结晶特性和物理性质。不同成分的合金具有不同的结晶特点,纯金属和二元共晶成分的合金是在恒温下结晶,液态合金首先结晶的部分是紧贴铸型型腔的一层(铸件的表层),然后从铸件表层逐层向中心凝固。由于这类金属凝固时不存在固-液两相区,所以已结晶的固体和液体之间的界面比较光滑,对未结晶的液态金属的流动阻力小,有利于金属液充填型腔,故流动性好。共晶成分的合金往往熔点低,在相同的浇注温度下保持液态的时间长,其流动性最好。而其他成分合金的结晶是在一定的温度范围(结晶温度范围,即液相线温度与固相线温度的差值)内进行,存在固-液两相共存区,在此区域内,已结晶的固相多以树枝晶的形式在液体中伸展,阻碍了液体的流动,故其流动性差。合金的结晶温度范围越大,枝晶越发达,其流动性越差。图 7.2 所示为 Fe-C 合金流动性与碳含量之间的关系。

2. 浇注条件

提高浇注温度,可使液态金属黏度下降,流速加快,还能使铸型温度升高,金属散热速度

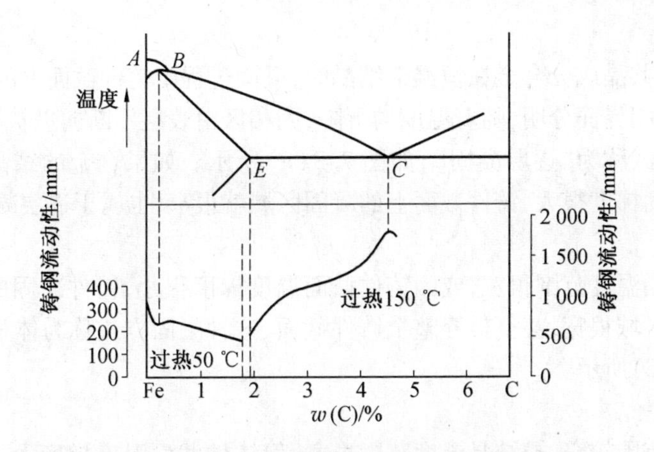

图7.2　Fe-C合金流动性与碳含量之间的关系

变慢,并能增加金属保持液态的时间,从而大大提高金属液的充型能力。但浇注温度过高,容易产生粘砂、缩孔、气孔、粗晶等缺陷。因此在保证金属液具有足够充型能力的前提下,浇注温度应尽量降低。

增加金属液的充型压力,如压铸、提高直浇道高度等,会使其流速加快,有利于充型能力的提高。

3. 铸型特性

铸型结构和铸型材料均影响金属液的充型。铸型中凡能增加金属液流动阻力,降低流动速度和加快冷却速度的因素,如型腔复杂,直浇道过低,浇口截面积小或不合理,型砂水分过多,铸型排气不畅和铸型材料导热性过高等,均能降低金属液的充型能力。为改善铸型的充填条件,在设计铸件时必须保证其壁厚不小于规定的最小壁厚(见表7.1)。对于薄壁铸件,要在铸造工艺上采取措施,如加外浇口、适当增加浇注系统的截面积、采用特种铸造方法等。

表7.1　一般砂型铸造条件下铸件的最小壁厚(mm)

铸件尺寸/mm	铸钢	灰铸铁	球墨铸铁	可锻铸铁	铝合金	铜合金
<200×200	8	4~6	6	5	3	3~5
200×200~500×500	10~12	6~10	12	8	4	6~8
>500×500	15~20	15~20			6	

7.1.2　合金的凝固特性

合金从液态到固态的状态转变称为凝固或一次结晶。许多常见的铸造缺陷,如缩孔、缩松、热裂、气孔、夹杂、偏析等,都是在凝固过程中产生的,掌握铸件的凝固特点对获得优质铸件有着重要意义。

在铸件凝固过程中,其断面上一般存在固相区、凝固区和液相区三个区域,其中凝固区是液相与固相共存的区域,凝固区的大小对铸件质量影响较大,按照凝固区的宽窄,分为以下三种凝固方式:

1. 逐层凝固

纯金属、二元共晶成分合金在恒温下结晶时，凝固过程中铸件截面上的凝固区域宽度为零，截面上固液两相界面分明，随着温度的下降，固相区由表层不断向里扩展，逐渐到达铸件中心，这种凝固方式称为"逐层凝固"，如图 7.3(a)所示。如果合金的结晶温度范围很小，或铸件截面的温度梯度很大，铸件截面上的凝固区域就很窄，也属于逐层凝固方式。

2. 体积凝固

当合金的结晶温度范围很宽，或因铸件截面温度梯度很小，铸件凝固的某段时间内，其液固共存的凝固区域很宽，甚至贯穿整个铸件截面，这种凝固方式称为体积凝固(或称糊状凝固)，如图 7.3(c)所示。

3. 中间凝固

金属的结晶范围较窄，或结晶温度范围虽宽，但铸件截面温度梯度大，铸件截面上的凝固区域宽度介于逐层凝固与体积凝固之间，称为"中间凝固"方式，如图 7.3(b)所示。

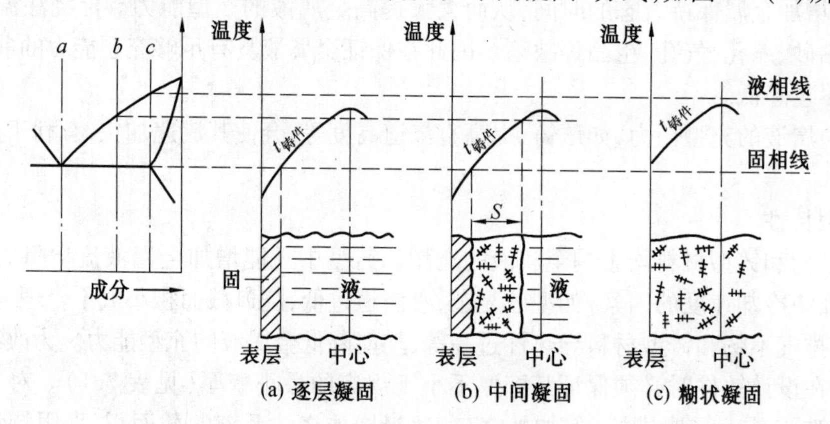

图 7.3　铸件的三种凝固方式

合金的凝固方式影响铸件质量。通常逐层凝固的合金充型能力强，补缩性能好，产生冷隔、浇不足、缩孔、缩松、热裂等缺陷的倾向小。因此，铸造生产中应优先使用铸造性能较好的结晶温度范围小的合金。当采用结晶温度范围宽的合金(如高碳钢、球墨铸铁等)时，应采取适当的工艺措施，增大铸件截面的温度梯度，减小其凝固区域，减少铸造缺陷的产生。

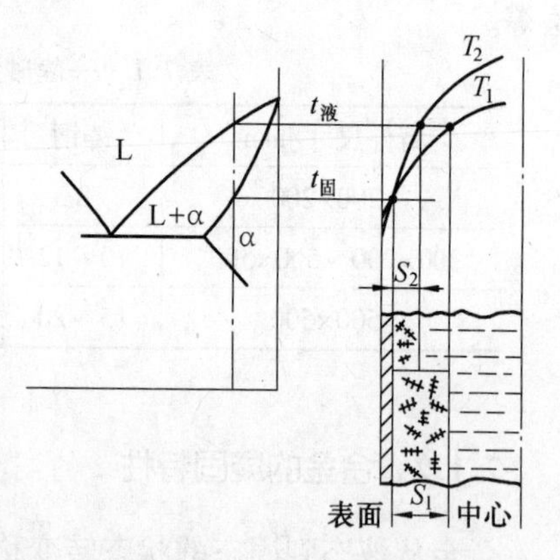

图 7.4　温度梯度对凝固区域影响的示意图

影响铸件凝固方式的主要因素是合金的结晶温度范围(取决于合金成分)和铸件的温度梯度。合金的结晶温度范围越小，凝固区域越窄，越倾向于逐层凝固；对于一定成分的合金，结晶温度范围已定，凝固方式取决于铸件截面的温度梯度，温度梯度越大，对应的凝固区域越窄，越趋向于逐层凝固，如图 7.4 所示。温度梯度又受合金性质、铸型的蓄热能力、浇注温度等因素影响。合金的凝固温度越低、导热率越高、结晶潜热越大，铸件内部温度均匀倾向越大，而铸型的冷却能力下降，铸件温度梯度越小；铸型的蓄热系数大，则激冷能力强，铸件温度梯度大；浇注温度越高，铸型吸热越多，冷却能力降低，铸件温度梯度减小。

7.1.3　合金的收缩性

1. 收缩及其影响因素

铸件在冷却过程中,其体积和尺寸缩小的现象称为收缩,它是铸造合金固有的物理性质。金属从液态冷却到室温,要经历以下三个相互联系的收缩阶段:

①液态收缩——从浇注温度冷却至凝固开始温度之间的收缩。

②凝固收缩——从凝固开始温度冷却到凝固结束温度之间的收缩。

③固态收缩——从凝固完毕时的温度冷却到室温之间的收缩。

金属的液态收缩和凝固收缩,表现为合金体积的缩小,使型腔内金属液面下降,通常用体收缩率来表示,它们是铸件产生缩孔和缩松缺陷的根本原因;固态收缩虽然也引起体积的变化,但在铸件各个方向上都表现出线尺寸的减小,对铸件的形状和尺寸精度影响最大,故常用线收缩率来表示,它是铸件产生内应力以至引起变形和产生裂纹的主要原因。

影响铸件收缩的主要因素有化学成分、浇注温度、铸件结构与铸型条件等。

不同成分合金的收缩率不同,表 7.2 列出几种铁碳合金的收缩率。碳素铸钢和白口铸铁的收缩率比较大,灰铸铁和球墨铸铁的较小。这是因为灰铸铁和球墨铸铁在结晶时析出石墨所产生的膨胀抵消了部分收缩。灰铸铁中碳、硅含量越高,石墨析出量就越大,收缩率越小。

表 7.2　几种铁碳合金的收缩率

合金种类	碳素铸钢	白口铸铁	灰铸铁	球墨铸铁
体收缩率/%	10 ~ 14	12 ~ 14	5 ~ 8	—
线收缩率(自由状态)/%	2.17	2.18	1.08	0.81

浇注温度主要影响液态收缩。浇注温度升高,液态收缩增加,则总收缩量相应增大。

铸件的收缩并非自由收缩,而是受阻收缩。其阻力来源于两个方面:一是由于铸件壁厚不均匀,各部分冷速不同,收缩先后不一致,而相互制约,产生阻力;二是铸型和型芯对收缩的机械阻力。铸件收缩时受阻越大,实际收缩率就越小。因此,在设计和制造模样时,应根据合金种类和铸件的受阻情况,采用合适的收缩率。

2. 收缩导致的铸件缺陷

合金的收缩对铸件质量产生不利影响,容易导致铸件的缩孔、缩松、变形和裂纹等缺陷。

(1)缩孔和缩松。

铸件在凝固过程中,由于金属液态收缩和凝固收缩造成的体积减小得不到液态金属的补充,在铸件最后凝固的部位形成孔洞。其中容积较大而集中的孔洞称为缩孔,细小而分散的孔洞称为缩松。当逐层凝固的铸件在结晶过程中凝固壳内部的金属液收缩得不到补充时,则铸件最后凝固的部位就会产生缩孔,缩孔常集中在铸件的上部或厚大部位等最后凝固的区域,如图 7.5 所示。具有一定凝固温度范围的合金,存在着较宽的固液两相区,已结晶的初晶常为树枝状。到凝固末期,铸件壁的中心线附近尚未凝固的液体会被生长的枝晶分割成互不连通的小熔池,熔池内部的金属液凝固收缩时得不到补充,便形成分散的孔洞即缩松,如图 7.6 所示。缩松常分布在铸件壁的轴线区域及厚大部位。

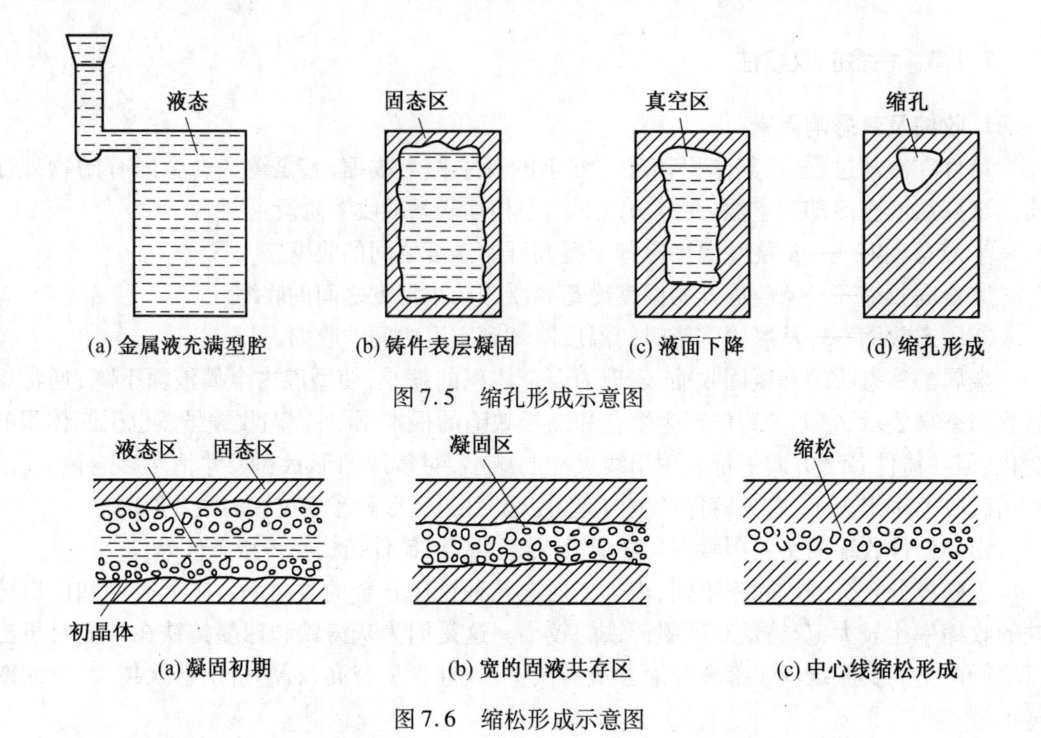

图 7.5　缩孔形成示意图

图 7.6　缩松形成示意图

缩孔和缩松会减小铸件的有效截面积,并在该处产生应力集中,降低铸件力学性能,缩松还严重影响铸件的气密性。防止铸件产生缩孔、缩松的基本方法是采用顺序凝固原则,即针对合金的凝固特点制定合理的铸造工艺,使铸件在凝固过程中建立良好的补缩条件,尽可能使缩松转化为缩孔,并使缩孔出现在最后凝固的部位,在此部位设置冒口补缩。使铸件的凝固按薄壁→厚壁→冒口的顺序先后进行,让缩孔移入冒口中,从而获得致密的铸件,如图 7.7 所示。

(2)铸造应力、变形和裂纹。

铸件在冷凝过程中,由于各部分金属冷却速度不同,使得各部位的收缩不一致,又由于铸型和型芯的阻碍作用,使铸件的固态收缩受到制约而产生内应力,在应力作用下铸件容易产生变形,甚至开裂。

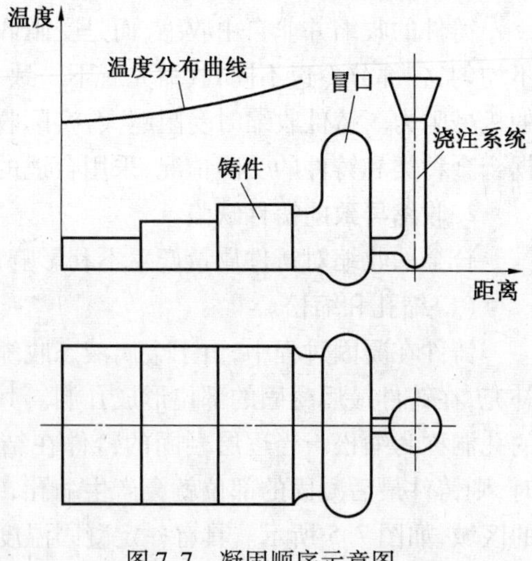

图 7.7　凝固顺序示意图

铸造应力按其形成原因的不同,分为热应力、机械应力等。热应力是因铸件壁厚不均匀,各部位冷却速度不同,以致在同一时期内铸件各部分收缩不一致而相互制约引起的,一经产生就不会自行消除,故又称为残余内应力。机械应力是由于合金固态收缩受到铸型或型芯的机械阻碍作用而形成的,铸件落砂之后,随着这些阻碍作用的消除,应力也自行消除,因此,机械应力是暂时的,但当它与其他应力相互叠加时,会增大铸件产生变形与裂纹的倾向。

减少铸造应力就应设法减少铸件冷却过程中各部位的温差,使各部位收缩一致,如将浇口开在薄壁处,在厚壁处安放冷铁,即采取同时凝固原则,如图7.8所示。此外,改善铸型和砂芯的退让性,如在混制型砂时加入木屑等,可减少机械阻碍作用,降低铸件的机械应力。此外,还可以通过热处理等方法减少或消除铸造应力。

铸造应力是导致铸件产生变形和开裂的根源。图7.9为"T"形铸件在热应力作用下的变形情况,虚线表示变形的方向。防止铸件变形的方法除减少铸造内应力这一根本措施外,还可以采取一些工艺措施,如增大加工余量,采用反变形法等,消除或减少铸件变形对质量的影响。

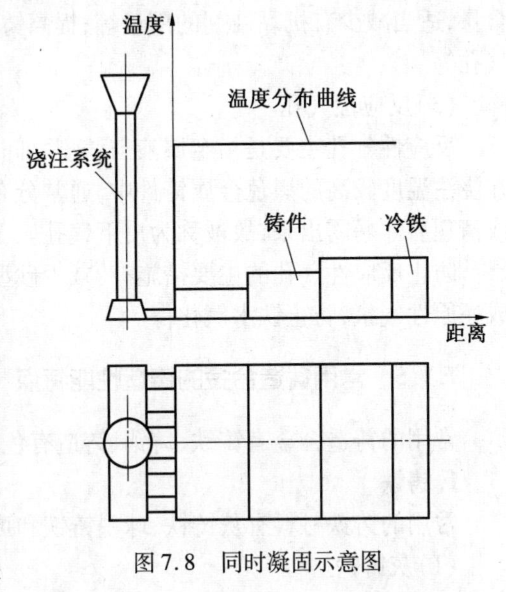

图7.8 同时凝固示意图

当铸造应力超过材料的强度极限时,铸件会产生裂纹,裂纹有热裂纹和冷裂纹两种。热裂纹是在铸件凝固末期的高温下形成的,其形状特征是:裂纹短,缝隙宽,形状曲折,缝内呈氧化色。铸件的结构不合理,合金的结晶温度范围宽、收缩率高,型砂或芯砂的退让性差,合金的高温强度低等,易使铸件产生热裂纹。冷裂纹是较低温度下形成的裂纹,常出现在铸件受拉伸的部位,其形状细长,呈连续直线状,裂纹断口表面具有金属光泽或轻微氧化色。壁厚差别大、形状复杂的铸件,尤其是大而薄的铸件易于发生冷裂。凡是减少铸造内应力或降低合金脆性的因素,都有利于防止裂纹的产生。

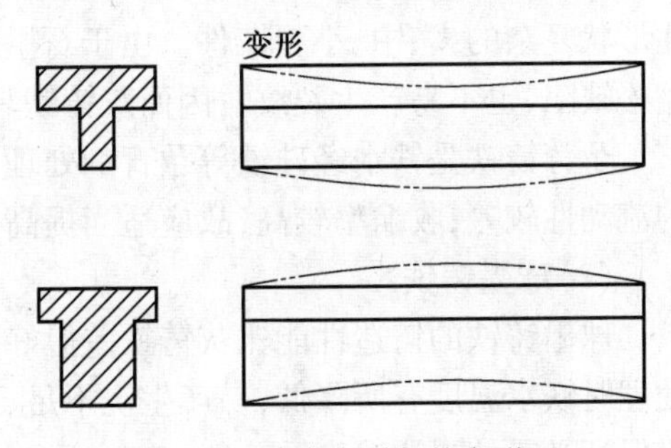

图7.9 热应力引起的变形

7.1.4 合金的吸气性及气孔

液态金属在熔炼和浇注时能够吸收周围气体的能力称为吸气性。吸收的气体以氢气为主,也有氮气和氧气,这些气体便成为铸件产生气孔缺陷的根源。气孔是铸件中最常见的缺陷。

根据气体来源,气孔可分为以下三类:

(1)析出性气孔。

溶入金属液的气体在铸件冷凝过程中,随温度下降,合金液对气体的溶解度下降,气体析出并留在铸件内形成的气孔称为析出性气孔。析出性气孔多为裸眼可见的小圆孔(在铝合金中称为针孔);分布面大,在冒口等热节处较密集;常常一炉次铸件中几乎都有,尤其在铝合金铸件中常见,其次是铸钢件。

防止此类气孔的主要措施有:尽量减少进入合金液的气体,如烘干炉料、浇注用具,清理炉料上的油污等;对合金液进行除气处理,如有色合金熔液的精炼除气等;阻止熔液中气体析出,如提高冷却速度使熔液中的气体来不及析出。

(2)侵入性气孔。

造型材料中的气体侵入金属液内所形成的气孔称为侵入性气孔。这类气孔一般体积较大,呈圆形或椭圆形,分布在靠近砂型或砂芯的铸件表面。

防止此类气孔的主要措施有:减少砂型和砂芯的排气量,如严格控制型砂和芯砂中的水含量,适当减少有机黏结剂的用量等;提高铸型的排气能力,如适当减低紧实度,合理设置排气孔等。

(3)反应性气孔。

反应性气孔主要是指金属液与铸型之间发生化学反应所产生的气孔。这类气孔多发生在浇注温度较高的黑色金属铸件中,通常分布在铸件表面皮下1～3 mm,铸件经过机械加工或清理后才暴露出来,故被称为皮下气孔。

防止反应性气孔的主要措施有:减少砂型水分,烘干炉料、用具;在型腔表面喷涂料,形成还原性气氛,防止铁水氧化等。

7.1.5　常用铸造合金的铸造性能特点

常用的铸造合金有铸铁、铸钢、铸造有色合金等,其中以铸铁应用最广。

1. 铸铁

常用的铸铁材料有灰铸铁、球墨铸铁和可锻铸铁等。

(1)灰铸铁。

灰铸铁中的碳当量接近共晶成分,熔点较低,属于中间凝固方式,铁水流动性好,可以浇注形状复杂的大、中、小型铸件。由于石墨化膨胀使其收缩率小,故灰铸铁不容易产生缩孔、缩松缺陷,也不易产生裂纹。因而灰铸铁具有良好的铸造性能。

孕育铸铁是铁水经硅铁等孕育剂处理后获得的高强度灰铸铁。与普通灰铸铁相比,它的流动性较差,收缩率较高,故应适当提高浇注温度,在铸件热节处设置补缩冒口。

(2)球墨铸铁。

球墨铸铁的铸造性能比灰铸铁差但好于铸钢,其流动性与灰铸铁基本相同。但因球化处理时铁水温度有所降低,易产生浇不足、冷隔缺陷。为此,必须适当提高铁水的出炉温度,以保证必需的浇注温度。

球墨铸铁的结晶特点是在凝固收缩前有较大的膨胀(即石墨化膨胀),当铸型刚度小时,铸件的外形尺寸会胀大,从而增大缩孔和缩松倾向,特别易产生分散缩松。应采用提高铸型刚度,增设冒口等工艺措施,来防止缩孔、缩松缺陷的产生。

另外,由于球化处理时加入Mg,铁水中的MgS与砂型中的水分作用生成H_2S气体,使球墨铸铁容易产生皮下气孔。因此,必须严格控制型砂的水分,并适当提高型砂的透气性,还应在保证球化的前提下,尽量少用Mg。

(3)可锻铸铁。

可锻铸铁是先浇注出白口铸坯,再通过长时间的石墨化退火获得团絮状石墨的铸铁。其碳、硅含量较低,熔点比灰铸铁高,凝固温度范围也较大,故铁水的流动性差。铸造时,必须适当提高铁水的浇注温度,以防止产生冷隔、浇不足等缺陷。

可锻铸铁的铸态组织为白口组织,没有石墨化膨胀阶段,体积收缩和线收缩都比较大,故形成缩孔和裂纹的倾向较大。在设计铸件时除应考虑合理的结构形状外,在铸造工艺上应采取顺序凝固原则,设置冒口和冷铁,适当提高砂型的退让性和耐火性等措施,以防止铸件产生缩孔、缩松、裂纹及粘砂等缺陷。

2. 铸钢

铸钢的铸造性能差。铸钢的流动性比铸铁差,熔点高,易产生浇不足、冷隔和粘砂等缺陷。生产中常采用干砂型,增大浇注系统截面积,保证足够的浇注温度等措施,提高其充型能力。铸钢用型(芯)砂应具有较高的耐火性、透气性和强度,如选用颗粒大而均匀、耐火性好的石英砂制作砂型,烘干铸型,铸型表面涂以石英粉配制的涂料等。

铸钢的收缩性大,产生缩孔、缩松、裂纹等缺陷的倾向大,所以,铸钢件往往要设置数量较多、尺寸较大的冒口,采用顺序凝固原则,以防止缩孔和缩松的产生,并通过改善铸件结构,增加铸型(型芯)的退让性和溃散性,增设防裂筋,降低钢水硫、磷含量等措施,防止裂纹的产生。

3. 铸造有色金属

铸造有色金属常用的有铸造铝合金、铸造铜合金等。它们大都具有流动性好,收缩性大,容易吸气和氧化等特点,特别容易产生气孔、夹渣缺陷。有色合金的熔炼,要求金属炉料与燃料不直接接触,以免有害杂质混入以及合金元素急剧烧损,所以大都在坩埚炉内熔炼。所用的炉料和工具都要充分预热,去除水分、油污、锈迹等杂质,尽量缩短熔炼时间。不宜在高温下长时间停留,以免氧化和过多地吸收气体。浇注前常需对金属液进行特殊处理,减少熔液中的气体和熔渣。

7.2　砂型铸造

砂型铸造就是将液态金属浇入砂型的铸造方法。型(芯)砂通常是由石英砂、黏土(或其他黏结材料)和水按一定比例混制而成的。型(芯)砂要具有"一强三性",即一定的强度、透气性、耐火性和退让性。砂型可用手工制造,也可用机器造型。

砂型铸造是目前最常用、最基本的铸造方法,其基本过程如图7.10所示。砂型铸造的造型材料来源广,价格低廉。所用设备简单,操作方便灵活,不受铸造合金种类、铸件形状和尺寸的限制,并适合于各种生产规模。目前我国砂型铸件约占全部铸件产量的80%以上。

7.2.1　造型方法的选择

造型方法的选择具有较大灵活性,一个铸件往往可用多种方法造型,应根据铸件结构特点、形状和尺寸、生产批量及车间具体条件等,进行分析比较,以确定最佳方案。

1. 手工造型

手工造型的方法很多,按模样特征分为整模造型、分模造型、活块造型、刮板造型、假箱造型和挖砂造型等;按砂箱特征分为两箱造型、三箱造型、地坑造型、脱箱造型等。

2. 机器造型

机器造型是用机器来完成填砂、紧实和起模等造型操作过程。与手工造型相比,可以提高生产率和铸型质量,减轻劳动强度。但设备及工装模具投资较大,生产准备周期较长,主要用于成批大量生产。

机器造型按紧实方式的不同分震压造型、抛砂造型和射砂造型等。

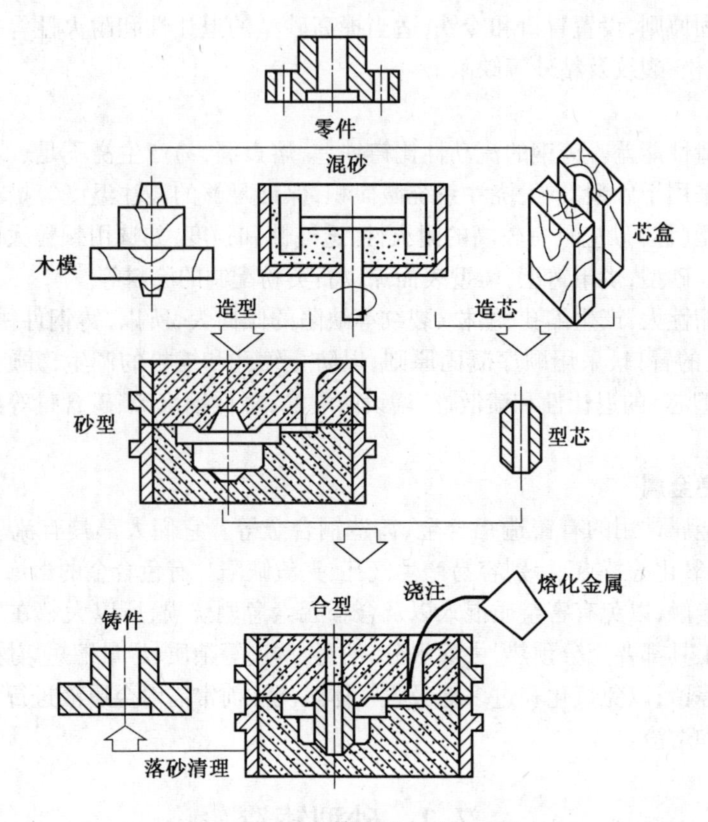

图 7.10 砂型铸造基本工艺过程

(1)震压造型。

图 7.11 所示为震压造型过程示意图。首先将砂箱放在造型机的模板(图 7.11(a)、(b))上,打开定量砂斗门,型砂从上方填入砂箱内(图 7.11(c))。控制压缩空气经进气口 1 进入震击活塞底部,顶起震击活塞等并将进气路关闭。活塞在压缩空气的推力下上升,当活塞底部升至排气口以上时压缩空气被排出。震击活塞等自由下落与压实活塞顶面进行一次撞击。此时进气路开通,上述过程再次重复使型砂逐渐紧实,如图 7.11(d)所示。控制压缩空气由进气口 2 通入压实汽缸底部,顶起压实活塞、震击活塞和砂箱等,使砂型受到压板的压实,如图 7.11(e)所示。然后排气,压实汽缸等下降,压缩空气推动压力油进入起模压力缸内,四根起模顶杆同步上升顶起砂型,同时振动器振动,模样脱出,如图 7.11(f)所示。

(2)抛砂造型。

图 7.12 所示为抛砂机的造型示意图。抛砂头转子上装有叶片,型砂由皮带输送机连续地送入,高速旋转的叶片接住型砂并分成一个个砂团。当砂团随叶片转到出口处时,由于离心力的作用,以高速抛入砂箱,同时完成填砂与紧实。

(3)射砂造型。

射砂紧实方法除用于造型外多用于制芯。图 7.13 所示为射砂造型示意图。由储气筒中迅速进入到射膛的压缩空气,将型芯砂由射砂孔射入芯盒的空腔中,而压缩空气经射砂板上的排气孔排出,射砂造型是在较短的时间内同时完成填砂和紧实,生产率极高。

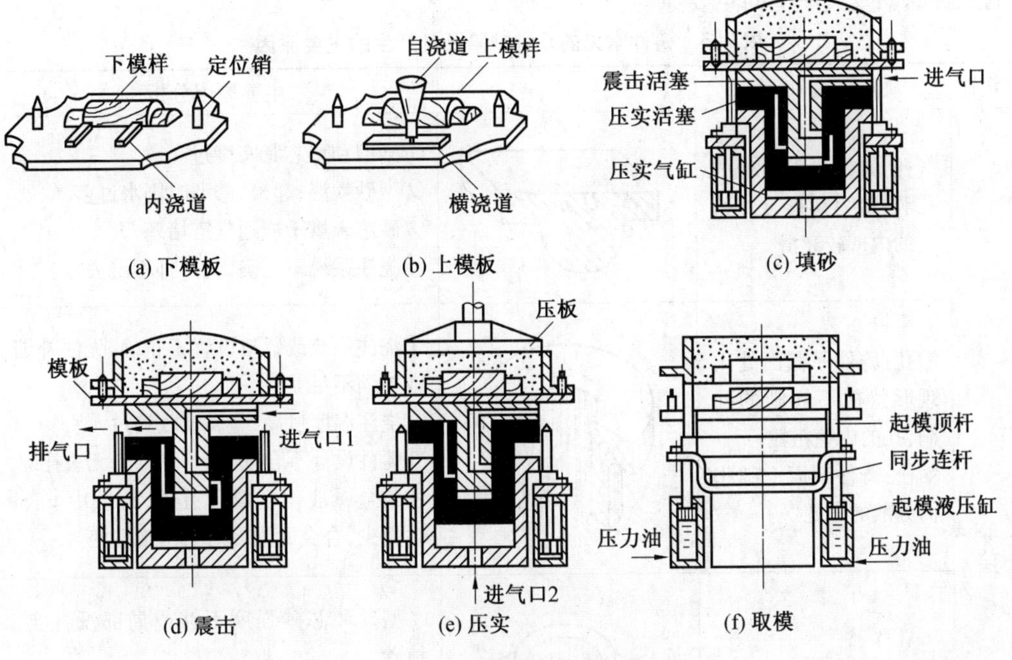

图 7.11　震压造型示意图

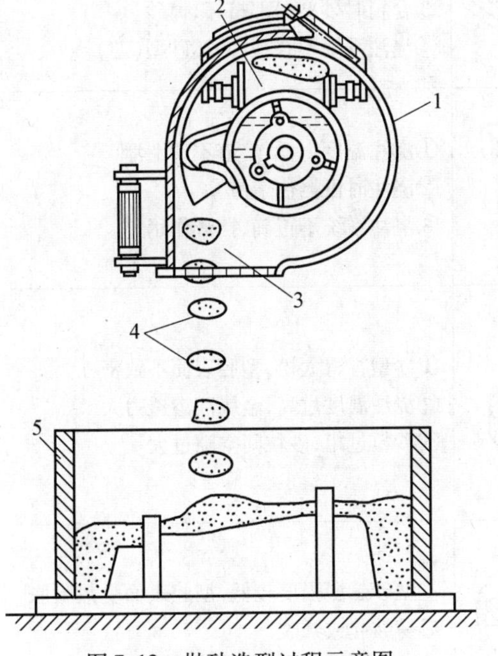

图 7.12　抛砂造型过程示意图

1—机头外壳;2—型砂入口;3—砂团出口;

4—被紧实的砂团;5—砂箱

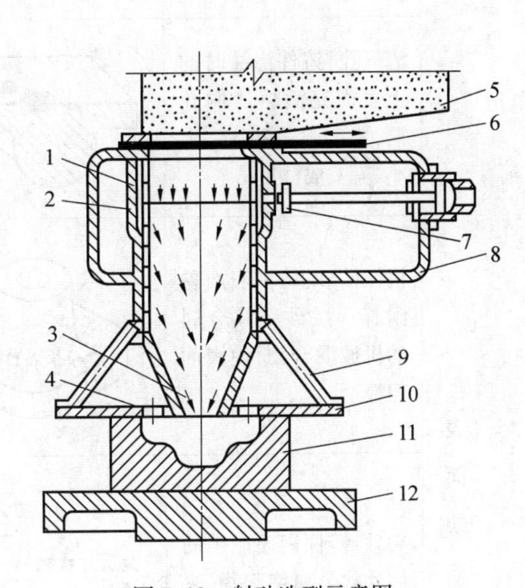

图 7.13　射砂造型示意图

1—射砂筒;2—射膛;3—射砂孔;4—排气孔;

5—砂斗;6—砂闸板;7—进气阀;8—储气筒;

9—射砂头;10—射砂板;11—芯盒;12—工作台

7.2.2　砂型铸造常见缺陷

铸造生产工序繁多,铸件缺陷的种类很多,产生的原因也很复杂。表 7.3 列出了铸件常见的几种缺陷及其产生的主要原因。

表 7.3 铸件常见的几种缺陷及其产生的主要原因

类别	缺陷名称和特征	主要原因分析
孔洞	气孔:铸件内部出现的孔洞,常为梨形、球形,孔的内壁较光滑	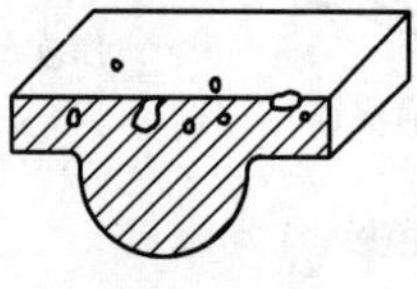 ①砂型和型芯紧实度过高 ②型砂太湿,起模、修型时刷水过多 ③砂芯未烘干或通气道堵塞 ④浇注系统不正确,气体排不出去
	缩孔:铸件厚截面处出现形状极不规则的孔洞,孔的内壁粗糙 缩松:铸件截面上细小而分散的缩孔	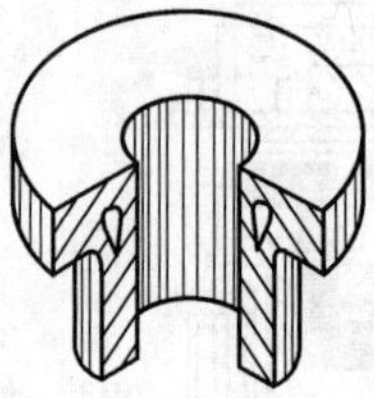 ①浇注系统或冒口设置不正确,无法补缩或补缩不足 ②浇注温度过高,金属液收缩过大 ③铸件设计不合理,壁厚不均匀无法补缩 ④与金属液化学成分有关,铸铁中 C、Si 含量少,合金元素多时易出现缩松
	砂眼:铸件内部或表面带有砂粒的孔洞	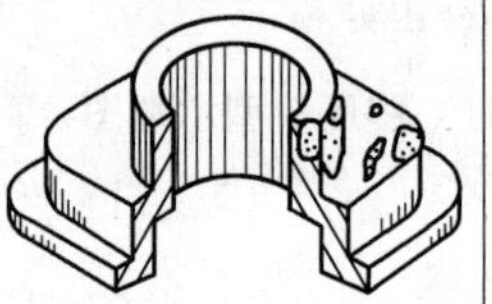 ①型砂和芯砂强度不够或局部没舂实,掉砂 ②型腔、浇注系统内散砂未吹净 ③合箱时砂型局部挤坏,掉砂 ④浇注系统不合理,冲坏砂型(芯)
	渣气孔:铸件浇注时的上表面充满熔渣的孔洞,常与气孔并存,大小不一,成群集结	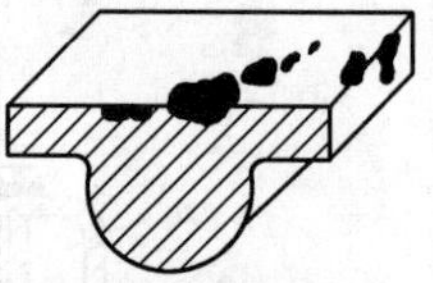 ①浇注温度太低,熔渣不易上浮 ②浇注时没挡住熔渣 ③浇注系统不正确,挡渣作用差
表面缺陷	机械粘砂:铸件表面黏附着一层砂粒和金属的机械混合物,使表面粗糙	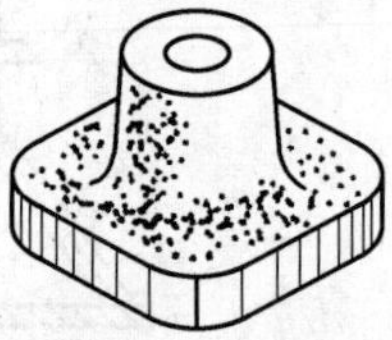 ①砂型舂得太松,型腔表面不致密 ②浇注温度过高,金属液渗透力大 ③砂粒过粗,砂粒间空隙过大
	夹砂:铸件表面产生的疤片状金属突起物,表面粗糙,边缘锐利,在金属片和铸件之间夹有一层型砂	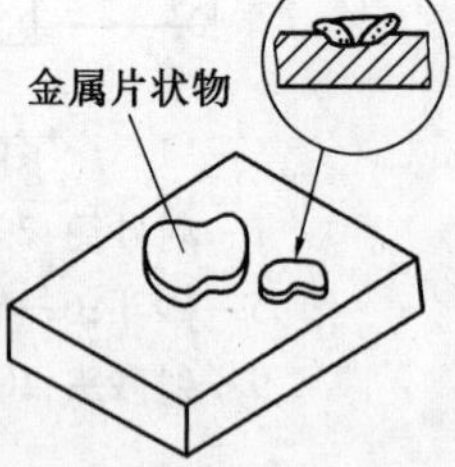 ①型砂热湿强度较低,型腔表面受热膨胀后易鼓起或开裂 ②砂型局部紧实度过大,水分过多,水分烘干后,易出现脱皮 ③内浇道过于集中,使局部砂型烘烤厉害 ④浇注温度过高,浇注速度过慢

续表 7.3

类别	缺陷名称和特征		主要原因分析
裂纹	热裂:铸件开裂,裂纹断面严重氧化,呈暗蓝色,外形曲折而不规则 冷裂:裂纹断面不氧化,并发亮,有时轻微氧化,呈连续直线状	裂纹	①砂型(芯)退让性差,阻碍铸件收缩而引起过大的内应力 ②浇注系统开设不当,阻碍铸件收缩 ③铸件设计不合理,薄厚差别大

7.3　铸件结构工艺性

铸件结构工艺性通常是指铸件的本身结构应符合铸造生产的要求,既便于整个工艺过程的进行,又利于保证产品质量。铸件结构是否合理,对简化铸造生产过程,减少铸件缺陷,节省金属材料,提高生产率和降低成本等具有重要意义,并与铸造合金、生产批量、铸造方法和生产条件有关。

1. 铸件结构应利于避免或减少铸件缺陷

铸件的许多缺陷,如缩孔、缩松、裂纹、变形、浇不足、冷隔等,有时是由于铸件结构不合理而引起的。因此,设计铸件结构时应首先从保证产品质量的角度出发,尽量做到以下几点:

(1)壁厚合理。

铸件壁厚大有利于金属液充型,但随着壁厚的增加,金属液冷速降低,铸件晶粒变粗大,力学性能下降。所以从细化结晶组织和节省金属材料考虑,应尽量减小铸件壁厚。但铸件壁厚太小又易导致冷隔、浇不足或生成白口组织等缺陷,故各种不同的合金视铸件大小、铸造方法不同,其最小壁厚应受到限制。

通常情况下,设计铸件壁厚时应首先保证金属液的充型能力,在此前提下尽量减小铸件壁厚。若铸件壁的承载能力或刚度不能满足要求时,可采用加强筋等结构。图7.14所示为台钻底板设计中采用加强筋的例子,采用加强筋后,可避免铸件厚大截面,防止某些铸造缺陷的产生。

(2)铸件壁厚力求均匀。

铸件壁厚均匀,可防止形成热节而产生缩孔、缩松、晶粒粗大等缺陷,并能减少铸造热应力及因此而产生的变形和裂纹等缺陷。图7.15所示为铸件壁厚设计实例。如图7.15(a)所示,在厚壁处易产生缩孔,在过渡处易产生裂纹;改为图7.15(b)可防止上述缺陷的产生。铸件上的筋条分布应尽量减少交叉,以防形成较大的热节,如图7.16所示。将图7.16(a)十字接头改为图7.16(b)交错接头结构,或采用图7.16(c)所示的环形接头,以减少金属的积聚,避免缩孔、缩松缺陷的产生。

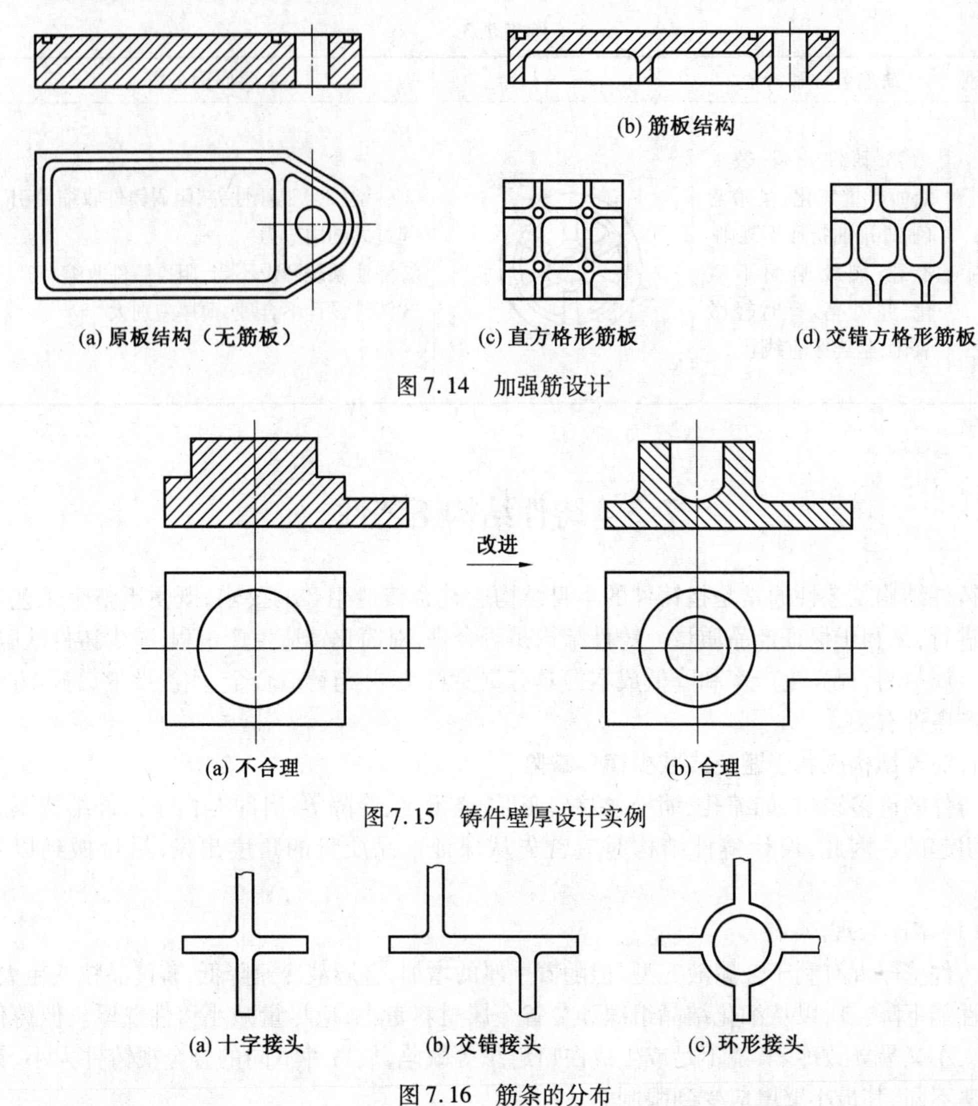
(a) 原板结构（无筋板）　(b) 筋板结构　(c) 直方格形筋板　(d) 交错方格形筋板

图 7.14　加强筋设计

(a) 不合理　(b) 合理

图 7.15　铸件壁厚设计实例

(a) 十字接头　(b) 交错接头　(c) 环形接头

图 7.16　筋条的分布

(3) 铸件壁的连接。

铸件不同壁厚的连接应逐渐过渡(见表 7.4)。拐弯和交接处应采用较大的圆弧连接(图 7.17),避免锐角结构而采用大角度过渡(图 7.18),以避免因应力集中而产生开裂。

表 7.4　铸件壁的过渡形式和尺寸

壁厚比	壁的过渡形式	尺寸关系
$\frac{S_1}{S_2}\leqslant 2$	S_1　S_2　R　R	$R=(0.15\sim0.25)(S_1+S_2)$
	S_1　S_2　R_1　R_2　R_1	$R_1=(0.15\sim0.25)(S_1+S_2)$ $R_2=S_1/4$

续表 7.4

壁厚比	壁的过渡形式	尺寸关系
$\frac{S_1}{S_2} \geqslant 2$	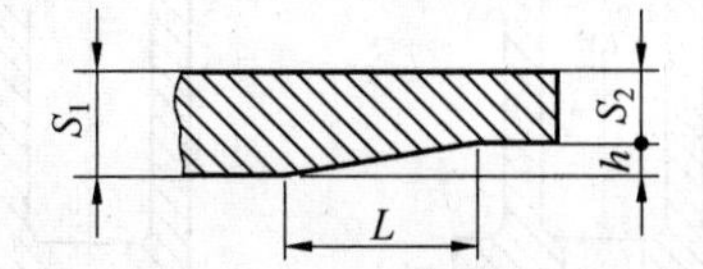	$h=S_1+S_2$ $L \geqslant 4h$
	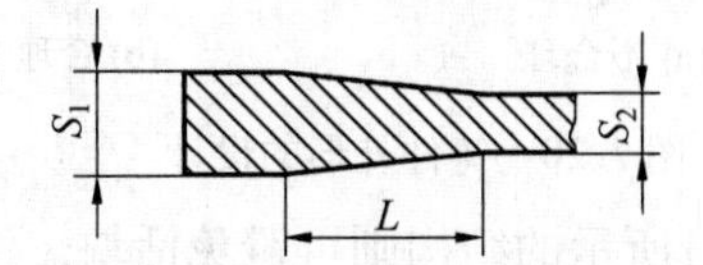	$L \geqslant 3(S_1-S_2)$

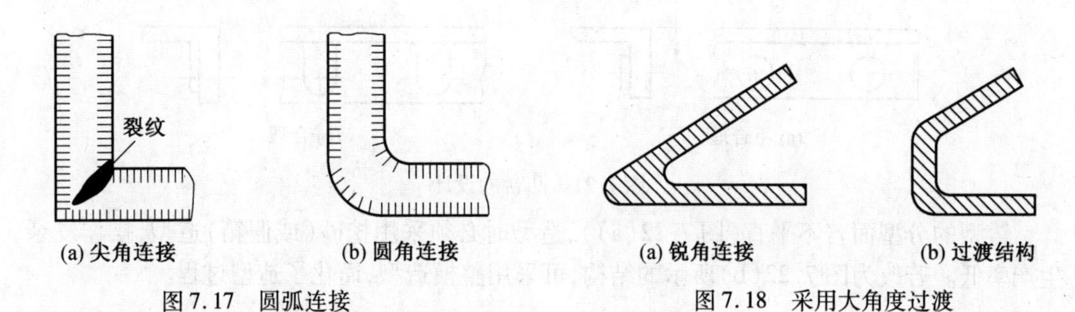

(a) 尖角连接　(b) 圆角连接

图 7.17　圆弧连接

(a) 锐角连接　(b) 过渡结构

图 7.18　采用大角度过渡

(4)避免较大水平面。

铸件上水平方向的较大平面,在浇注时,金属液面上升较慢,长时间烘烤铸型表面,使铸件容易产生夹砂、浇不足等缺陷,也不利于夹渣、气体的排除,因此,应尽量用倾斜结构代替过大水平面,如图 7.19 所示。

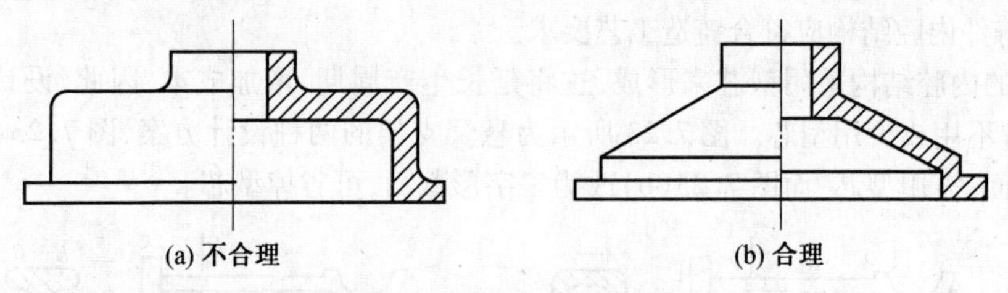

(a) 不合理　(b) 合理

图 7.19　避免较大水平面

2. 铸件结构应利于简化铸造工艺

为简化造型、造芯及减少工装制造工作量,便于下芯和清理,对铸件结构有如下要求:

(1)铸件外形应尽量简单。

在满足铸件使用要求的前提下,应尽量简化外形,减少分型面,以便于造型,获得优质铸件。

图 7.20(a)所示铸件水平方向分型时有两个分型面,要采用三箱造型或者增设外部环形砂芯然后用两箱造型,使造型工艺复杂。若改为图 7.20(b)所示的设计,取消了底部凸缘,使铸件只有一个分型面,即可用两箱造型进行生产,大大简化了造型工艺。

铸件上的凸台、加强筋等要方便造型,尽量避免使用活块。图 7.21(a)所示的凸台通常需采用活块(或外壁型芯)才能起模,要求操作者技术高,消耗工时多,在机器造型的流水线

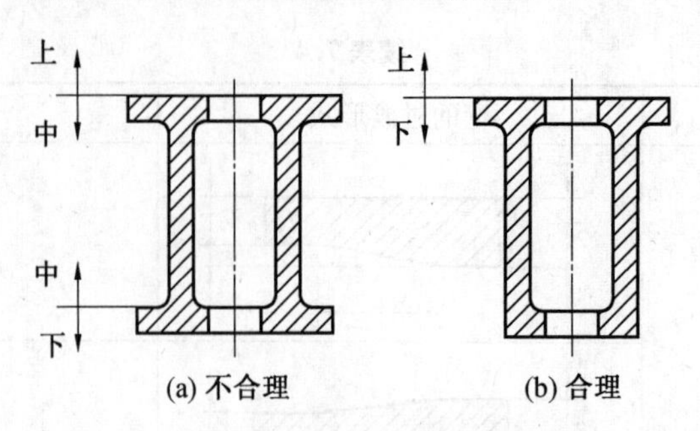

图 7.20　铸件外形的设计

上无法采用。如果改为图 7.21(b)所示的结构则可避免活块。

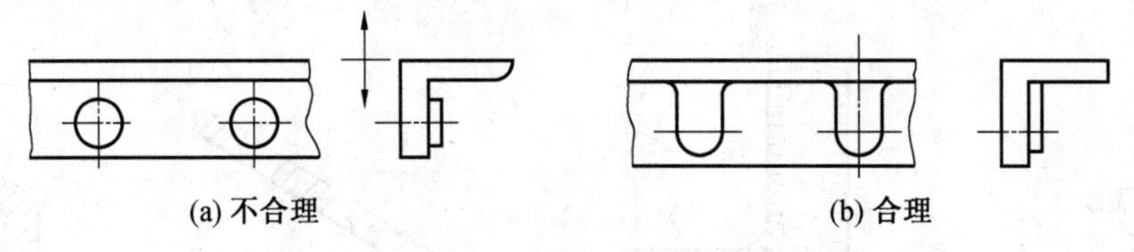

图 7.21　凸台的设计

铸型的分型面若不平直(图 7.22(a)),造型时必须采用挖砂(或假箱)造型,操作复杂,生产率低。若改为图 7.22(b)所示的结构,可采用整模造型,简化了造型过程。

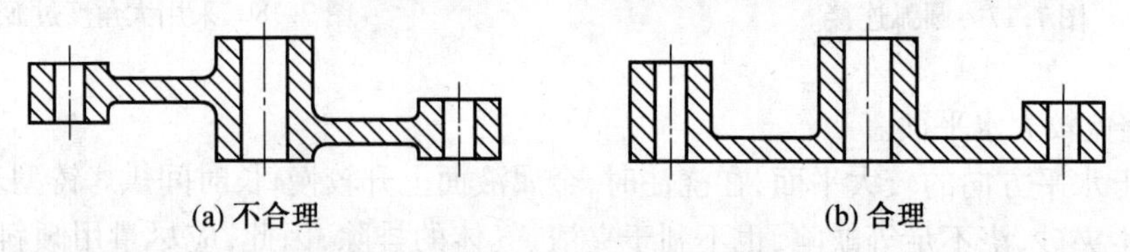

图 7.22　使分型面平直的铸件结构

(2)铸件内腔结构应符合铸造工艺要求。

铸件的内腔结构采用型芯来形成,这将延长生产周期,增加成本,因此,设计铸件结构时,应尽量不用或少用型芯。图 7.23 所示为悬臂支架的两种设计方案,图 7.23(a)采用方形空心截面,需用型芯,而图 7.23(b)改为工字形截面,可省掉型芯。

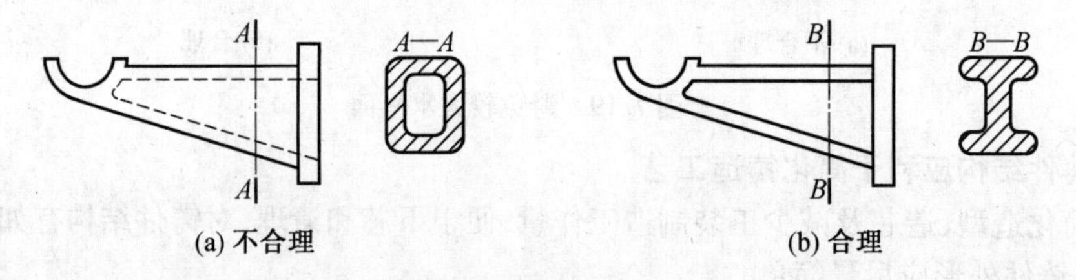

图 7.23　悬臂支架的两种设计方案

在必须采用型芯的情况下,应尽量做到便于下芯、安装、固定以及排气和清理。如图 7.24所示的轴承架铸件,图 7.24(a)所示的结构需要两个型芯,其中大的型芯呈悬臂状态,装配时必须用型芯撑 A 辅助支撑。如果改为图 7.24(b)所示的结构,成为一个整体型芯,其稳定性大大提高,并便于安装,易于排气和清理。

(3)铸件的结构斜度。

铸件上垂直于分型面的不加工面应具有一定的结构斜度,以利于起模,同时便于用砂垛

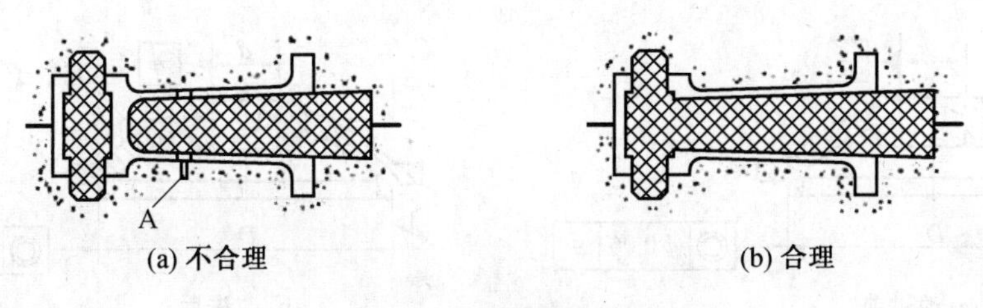

图7.24　轴承架结构

代替型芯(称为自带型芯),以减少型芯数量。图7.25中(a)、(b)、(c)、(d)各件不带结构斜度,不便起模,应相应改为(e)、(f)、(g)、(h)带一定斜度的结构。对不允许有结构斜度的铸件,应在模样上留出起模斜度。

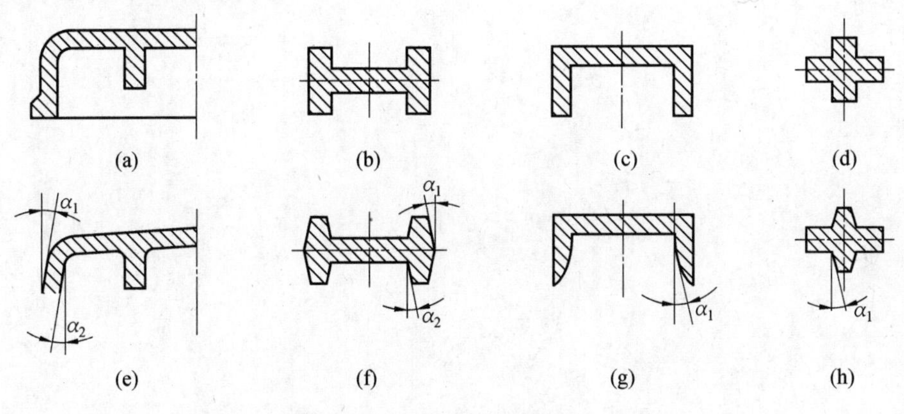

图7.25　结构斜度的设计

(4)组合铸件的应用。

对于大型或形状复杂的铸件,可采用组合结构,即先设计成若干个小铸件进行生产,切削加工后,用螺栓连接或焊接成整体。这样可简化铸造工艺,便于保证铸件质量。图7.26所示为大型坐标镗床床身(图7.26(a))和水压机工作缸(图7.26(b))的组合结构示意图。

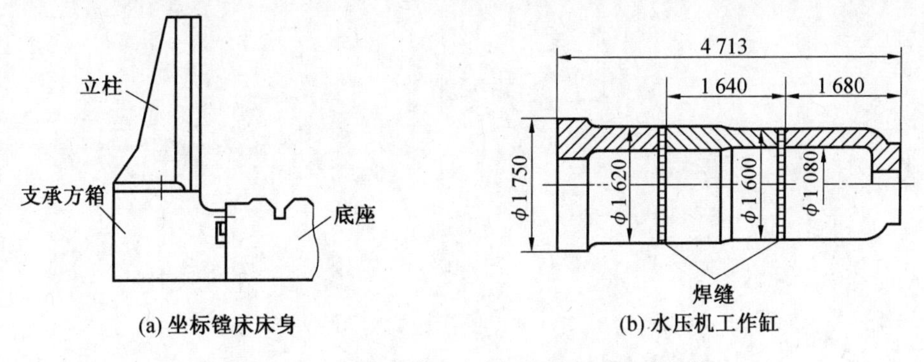

图7.26　坐标镗床床身和水压机工作缸的组合结构

3. 铸件结构要便于后续加工

大多数铸件都要经过切削加工才能满足使用要求,因此,铸件结构设计应考虑减小加工量和便于加工。图7.27所示为电机端盖设计。原设计(图7.27(a))在加工定位环D时不便于装夹。改为图7.27(b)带工艺搭子的结构,能在一次装夹中完成轴孔d和定位环D的加工,并能较好地保证其同轴度要求。

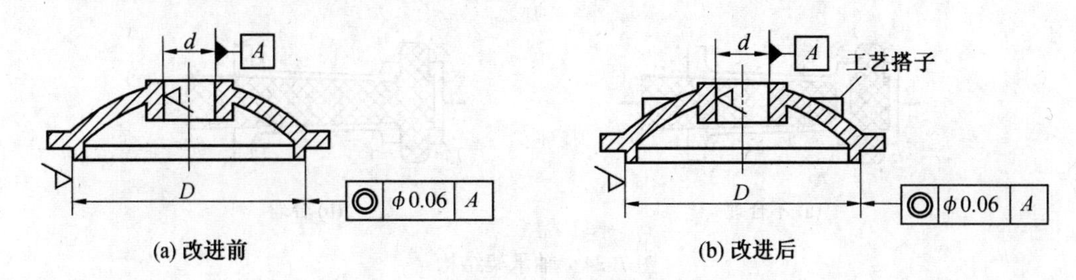

图 7.27　电机端盖设计

铸件结构工艺性内容丰富，以上原则都离不开具体的生产条件。在设计铸件结构时，应善于从生产实际出发，具体分析，灵活运用这些原则。

第8章　金属塑性成形(压力加工)

本章主要介绍了金属塑性成形的工艺原理和工艺方法。

8.1　金属塑性成形工艺原理

金属材料的塑性成形又称金属压力加工,它是指在外力作用下,使金属材料产生预期的塑性变形,以获得所需形状、尺寸和力学性能的毛坯或零件的加工方法。

金属材料固态成形的基本条件:一是成形的金属必须具备可塑性;二是外力的作用。

8.1.1　金属塑性成形的方法

1. 轧制

轧制是指将金属材料通过轧机上两个相对回转轧辊之间的空隙,进行压延变形成为型材的加工方法,如图8.1所示。

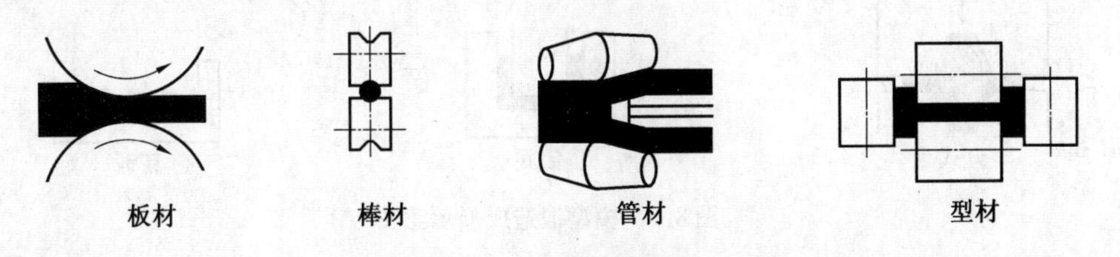

图8.1　轧制成形示意图

2. 挤压

挤压是指将金属置于一封闭的挤压模内,用强大的挤压力将金属从模孔中挤出成形的方法,如图8.2所示。

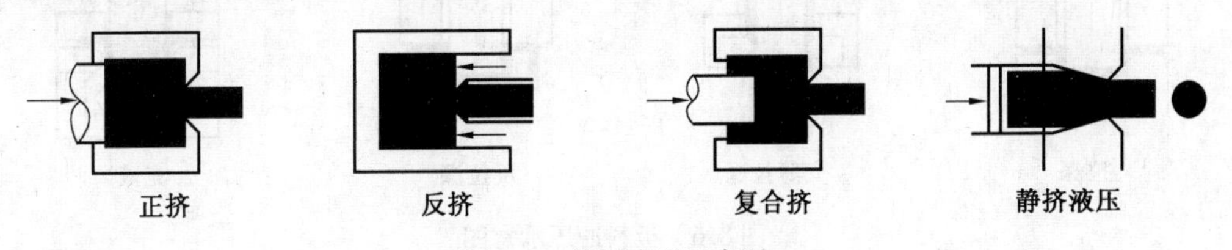

图8.2　挤压成形示意图

3. 拉拔

拉拔是指将金属坯料拉过拉拔模模孔,而使金属坯料被拔长、其断面与模孔相同的加工方法,如图8.3所示。

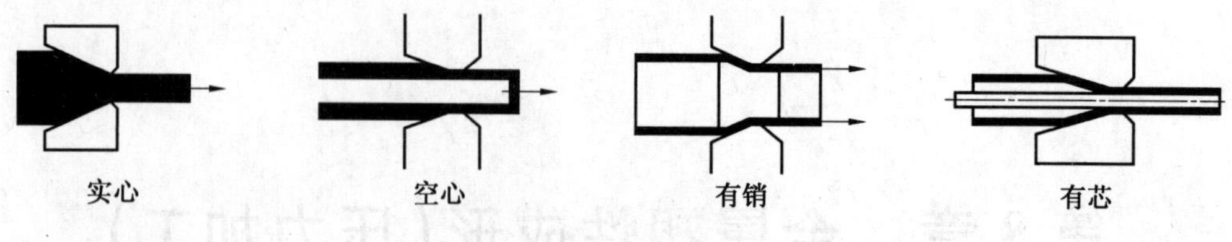

图 8.3 拉拔成形示意图

4. 自由锻造

自由锻造是指将加热后的金属坯料置于上下砧铁之间受冲击力或压力而变形的加工方法,如图 8.4 所示。

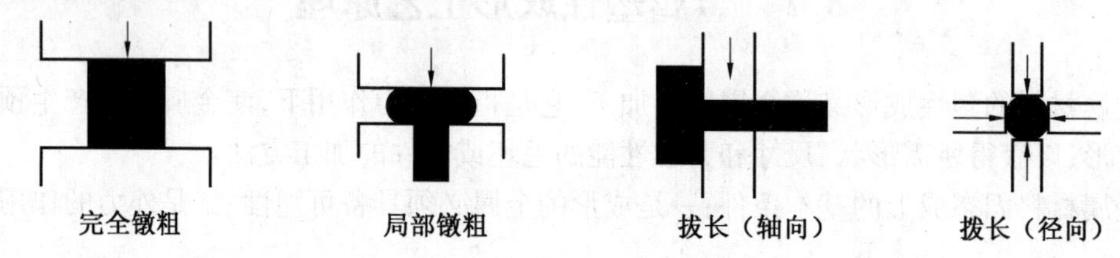

图 8.4 自由锻造成形示意图

5. 模型锻造(模锻)

模型锻造是指将加热后的金属坯料置于具有一定形状的锻造模具模膛内,金属毛坯受冲击力或压力的作用而变形的加工方法,如图 8.5 所示。

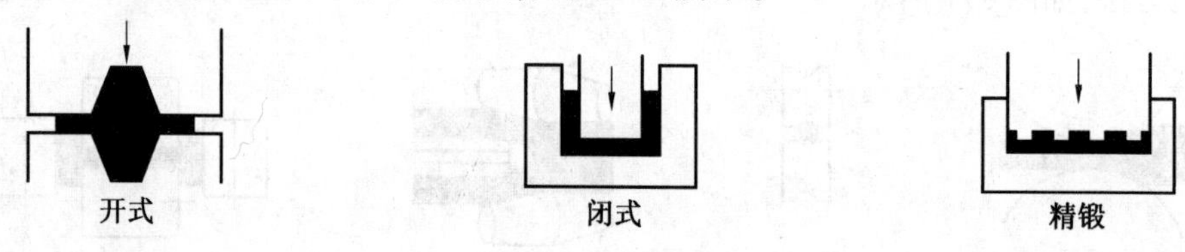

图 8.5 模型锻造成形示意图

6. 板料冲压

板料冲压是指金属板料在冲压模之间受压产生分离或变形而形成产品的加工方法,如图 8.6 所示。

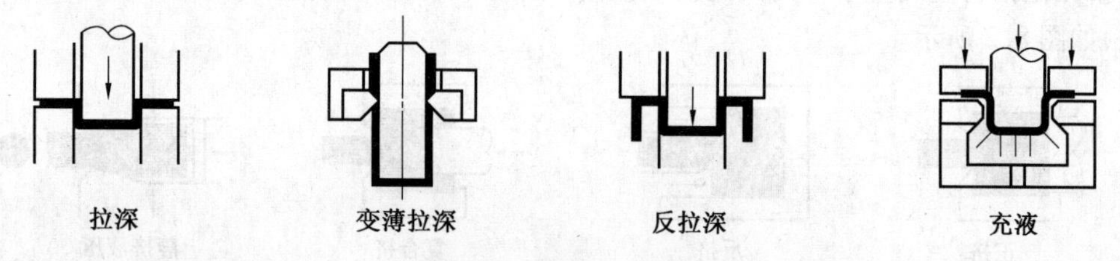

图 8.6 板料冲压示意图

按金属固态成形时的温度,其成形过程分为两大类:

①冷变形过程:金属在塑性变形时的温度低于该金属的再结晶温度。

冷变形的特征:金属变形后产生加工硬化。

②热变形过程:金属在塑性变形时的温度高于该金属的再结晶温度。

热变形的特征:金属变形后会再结晶,塑性好,消除内部缺陷,产生纤维组织。

金属塑性加工具有以下特点:

①材料利用率高。

②生产效率高。

③产品质量高,性能好,缺陷少。

④加工精度和成形极限有限。

⑤模具、设备费用高。

利用金属固态塑性成形过程可获得强度高、性能好的产品,生产率高、材料消耗少。但该方法投资大,能耗大,成形件的形状和大小受到一定限制。

8.1.2　金属塑性成形过程的理论基础

1. 金属塑性变形的能力

金属塑性变形是金属晶体每个晶粒内部的变形(晶内变形)和晶粒间的相对移动、晶粒的转动(晶界变形)的综合结果。

金属塑性变形的能力又称为金属的可锻性,它指金属材料在塑性成形加工时获得毛坯或零件的难易程度。

可锻性用金属的塑性指标(延伸率 δ 和断面减缩率 Ψ)和变形抗力来综合衡量。

影响金属塑性的因素:

(1)金属本身的性质。

纯金属塑性优于合金;铁、铝、铜、镍、金、银塑性好;金属内部为单相组织塑性好;晶粒均匀细小塑性好。

(2)变形的加工条件。

①变形温度越高,塑性越好,如图8.7所示。

②变形速度的影响,如图8.8所示。

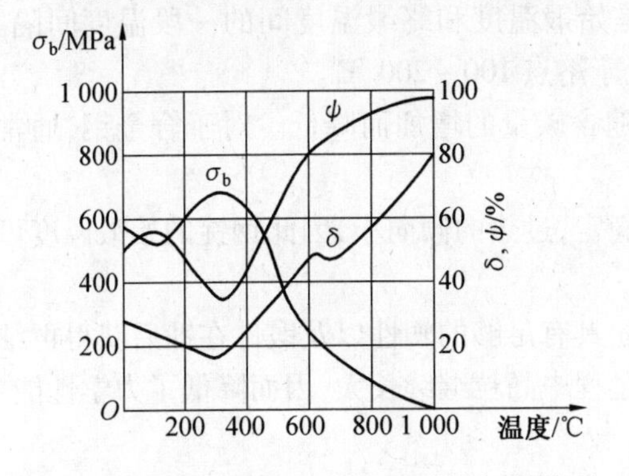

图8.7　低碳钢的力学性能与温度之间的关系

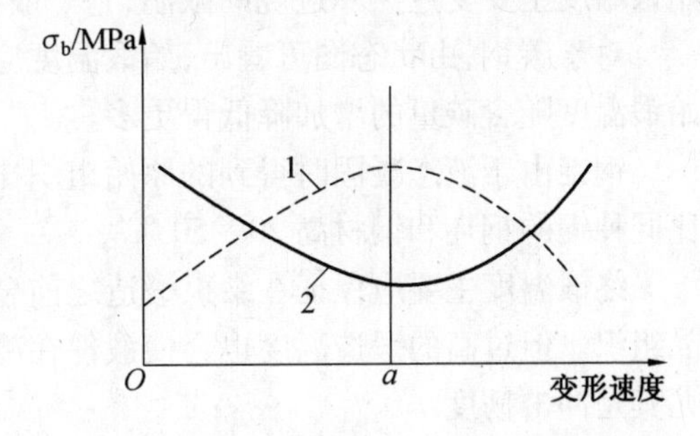

图8.8　变形速度对塑性及变形抗力的影响

1—变形抗力曲线;2—塑性变化曲线

③压状态为三向压应力时塑性最好。

2. 金属塑性变形的基本规律

(1)体积不变定理。

金属固态成形加工中,金属变形后的体积等于变形前的体积。

根据体积不变定律,在金属塑性变形的每一工序中,坯料一个方向尺寸减少,必然在其他方向尺寸有所增加,在确定各中间工序尺寸变化时非常方便。

(2)最小阻力定律。

金属在塑性变形过程中,其质点都将沿着阻力最小的方向移动。

一般来说,金属内某一质点塑性变形时移动的最小阻力方向就是通过该质点向金属变形部分的周边所作的最短法线的方向。应用最小阻力定律可以事先判定锻造时金属截面的变化。

8.2　金属的锻造

锻造是塑性加工的重要分支。它是利用材料的可塑性,借助外力的作用产生塑性变形,获得所需形状、尺寸和一定组织性能的锻件。锻造属于二次塑性加工,变形方式为体积成形。

锻造的分类:锻造分为自由锻造和模锻两大类。

锻造材料:锻造用材料涉及面很宽,既有多种牌号的钢及高温合金,又有铝、镁、钛、铜等有色金属;既有经过一次加工成不同尺寸的棒材和型材,又有多种规格的锭料。

锻造前的准备:

1. 算料与下料

算料与下料是提高材料利用率,实现毛坯精化的重要环节之一。过多材料不仅造成浪费,而且加剧模膛磨损和能量消耗。下料若不稍留余量,将增加工艺调整的难度,增加废品率。此外,下料端面质量对工艺和锻件质量也有影响。

2. 金属加热

锻造和模锻前金属的加热目的是:提高金属的塑性,降低变形抗力,以利于金属的变形和获得良好的锻后组织。因此金属加热是热锻生产中不可缺少的重要工序之一。

金属锻造温度范围的确定:锻造温度范围是始锻温度和终缎温度间的一段温度间隔。始锻温度主要受过热和过烧的限制,它一般应低于熔点 100 ~ 200 ℃。

对于碳钢,由状态图可看出,始锻温度应该随含碳量的增加而降低。对于合金钢,通常始锻温度随含碳量的增加降低得更多。

钢锭由于液态凝固时得到的原始组织比较稳定,过热的倾向小,因此钢锭的始锻温度可比同种钢的钢坯和钢材高 20 ~ 50 ℃。

终锻温度主要应保证在结束锻造之前金属还具有足够的塑性以及锻件在锻后获得再结晶组织。但过高的锻造温度也会使锻件在冷却过程中晶粒继续长大,因而降低了力学性能,尤其是冲击韧度。

8.2.1　自由锻造

只用简单的通用工具,或在锻造设备的上、下铁砧间直接对坯料施加外力,使坯料产生变形而获得所需几何形状及内部质量的锻件的加工方法,称为自由锻造。

1. 自由锻造的基本工序

(1)镦粗。

使毛坯高度减小、横断面积增大的锻造工序称为镦粗,在坯料上某一部分进行的镦粗称为局部镦粗。

镦粗用于由横断面积较小的毛坯得到横断面积较大而高度较小的锻件。例如,冲孔前增大毛坯横断面积和平整毛坯端面;提高下一步拔长时的锻造比;提高锻件的力学性能和减少力学性能的异向性等。反复进行镦粗和拔长可以破碎合金工具钢中的碳化物,并使其均匀分布。

镦粗时的注意事项:

①为防止镦粗时产生纵向弯曲,圆柱体毛坯高度与直径之比不应超过2.5~3,在2~2.2的范围内更好。对于平行六面体毛坯,其高度与较小的基边之比应小于3.5~4。

镦粗前毛坯端面应平整,并与轴心线垂直。

镦粗前毛坯加热温度应均匀,镦粗时要把毛坯围绕着它的轴心线不停地转动,毛坯发生弯曲时必须立即校正。

②镦粗较高的毛坯($H/D\approx3$)时,常常先要产生双鼓形(图8.9),上部和下部变形大,中部变形小。毛坯更高($H/D>3$)时,镦粗时容易失稳而弯曲,尤其当毛坯端面与轴线不垂直,或毛坯有初弯曲,或毛坯各处温度和性能不均,或砧面不平时更易产生弯曲。弯曲了的毛坯如果不及时校正而继续镦粗则要产生折叠。

(2)拔长。

使毛坯横断面积减小而长度增加的工序称为拔长。有矩形断面毛坯的拔长和圆断面毛坯的拔长。拔长的主要问题是生产率和质量,主要的工艺参数是送进量(l)和压下量(Δh),如图8.10所示。

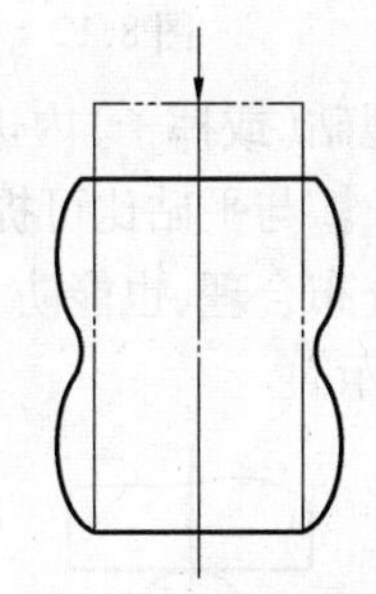

图8.9　高毛坯镦粗时形成双鼓形

①矩形断面毛坯的拔长。矩形断面毛坯拔长时,送进量和压下量对质量的影响是很大的。送进量(l/h)过大时易产生外部横向裂纹、交裂和对角线裂纹。但当送进量过小,如$l/h=0.25$时,上部和下部变形大,中部变形小,变形主要集中在上、下部分,中间部分锻不透,而且轴心部分沿轴向受附加拉应力,在拔长锭料和大截面的低塑性坯料时,易产生内部横向裂纹。综上所述可以看出,送进量过大和过小都不好,因此,正确地选择送进量极为重要。根据试验和生产实践,一般认为$l/h=0.5$~0.8,虽然较为合适,但由于工具摩擦和两端不变形部分的影响,一次压缩后沿轴向的变形分布仍然是不均匀的。为了获得较为均匀的变形,使锻件和锻后的组织和性能均匀,在拔长操作时,应使前后各遍压缩时的进料位置相互错开。

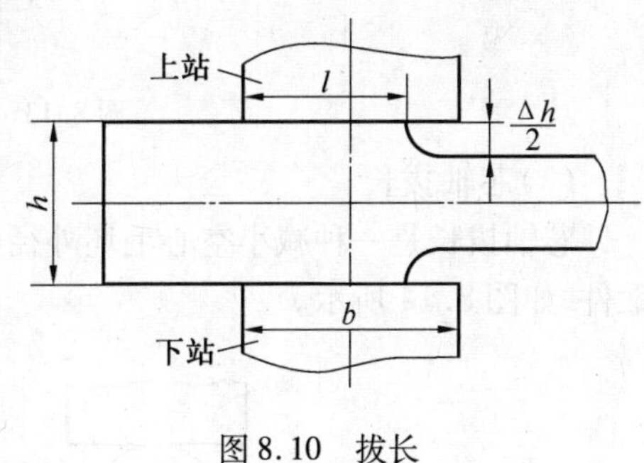

图8.10　拔长

②圆断面毛坯的拔长。用平砧拔长圆断面毛坯时,若压下量较小,则接触面积较窄较长,金属多做横向流动,不仅生产效率低,而且常易在锻件内部产生纵向裂纹,如图8.11、8.12所示。

拔长圆断面毛坯通常采用下述两种方法:

①在平砧上拔长时,先将圆断面毛坯压成矩形断面,再将矩形断面毛坯拔长到一定尺寸,然后再压成八角形,最后锻成圆形,其主要变形阶段是矩形断面毛坯在平砧上拔长。

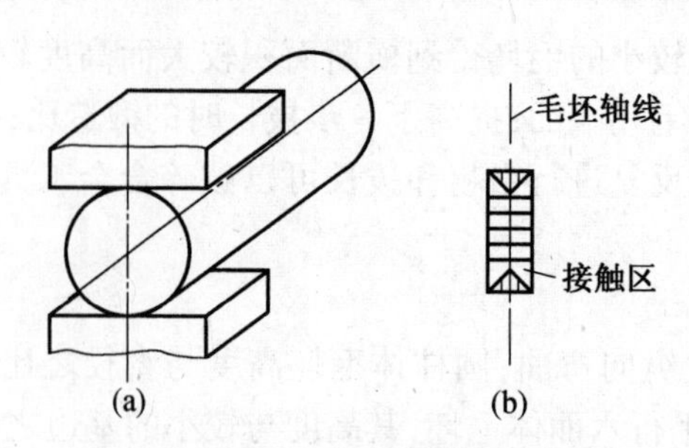

图 8.11　平砧、小压下量拔长圆形断面毛坯

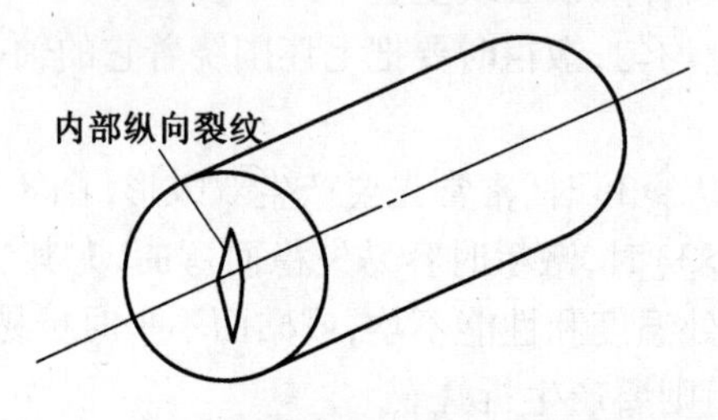

图 8.12　平砧、小压下量拔长圆形断面毛坯时产生的纵向裂纹

②在型砧(或摔子)内进行拔长,利用工具的侧面压力限制金属的横向流动,迫使金属沿轴向伸长。与平砧比可提高拔长生产效率 20% ~40% 。在型砧内(或摔子内)拔长使得应力状态分布合理,也能防止内部纵向裂纹产生。拔长用型砧有圆形砧和 V 形砧两类,如图 8.13 所示。

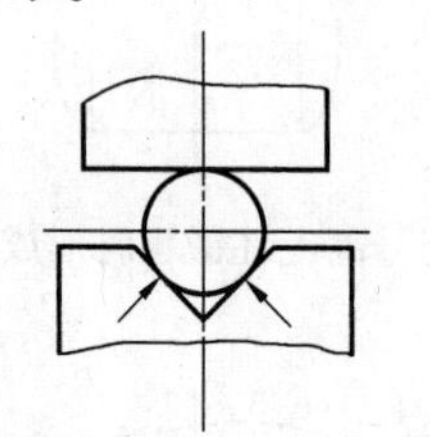
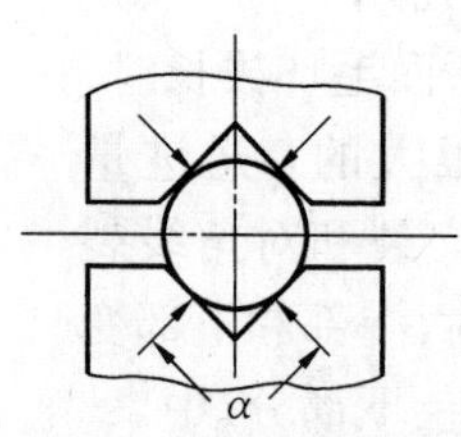

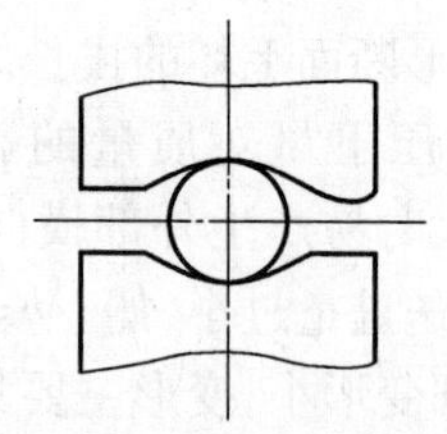

图 8.13　型砧拔长圆断面毛坯

(3)芯轴拔长。

芯轴拔长是一种减小空心毛坯外径(壁厚)而增加其长度的锻造工序,用于锻制长筒类锻件,如图 8.14 所示。

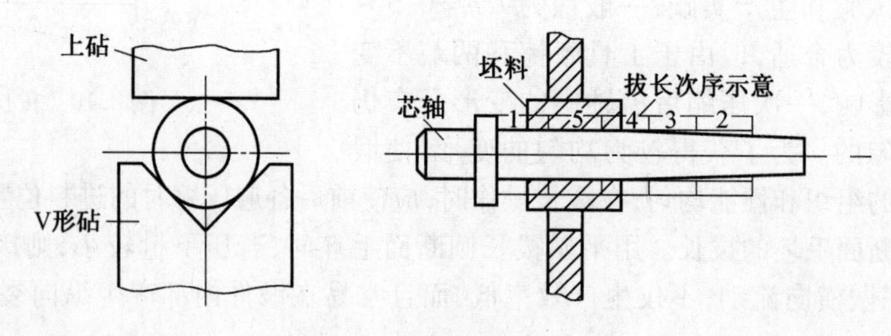

图 8.14　芯轴拔长

(4)冲孔。

在坯料中冲出透孔或不透孔的锻造工序称为冲孔。

2. 自由锻造工艺过程的制定

制定自由锻工艺过程的主要内容是：

①根据零件图作出锻件图。

②确定毛坯的质量和尺寸。

③决定变形工艺和工具。

④选择设备。

⑤确定火次、锻造温度范围、加热和冷却规范。

⑥确定热处理规范。

⑦对锻件提出技术要求和检验要求。

⑧编制工时定额。

(1)锻件图的绘制。

锻件图是根据零件图绘制的，在零件图的基础上考虑余块、机械加工余量和锻造公差三个因素而形成的。

锻件图上的锻件形状用粗实线描绘。为了便于了解零件的形状和检查锻造后的实际余量，在锻件图上用假象线(一线两点的点画线)或细实线画出零件的简单形状。锻件的公称尺寸和公差注在尺寸线上面，而机械加工后的零件工称尺寸注在尺寸线下面的括号内，加放余块的部分在尺寸线之间的括号内注上零件尺寸。在锻件图上还应注明锻件的总长和各部分的长度。

(2)确定毛坯的质量和尺寸。

①毛坯质量的计算。锻制锻件所需毛坯质量为锻件质量与锻造时金属损耗的质量之和，计算质量的公式如下：

$$G_{毛坯} = G_{锻件} + G_{切头} + G_{烧损}$$

式中　$G_{毛坯}$—— 所需原毛坯质量；

$G_{锻件}$—— 锻件的质量；

$G_{切头}$—— 锻造过程中切掉的料头等的质量；

$G_{烧损}$—— 烧损的质量。

当用钢锭做原毛坯时，上式中还应加上冒口质量和底部质量。

锻件质量 $G_{锻件}$ 根据锻件图决定。对于复杂形状的锻件，一般先将锻件分成形状简单的几个单元体，然后按公称尺寸计算每个单元体的体积，$G_{锻件}$ 可按下式求得：

$$G_{锻件} = \gamma\ (V_1 + V_2 + \cdots + V_n)$$

式中　γ —— 金属的密度；

V_1、V_2、… 、V_n—— 各单元体体积。

②毛坯尺寸的确定。毛坯尺寸的确定与所采用的第一个基本工序(镦粗或拔长)有关，所采用的工序不同，确定的方法也不一样。

(a) 采用镦粗法锻制锻件时，毛坯尺寸的确定。

对于钢坯，为避免镦粗时产生弯曲，应使毛坯高度 H 不超过其直径 D(或方形边长 A) 的 2.5 倍，但为了在截料时便于操作，毛坯高度 H 不应小于 1.25D(或 A)，即

$$1.25D(A) \leqslant H \leqslant 2.5D(A)$$

对圆毛坯：

$$D = (0.8 \sim 1.0)\sqrt[3]{V_{毛坯}}$$

对方毛坯：

$$D = (0.75 \sim 0.90)\sqrt[3]{V_{毛坯}}$$

初步确定了D(或A)之后,应根据国家标准选用直径或边长。最后根据毛坯体积$V_{坯}$和毛坯的截面积$F_{坯}$,即可求得毛坯的高度(或长度)。即

$$H = V_{坯}/F_{坯}$$

(b) 采用拔长法锻制锻件时,毛坯尺寸的确定。

对于钢坯,拔长时所用截面积$F_{坯}$的大小应保证能够得到所要求的锻造比,即

$$F_{坯} \geqslant YF_{锻}$$

式中　Y—— 锻造比;

$F_{锻}$—— 锻件的最大横截面积。

按上式求出钢坯的最小横截面积,并可进一步求出钢坯的直径(或边长)。最后,根据毛坯体积和确定的毛坯截面积求出钢坯的长度$L_{坯}$,即

$$L_{坯} = V_{坯}/F_{坯}$$

(3) 制定自由锻加工工艺规程举例。

例 8.1　齿轮零件自由锻造工艺

如图 8.15 所示,该零件选择材料为 45 号钢,生产件数为 30 件,由于生产批量小,采用自由锻加工工艺锻制齿轮坯,其锻造工艺规程介绍如下。

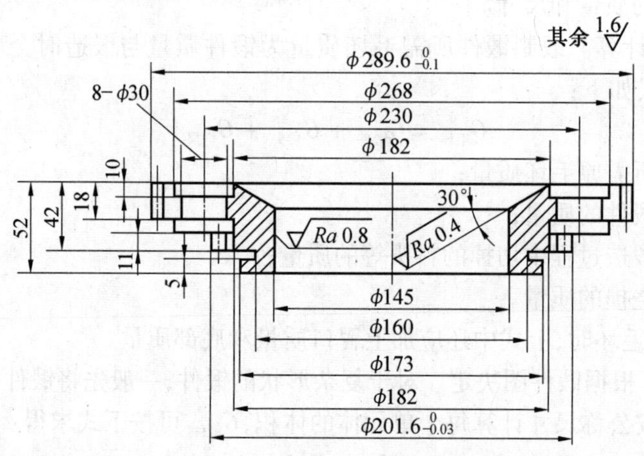

图 8.15　齿轮

① 绘制锻件图。要求锻出齿轮零件图上的齿形和圆周上的狭窄凹槽,在技术上是不可能的,应加上余块,简化锻件外形。

根据《圆环类自由锻件机械加工余量和公差(JB4249.6—86)》查得:锻件水平方向的双边余量和公差为$a = (12 \pm 5)$ mm,锻件高度方向的双边余量和公差为$b = (10 \pm 4)$ mm,内孔的双边余量和公差为$b = (14 \pm 6)$ mm,由此绘出齿轮锻件图,如图 8.16 所示。

② 确定齿轮变形工序及中间坯料尺寸。根据齿轮锻件图求出$D = 301$ mm,凸肩部分$D_{肩} = 301$ mm,$d = 131$ mm,$H = 62$ mm,凸肩部分高度$H_{凸} = 34$ mm,于是得到$D_{肩}/d = 1.63$,$H/d = 0.47$,齿轮的变形工序可选为镦粗 → 拔长 → 扩孔。

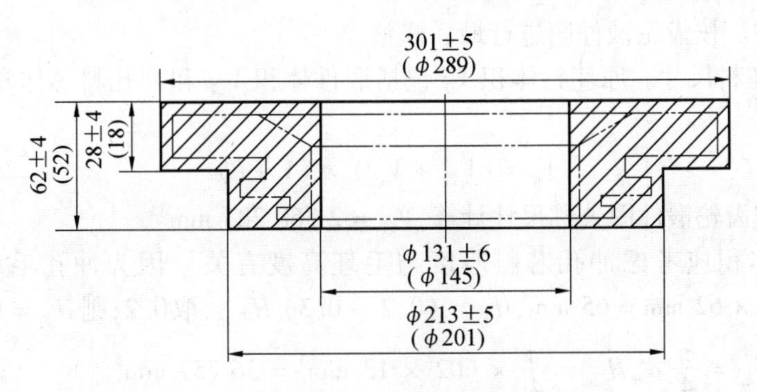

图 8.16　齿轮锻件图

a. 镦粗。由于齿轮锻件带有单面凸肩,须采用垫环镦粗,由此确定垫环尺寸,齿轮的锻造工艺过程如图 8.17 所示。

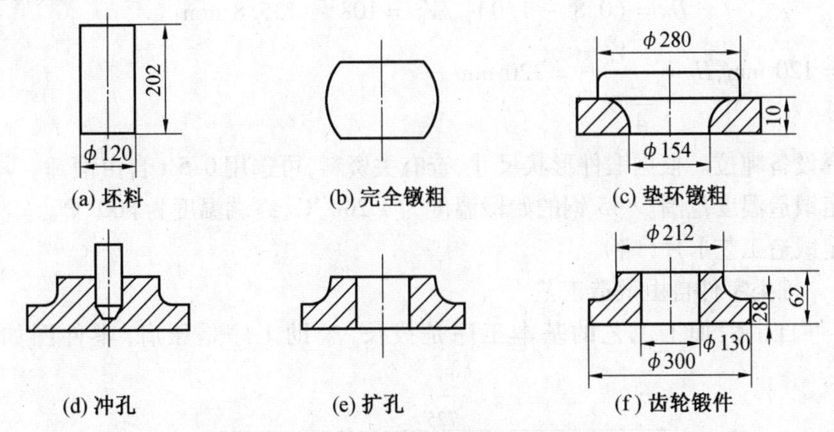

图 8.17　齿轮的锻造工艺过程

垫环空腔体积 $V_{垫}$ 应比锻件体积 $V_{肩}$ 大 10% ~ 15%(厚壁取小值,薄壁取大值),本例取 12%,经计算 $V_{肩} = 753\ 253\ \text{mm}^3$,于是 $V_{垫} = 1.12\ V_{肩} = 1.12 \times 753\ 253\ \text{mm}^3 = 843\ 643\ \text{mm}^3$。

考虑到冲孔时会产生收缩,垫环高度 $H_{垫}$ 应比锻件凸肩高 $H_{肩}$ 增加 15% ~ 35%(厚壁取小值,薄壁取大值),本例取 20%。

$$H_{垫} = 1.2\ H_{肩} = 1.2 \times 34\ \text{mm} = 40.8\ \text{mm},取 40\text{mm}$$

垫环内径 d 径根据体积不变条件求得,即

$$d_{径} = 1.13\sqrt{\frac{V_{垫}}{H_{垫}}} = 1.13 \times \sqrt{\frac{843\ 643}{40}}\ \text{mm} = 164\ \text{mm}$$

垫环内壁应有斜度(7°),上端孔径定为 163 mm,下端孔径为 154 mm。

为了去除氧化皮,在垫环上镦粗之前应进行自由镦粗,自由镦粗后坯料的直径应略小于垫环内径,而经垫环镦粗后上端法兰部分直径应比锻件最大直径小些。

b. 冲孔。冲孔应该考虑两个问题,即冲孔芯料损失要小,同时又要照顾到扩孔次数不能太多,冲孔直径 $d_{冲}$ 应小于 $D/3$,即 $\leqslant \frac{D}{3} = \frac{213}{3}\text{mm} = 71\ \text{mm}$,实际选用 $d_{冲} = 60\ \text{mm}$。

c. 扩孔。总扩孔量为锻件孔径减去冲孔直径,即(131 − 60)mm = 71 mm。71 mm 分三次扩孔,各次扩张量为 21 mm、25 mm、25 mm。

d. 修正锻件。按齿轮锻件图进行最后修整。

③ 计算原坯料尺寸。原坯料体积 V_0 包括锻件体积 $V_{锻}$ 和冲孔料芯体积 $V_{芯}$ 和烧损体积，即

$$V_0 = (V_{锻} + V_{芯}) \times (1 + \delta)$$

锻件体积按齿轮锻件图公称尺寸计算，$V_{锻} = 2\ 368\ 283\ mm^3$。

冲孔芯料体积应考虑冲孔芯料厚度与毛坯高度有关。因为冲孔毛坯高度 $H_{孔坯} = 1.05\ H_{锻} = 1.05 \times 62\ mm = 65\ mm$，$H_{芯} = (0.2 \sim 0.3)\ H_{孔坯}$，取0.2，则 $H_{芯} = 0.2 \times 65\ mm = 13\ mm$。因此，$V_{芯} = \frac{\pi}{4} d_{冲}^2 H_{芯} = \frac{\pi}{4} \times 602 \times 13\ mm^3 = 36\ 757\ mm^3$。

烧损率 δ 取3.5%，则 $V_0 = 2489216\ mm^3$。

因为齿轮第一道工序是镦粗，所以坯料直径按以下公式计算：

$$D_0 = (0.8 \sim 1.0)\ \sqrt[3]{V_0} = 108 \sim 135.8\ mm$$

取 $D_0 = 120\ mm$，$H_0 = \dfrac{V_0}{\frac{\pi}{4} D_0{}^2} = 220\ mm$

④ 选择设备吨位。根据锻件形状尺寸，查有关资料，可选用0.5 t自由锻锤。

⑤ 确定锻造温度范围。45钢的始锻温度为1 200 ℃，终端温度为800 ℃。

⑥ 制定锻造工艺卡片(略)。

例8.2　轴类零件自由锻造工艺

轴类零件自由锻加工工艺的基本工序是拔长，辅助工序是压肩，零件图如图8.18所示。

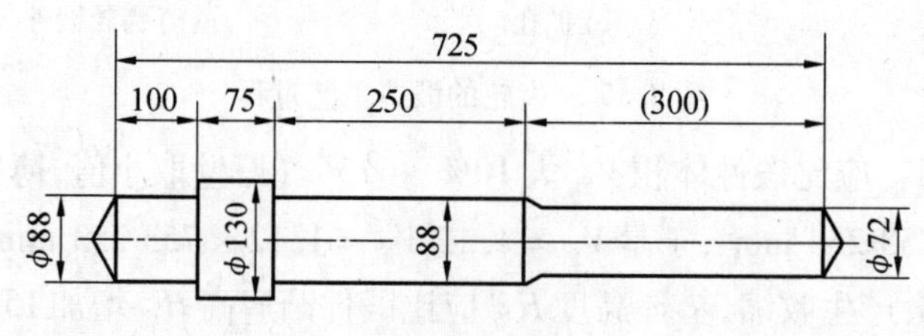

图8.18　轴

轴自由锻造工艺：压肩 → 拔长一端并切去料头 → 调头压肩 → 拔长、倒棱、滚圆 → 端部拔长并切去料头 → 全部滚圆并校直，其过程如图8.19所示。

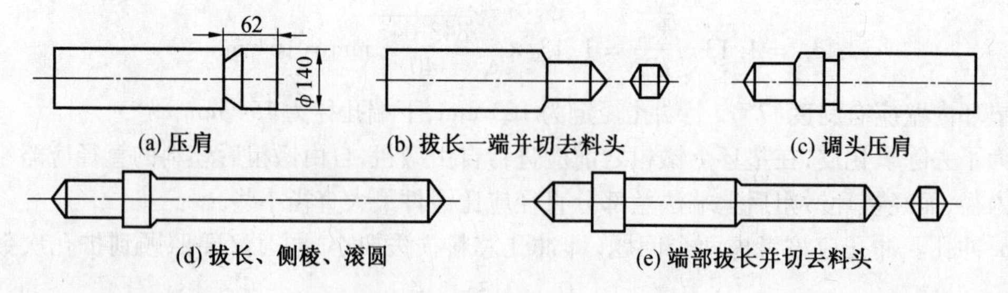

图8.19　轴自由锻造工艺过程

8.2.2　模型锻造成形工艺

模型锻造是用模具使坯料产生变形而获得锻件的锻造成形方法。在模型锻造时,金属是在锻模的模膛内成形。

利用模型锻造成形能减少金属的消耗和机加工量,缩短零件的制造周期。因此,人们利用模型锻造成形工艺可以获得尺寸和形状非常接近于完成零件的技术要求。模型锻造工艺效率高、其生产率是自由锻加工工艺的10倍左右。模型锻造的主要缺点是模具制造费用高。

模型锻造成形种类很多,根据使用的设备分为锤上模锻(图8.20)、机械锻压机上模锻、平锻机上模锻等。

1. 模型锻造工艺规程

模型锻造工艺规程内容包括锻件图的制定、坯料的计算、工序的确定和模锻模膛的设计、设备吨位选择、坯料的加热规范、热处理等。

(1) 模锻件图的制定。

锻件图是根据产品零件图,结合技术条件和实际工艺而制定,它是用作设计及制造锻模、计算坯料及作为验收合格锻件的依据,是指导生产的重要技术文件。

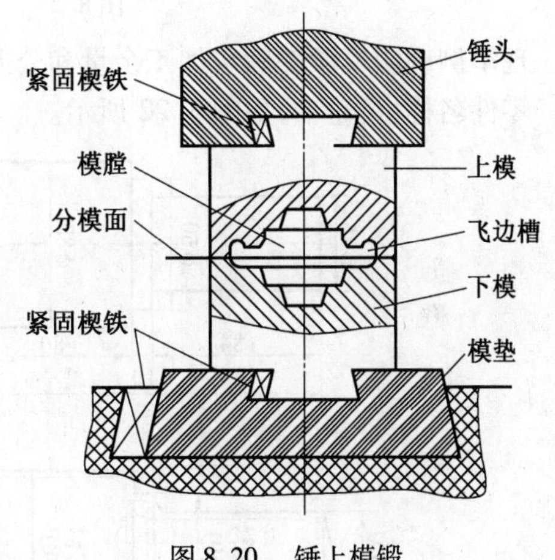

图8.20　锤上模锻

在制定模锻件的锻件图时,需要正确地选择分模面,选定机械加工余量及公差,确定模锻斜度与圆角半径、冲孔连皮,并在技术条件内说明在锻件图上不能标明的技术要求与允许偏差。

锻件图中锻件轮廓线用粗实线绘制;锻件分模线用点画线绘制;锻件尺寸数字标注在尺寸线的中上方,零件相应部分尺寸数字标注在该尺寸线的中下方括号内。

① 分模面的选择。

所谓分模面是指上、下(或左、右)锻模在锻件上的分界面。它的位置直接影响到模锻工艺过程、锻模结构及锻件质量等。因此,分模面的选择是锻件图设计中的一项重要工作,需要从技术和经济指标上综合分析确定。选择分模面时首先必须保证模锻后锻件能完整地从模膛中方便地取出,还应考虑以下几点要求:

a. 最佳的金属充满模膛条件。

b. 简化模具制造,尽量选择平面。

c. 容易检查上下模膛的相对错移。

d. 有利于干净地切除飞边。

合理选择分型面,如图8.21所示。

② 机械加工余量和锻件公差。

模锻件的加工余量和公差都较小。加工余量一般为1 ~ 4 mm,锻造公差一般取0.3 ~ 3 mm。具体数值可查阅JB/Z75.60(锤上模锻件机械加工余量和公差)。

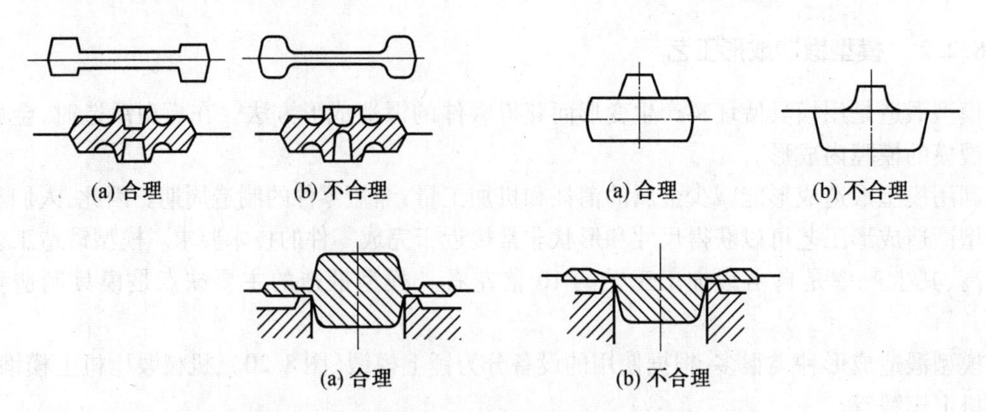

图 8.21　合理选择分型面

现举例说明模锻件确定加工余量和公差的方法。

零件名称：齿轮轴，如图 8.22 所示。

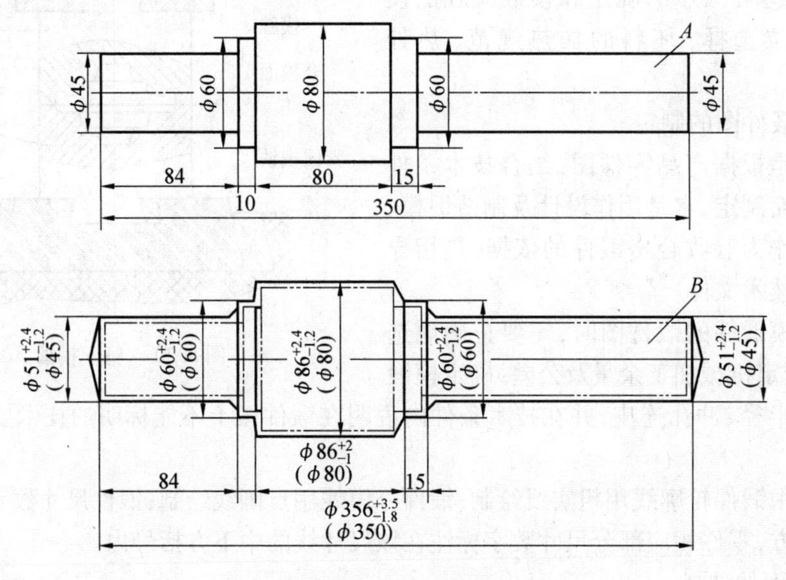

图 8.22　齿轮轴

A— 加工前；B— 加工后

材料：45CrNi。

生产条件：成批生产，在 5 t 模锻锤上锻造。

已知：零件最大高度 H = 80 mm；最大长度 L = 350 mm；最大宽度 B = 80 mm；L/B = 350/80 = 4.4；查资料得单边加工余量为 3 mm，高度方向允许偏差为$^{+2.4}_{-1.2}$；水平方向允许尺寸偏差为 356 $^{+3.5}_{-1.8}$ 及 80 $^{+2.0}_{-1.0}$。

③ 确定模锻斜度。

模锻件上与分模面相垂直的表面附加的斜度称为模锻斜度，如图 8.23 所示。模锻斜度的作用是使锻件很容易从模膛中取出，同时使金属更好地充满模膛。模锻斜度分外斜度和内斜度。锤上模锻的锻件外斜度值根据锻件各部分的高度与宽度之比值 H/B，及长度与宽度之比值 L/B 查表确定。内斜度按外斜度增大 2° 或 3°。

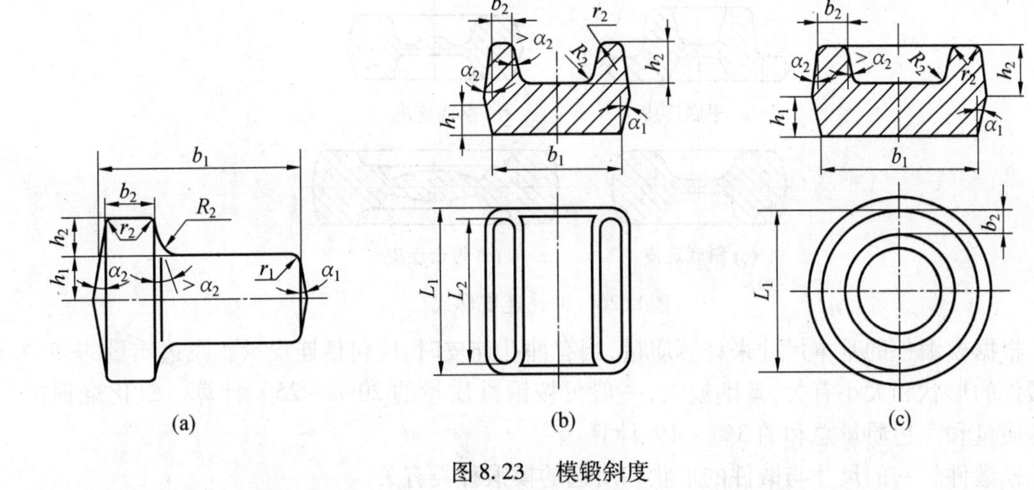

图8.23　模锻斜度

④ 圆角半径的确定。

模锻件上凡是面与面相交的地方都不允许有尖角,必须以适当的圆弧光滑地连接起来,这个半径称为圆角半径,如图8.24所示。锻件上的凸角圆角半径为外圆角半径 r,凹角圆角半径为内圆角半径 R。外圆角的作用是便于金属充满模膛,并避免锻模的相应部分在热处理和模锻时因产生应力集中造成开裂;内圆角的作用是使金属易于流动充满模膛,避免产生折叠,防止模膛压塌变形,如图8.25所示。圆角半径(R, r)的数值根据锻件各部分的高度与宽度比值 H/B 查表确定。

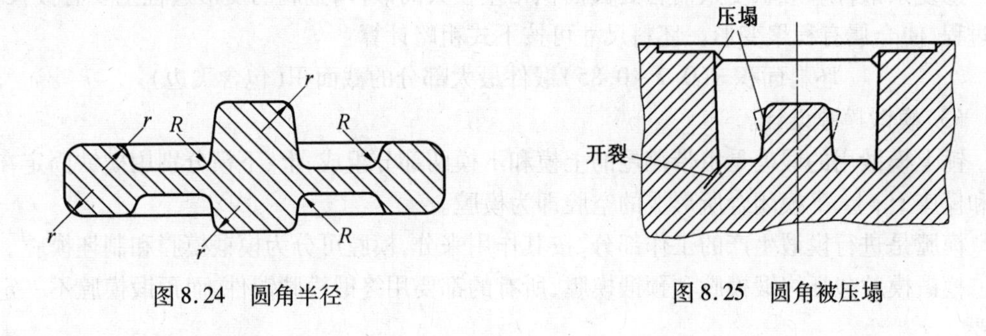

图8.24　圆角半径　　图8.25　圆角被压塌

⑤冲孔连皮的选择。

模型锻造时,不能直接锻出透孔,仅能冲出一个初孔形,而孔内还留有一层具有一定厚度的金属称为冲孔连皮。冲孔连皮可以在切边压力机上冲掉或在机械加工时切除。模锻冲出初形孔,为的是使锻件更接近零件形状,减少金属的浪费,缩短机械加工时间,同时可以使孔壁的金属组织更致密。冲孔连皮可以减轻锻模的刚性接触,起到缓冲作用,以免损坏锻模。

冲孔连皮有四种形式,如图8.26所示。冲孔连皮应有适当的厚度。在生产中是按锻件的外形轮廓、尺寸大小来选择连皮的形式及其厚度。

(2)坯料的质量和尺寸计算。

模锻件坯料的计算涉及的因素较多,只能做粗略的估算。

模锻件坯料质量=模锻件质量+飞边质量+氧化烧损

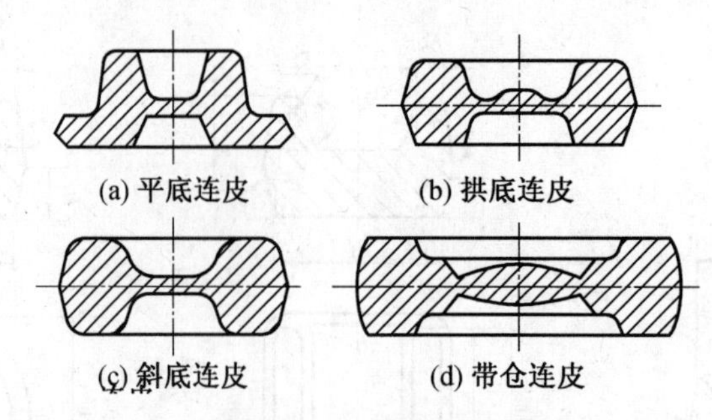

图 8.26　冲孔连皮形式

根据模锻件的基本尺寸来计算质量，当有冲孔连皮时，应包括连皮量。飞边质量的多少与锻件的形状和大小有关，差别较大，一般可按锻件质量的 20% ~25% 计算。氧化烧损按锻件质量和飞边质量总和的 3% ~4% 计算。

模锻件坯料的尺寸与锻件的形状和所选的模锻种类有关。

①盘形锻件。这类锻件的变形主要属于镦粗过程，因此坯料尺寸可按下式计算，防止镦弯。

$$1.25<\frac{\text{坯料高度}}{\text{坯料直径}}<2.5$$

②长轴类锻件。锻件沿轴线各处截面积相差不多，则坯料的尺寸可按下式计算：

$$\text{坯料截面积}=(1.05\sim1.3)\frac{\text{坯料体积}}{\text{锻件长度}}$$

③复杂锻件。形状复杂而各处截面积相差较大的锻件，金属的变形过程主要有拔长、滚压过程，使金属有积聚变形。坯料尺寸可按下式粗略计算：

$$\text{坯料面积}=(0.7\sim0.85)\text{锻件最大部分的截面积(包含飞边)}$$

(3)模锻模膛设计。

锤上模锻用的锻模是由带燕尾的上模和下模两部分组成，上、下模分别用楔铁固定在锤头和模座上，上、下模闭合所形成的空腔即为模膛。

模膛是进行模锻生产的工作部分，按其作用来分，模膛可分为模锻模膛和制坯模膛。

模锻模膛包括终锻模膛和预锻模膛，所有的都要用终锻模膛锻件，而预锻模膛不一定都需要。

终端模膛是根据模锻锻件图设计并制造，它由模膛本体和飞边槽、钳口等组成。模膛形状及尺寸与锻件形状及尺寸基本相同，但因锻件的冷却收缩，模膛尺寸应比锻件大一个金属收缩量，钢件收缩量可取 1.5%。沿模膛四周设有飞边槽，如图 8.27 所示。飞边槽的作用是：容纳多余的金属；飞边槽桥部的高度小，对流向仓部的金属形成很大的阻力，可迫使金属充满模膛；飞边槽中形成的飞边能缓和上、下模间的冲击，延长模具的使用寿命。

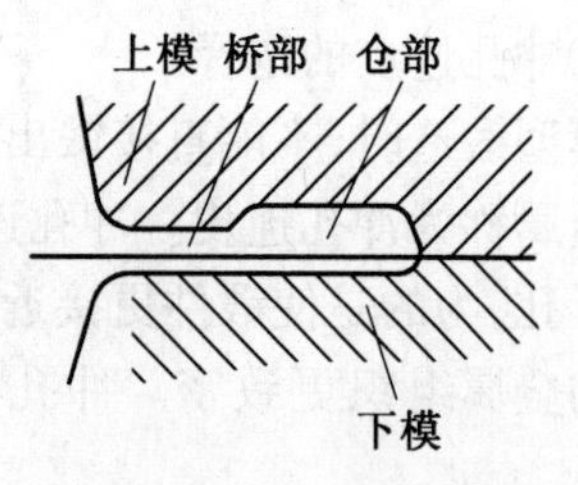

图 8.27　飞边槽结构

预锻模膛是用来改善金属在终锻模膛中的流动条件，使其易于充满终端模膛，并提高模具使用寿命。因此对于形状较为复杂的锻件，常采用预锻模膛，如图 8.28 所示。

下列的几种锻件在模具设计时，一般都采用预锻模膛。

①带有工字形截面的锻件。
②需要劈开的叉形锻件。
③具有枝芽的锻件。
④具有高筋的锻件。
⑤具有深孔的锻件。
⑥形状复杂难充满的锻件。
⑦冷切边的锻件。
⑧为了提高模具使用寿命。

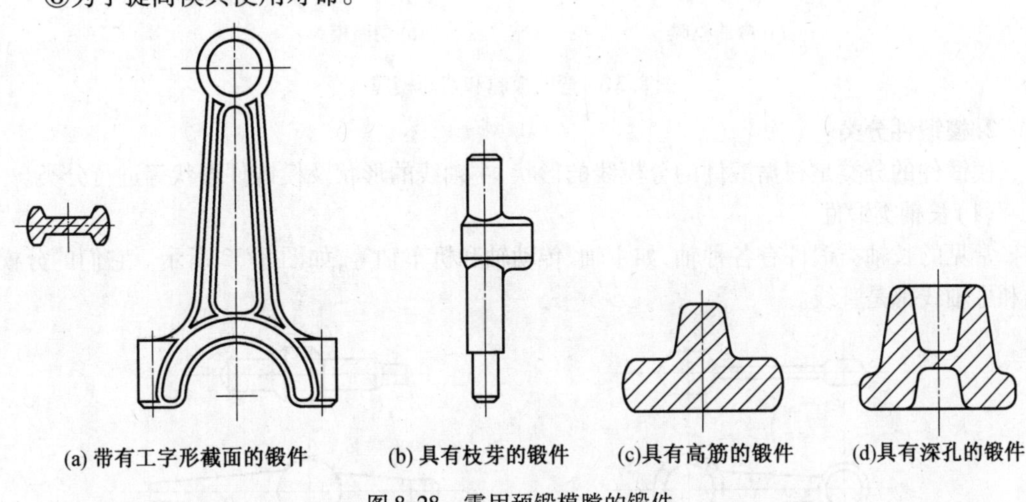

图 8.28　需用预锻模膛的锻件

根据锻件复杂程度不同,锻模可分为单模膛锻模和多模膛锻模两种。单模膛锻模是在一副锻模上只有终端模膛,多模膛锻模是在一副锻模上具有两个以上模膛的锻模。

制坯模膛:对于形状复杂的锻件,为了使坯料形状、尺寸尽量接近锻件,使金属能合理分布及便于充满模锻模膛,就必须让坯料预先在制坯模膛内锻压制坯。制坯模膛主要有:

①拔长模膛。用来减小坯料某部分的横截面积增加该部分长度,如图 8.29 所示。

②滚压模膛。用来减小坯料某部分的横截面积增大另一部分的横截面积,如图 8.30 所示。

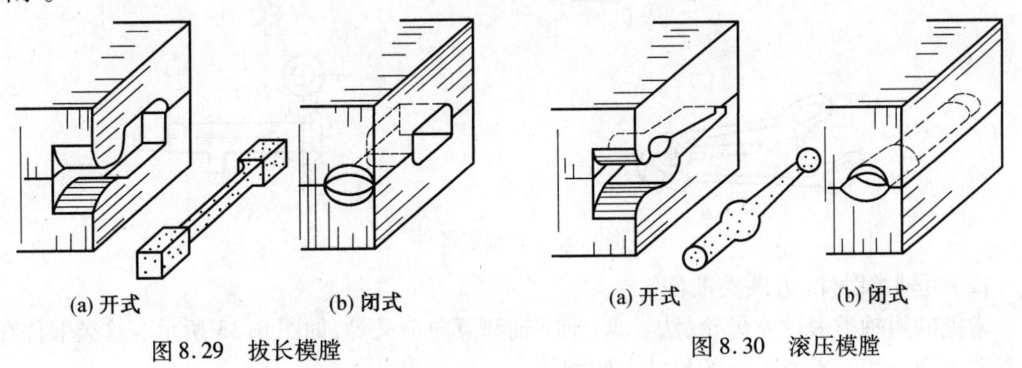

图 8.29　拔长模膛　　图 8.30　滚压模膛

③弯曲模膛。用于轴线弯曲的感形锻件的弯曲制坯。

此外还有切断模膛、镦粗台和击扁模膛等类型的制坯模膛。弯曲模膛和切断模膛如图

8.31 所示。

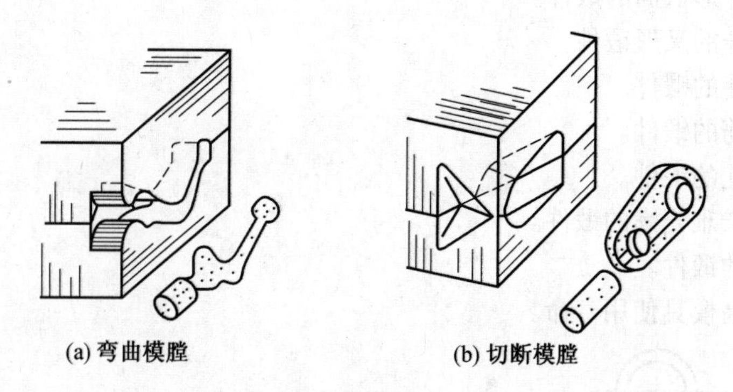

图 8.31　弯曲模膛和切断模膛

2. 模锻件分类

模锻件的分类是根据锻件的分模线的形状、主轴线的形状及模锻件形状等进行分类。

(1)长轴类锻件。

常见的长轴类锻件有各种轴,如主轴、传动轴和机车轴等,如图 8.32 所示。它们的分模线和主轴线都是直线。

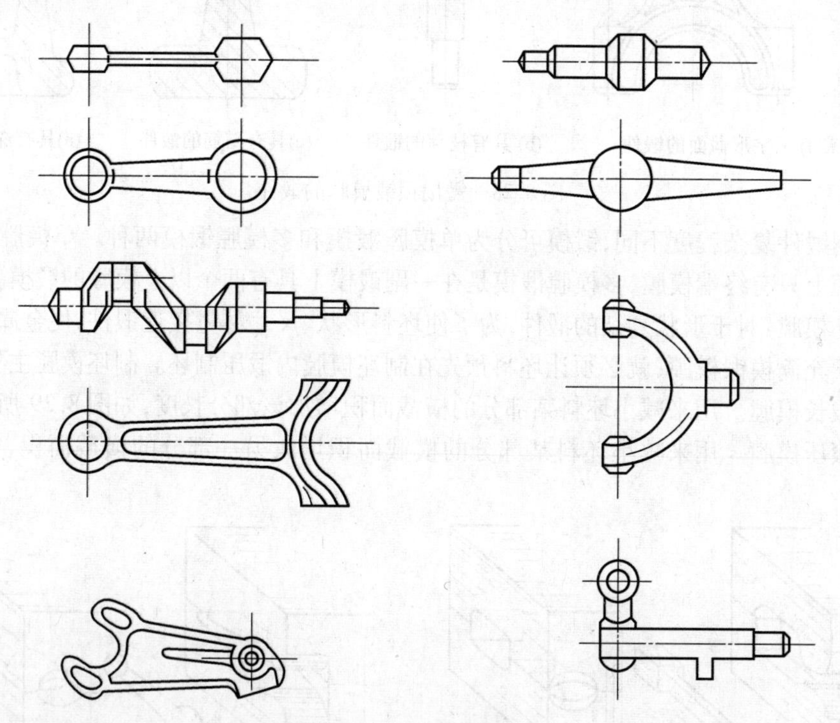

图 8.32　长轴类锻件

(2)短轴类锻件(方圆类锻件)。

常见的短轴类锻件有齿轮、法兰盘、十字轴和万向节叉等,如图 8.33 所示。这类锻件在平面图上两个相互垂直方向的尺寸大约相等。

(3)弯曲类锻件。

弯曲类锻件的主轴线是弯曲线,而分模线是直线;或分模线是弯曲的,主轴线是直线;或

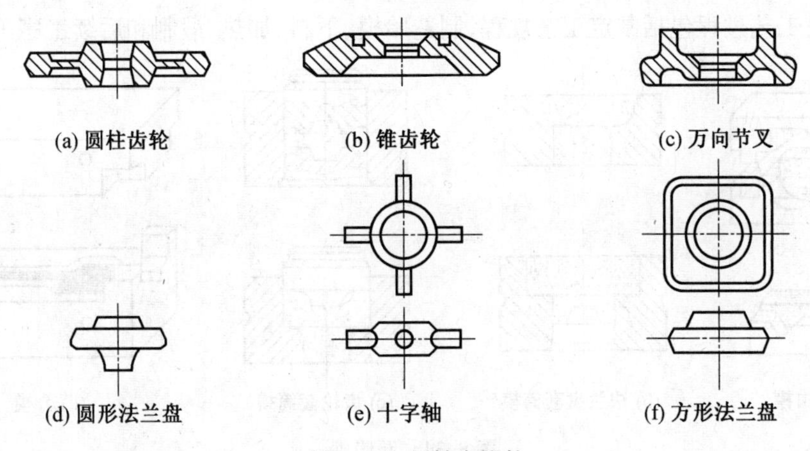

图8.33　短轴类锻件

者主轴线和分模线都是弯曲的。

(4)叉类零件。

这类件锻件主轴线仅通过锻件主体的一部分,而且在一定的地方主轴线通过锻件两个部分之间。

(5)枝芽类零件。

这类锻件的主轴线是直线或曲线,而且在局部有圆滑的弯曲或急弯凸起部分,凸起的部分称为枝芽。

8.2.3　胎模锻

胎模锻是在自由锻设备上使用可移动模具生产模锻件的一种锻造方法。所用的模具称为胎膜,胎膜不用固定在锤头和砧座上,用时才放上去。一般选用自由锻方法制坯,在胎模中最后成形。胎模锻是介于自由段和模锻之间的一种工艺,与自由锻和模锻相比有以下特点:

①模具简单,容易制造,使用方便。

②不需要贵重的模锻设备。

③可以生产形状较复杂的锻件,加工余量小,节约金属和加工工时。

④操作方便,生产率高。

⑤胎模锻的缺点是胎模寿命短,工人劳动强度大。

⑥胎模锻适用于中、小批量的锻件生产。

胎模的分类:

胎模的种类很多,主要有扣模、套筒模和合模三种。

①扣模。用来对坯料进行全部或局部扣形,主要生产非回转类锻件,如图8.34(a)所示。

②套筒模。锻模呈套筒形,主要生产齿轮、法兰盘等回转类零件,如图8.34(b)和图8.34(c)所示。

③合模。通常由上、下模及导向装置组成,主要生产形状复杂的非回转体锻件,如图8.34(d)所示。

胎模锻工艺过程包括制定工艺规程、制造胎模、下料、加热、锻制和后续工序等。

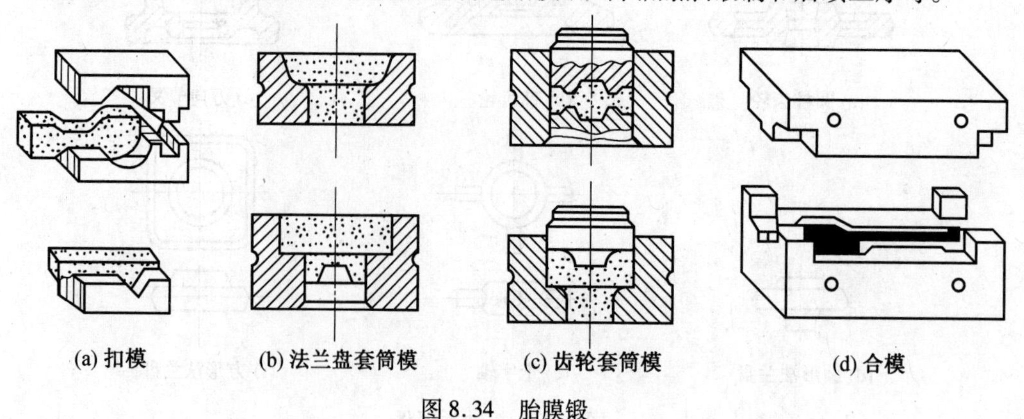

图 8.34　胎膜锻

第9章　焊　　接

本章主要介绍了金属焊接成形的工艺原理、常用的焊接成形方法以及常用金属材料的焊接方法。

9.1　概　　述

1. 金属焊接成形

焊接是指通过加热或加压等方式，使两分离表面产生原子间的结合与扩散作用，从而获得不可拆卸接头的材料成形方法。

焊接的本质是使焊件达到原子结合，从而将原来分开的物体构成一个整体，这是任何其他连接形式所不具备的。

2. 焊接成形的分类

①熔化焊：电弧焊（手工电弧焊、埋弧自动焊、气体保护焊）、电渣焊、电子束焊、激光焊、等离子弧焊等。

②压力焊：电阻焊、摩擦焊、冷压焊、超声波焊、爆炸焊、高频焊、扩散焊等。

③钎焊：软钎焊、硬钎焊。

3. 焊接成形的特点

①连接性能好，接头牢固，密封性好。

②成本低，可化大为小，以小拼大。

③可实现异种金属的连接。

④质量轻、加工装配简单。

⑤结构不可拆卸，焊接接头的组织、性能变坏，产生残余应力和变形，接头易产生裂纹、夹渣、气孔等缺陷。

焊接的应用：

①金属结构件——自行车三角架、钢窗、锅炉、压力容器、管道、船舶、车辆等。

②机器部件——轴、齿轮、刀具等。

9.2　金属焊接成形工艺原理

9.2.1　熔焊冶金过程和电焊条

1. 熔焊的冶金过程

空气中的 O_2、N_2 和 H_2O 在电弧的作用下：

$O_2 \longrightarrow 2O$　发生氧化反应，焊缝性能降低；

$N_2 \longrightarrow 2N$　高温熔入液态金属,冷却后形成气孔;

$H_2O \longrightarrow 2H+O$　形成气孔,产生氢脆。

保证焊缝质量的措施:减少有害元素进入熔池,消除已进入熔池的有害元素,增加金属元素。

2. 电焊条

(1)焊条的组成。

①焊芯:专用焊接金属丝。

②药皮:由多种矿石粉铁合金配成。

焊芯的作用:作电极传导电流,产生电弧;作填充金属(调整成分)。

药皮的作用:机械保护作用(气体和熔渣);冶金处理(熔渣);改善焊接工艺性(引弧容易燃烧稳定)。

(2)焊条的种类、型号与牌号。

按用途分:碳钢焊条、低合金钢焊条、不锈钢焊条、铸铁焊条、堆焊焊条、镍和镍合金焊条、铜和铜合金焊条和铝、铝合金焊条。

按熔渣性质分:酸性焊条(SiO_2、MnO 等)和碱性焊条(CaO、FeO 等)。

(3)焊条的型号。

碳钢焊条(GB/T 5117—2012)

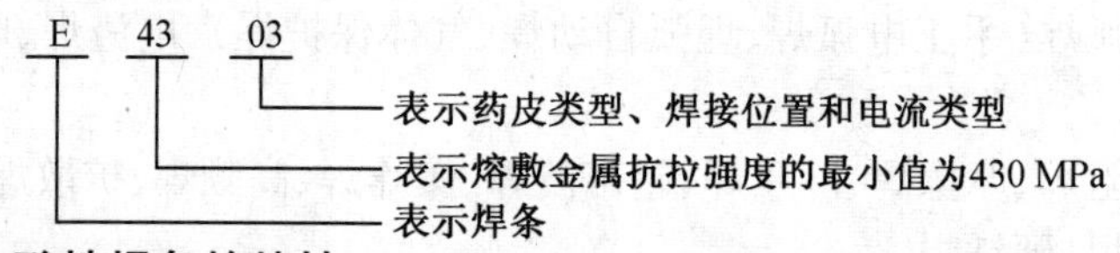

3. 碱性焊条和酸性焊条的特性

①碱性焊条:机械性能好(韧性高,抗裂性好);焊接工艺性能差,一般用直流电源施焊;对油污、锈、水敏感性大(清洗、烘干);排出有毒烟尘 HF(通风良好)。

②酸性焊条与碱性焊条相反。

4. 焊条的选用

选用原则:焊缝和母材具有相同水平的使用性能。

不锈钢、耐热钢焊条——按相同成分选择焊条

结构钢焊条——按等强原则选相同强度等级焊条

例:16Mn,抗拉强度 520 MPa,可选用 E5003(J502)、E5015(J507)、E5016(J506)。

9.2.2　焊接接头的组织和性能

低碳钢焊接接头的组织如图 9.1 所示,包括熔合区、过热区、正火区和部分相变区四部分。

熔合区的组织和性能:成分不均匀,组织粗大,机械性能很低。

热影响区的组织和性能:

①过热区(1 100 ℃)组织粗大,机械性能很低。

②正火区(A_{c3} ~1 100 ℃)晶粒细小,机械性能高。

③部分相变区(A_{c1} ~A_{c3})晶粒不均匀,机械性能低。

可见,熔合区、过热区是接头中性能最差的薄弱的部位,会严重影响焊接接头的质量。

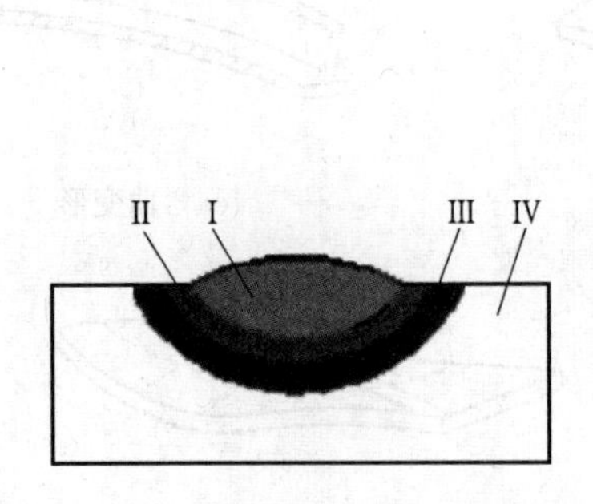

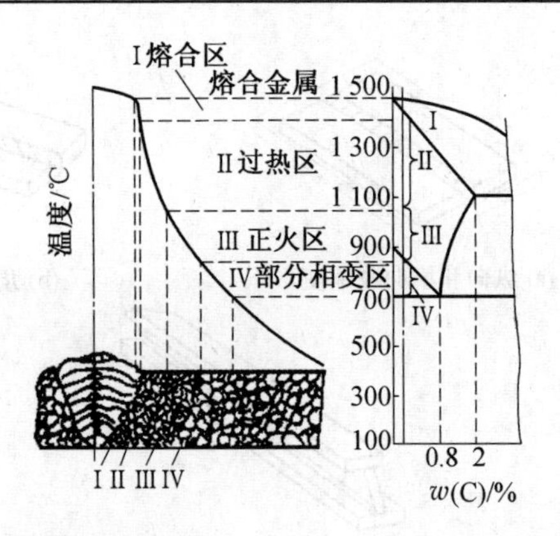

图9.1　低碳钢焊接接头的组织

9.2.3　焊接变形和焊接应力

1. 焊接变形和残余应力的不利影响

①造成焊件的尺寸、形状变化。

②矫正变形会使性能降低,成本增加。

③焊接应力会降低承载能力。

④引起焊接裂纹。

⑤应力衰减会产生变形。

2. 焊接变形和残余应力产生原因

在焊接过程中,对焊件进行局部的不均匀加热,会产生焊接应力和变形。平板对接焊缝的应力和变形过程示意图如图9.2所示。焊接过程中,焊缝及其相邻的金属处于加热状态而膨胀,但受到焊件其余部分未加热金属的束缚,形成压应力。在压应力的作用下,处于塑性状态的金属发生塑性变形。冷却以后,焊缝收缩,其收缩受到其余部分冷金属的束缚,不能收缩到自由收缩的状态,产生残余拉应力。

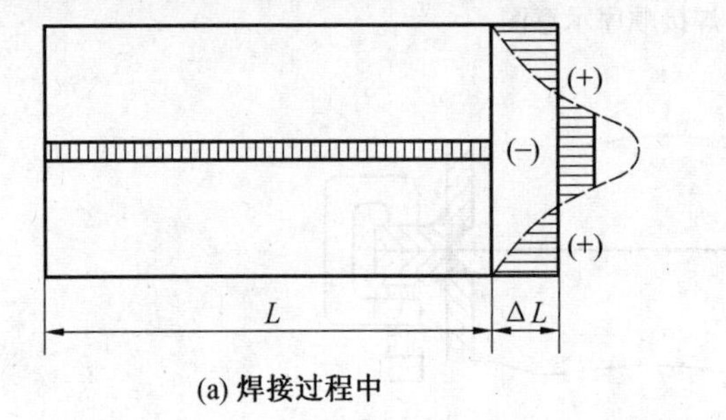

(a) 焊接过程中

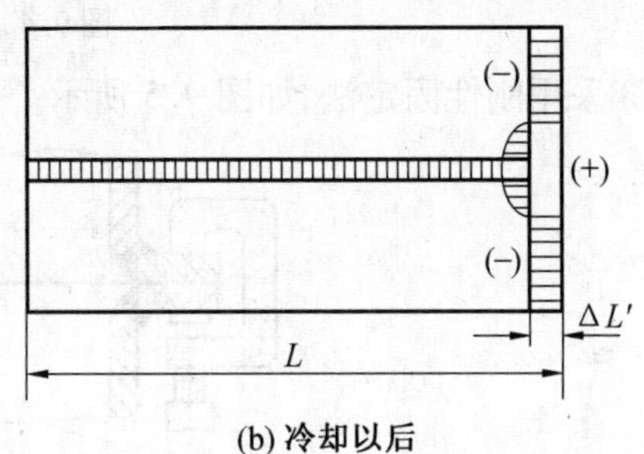

(b) 冷却以后

图9.2　平板对接焊缝的应力和变形过程示意图

3. 焊接变形的基本形式

残余焊接应力会导致焊件塑性变形,变形的基本形式如图9.3所示。焊件会产生纵向和横向收缩变形、角变形、弯曲变形、扭曲变形和波浪形变形。

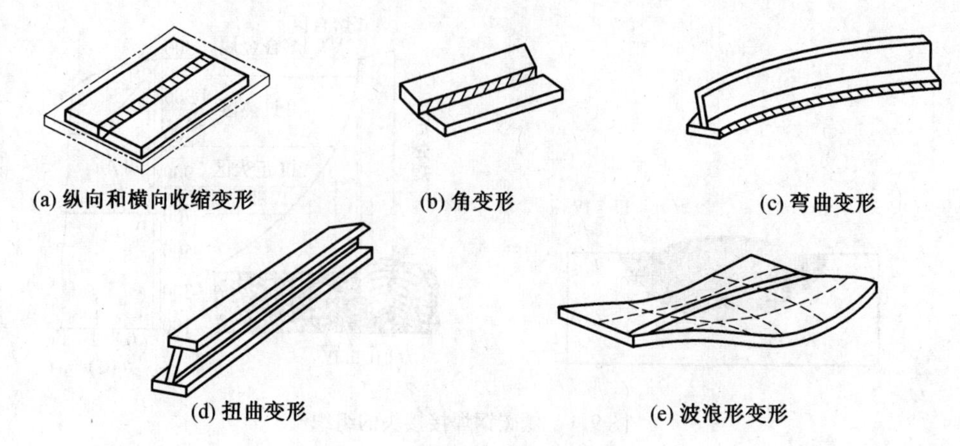

图 9.3 焊接变形的基本形式

4. 减少焊接应力与变形的工艺措施

①焊前预热及焊后热处理。

②选择合理的焊接次序，如图 9.4 所示。

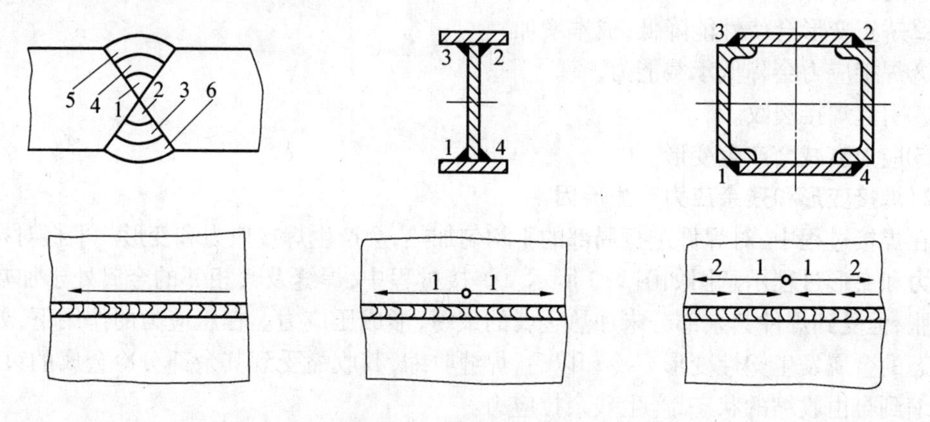

图 9.4 焊接顺序示意图

③采用刚性固定法，如图 9.5 所示。

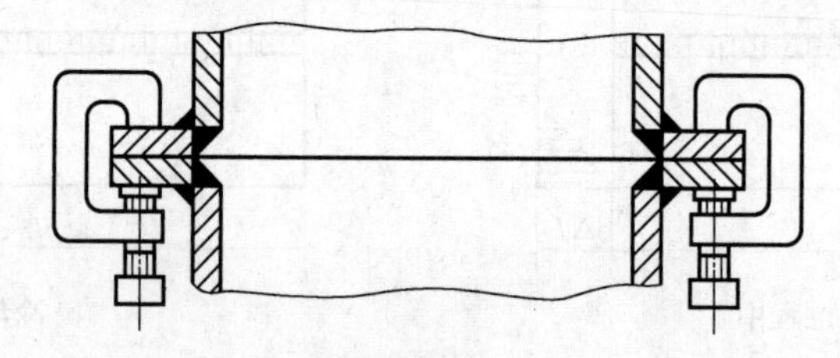

图 9.5 刚性固定法

④采用反变形法,如图9.6所示。

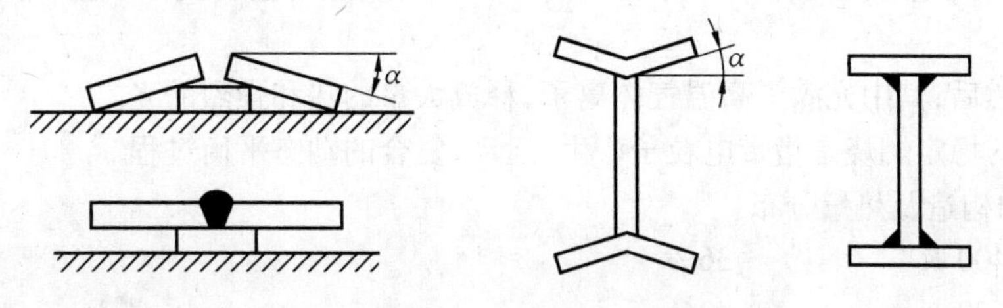

图9.6　反变形法示意图

⑤采用锤击焊缝法。

⑥采用机械矫正和火焰矫正,如图9.7所示。

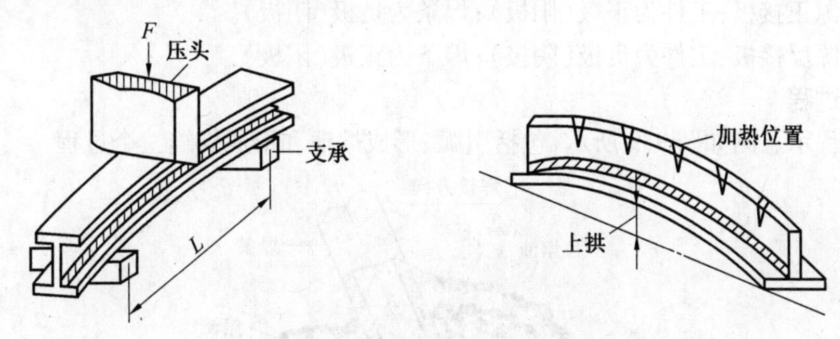

图9.7　机械矫正和火焰矫正示意图

9.3　常用焊接成形方法

9.3.1　手工电弧焊

1. 焊接电弧

(1)焊接电弧的概念。

焊接电弧是指在焊条末端和工件两极之间的气体介质中,产生强烈而持久的放电现象。焊接电弧如图9.8所示。

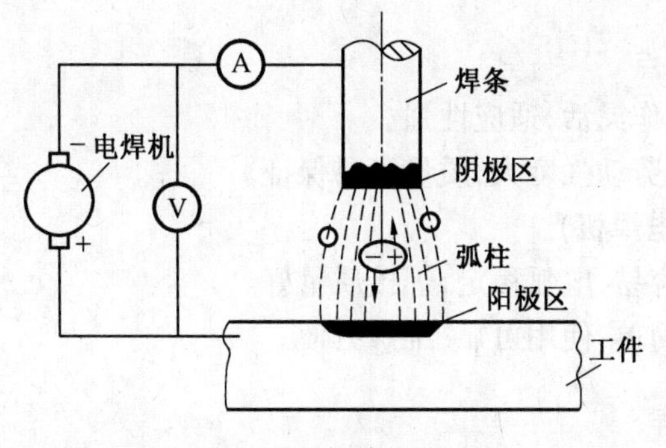

图9.8　焊接电弧

形成焊接电弧必须具备两个条件:一是使气体电离,二是阴极发射电子。

当焊条末端和工件接触时,接触电阻 R 急剧增大,短路电流 I 也急剧增大。使电阻热

$Q=I^2Rt$急剧增大。电场强度($E=V/d$)急剧增大。从而使热的金属气体和空气产生热电离和碰撞电离。

电弧被引燃后,其中充满了高温气体离子,释放大量的热和强烈的光。

焊接电弧的稳定燃烧是指带电粒子产生、运动、复合的动态平衡过程。

(2)电弧的构造及热量分布。

阴极区:2 400 K　　　　36%

阳极区:2 600 K　　　　42%

弧柱区:中心 5 000 ~ 8 000 K　21%

(3)电弧的极性。

直流电源正接极:工件为正极(阳极);焊条为负极(阴极)。

直流电源反接极:工件为负极(阴极);焊条为正极(阳极)。

2. 焊接过程

焊接过程示意图如图 9.9 所示,包括引弧、形成熔池和形成焊缝三个过程。

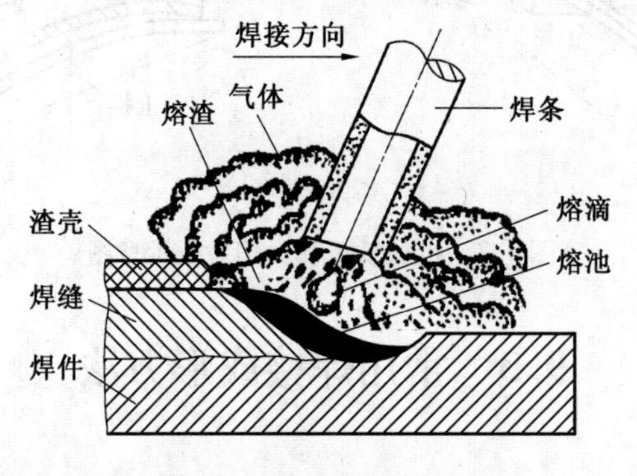

图 9.9　焊接过程示意图

(1)引弧:电弧在焊条与被焊件之间燃烧,电弧热使工件和焊条同时熔化成熔池。

(2)形成熔池:电弧使焊条的药皮熔化或燃烧,产生熔渣和气体,对熔化金属和熔池起保护作用。

(3)形成焊缝:电弧使焊条的药皮熔化或燃烧,产生熔渣和气体,对熔化金属和熔池起保护作用。

3. 手工电弧焊的特点

优点:设备简单,操作灵活,适应性强。

缺点:生产效率低,劳动强度大,质量不易保证。

4. 手工电焊设备(电焊机)

直流电焊机:引弧容易,电弧稳定,焊接质量好。

交流电焊机:结构简单,使用可靠,维修方便。

9.3.2　埋弧自动焊

1. 埋弧自动焊的焊接过程

自动焊——焊接动作由机械装置自动完成。

埋弧焊——电弧在颗粒状焊剂层下燃烧进行焊接。

2. 埋弧自动焊的特点与应用

特点：

①生产效率高（比手弧焊提高5～10倍）。

②焊接质量好（焊缝内气孔、夹渣少，焊缝美观）。

③成本低（省工、省时、省料）。

④劳动条件好（无弧光，飞溅，劳动强度低）。

⑤适应性差（平焊、长直焊缝和较大直径的环缝）。

⑥焊接设备复杂，焊前准备工作严格。

应用：成批生产、中厚板结构的长直焊缝和较大直径的环缝，如锅炉、压力容器、船舶等。

9.3.3　气体保护焊

气体保护焊的保护气体有：

①氩气——氩弧焊。

②CO_2——CO_2气体保护焊。

1. 氩弧焊及其特点

氩弧焊是以氩气作为保护气体的气体保护焊，如图9.10所示。氩弧焊按所用电极的不同，分为不熔化极（钨极）氩弧焊和熔化极氩弧焊。

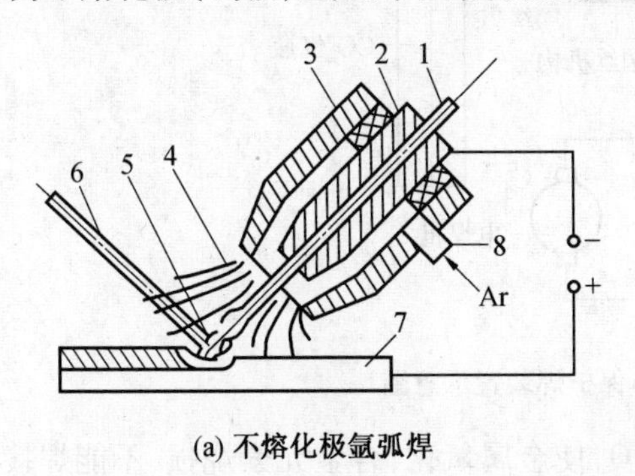

(a) 不熔化极氩弧焊

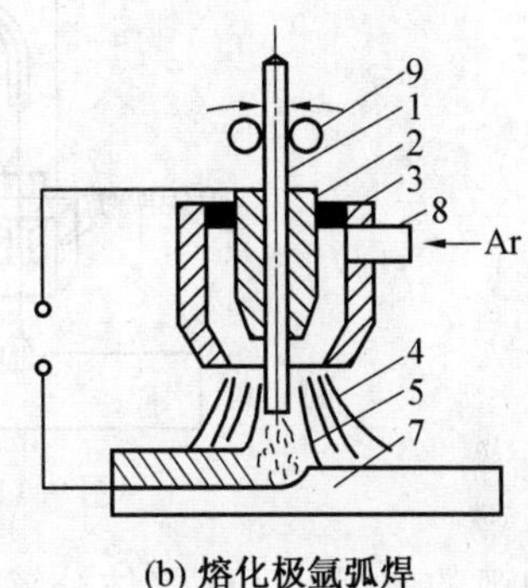

(b) 熔化极氩弧焊

图9.10　氩弧焊示意图

1—焊丝；2—导电嘴；3—喷嘴；4—氩气流；5—电弧；6—填充焊丝；7—工件；8—进气管；9—送丝滚轮

(1)钨极氩弧焊。

钨极氩弧焊的特点是钨极熔点高，发射电子能力强。

直流正接：钨极烧损小。

直流反接：钨极烧损大，电弧不稳，但有“阴极破碎”作用（焊铝时有利）。

钨极氩弧焊的应用：

①焊接电流不能过大，只能焊4 mm以下的薄板。

②焊接钢材板：直流正接法。

③焊铝、镁合金：直流反接法或交流电源。

(2)熔化极氩弧焊。

①以连续送进的金属丝做电极并填充焊缝。

②焊接电流较大,生产效率高,适用焊接较厚的焊件(板厚为 8 ~25 mm)。

③采用直流反接,电弧稳定,焊铝时有“阴极破碎”作用。

④可采用自动焊或半自动焊。

(3)氩弧焊特点。

①保护效果好,电弧稳定,焊接质量好。

②电弧热量集中,热影响区小,焊后变形小。

③可全方位焊接,便于观察,易于自动控制。

④氩气成本高,一般情况下不采用。

氩弧焊的应用:用于焊接易氧化的有色金属、合金钢和不锈钢。

2. CO_2气体保护焊

CO_2气体保护焊装置如图 9. 11 所示,焊丝作为电极,经由送丝机构、送丝软管、导电嘴导出,CO_2气体从焊炬喷嘴中喷出,焊丝和工件之间产生电弧,电弧熔化焊丝和工件形成熔池,熔池被 CO_2气体包围保护,熔池凝固后形成焊缝。

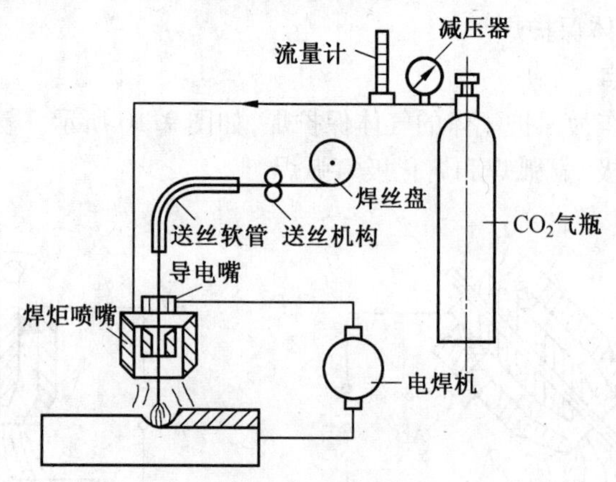

图 9. 11　CO_2气体保护焊装置示意图

在电弧的作用下,CO_2气体分解为 CO 和 O,使金属氧化,合金元素烧损,不能焊接有色金属和合金钢。

CO_2气体保护焊应用:用于低碳钢、低合金钢薄板的焊接,必须采用含脱氧剂的焊丝 H08Mn2SiA,直流反接。

CO_2气体保护焊的特点:

①成本低(为埋弧焊和手弧焊的 40% ~50%)。

②效率高(电流密度大,熔深大,焊接速度快)。

③焊接质量好(有气流冷却,热影响区小,变形小)。

④采用气体保护,能全位置焊接。

⑤焊缝成形差,飞溅大。

⑤设备使用维修不方便。

9.3.4　电渣焊

电渣焊过程示意图如图 9. 12 所示,利用电流通过熔渣所产生的电阻热作为热源,将填充金属和母材熔化,凝固后形成金属原子间牢固连接。

在开始焊接时,使焊丝与引弧板短路起弧,不断加入少量固体焊剂,利用电弧的热量使之熔化,形成液态熔渣,待熔渣达到一定深度时,增加焊丝的送进速度,并降低电压,使焊丝插入渣池,电弧熄灭,从而转入电渣焊焊接过程。

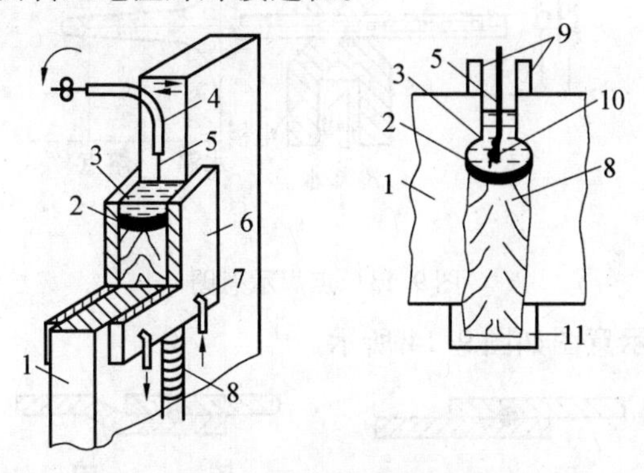

图9.12　电渣焊过程示意图

1—工件; 2— 熔池; 3— 渣池; 4— 导电嘴; 5— 焊丝; 6— 成型装置;
7— 冷却水循环装置; 8— 焊缝; 9— 引出板; 10— 金属熔滴; 11— 引弧板

电渣焊的特点:

①生产率高(板厚> 40 mm 的焊接一次焊成)。

②焊缝缺陷少,焊接质量好(不易产生气孔、夹渣和裂纹)。

③成本低(省电和省熔剂)。

④焊件须正火热处理(热影响区较大,组织粗大)。

9.3.5　电阻焊

电阻焊是利用焊件接触面的电阻热,将焊件局部加热到塑性或熔化状态,在压力下形成接头的焊接方法。

电阻焊的分类:点焊、缝焊和对焊。

电阻焊的特点:

①焊接电压低,电流大,生产率高。

②不需要填充金属,焊接变形小。

③劳动条件好,操作简单,易于实现自动化生产。

④焊接设备复杂,投资大。

⑤适用于大批量生产。

⑥对焊件厚度和接头形式有一定限制。

1. 点焊

点焊示意图如图9.13所示,首先加压,使两工件紧密接触,然后通电加热,局部金属被熔化形成液态熔核。断电后,继续保持或加大压力,熔核凝固结晶,形成焊点。

当焊接下一个点时,会有部分电流经过已焊好的焊点,称为分流。分流影响焊接质量,焊点之间的距离应加大。

点焊主要适用于薄板冲压结构和钢筋构件。

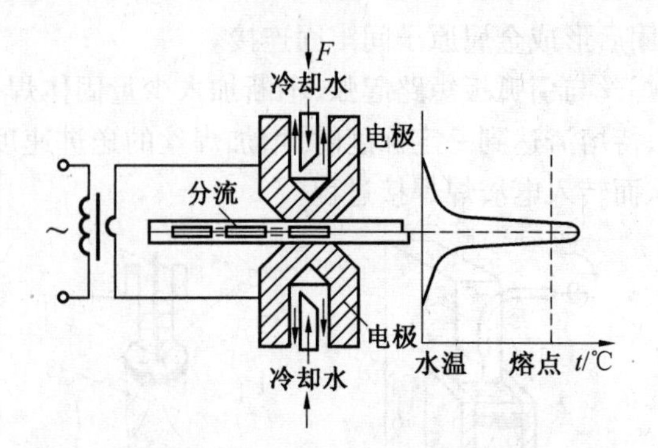

图 9.13 点焊示意图

点焊接头搭接形式示意图如图 9.14 所示。

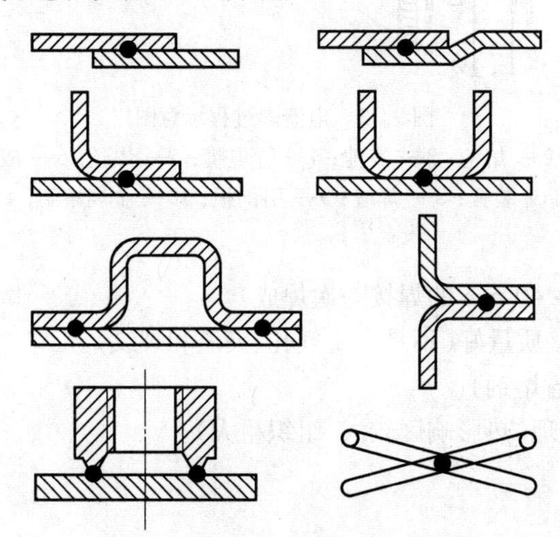

图 9.14 点焊接头搭接形式示意图

2. 缝焊

缝焊与点焊相同，只是采用滚轮做电极，边焊边滚，如图 9.15 所示。

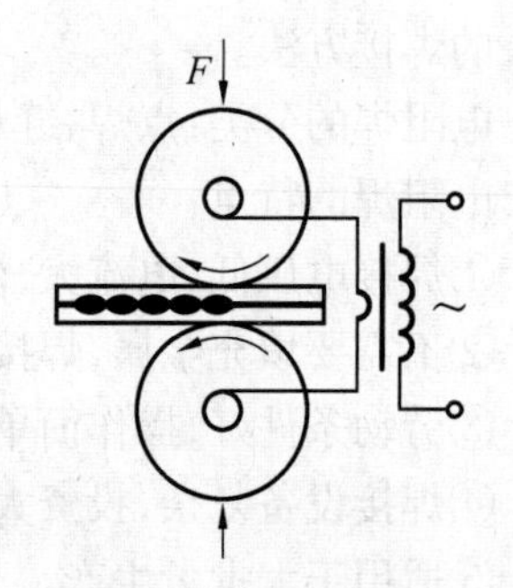

图 9.15 缝焊示意图

缝焊的特点是焊点互相重叠，分流现象严重，焊件厚度小于等于 3 mm。

缝焊应用在有密封要求的薄壁结构上。

3. 对焊

对焊是利用电阻热将两工件沿整个端面同时焊接起来的一类电阻焊方法。对焊分为电阻对焊和闪光对焊两种，如图 9.16 所示。

电阻对焊是将两工件端面始终压紧，利用电阻热加热至塑性状态，然后迅速施加顶锻压力（或不加顶锻压力只保持焊接时压力）完成焊接的方法。

闪光对焊可分为连续闪光对焊和预热闪光对焊。连续闪光对焊由两个主要阶段组成：闪光阶段和顶锻阶段。预热闪光对焊只是在闪光阶段前增加了预热阶段。

对焊的应用：杆状零件的对接，如刀具、管子、钢轨、钢筋、异种金属（端面形状尺寸要相

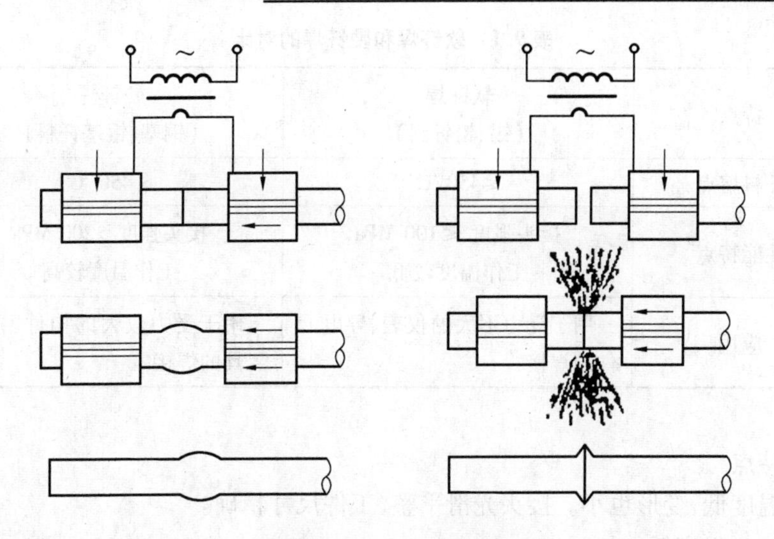
图9.16　对焊示意图

同或相近)。

9.3.6　钎焊

钎焊是利用低熔点的钎料做填充金属,加热熔化后渗入固态焊件间的间隙内,将焊件连接起来的焊接方法。

焊前的准备包括清洗表面、搭接装配和放置钎料。

1. 焊接过程

①将工件和钎料适当加热(烙铁、火焰、炉子、电阻、高频加热)。

②钎料熔化,借助毛细管的作用被吸入和充满间隙。

③被焊金属和钎料在间隙内相互扩散。

④凝固后,形成钎焊接头。

钎焊的接头形式都采用板料搭接或套件镶接,如图9.17所示。

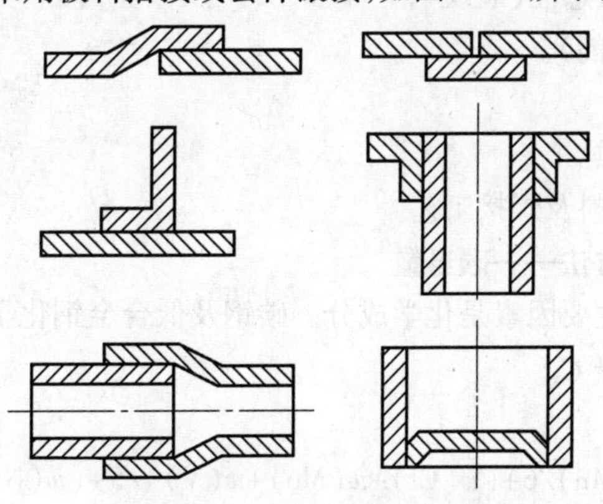
图9.17　钎焊接头形式的示意图

2. 钎焊分类

根据钎料熔点的不同,钎焊分为软钎焊和硬钎焊,其对比见表9.1。

表 9.1　软钎焊和硬钎焊的对比

特点	软钎焊 （锡、铅钎料）	硬钎焊 （铜基、银基钎料）
钎料熔点	≤450 ℃	> 450 ℃
性能特点	接头强度 ≤100 MPa 工作温度较低	接头强度 >200 MPa 工作温度较高
应用	用于受力不大的仪表、导电元件的焊接	用于受力较大的构件、刀具、工具的焊接

3. 钎焊特点

①加热温度低，变形也小。接头光滑平整，工件尺寸精确。

②钎焊接头强度低。

③可焊接性能差异很大的异种金属，对工件厚度无限制。

④可整体加热，同时钎焊由多条焊缝组成的复杂形状构件，生产率高。

⑤钎焊设备简单，生产投资费用少。

9.4　常用金属材料的焊接

9.4.1　金属材料的焊接性

1. 金属材料焊接性的概念

金属焊接性是指在一定的焊接工艺条件下，获得优质焊接接头的难易程度。

焊接性衡量指标：

①形成焊接缺陷的敏感性（裂纹）；

②使用性能（机械性能）。

影响焊接性的因素：

①金属材料本身性质。

②焊接方法、焊接材料及焊接工艺。

2. 钢的焊接性评价方法——碳当量

影响钢材焊接性的主要因素是化学成分。碳钢及低合金钢化学成分采用以下公式将合金元素含量转化为碳当量 C_E。

碳钢及低合金钢：

$$C_E = w(C) + w(Mn)/6 + (w(Cr) + w(Mo) + w(V))/5 + (w(Ni) + w(Cu))/15$$

$C_E < 0.4\%$ 时，冷裂纹倾向不明显，焊接性良好。

$C_E = 0.4\% \sim 0.6\%$ 时，冷裂倾向明显，焊接性较差。

$C_E > 0.6\%$ 时，冷裂倾向很强，焊接性很差。

碳当量越高，焊接性越差

9.4.2 碳素钢和普低钢的焊接

影响碳素钢和普低钢焊接性能的因素包括内部因素(碳当量 C_E)和外部因素(环境温度)。

1. 碳钢的焊接

低碳钢:C_E<0.4%,焊接性良好,各种焊接方法都能获得优质焊接接头。

中碳钢:C_E>0.4%,冷裂倾向很强,焊接性较差。

焊前预热 150~250 ℃,焊后缓冷。

采用细 E5015 焊条、小电流、开坡口、多层多道焊,降低焊缝的含碳量。

2. 低合金结构钢的焊接

低合金结构钢的焊接方法分为三种:

①一般用手工电弧焊、埋弧自动焊。

②板厚> 40 mm 时,用电渣焊。

③批量大时,用 CO_2 气体保护焊。

低合金结构钢 σ_s<400 MPa,C_E<0.4%,例如 16Mn,焊接性良好。

9.4.3 不锈钢的焊接

不锈钢可分为 3 类,分别为马氏体不锈钢(Cr13 型)、奥氏体不锈钢(Cr18Ni9 型)和铁素体不锈钢(Cr17 型)。

(1)马氏体不锈钢:焊接性较差(冷裂纹和淬硬脆化),焊前预热,焊后缓冷及热处理,采用奥氏体不锈钢焊条。

(2)奥氏体不锈钢:焊接性良好。

(3)铁素体不锈钢:焊接性较差(过热晶粒引起脆化和裂纹),低温时需预热,温度通常低于 150 ℃,尽量减少高温停留时间。

9.4.4 铸铁的焊补

铸铁碳含量高,杂质多,塑性差,故焊接性差。

铸铁焊补的问题:易产生白口组织和淬火组织;铸铁强度低、塑性差,易产生裂纹;铸铁碳、硅含量高,易产生气孔和夹渣缺陷。

铸铁的焊补包括热焊和冷焊。

1. 热焊

热焊—— 铸件预热到 600~700 ℃进行焊接,焊后缓冷。

焊接方法:气焊、手工电弧焊(铸铁焊条)。

特点:焊补质量好,成本高,劳动条件差,生产率低。

应用:中等厚度铸件及焊后要加工的复杂、重要的铸件,如内燃机缸盖、气缸体、机床床身等。

2. 冷焊

冷焊——铸件一般不预热或较低温度预热。

特点:依靠焊条来调整焊缝的化学成分,以防止白口组织和裂纹。

应用:

①镍基焊条:补焊质量好,成本高,用于重要铸铁件加工表面焊补。

②结构钢焊条:焊补质量低,用于非加工表面(采用小直径、小电流、短弧)。

9.4.5 铝及铝合金的焊接

(1)铝合金可分为3类,分别是工业纯铝、不能热处理强化铝合金和热处理强化铝合金。其中,工业纯铝和不能热处理强化铝合金焊接性好,而可热处理强化铝合金,焊接性差,会出现接头软化和热裂纹等问题。

(2)铝及铝合金的焊接特点。

①易氧化。

②易产生气孔。

③易变形开裂。

④接头易软化。

(3)铝及铝合金的焊接方法有氩弧焊、气焊、钎焊和电阻焊。

9.5 焊接结构的工艺性

9.5.1 焊接结构材料的选用

焊接结构选材原则:在满足焊接件使用性能的前提下,应尽量选用焊接性好的材料。

①优先选用低碳钢和低强度低合金钢。

②对于重要件应优先选用镇静钢。

③尽量选用同一牌号的材料。

④材料的厚度最好相等。

⑤尽量选用型材。

影响焊接性的因素:金属材料本身性质。

焊接方法的选择应充分考虑材料的焊接性、焊件厚度、焊缝长短、生产批量及焊接质量等因素。

各种常用金属材料的焊接性见表9.2。

表9.2 常用金属材料的焊接性

材料	气焊	手工电弧焊	埋弧焊	CO_2保护焊	氩弧焊	电渣焊	点焊缝焊	对焊	钎焊
低碳钢	A	A	A	A	A	A	A	A	A
中碳钢	A	A	B	B	A	A	B	A	A
低合金钢	B	A	A	A	A	A	A	A	A
不锈钢	A	A	B	B	A	B	A	A	A
铸铁	B	B	C	C	B	B	—	D	B
铝合金	B	C	C	D	A	D	A	A	C

注:A指焊接性良好,B指焊接性较好,C指焊接性较差,D指焊接性不好,—指很少采用

9.5.2 焊缝的布置

焊缝位置是否合理是焊接结构设计的关键,其设计原则包括:
①便于焊接操作。
②焊缝要避开应力较大和应力集中部位。
③焊缝应避免密集交叉。
④焊缝设置应尽量对称(最好能同时施焊)。
⑤尽量减少焊缝长度和焊缝截面(减少变形、成本,提高生产率)。
⑥焊缝应尽量设置在平焊位置。
⑦焊缝应避开加工部位。

9.5.3 接头设计

1. 接头形式设计

接头基本形式可以分为对接接头、搭接接头、角接接头和T形接头,如图9.18所示。

图9.18 接头形式的示意图

对接接头的特点:
①受力简单、均匀,节省材料;下料尺寸精度要求较高。
②用于锅炉、压力容器受力焊缝的焊接。
搭接接头特点:
①受力复杂,接头产生附加弯矩。
②下料尺寸精度要求低。
③应用于力不大的行架结构。
角接接头、T形接头的特点:用于构成直角或一定角度连接的接头。

2. 坡口形式设计

接头坡口的形式和尺寸如图9.19所示。

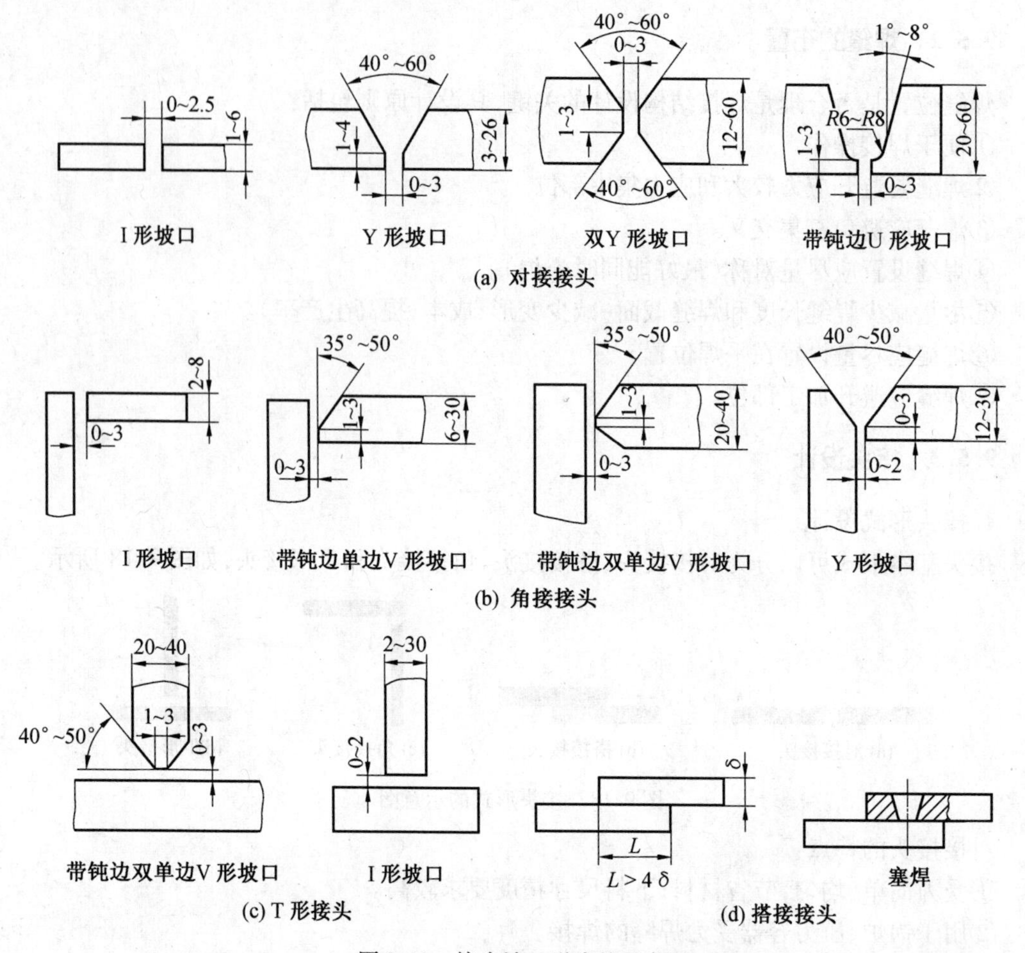

图 9.19　接头坡口形式的示意图

不同厚度的工件焊接时,应采取适当的过渡形式。不同厚度金属材料对接的过渡形式如图 9.20 所示,不同厚度金属材料角接的过渡形式如图 9.21 所示。

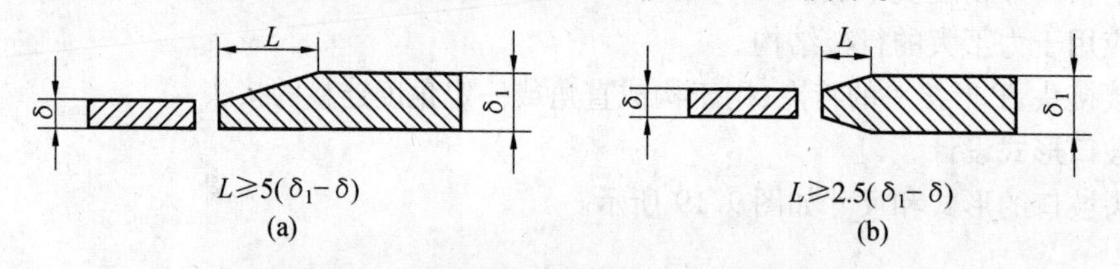

图 9.20　不同厚度金属材料对接的过渡形式

图 9.21　不同厚度金属材料角接的过渡形式

3. 焊缝的布置

(1)焊缝应避免密集交叉。

焊缝分散布置示意图9.22中,(a)、(b)和(c)的设计不合理,(d)、(e)和(f)的设计更合理。

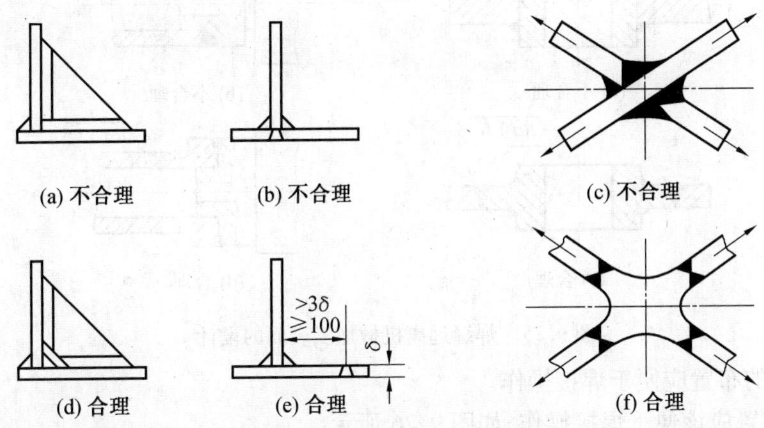

图9.22 焊缝分散布置示意图

(2)焊缝应对称分布。

焊缝位置偏离截面中心,并在同一侧,会产生较大的塑性变形,如图9.23(a)所示。焊缝对称分布,如图9.23(b)、(c)所示,不会发生明显的塑性变形。

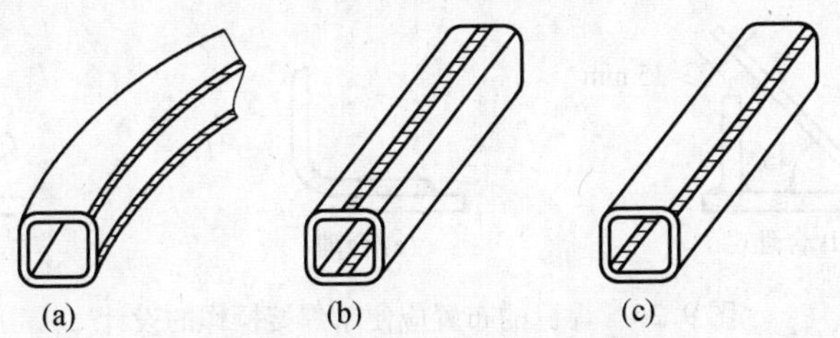

图9.23 焊缝对称布置示意图

(3)焊缝应避开应力集中处和最大应力处。

对于受力大结构复杂的焊接构件,在最大应力处和应力集中处不应该布置焊缝,如图9.24所示。

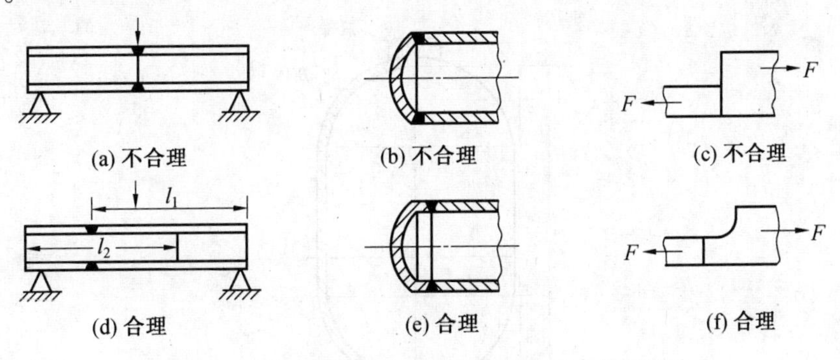

图9.24 焊缝避开应力集中处和最大应力处的设计

(4)焊缝应远离机械加工表面。

焊缝的布置应该远离机械加工表面,如图 9.25 所示。

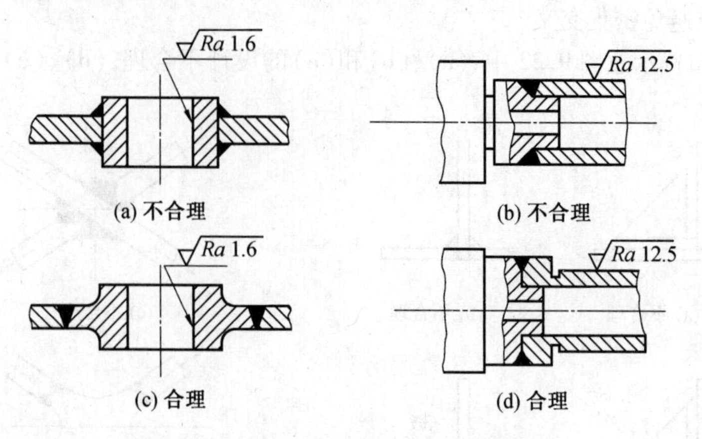

图 9.25　焊缝远离机械加工表面的设计

(5)焊缝的布置应便于焊接操作。

焊缝的布置应该便于焊接操作,如图 9.26 所示。

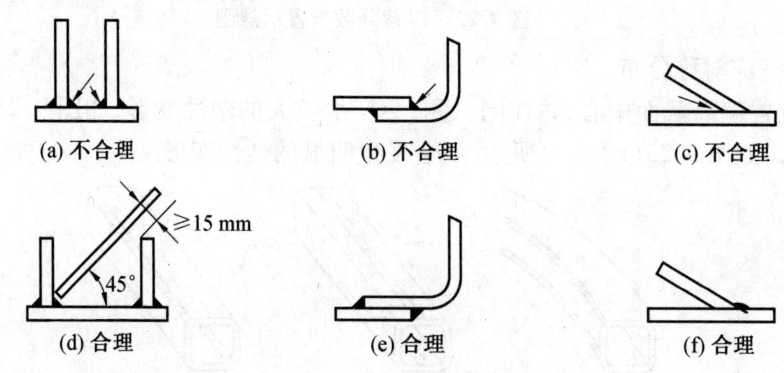

图 9.26　焊缝的布置应便于焊接操作的设计

9.5.4　典型工艺设计实例

本节以液化气钢瓶为例来说明焊接工艺设计。液化气钢瓶的形状和尺寸如图 9.27 所示。

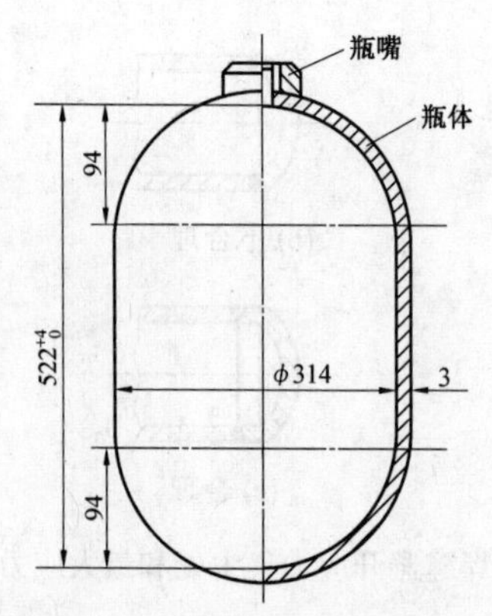

图 9.27　液化气钢瓶的形状和尺寸

组成:瓶体、瓶嘴;

材料:20 钢(或 16Mn);

壁厚:3 mm;

生产类型:大量生产;

设计要点:瓶体要耐压,必须绝对安全。

材料的焊接性不存在问题。

关键技术是结构的成形和焊接。

1. 确定焊缝位置

液化气钢瓶上焊缝位置的设计如图 9.28 所示。图(a)中,焊缝多,工作量大,轴向焊缝处于拉应力最高位置,图(b)合理。

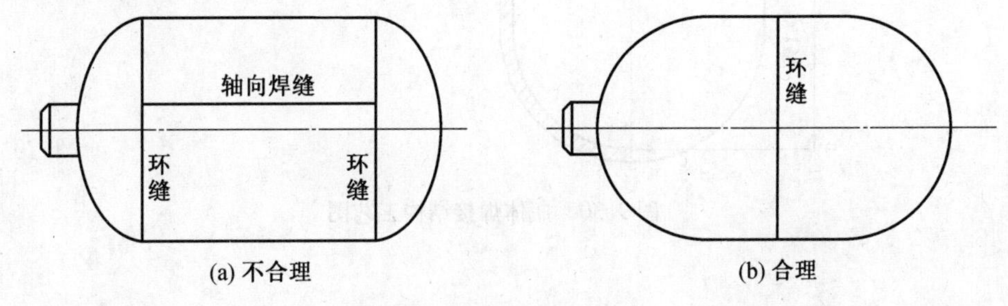

(a) 不合理 (b) 合理

图 9.28 焊缝位置的设计

2. 焊接接头设计

瓶体与瓶嘴的焊缝:角焊缝(不开坡口)。

瓶体主环缝如图 9.29 所示,衬环对接或缩口对接(V 形坡口)。

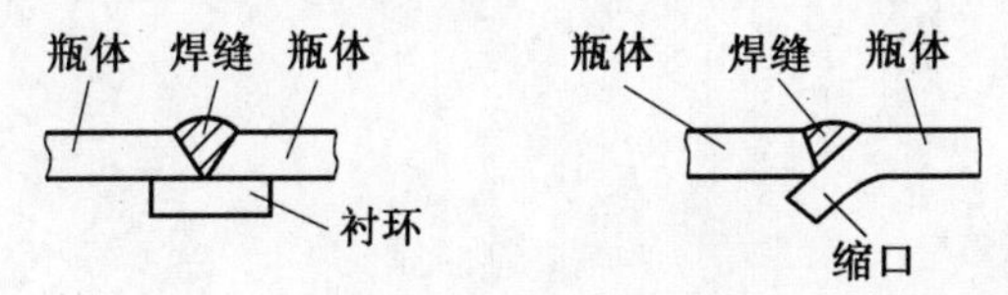

图 9.29 焊缝接头的设计

3. 焊接方法和焊接材料的选择

瓶体环缝:埋弧自动焊(生产率高、焊接质量稳定)。

焊接材料采用 H08A、H08MnA,配合 HJ431。

瓶嘴焊缝:手工电弧焊。

焊条采用 E4303(20 钢)和 E5015(16Mn)。

4. 主要工艺过程

落料 → 拉深 → 再结晶退火 → 冲孔 → 除锈 → 装焊衬环、瓶嘴→ 装配上、下封头 → 焊主环缝 → 正火 → 水压试验 → 气密试验

5. 瓶体焊接结构工艺图

瓶体焊接结构工艺图如 9.30 所示。

焊接结构工艺图内容包括:

①构成件的形状及其相互关系。

②各构成件的装配尺寸及板厚、型材规格。

③焊缝的符号和尺寸。

④焊接工艺的要求。

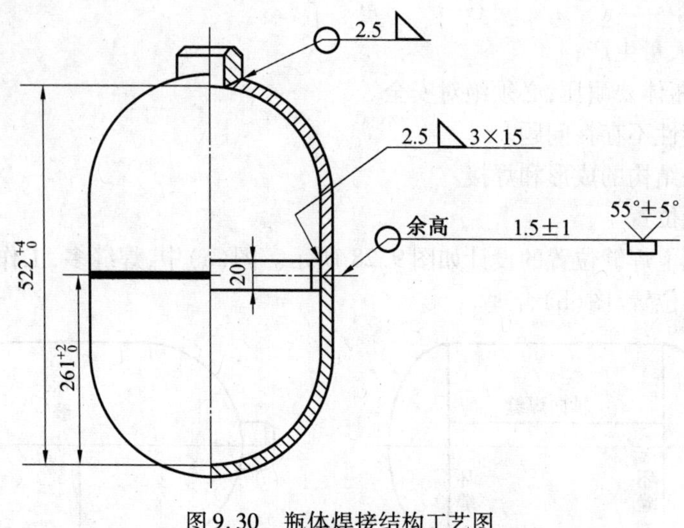

图 9.30　瓶体焊接结构工艺图

第 10 章　切削加工

10.1　切削运动与切削要素

10.1.1　切削运动

在金属切削加工时，为了切除工件上多余的材料，形成工件要求的合格表面，刀具和工件间须完成一定的相对运动，即切削运动。切削运动按其所起的作用不同，可分为主运动和进给运动，如图 10.1 所示。

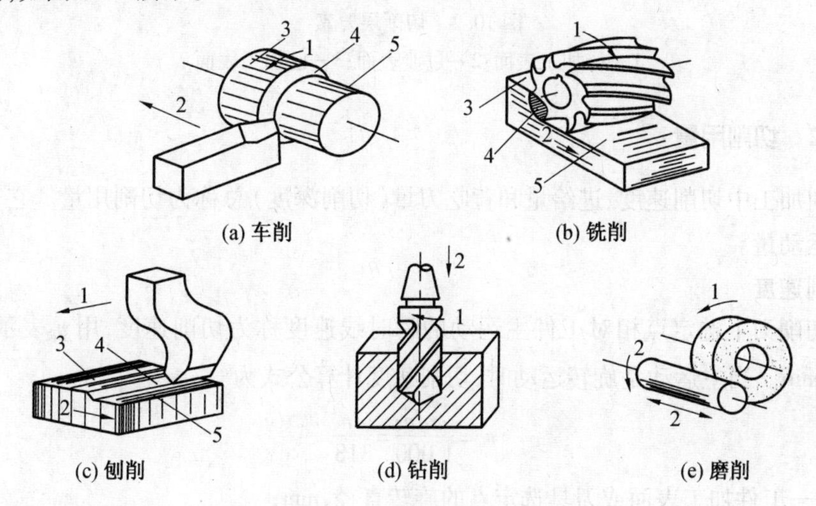

图 10.1　主运动和进给运动

1—主运动；2—进给运动；3—待加工表面；4—加工表面；5—已加工表面

1. 主运动

在切削加工中起主要的、消耗动力最多的运动为主运动。它是切除工件上多余金属层所必需的运动。车削时主运动是工件的旋转运动；铣削和钻削时主运动是刀具的旋转运动；磨削时主运动是磨轮的旋转运动；刨削时主运动是刀具（牛头刨）或工件（龙门刨床）的往复直线运动等。一般切削加工中主运动只有一个。

2. 进给运动

在切削加工中为使金属层不断投入切削，保持切削连续进行，而附加的刀具与工件之间的相对运动称为进给运动。进给运动可以是一个或多个。车削时进给运动是刀具的移动；铣削时进给运动是工件的移动；钻削时进给运动是钻头沿其轴线方向的移动；内、外圆磨削时进给运动是工件的旋转运动和移动等。

3. 切削层

切削层是指切削时刀具切过工件一个单程所切除的工件材料层。如图 10.2 所示，在加工外圆时，工件旋转一周，刀具从位置Ⅰ移到位置Ⅱ。切下Ⅰ与Ⅱ之间工件材料层。图中 *ABCD* 称为切削层公称横截面。

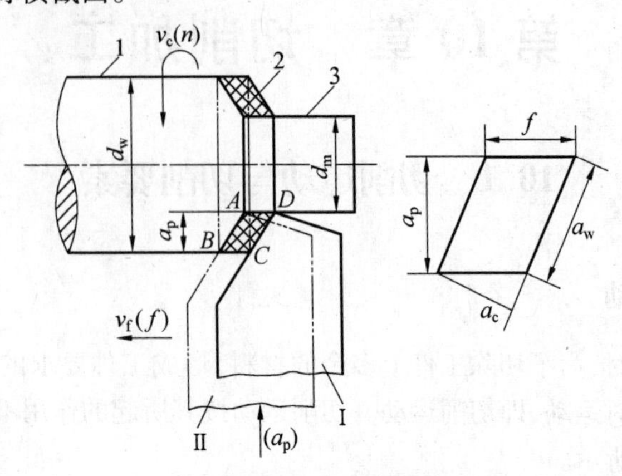

图 10.2 切削层要素

1—待加工表面；2—过渡表面；3—已加工表面

10.1.2 切削用量

在切削加工中切削速度、进给量和背吃刀量（切削深度）总称为切削用量。它表示主运动和进给运动量。

1. 切削速度

刀具切削刃上选定点相对工件主运动的瞬时线速度称为切削速度，用 v_c 表示，单位为 m/s 或 m/min。当主运动是旋转运动时，切削速度计算公式为

$$v_c = \frac{\pi dn}{1\,000} = \frac{dn}{318}$$

式中 d——工件加工表面或刀具选定点的旋转直径，mm；

n——主运动的转速，r/s 或 r/min。

2. 进给量

工件或刀具每转一周，刀具在进给方向上相对工件的位移量，称为每转进给量，简称进给量，用 f 表示，单位为 mm/r。

单位时间内刀具在进给运动方向上相对工件的位移量，称为进给速度，用 v_f 表示，单位为 mm/s 或 m/min。

当主运动为旋转运动时，进给量 f 与进给速度 v_f 之间的关系为

$$v_f = f \cdot n$$

当主运动是往复直线运动时，进给量为每往复一次的进给量。

3. 背吃刀量（切削深度）

工件已加工表面和待加工表面之间的垂直距离，称为背吃刀量，用 a_p 表示，单位为 mm。

车外圆时背吃刀量 a_p 为

$$a_p = \frac{d_w - d_m}{2}$$

式中　d_m——已加工表面直径,mm。

d_w——待加工表面直径,mm。

4. 合成切削速度

主运动与进给运动合成的运动称为合成切削运动。切削刃选定点相对工件合成切削运动的瞬时速度称为合成切削速度,如图 10.3 所示。

$$v_e = v_c + v_f$$

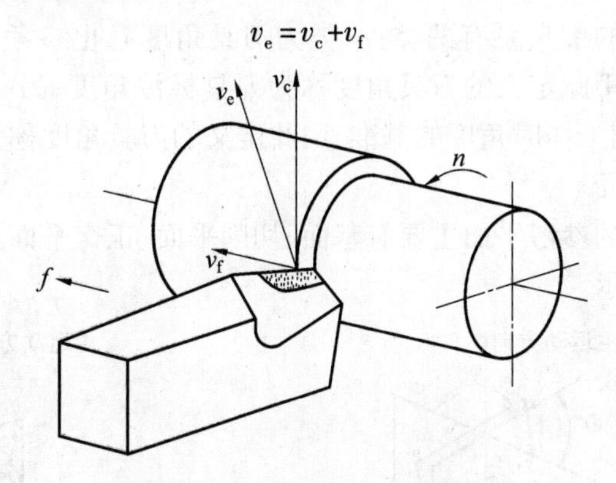

图 10.3　车外圆时合成切削运动

10.2　金属切削刀具

任何刀具都由刀头和刀柄两部分构成。刀头用于切削,刀柄用于装夹。虽然用于切削加工的刀具种类繁多,但刀具切削部分的组成却有共同点。车刀的切削部分可看作是各种刀具切削部分最基本的形态,如图 10.4 所示。

10.2.1　刀具切削部分的构成要素

刀具切削部分主要由刀面和切削刃两部分构成。刀面用字母 A 与下角标组成的符号标记,切削刃用字母 S 标记,副切削刃及相关的刀面标记在右上角加一撇以示区别。

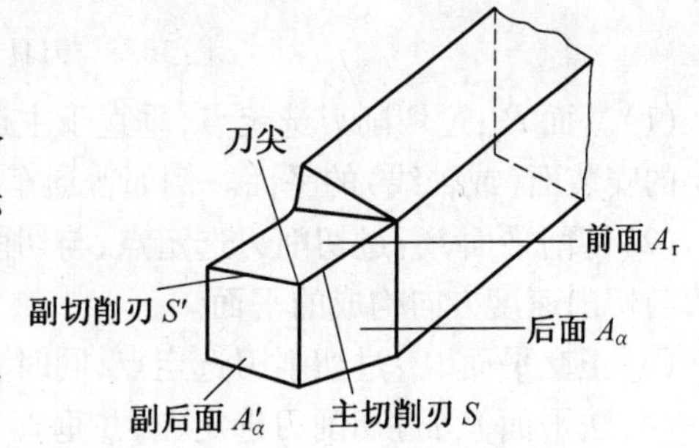

图 10.4　车刀切削部分的结构

(1)前面(前刀面)A_r:刀具上切屑流出的表面。

(2)后面(后刀面)A_α:刀具上与工件新形成的过渡表面相对的刀面。

(3)副后面(副后刀面)$A_{\alpha'}$:刀具上与工件新形成的工件表面相对的刀面。

(4)主切削刃 S:前面与后面形成的交线,在切削中承担主要的切削任务。

(5)副切削刃 S':前面与副后面形成的交线,它参与部分的切削任务。

(6)刀尖:主切削刃与副切削刃汇交的交点或一小段切削刃。

10.2.2　刀具角度参考平面与刀具角度参考系

为了保证切削加工的顺利进行，获得合格的加工表面，所用刀具的切削部分必须具有合理的几何形状。刀具角度是用来确定刀具切削部分几何形状的重要参数。

为了描述刀具几何角度的大小及其空间的相对位置，可以利用正投影原理，采用多面投影的方法来表示。用来确定刀具角度的投影体系，称为刀具角度参考系，参考系中的投影面称为刀具角度参考平面。

用来确定刀具角度的参考系有两类：一类为刀具角度静止参考系，它是刀具设计时标注、刃磨和测量的基准，用此定义的刀具角度称为刀具标注角度；另一类为刀具角度工作参考系，它是确定刀具切削工作时角度的基准，用此定义的刀具角度称为刀具的工作角度。

1. 刀具角度参考平面

用于构成刀具角度的参考平面主要有基面、切削平面、正交平面、法平面、假定工作平面和背平面，如图 10.5 所示。

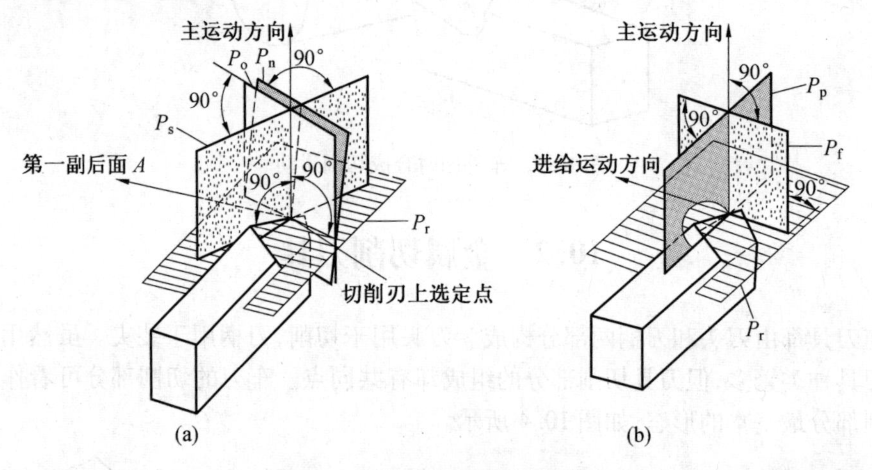

图 10.5　刀具角度的参考平面

(1) 基面 P_r：过切削刃选定点，垂直于主运动方向的平面。通常，它平行（或垂直）于刀具上的安装面（或轴线）的平面。例如普通车刀的基面 P_r，可理解为平行于刀具的底面。

(2) 切削平面 P_s：过切削刃选定点，与切削刃相切，并垂直于基面 P_r 的平面。它也是切削刃与切削速度方向构成的平面。

(3) 正交平面 P_o：过切削刃选定点，同时垂直于基面 P_r 与切削平面 P_s 的平面。

(4) 法平面 P_n：过切削刃选定点，并垂直于切削刃的平面。

(5) 假定工作平面 P_f：过切削刃选定点，平行于假定进给运动方向，并垂直于基面 P_r 的平面。

(6) 背平面 P_p：过切削刃选定点，同时垂直于假定工作平面 P_f 与基面 P_r 的平面。

2. 刀具角度参考系

刀具标注角度的参考系主要有三种：正交平面参考系、法平面参考系和假定工作平面参考系。

(1) 正交平面参考系：由基面 P_r、切削平面 P_s 和正平面 P_o 构成的空间三面投影体系称为正交平面参考系。由于该参考系中三个投影面均相互垂直，符合空间三维平面直角坐标系的条件，所以，该参考系是刀具标注角度最常用的参考系。

(2)法平面参考系：由基面 P_r、切削平面 P_s 和法平面 P_n 构成的空间三面投影体系称为法平面参考系。

(3)假定工作平面参考系：由基面 P_r、假定工作平面 P_f 和背平面 P_p 构成的空间三面投影体系称为假定工作平面参考系。

10.2.3　刀具的标注角度

描述刀具的几何形状除必要的尺寸外，主要使用的是刀具角度。刀具标注角度主要有四种类型，即前角、后角、偏角和倾角。

1. 正交平面参考系中的刀具标注角度

如图10.6所示，在正交平面参考系中，刀具标注角度分别标注在构成参考系的三个切削平面上。

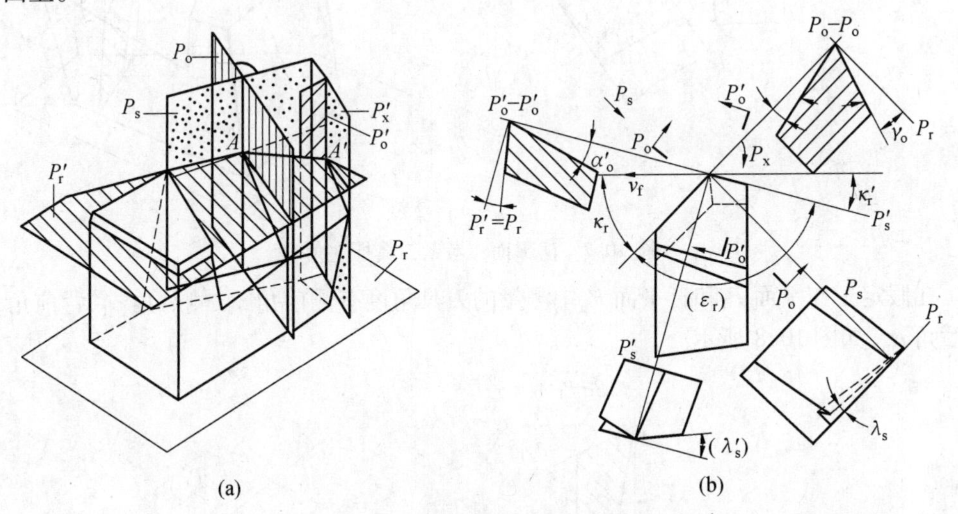

图10.6　正交平面参考系刀具标注角度

在基面 P_r 上刀具标注角度有：

主偏角 κ_r——主切削平面 P_s 与假定工作平面 P_f 间的夹角；

副偏角 κ'_r——副切削平面 P'_s 与假定工作平面 P_f 间的夹角。

在切削平面 P_s 上刀具标注角度有：

刃倾角 λ_s——主切削刃 S 与基面 P_r 间的夹角。刃倾角 λ_s 有正负之分，当刀尖处于切削刃最高点时为正，反之为负。

在正平面 P_o 上刀具标注角度有：

前角 γ_o——前面 A_r 与基面 P_r 间的夹角。前角 γ_o 有正负之分，当前面 A_r 与切削平面 P_s 间的夹角小于90°时，取正号；大于90°时，则取负号；

后角 α_o——后面 A_α 与切削平面 P_s 间的夹角。

以上五个角度 κ_r、κ'_r、λ_s、γ_o、α_o 为车刀的基本标注角度。在此，κ_r、λ_s 确定了主切削刃 S 的空间位置，κ'_r、λ'_s 确定了副切削刃 S' 的空间位置；γ_o、α_o 则确定了前面 A_r 和后面 A_α 的空间位置，γ'_o、α'_o 则确定了副前面 A'_r 和副后面 A'_α 的空间位置。

此外，还有以下派生角度：

刀尖角 ε_r——在基面 P_r 内测量的主切削平面 P_s 与副切削平面 P'_s 间的夹角，$\varepsilon_r=180°-(\kappa_r+\kappa'_r)$；

余偏角 ψ_r——在基面 P_r 内测量的主切削平面 P_s 与背平面 P_p 间的夹角，$\psi_r=90°-\kappa_r$；

楔角 β_o——在正平面 P_o 内测量的前面 A_r 与后面 A_α 间的夹角，$\beta_o=90°-(\gamma_o+\alpha_o)$。

2. 其他参考系刀具标注角度

在法平面 P_n 内测量的前、后角称为法前角和法后角，如图 10.7 所示。

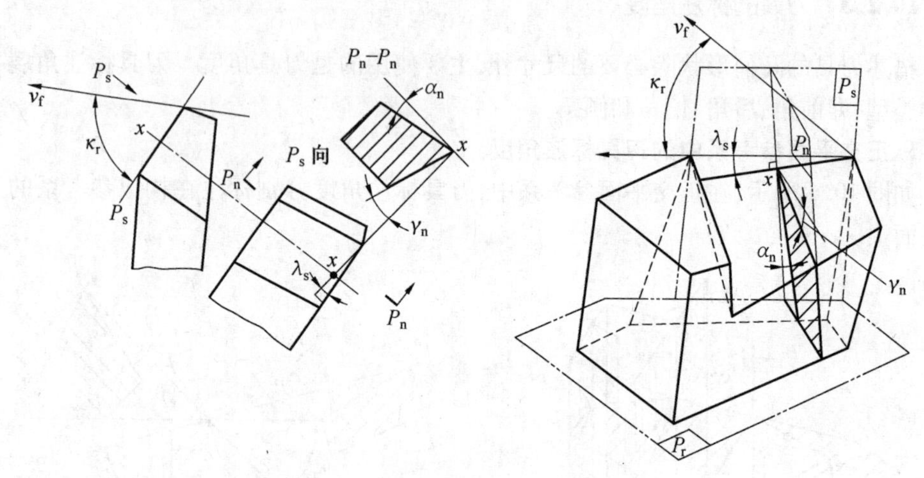

图 10.7　法平面参考系刀具标注角度

在假定工作平面 P_f 和背平面 P_p 中测量的刀具角度有侧前角 γ_f、侧后角 α_f、背前角 γ_p 和背后角 α_p，如图 10.8 所示。

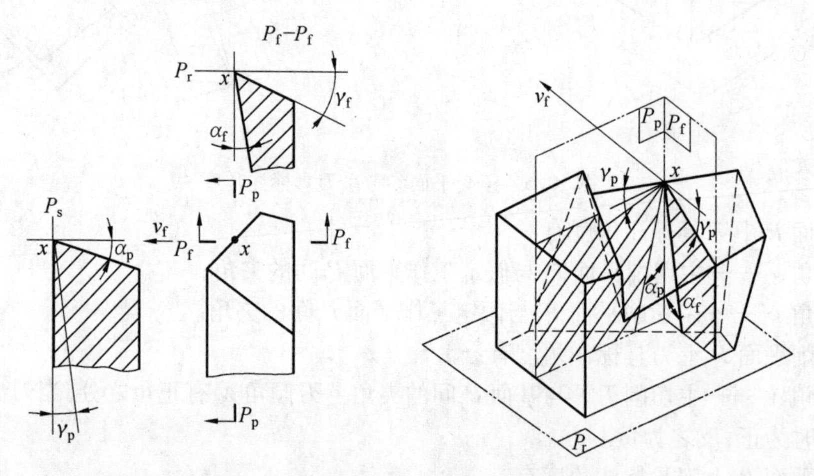

图 10.8　假定工作平面参考系刀具标注角度

上述各参考系平面及角度的定义见表 10.1。

表 10.1　刀具各参考系与刀具角度定义

<table>
<tr><th colspan="2">刀具组成</th><th colspan="3">标注参考系</th><th colspan="4">刀具角度定义</th></tr>
<tr><th>切削刃</th><th>相关刀面</th><th>代号</th><th>组成平面</th><th>特征</th><th>符号</th><th>名称</th><th>构成平面</th><th>测量平面</th></tr>
<tr><td rowspan="12">S</td><td rowspan="12">A_γ
A_α</td><td rowspan="4">P_o</td><td>P_r</td><td>$\perp \boldsymbol{v}_c$</td><td>γ_o</td><td>前角</td><td>A_γ、P_r</td><td rowspan="2">P_o</td></tr>
<tr><td rowspan="2">P_s</td><td rowspan="2">$\perp P_r$,
与 S 相切</td><td>α_o</td><td>后角</td><td>A_α、P_s</td></tr>
<tr><td>κ_r</td><td>主偏角</td><td>P_s、P_f</td><td>P_r</td></tr>
<tr><td>P_o</td><td>$\perp P_r$, $\perp P_s$</td><td>λ_s</td><td>刃倾角</td><td>A_γ、P_r</td><td>P_s</td></tr>
<tr><td rowspan="4">P_n</td><td>P_r</td><td>$\perp \boldsymbol{v}_c$</td><td>γ_n</td><td>法前角</td><td>A_γ、P_r</td><td rowspan="2">P_n</td></tr>
<tr><td>P_s</td><td>$\perp P_r$,
与 S 相切</td><td>α_n</td><td>法后角</td><td>A_α、P_s</td></tr>
<tr><td rowspan="2">P_n</td><td rowspan="2">$\perp S$</td><td>κ_r</td><td>主偏角</td><td rowspan="2" colspan="2">同 P_o 系</td></tr>
<tr><td>λ_s</td><td>刃倾角</td></tr>
<tr><td rowspan="4">P_f</td><td>P_r</td><td>$\perp \boldsymbol{v}_c$</td><td>γ_f</td><td>侧前角</td><td rowspan="2">A_γ、P_r</td><td>P_f</td></tr>
<tr><td>P_f</td><td>$/\!/ \boldsymbol{v}_f$、$\perp P_r$</td><td>γ_p</td><td>背前角</td><td>P_p</td></tr>
<tr><td rowspan="2">P_p</td><td rowspan="2">$\perp P_r$、$\perp P_f$</td><td>α_f</td><td>侧后角</td><td rowspan="2">A_α、P_s</td><td>P_f</td></tr>
<tr><td>α_p</td><td>背后角</td><td>P_p</td></tr>
</table>

10.3　金属切削加工过程

金属切削过程是指从工件表面切除多余金属形成已加工表面的过程。在切削过程中，工件受到刀具的推挤，通常会产生变形，形成切屑。伴随着切屑的形成，将产生切削力、切削热、刀具磨损、积屑瘤和加工硬化等现象，这些现象将影响到工件的加工质量和生产效率等，因此有必要对其变形过程加以研究，找到其规律，以便提高加工质量和生产效率。

10.3.1　切削变形

1. 切屑的形成过程

切屑是被切材料受到刀具前刀面的推挤，沿着某一斜面剪切滑移形成的，如图 10.9 所示。

图中未变形的切削层 *AGHD* 可看成是由许多个平行四边形组成的，如 *ABCD*、*BEFC*、*EGHF*…。当这些平行四边形扁块受到前刀面的推挤时，便沿着 *BC* 方向向斜上方滑移，形成另一些扁块，即 $ABCD \to AB'C'D$，$BEFC \to B'E'F'C'$，$EGHF \to E'G'H'F$…。由此可以看出，切削层不是由刀具切削刃削下来的或劈开来的，而是靠前刀面的推挤，滑移而成的。

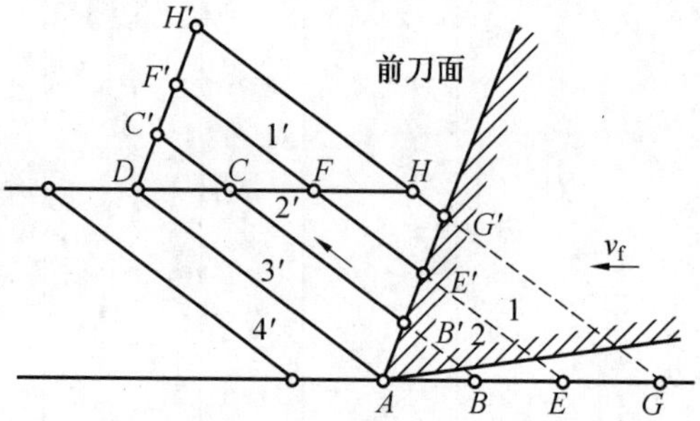

图 10.9　切削过程示意图

2. 切削过程变形区的划分

切削过程的实际情况要比前述的情况复杂得多。这是因为切削层金属受到刀具刀前刀面的推挤产生剪切滑移变形后，还要继续沿着前刀面流出变成切屑。在这个过程中，切削层金属要产生一系列变形，通常将其划分为三个变形区，如图 10.10 所示。

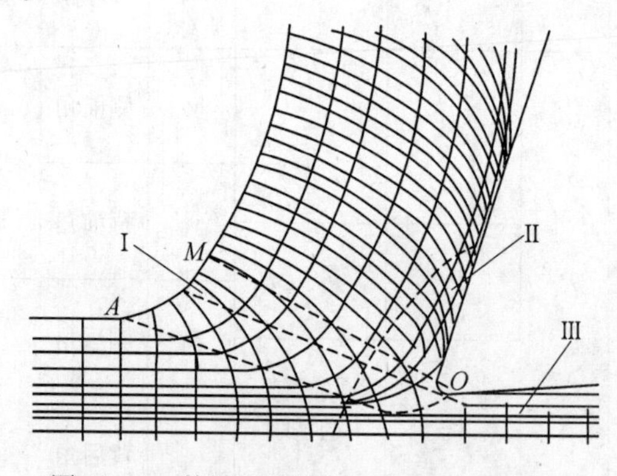

图 10.10　剪切滑移线与三个变形区示意图

图中Ⅰ(*AOM*)为第一变形区。在第一变形区内，当刀具和工件开始接触时，材料内部产生应力和弹性变形，随着切削刃和前刀面对工件材料的挤压作用加强，工件材料内部的应力和变形逐渐增大，当切应力达到材料的屈服强度时，材料将沿着与走刀方向成45°的剪切面滑移，即产生塑性变形，切应力随着滑移量增加而增加，当切应力超过材料的强度极限时，切削层金属便与材料基体分离，从而形成切屑沿前刀面流出。由此可以看出，第一变形区变形的主要特征是沿滑移面的剪切变形，以及随之产生的加工硬化。

实验证明，在一般切削速度下，第一变形区的宽度仅为0.02～0.2 mm，切削速度越高，其宽度越小，故可看成一个平面，称剪切面。这种单一的剪切面切削模型虽不能完全反映塑性变形的本质，但简单实用，因而在切削理论研究和实践中应用较广。

图中Ⅱ为第二变形区。切屑底层（与前刀面接触层）在沿前刀面流动过程中受到前刀面的进一步挤压与摩擦，使靠近前刀面处金属纤维化，即产生了第二次变形，变形方向基本上与前刀面平行。

图中Ⅲ为第三变形区。此变形区位于后刀面与已加工表面之间，切削刃钝圆部分及后刀面对已加工表面进行挤压，使已加工表面产生变形，造成纤维化和加工硬化。

3. 切屑类型及控制

由于工件材料性质和切削条件不同，切削层变形程度也不同，因而产生的切屑形态也多种多样。归纳起来主要有以下四种类型，如图10.11所示。

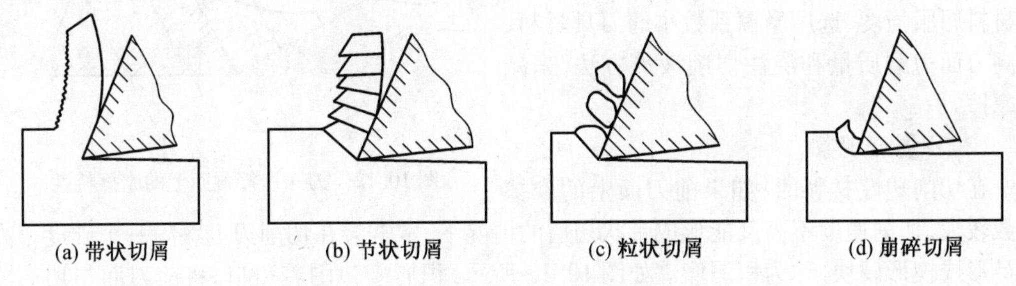

(a) 带状切屑　(b) 节状切屑　(c) 粒状切屑　(d) 崩碎切屑

图10.11　切屑类型

(1)带状切削。

如图10.11(a)所示，切屑延续成较长的带状，这是一种最常见的切屑形状。一般情况下，当加工塑性材料，切削厚度较小，切削速度较高，刀具前角较大时，往往会得到此类屑型。此类屑型底层表面光滑，上层表面毛茸；切削过程较平稳，已加工表面粗糙度值较小。

(2)节状切屑。

如图10.11(b)所示，切屑底层表面有裂纹，上层表面呈锯齿形。大多在加工塑性材料，切削速度较低，切削厚度较大，刀具前角较小时，容易得到此类屑型。

(3)粒状切屑。

如图10.11(c)所示，当切削塑性材料，剪切面上剪切应力超过工件材料破裂强度时，挤裂切屑便被切离成粒状切屑。切削时采用较小的前角或负前角、切削速度较低、进给量较大，易产生此类屑型。

以上三种切屑均是切削塑性材料时得到的，只要改变切削条件，三种切屑形态是可以相互转化的。

(4)崩碎切屑。

如图10.11(d)所示，在加工铸铁等脆性材料时，由于材料抗拉强度较低，刀具切入后，切削层金属只经受较小的塑性变形就被挤裂，或在拉应力状态下脆断，形成不规则的碎块状切削。工件材料越脆、切削厚度越大、刀具前角越小，越容易产生这种切屑。

实践表明，形成带状切屑时产生的切削力较小、较稳定，加工表面的粗糙度较小；形成节状、粒状切屑时的切削力变化较大，加工表面的粗糙度增大；在崩碎切屑时产生的切削力虽然较小，但具有较大的冲击振动，切屑在加工表面上不规则崩落，加工后表面较粗糙。

4. 前刀面上的摩擦与积屑瘤现象

（1）前刀面上的摩擦特性。

切屑从工件上分离流出时与前刀面接触产生摩擦，接触长度为 l_f，如图 10.12 所示。在近切削刃长度 l_{f1} 内，由于摩擦与挤压作用产生高温和高压，使切屑底面与前面的接触面之间形成黏结，亦称冷焊，黏结区或称冷焊区内的摩擦属于内摩擦，是前面摩擦的主要区域。在内摩擦区外的长度 l_{f2} 内的摩擦为外摩擦。

内摩擦力使黏结材料较软的一方产生剪切滑移，使得切屑底层很薄的一层金属晶粒出现拉长的现象。由于摩擦对切削变形、刀具寿命和加工表面质量有很大影响，因此，在生产中常采用减小切削力、缩短刀-屑接触长度、降低加工材料屈服强度、选用摩擦系数小的刀具材料、提高刀面刃磨质量和浇注切削液等方法，来减小摩擦。

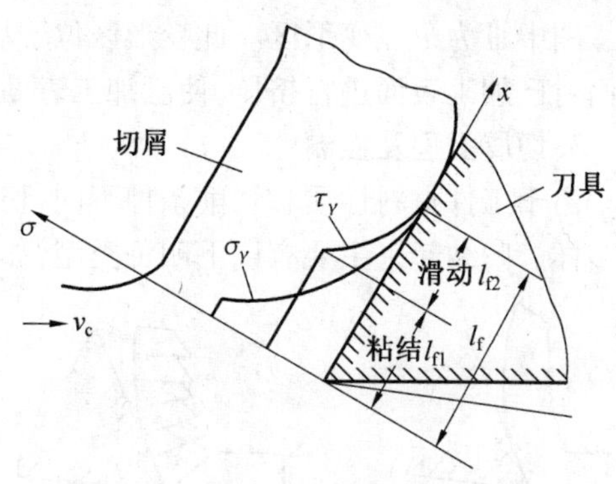

图 10.12　刀—屑接触面上的摩擦特性

（2）积屑瘤现象。

在切削塑性材料时，如果前刀面上的摩擦系数较大，切削速度不高又能形成带状切屑的情况下，常常会在切削刃上黏附一个硬度很高的鼻形或楔形硬块，称为积屑瘤。如图 10.13 所示，积屑瘤包围着刃口，将前刀面与切屑隔开，其硬度是工件材料的 2 ~3 倍，可以代替刀刃进行切削，起到增大刀具前角和保护切削刃的作用。

积屑瘤的成因，目前尚有不同的解释，通常认为是切屑底层金属在高温、高压作用下在刀具前表面上黏结并不断层积的结果。当积屑瘤层积到足够大时，受摩擦力的作用会产生脱落，因此，积屑瘤的产生与大小是周期性变化的。积屑瘤的周期性变化对工件的尺寸精度和表面质量影响较大，所以，在精加工时应避免积屑瘤的产生。

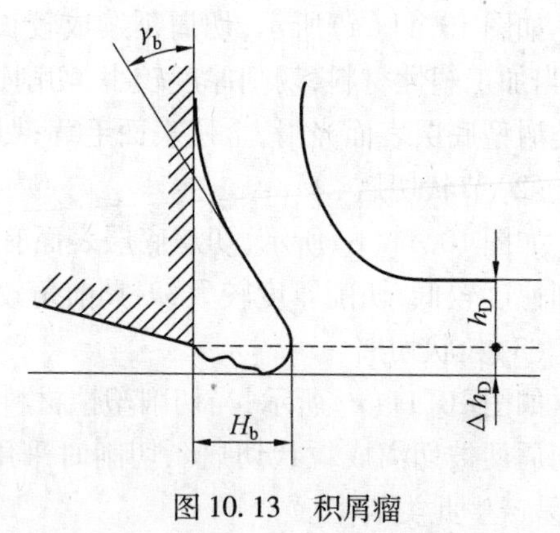

图 10.13　积屑瘤

通过切削实验和生产实践表明，在中温情况下切削中碳钢，温度在 300 ~380 ℃时，积屑瘤的高度最大，温度在 500 ~600 ℃时积屑瘤消失。

5. 影响切削变形的因素

响切削变形的因素很多，但归纳起来主要有四个方面：工件材料、刀具前角、切削速度和进给量。

（1）工件材料。

工件材料的强度和硬度越高，则摩擦系数越小，变形越小。因为材料的强度和硬度增大时，前刀面上的法向应力增大，摩擦系数减小，使剪切角增大，变形减小。

(2)刀具前角。

刀具前角越大,切削刃越锋利,前刀面对切削层的挤压作用越小,则切削变形越小。

(3)切削速度。

在切削塑性材料时,切削速度对切削变形的影响比较复杂,如图10.14所示。在有积屑瘤的切削范围内($v_c \leq 400$ m/min),切削速度通过积屑瘤来影响切屑变形。在积屑瘤增长阶段,切削速度增大,积屑瘤高度增大,实际前角增大,从而使切削变形减少;在积屑瘤消退阶段中,切削速度增大,积屑瘤高度减小,实际前角减小,切削变形随之增大。积屑瘤最大时切削变形达最小值,积屑瘤消失时切削变形达最大值。

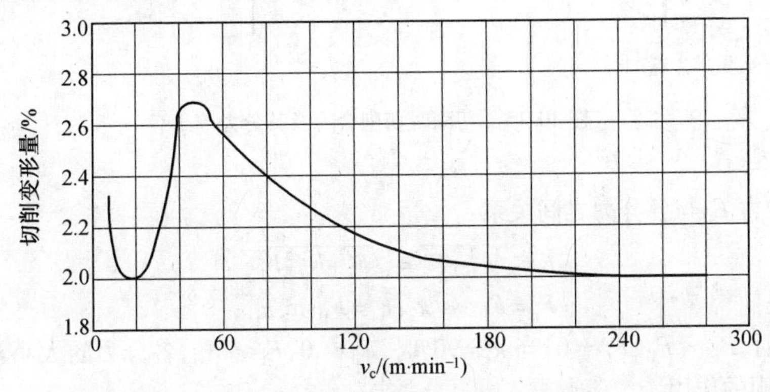

图10.14　切削速度对切削变形的影响

在无有积屑瘤的切削范围内,切削速度越大,则切削变形越小。这有两方面原因:一方面是由于切削速度越高,切削温度越高,摩擦系数降低,使剪切角增大,切削变形减小;另一方面,切削速度增高时,金属流动速度大于塑性变形速度,使切削层金属尚未充分变形,就已从刀具前刀面流出成为切屑,从而使第一变形区后移,剪切角增大,切削变形进一步减小。

(4)进给量。

进给量对切削速度的影响是通过摩擦系数影响的。进给量增加,作用在前刀面上的法向力增大,摩擦系数减小,从而使摩擦角减小,剪切角增大,因此切削变形减小。

10.3.2　切削力与切削功率

切削力是被加工材料抵抗刀具切入所产生的阻力。它是影响工艺系统强度、刚度和加工工件质量的重要因素,是设计机床、刀具和夹具、计算切削动力消耗的主要依据。

1. 切削力的来源、合力与分力

刀具在切削工件时,由于切屑与工件内部产生弹、塑性变形抗力,切屑与工件对刀具产生摩擦阻力,形成了作用在刀具上的合力 F,如图10.15所示,在切削时合力 F 作用在近切削刃空间某方向,由于大小与方向都不易确定,因此,为便于测量、计算和反映实际作用的需要,常将合力 F 分解为三个分力。

切削力 F_c(主切削力 F_z)——在主运动方向上分力;

背向力 F_p(切深抗力 F_y)——在垂直于工作平面上分力;

进给力 F_f(进给抗力 F_x)——在进给运动方向上。

背向力 F_p 与进给力 F_f 也是推力 F_D 的合力,推力 F_D 是作用在切削层平面上且垂直于主

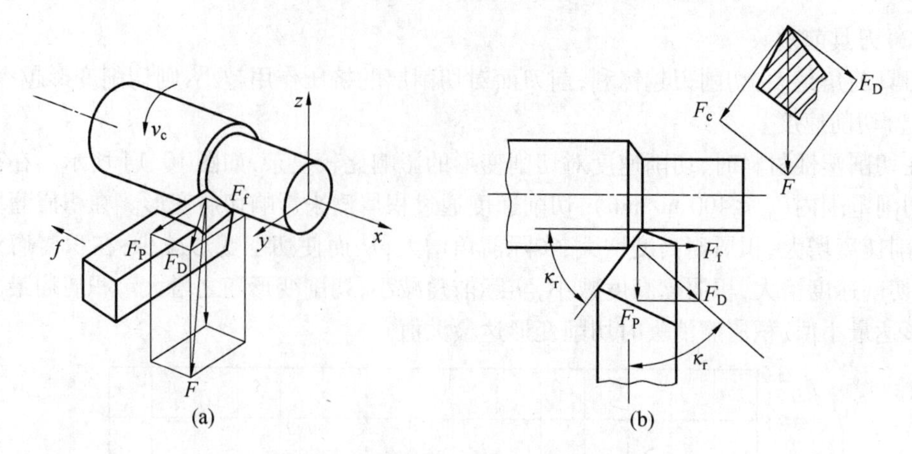

图 10.15　切削时切削合力及其分力

切削刃。

合力 F、推力 F_D与各分力之间关系：

$$F=\sqrt{F_D^2+F_c^2}=\sqrt{F_c^2+F_p^2+F_f^2}$$

$$F_p=F_D\cos\kappa_r;F_f=F_D\sin\kappa_r$$

当 $\kappa_r=0°$时，$F_p\approx F_D$，$F_f\approx 0$；当 $\kappa_r=90°$时，$F_p\approx 0$，$F_f\approx F_D$，各分力的大小对切削过程会产生明显不同的作用。

根据实验，当 $\kappa_r=45°$，$\gamma_o=15°$，$\lambda_s=0°$时，各分力间近似关系为

$$F_c:F_p:F_f=1:(0.4\sim0.5):(0.3\sim0.4)$$

其中 F_c总是最大。

2. 切削功率

在切削过程中，消耗的功率称为切削功率 P_c，单位为 kW，它是 F_c、F_p、F_f在切削过程中单位时间内所消耗的功的总和。一般来说，F_p和 F_f相对 F_c所消耗的功率很小，可以略去不计，于是

$$P_c=F_c v_C$$

式中　v_C——主运动的切削速度。

计算切削功率 P_c是为了核算加工成本和计算能量消耗，并在设计机床时根据它来选择机床电机功率。机床电机的功率 P_E可按下式计算

$$P_E=P_c/\eta_c$$

式中　η_c——机床传动效率，一般取 $\eta_c=0.75\sim0.85$。

3. 影响切削力的主要因素

凡影响切削过程变形和摩擦的因素均影响切削力，其中主要包括工件材料、切削用量和刀具几何参数等三个方面。

(1)工件材料。

工件材料是通过材料的剪切屈服强度、塑性变形程度与刀具间的摩擦条件影响切削力的。

一般来说，材料的强度和硬度越高，切削力越大。这是因为，强度、硬度高的材料，切削时产生的抗力大，虽然它们的变形系数 μ 相对较小，但总体来看，切削力还是随材料强度、硬

度的增大而增大。在强度、硬度相近的材料，塑性、刃性大的，或加工硬化严重的，切削力大。例如不锈钢1Cr18Ni9Ti与正火处理的45钢强度和硬度基本相同，但不锈钢的塑性、刃性较大，其切削力比正火45钢约高25%。加工铸铁等脆性材料时，切削层的塑性变形很小，加工硬化小，形成崩碎切屑，与前刀面的接触面积小，摩擦力小，故切削力就比加工钢小。

(2)切削用量。

切削用量三要素对切削力均有一定的影响，但影响程度不同，其中背吃刀量 a_p 和进给量 f 影响较明显。若 f 不变，当 a_p 增加一倍时，切削厚度 a_C 不变，切削宽度 a_w 增加一倍，因此，刀具上的负荷也增加一倍，即切削力增加约一倍；若 a_p 不变，当 f 增加一倍时，切削宽度 a_w 保持不变，切削厚度 a_C 增加约一倍，在刀具刃圆半径的作用下，切削力只增加68% ~ 86%。可见在同样切削面积下，采用大的 f 较采用大的 a_p 省力和节能。切削速度 v 对切削力的影响不大，当 $v>500$ m/min，切削塑性材料时，v 增大，μ 减小，切削温度增高，使材料强度、硬度降低，剪切角增大，变形系数减小，使得切削力减小。

(3)刀具几何参数。

在刀具几何参数中刀具的前角 γ_o 和主偏角 κ_r 对切削力的影响较明显。当加工钢时，γ_o 增大，切削变形明显减小，切削力减小得较多。κ_r 适当增大，使切削厚度 a_C 增加，单位面积上的切削力 P 减小。在切削力不变的情况下，主偏角大小将影响背向力和进给力的分配比例，当 κ_r 增大，背向力 F_P 减小，进给力 F_f 增加；当 $\kappa_r=90°$ 时，背向力 $F_P=0$，对防止车细长轴类零件减少弯曲变形和振动十分有利。

10.3.3　切削热与切削温度

切削热和切削温度是切削过程中产生的另一个物理现象。它对刀具的寿命、工件的加工精度和表面质量影响较大。

1. 切削热的产生和传散

在切削加工中，切削变形与摩擦所消耗的能量几乎全部转换为热能，即切削热。切削热通过切屑、刀具、工件和周围介质(空气或切削液)向外传散，同时使切削区域的温度升高。切削区域的温度称为切削温度。

影响热传散的主要因素是工件和刀具材料的热导率、加工方式和周围介质的状况。热量传散的比例与切削速度有关，切削速度增加时，由摩擦生成的热量增多，但切屑带走的热量也增加，在刀具中热量减少，在工件中热量更少。所以高速切削时，切屑中温度很高，在刀具和工件中温度较低，这有利于切削加工顺利进行。

2. 影响切削温度的主要因素

切削温度的高低主要取决于切削加工过程中产生热量的多少和向外传散的快慢。影响热量产生和传散的主要因素有工件材料、切削用量、刀具几何参数和切削液等。

(1)切削用量。

当 v_C、f 和 a_p 增加时，由于切削变形和摩擦所消耗的功增大，故切削温度升高。其中切削速度 v_C 影响最大，v_C 增加一倍，切削温度约增加30%；进给量 f 的影响次之，f 增加一倍，切削温度约增加18%；背吃刀量 a_p 影响最小，a_p 增加一倍，切削温度约增加7%。上述影响规律的原因是，v_C 增加使摩擦生热增多；f 增加因切削变形增加较少，故热量增加不多，此外，使刀-屑接触面积增大，改善了散热条件；a_p 增加使切削宽度增加，显著增大了热量的传散面积。

切削用量对切削温度的影响规律在切削加工中具有重要的实际意义。例如，分别增加 v_C、f 和 a_p 均能使切削效率按比例提高，但为了减少刀具磨损、保持高的刀具寿命，减小对工件加工精度的影响，可先设法增大背吃刀量 a_p，其次增大进给量 f；但是，在刀具材料与机床性能允许条件下，尽量提高切削速度 v_C，以进行高效率、高质量切削。

(2)工件材料。

工件材料主要是通过硬度、强度和导热系数影响切削温度的。

加工低碳钢，材料的强度和硬度低，导热系数大，故产生的切削温度低；加工高碳钢，材料的强度和硬度高，导热系数小，故产生的切削温度高。例如，加工合金钢产生的切削温度比加工 45 钢高 30%；不锈钢的导热系数比 45 钢小 3 倍，故切削时产生的切削温度高于 45 钢 40%；加工脆性金属材料产生的变形和摩擦均较小，故切削时产生的切削温度比 45 钢低 25%。

(3)刀具几何参数。

在刀具几何参数中，影响切削温度最明显的因素是前角 γ_o 和主偏角 κ_r，其次是刀尖圆弧半径 r_ε，前角 γ_o 增大，切削变形和摩擦产生的热量均较少，故切削温度下降。但前角 γ_o 过大，散热变差，使切削温度升高，因此在一定条件下，均有一个产生最低切削温度的最佳前角 γ_o 值。

主偏角 κ_r 减小，使切削变形和摩擦增加，切削热增加，但 κ_r 减小后，因刀头体积增大，切削宽度增大，故散热条件改善。由于散热起主要作用，故切削温度下降。

增大刀尖圆弧半径 r_ε，选用负的刃倾角和磨制负倒棱均能增大散热面积，降低切削温度。

(4)切削液。

使用切削液对降低切削温度有明显效果。切削液有两个作用：一方面可以减小切屑与前刀面、工件与后刀面的摩擦；另一方面可以吸收切削热。两者均使切削温度降低，但切削液对切削温度的影响，与其导热性能、比热、流量、浇注方式以及本身的温度有关。

10.3.4　刀具磨损与刀具寿命

切削时刀具在高温条件下，受到工件、切屑的摩擦作用，刀具材料逐渐被磨耗或出现其他形式的损坏。刀具磨损将影响加工质量、生产率和加工成本。研究刀具磨损过程，防止刀具过早、过多磨损是切削加工中一个重要内容。

1. 刀具磨损形式

刀具磨损形式可分为正常磨损和非正常磨损两种形式。

(1)正常磨损。

正常磨损是指随着切削时间的增加，磨损逐渐扩大的磨损。磨损主要发生在前、后两个刀面上。

①前面磨损。在高温、高压条件下，切屑流出时与前面产生摩擦，在前面形成月牙洼磨损，磨损量通常用深度 *KT* 和宽度 *KB* 测量，如图 10.16(a)所示。

②后面磨损。如图 10.16(b)所示，可将磨损划分为三个区域。

刀尖磨损 *C* 区，在倒角刀尖附近，因强度低，温度集中造成，磨损量为 *VC*；

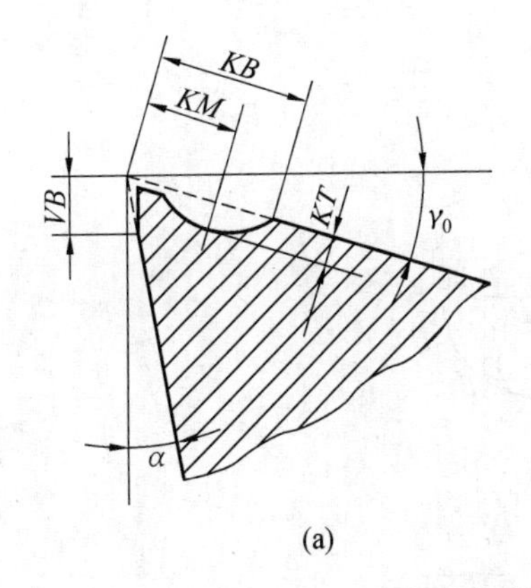

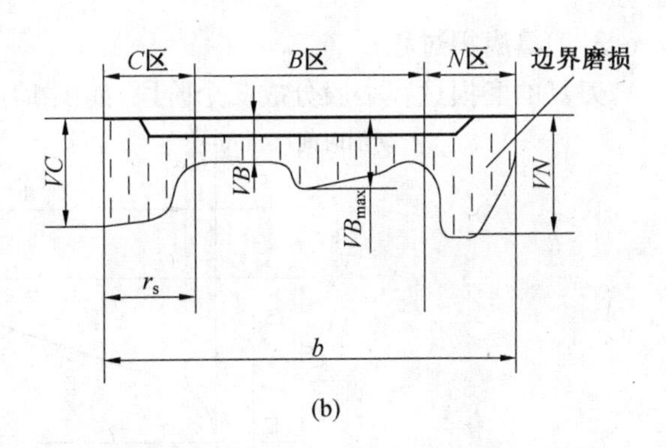

图 10.16　刀具的磨损形式

中间磨损 B 区，在切削刃的中间位置，存在着均匀磨损量 VB，局部出现最大磨损量 VB_{max}；

边界磨损 N 区，在切削刃与带加工表面相交处，因高温氧化，表面硬化层作用造成最大磨损量 VN_{max}。

刀面磨损形式可随切削条件变化而发生转化，但在大多数情况下，刀具的后面都发生磨损，而且测量也比较方便，因此常以 VB 值表示刀面磨损程度。

(2)非正常磨损。

非正常磨损亦称破坏，常见形式有脆性破坏（如崩刃、碎断、剥落、裂纹破坏等）和塑性破坏（如塑性流动等）。其原因主要是由于刀具材料选择不合理，刀具结构、制造工艺不合理，刀具几何参数不合理、切削用量选择不当，刃磨和操作不当等原因造成的。

2. 刀具磨损的原因

造成刀具磨损有以下几种原因：

(1)磨粒磨损。

在工件材料中含有氧化物、碳化物和氮化物等硬质点，在铸、锻工件表面存在着硬夹杂物，在切屑和工件表面黏附着硬的积屑瘤残片，这些硬质点在切削时似同“磨粒”对刀具表面摩擦和刻划，致使刀具表面磨损。

(2)黏结磨损。

黏结磨损亦称冷焊磨损。切削塑性材料时，在很大压力和强烈摩擦作用下，切屑、工件与前、后刀面间的吸附膜被挤破，形成新的表面紧密接触，因而发生黏结现象。刀具表面局部强度较低的微粒被切屑和工件带走，这样形成的磨损称为黏结磨损。黏结磨损一般在中等偏低的切削速度下较严重。

(3)扩散磨损。

在高温作用下，工件与刀具材料中合金元素相互扩散，改变了原来刀具材料中化学成分的比值，使其性能下降，加快了刀具的磨损。因此，切削加工中选用的刀具材料，应具有高的化学稳定性。

(4)化学磨损。

化学磨损亦称氧化磨损。在一定温度下，刀具材料与周围介质起化学作用，在刀具表面形成一层硬度较低的化合物而被切屑带走；或因刀具材料被某种介质腐蚀，造成刀具的化学磨损。

3. 刀具磨损过程

刀具的磨损过程一般分成三个阶段，如图 10.17 所示。

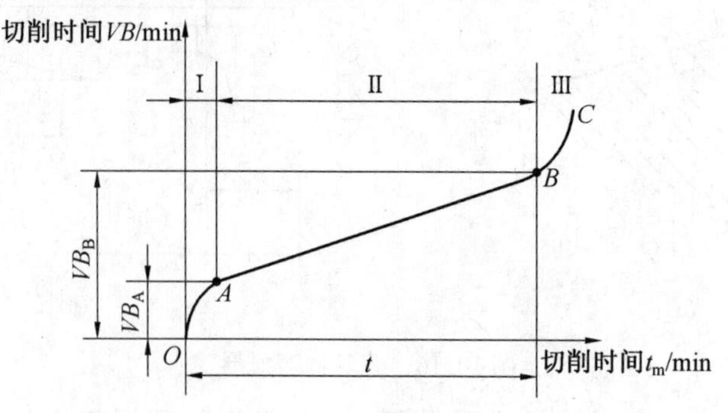

图 10.17　刀具磨损曲线

(1)初期磨损阶段(*OA* 段)。

将新刃磨刀具表面存在的凸凹不平及残留砂轮痕迹很快磨去。初期磨损量的大小，与刀具刃磨质量相关，一般经研磨过的刀具，初期磨损量较小。

(2)正常磨损阶段(*AB* 段)。

经初期磨损后，刀面上的粗糙表面已被磨平，压强减小，磨损比较均匀缓慢。后刀面上的磨损量将随切削时间的延长而近似地成正比例增加。此阶段是刀具的有效工作阶段。

(3)急剧磨损阶段(*BC* 段)。

当刀具磨损达到一定限度后，已加工表面粗糙度变差，摩擦加剧，切削力、切削温度猛增，磨损速度增加很快，往往产生振动、噪声等，致使刀具失去切削能力。

因此，刀具应避免达到急剧磨损阶段，在这个阶段到来之前，就应更换新刀或新刃。

4. 刀具的磨钝标准

刀具磨损到一定限度就不能继续使用，这个磨损限度称为磨钝标准。国际标准 ISO 规定以 1/2 背吃刀量处后刀面上测定的磨损带宽度 *VB* 值作为刀具的磨钝标准。

根据加工条件的不同，磨钝标准应有变化。粗加工应取大值，工件刚性较好或加工大件时应取大值，反之应取小值。

自动化生产中的精加工刀具，常以沿工件径向的刀具磨损量作为刀具的磨钝标准，称为刀具径向磨损量 *NB* 值。

目前，在实际生产中，常根据切削时突然发生的现象，如振动产生、已加工表面质量变差、切屑颜色改变、切削噪声明显增加等来决定是否更换刀具。

5. 刀具寿命

刀具寿命是指一把新刀从开始切削直到磨损量达到磨钝标准为止总的切削时间，或者说是刀具两次刃磨之间总的切削时间，用 *T* 表示，单位为 min。刀具总寿命应等于刀具耐用度乘以重磨次数。

在工件材料、刀具材料和刀具几何参数选定后，刀具耐用度由切削用量三要素来决定。刀具寿命 *T* 与切削用量三要素之间的关系可由下面经验公式来确定：

$$T=\frac{C_T}{v^{\frac{1}{m}}f^{\frac{1}{n}}a_p^{\frac{1}{p}}}$$

式中　C_T——与刀具、工件材料、切削条件有关的系数；

m、n、p——寿命指数，分别表示切削用量三要素当 v_C、f、a_p 对寿命 T 的影响程度。

参数 C_T,m,n,p 均可由有关切削加工手册中查得。例如，当用硬质合金车刀切削碳素钢($\sigma_b=0.736$ GPa)时，车削用量三要素(v_C、f、a_p)与刀具寿命 T 之间的关系为

$$T=\frac{7.77\times10^{11}}{v^5 f^{2.25} a_p^{0.75}}$$

由上例可以看出，当其他条件不变，切削速度提高一倍时，寿命 T 将降低到原来的3%左右；若进给量提高一倍，其他条件不变时，寿命 T 则降低到原来的21%左右；若背吃刀量提高一倍，其他条件不变时，寿命 T 仅降低到原来的78%左右。由此不难看出，在切削用量三要素中，切削速度 v_C 对刀具寿命的影响最大，进给量 f 次之，背吃刀量 a_p 影响最小。因此，在实际使用中，为使刀具寿命降低较少而又不影响生产率的前提下，应尽量选取较大的背吃刀量和较小的切削速度，进给量适中。

6. 合理寿命的选择

由于切削用量与刀具寿命密切相关，那么，在确定切削用量时，就应选择合理的刀具寿命。但在实践中，一般是先确定一个合理的刀具寿命 T 值，然后以它为依据选择切削用量，并计算切削效率和核算生产成本。确定刀具合理寿命有两种方法：最高生产率寿命和最低生产成本寿命。

(1)最高生产率寿命 T_P。

它是根据切削一个零件所花时间最少或在单位时间内加工出的零件数最多来确定。

切削用量三要素 v_C、f 和 a_p 是影响刀具寿命的主要因素，也是影响生产率高低的决定性因素。提高切削用量，可缩短切削时间 t_m，从而提高生产效率，但容易使刀具磨损，降低刀具寿命，增加换刀、磨刀和装刀等辅助时间，反而会降低生产率。

最高生产率寿命 T_P 可用下面经验公式确定

$$T_P=\left(\frac{1-m}{m}\right)t_{ct}$$

式中　t_{ct}——换一次刀所需的时间，min；

m——切削速度对刀具寿命的影响系数。

(2)最低生产成本寿命 T_c。

它是根据加工零件的一道工序成本最低来确定的。

一般来说，刀具寿命越长，刀具磨刀及换刀等费用越少，但因延长刀具寿命需减小切削用量，降低切削效率，使经济效益变差，同时，机动时间过长所需机床折旧费、消耗能量费用也增多。因此，在确定刀具寿命时应考虑生产成本对其的影响。

最低生产成本寿命 T_c 可按下面经验公式确定：

$$T_c=\frac{1-m}{m}\left(t_{ct}+\frac{C_t}{M}\right)$$

式中　M——该工序单位时间内所分担的全厂开支；

C_t——磨刀费用(包括刀具成本和折旧费)。

由于最低生产成本寿命 T_c 高于最高生产率寿命 T_P，故生产中常采用最低生产成本寿命 T_c，只有当生产紧急需要时才采用最高生产率寿命 T_P。

参考文献

[1] 袁巨龙.功能陶瓷的超精密加工[M].哈尔滨:哈尔滨工业大学出版社,2000.

[2] 李永利,乔冠军,金志浩.可切削加工陶瓷材料研究进展[J].无机材料学报,2001,16(2):207-211.

[3] 王瑞刚,潘伟,蒋蒙宁,等.可加工陶瓷及工程陶瓷加工技术现状及发展[J].硅酸盐通报,2001,20(3):27-35.

[4] 章为夷,高宏.可加工陶瓷的结构性能和制备[J].人工晶体学报,2005,34(1):169-173.

[5] 白雪清,于爱兵,贾大为,等.可加工陶瓷材料机械加工技术的研究进展[J].硅酸盐通报,2006,25(4):130-136.

[6] 王平,张权明,李良. C_f/SiC 陶瓷基复合材料车削加工工艺研究[J].火箭推进,2011,37(2):67-70.

[7] 冯衍霞,黄传真,WANG Jun,等.磨料水射流切割陶瓷材料的加工表面质量研究[J].工具技术,2007,41(1):43-45.

[8] 陈益飞,张有,戎活跃.绝缘工程陶瓷电火花加工技术研究进展[J].浙江海洋学院学报:自然科学版,2012,31(2):172-177.

[9] 荆君涛,冯平法,魏士亮,等. Si_3N_4 陶瓷旋转超声磨削加工的表面摩擦特性[J].光学精密工程,2015,23(11):3200-3210.

[10] 梁晶晶,刘永姜,吴雁,等.超声加工技术及其在陶瓷加工中的应用[J].机械管理开发,2008,23(1):63-64.

[11] 杨松涛,韩微微,张文斌,等.355 nm 激光新型陶瓷加工研究[J].电子工业专用设备,2011,40(2):8-11.

[12] 张保国,田欣利,佘安英,等.工程陶瓷材料激光加工原理及应用研究进展[J].现代制造工程,2012,10:5-10.

[13] 张军战,王禹茜,张颖,等.飞秒激光进给速度对 TiC 陶瓷微孔加工的影响[J].光学精密工程,2015,23(6):1565-1571.

[14] 徐文骥,卢毅申,金洙吉,等.等离子体在陶瓷加工中的应用[J].机械工程学报,2002,38(增刊):73-75.

[15] 汪学方,刘玮钦,张鸿海,等.陶瓷材料微波辅助加工技术的研究[J].工具技术,2008,42(4):18-22.

[16] 姜胜强,谭援强,张高峰,等.陶瓷材料预压应力加工的力学模型[J].硅酸盐学报,2013,41(6):738-744.

[17] 郑雷,袁军堂,李少华.陶瓷复合装甲的孔加工及机理[J].硅酸盐学报,2007,35(5):568-573.

[18] 郑家锦,吴明明,周兆忠.高精度陶瓷球的研磨加工技术研究[J].现代机械,2006,(2):44-46.

[19] 王爱珍,王战.高速磨削陶瓷窄深槽加工工艺的研究[J].金刚石与磨料磨具工程,2008,(3):78-80.

[20] 彭健生,倪长松,张俊峰. 陶瓷环平磨加工的工艺设计[J]. 工具技术,2006,40(5):59-60.

[21] 邱世鹏,刘家臣,刘志锋,等. $CePO_4/Ce-ZrO_2$可加工陶瓷加工机理的研究[J]. 硅酸盐学报,2003,31(4):341-345.

[22] 邹红,邹从沛,吴正武,等. 添加 TiN 改善 Si_3N_4陶瓷加工性的研究[J]. 材料导报,1999,13(2):66-68.

[23] 古尚贤,郭伟明,伍尚华,等. Si_3N_4-TiC 和 Si_3N_4-TiN 复相导电陶瓷的制备及电加工性能研究[J]. 人工晶体学报,2015,44(4):1095-1100.

[24] 赵金柱. 玻璃深加工技术与装备[M]. 北京:化学工业出版社,2012.

[25] 殷海荣,李启甲. 玻璃成形与精密加工[M]. 北京:化学工业出版社,2010.

[26] 刘缙. 平板玻璃的加工[M]. 北京:化学工业出版社,2008.

[27] 李超. 玻璃强化及热加工技术[M]. 北京:化学工业出版社,2013.

[28] 高鹤. 玻璃冷加工技术[M]. 北京:化学工业出版社,2013.

[29] 张心德. 晶体加工讲座,第一讲晶体的基本知识[J]. 光学技术,1980,6(5):2-5.

[30] 张心德. 晶体加工讲座,第二讲晶体的切割和研磨[J]. 光学技术,1980,6(6):2-4.

[31] 张心德. 晶体加工讲座,第三讲晶体的定向[J]. 光学技术,1981,7(1):17-20.

[32] 张心德. 晶体加工讲座,第四讲晶体的抛光[J]. 光学技术,1981,7(2):10-13.

[33] 冯新康. 直接冷却单色器晶体加工方法及其工艺的研究[D]. 上海:中国科学院上海应用物理研究所,2014.

[34] 邱明波. 半导体晶体材料放电加工技术研究[D]. 南京:南京航空航天大学,2010.

[35] 张著军. 天然金刚石刀具的激光切割技术研究[D]. 哈尔滨:哈尔滨工业大学,2014.

[36] 李岩. 碲锌镉晶片高效低损伤加工工艺的研究[D]. 大连:大连理工大学,2010.

[37] 赵文宏,赵蓉,邓乾发,等. 石英晶片加工现状与发展[J]. 航空精密制造技术,2011,47(1):11-14.

[38] 文东辉,洪滔,吕迅,等. 半固着磨具孔隙率的理论分析及验证[J]. 中国机械工程,2009,20(2):150-154.

[39] 郁炜,吕迅. CLBO 晶体的半固结磨粒研磨加工研究[J]. 航空精密制造技术,2008,44(6):15-16.

[40] 李军,王慧敏,王文泽,等. 固结磨料研磨 K9 玻璃表面粗糙度模型[J]. 机械工程学报,2015,51(21):199-205.

[41] 沈俊. 光学晶体材料超精密抛光机理及加工工艺的研究[D]. 长春:长春理工大学,2004.

[42] 储向峰,汤丽娟,董永平,等. 化学机械抛光在光学晶体加工中的应用[J]. 金刚石与磨料磨具工程,2012,32(1):23-28.

[43] 谢瑞清,廖德锋,王晓博,等. 板条 Nd:YAG 晶体的合成盘抛光技术[J]. 强激光与粒子束,2014,26(1):012007.

[44] 陈逢军,尹韶辉,余剑武,等. 磁流变光整加工技术研究进展[J]. 中国机械工程,2011,22(19):2382-2392.

[45] 魏昕,杜宏伟,袁慧,等. 晶片材料的超精密加工技术现状[J]. 组合机床与自动化加工

技术,2004,3:75-79.

[46] 高宏刚,曹健林,陈斌,等.浮法抛光原理装置及初步实验[J].光学精密工程,1995,3(1):57-60.

[47] 袁征,戴一帆,谢旭辉,等.基于离子束抛光的KDP晶体表面嵌入铁粉清洗研究[J].人工晶体学报,2013,42(4):582-586.

[48] 吴建林.单晶蓝宝石水合抛光机理与试验研究[D].杭州:浙江工业大学,2010.

[49] 陆厚根.粉体技术导论[M].2版.上海:同济大学出版社,1988.

[50] 卢寿慈.粉体加工技术[M].北京:中国轻工业出版社,1998.

[51] 张长森.粉体技术及设备[M].上海:华东理工大学出版社,2007.

[52] 陶珍东,郑少华.粉体工程与设备[M].3版.北京:化学工业出版社,2015.

[53] 曾江. 21世纪国家重大工程中的金属加工技术[J]. 金属加工, 2010, 11: 4-5.

[54] 张炳岭. 金属材料及加工工艺[M]. 北京: 机械工业出版社, 2009.

[55] 邓文英. 金属工艺学[M]. 北京: 高等教育出版社, 2008.

[56] 黄天佑, 都东, 方刚. 材料加工工艺[M]. 北京: 清华大学出版社, 2010.

[57] 夏立芳. 金属热处理工艺学[M]. 哈尔滨: 哈尔滨工业大学出版社, 2012.